ବ୍ୟାବହାରିକ ବୈଦିକ ଗଣିତ

(ଦ୍ୱିତୀୟ ଭାଗ)

ବ୍ୟାବହାରିକ ବୈଦିକ ଗଣିତ

(ଦ୍ୱିତୀୟ ଭାଗ)

ଡକ୍ଟର ନଳିନୀକାନ୍ତ ମିଶ୍ର

ବ୍ଲାକ୍ ଈଗଲ୍ ବୁକ୍ସ
ଭୁବନେଶ୍ୱର, ଓଡ଼ିଶା

BLACK EAGLE BOOKS
Dublin, USA

ବ୍ୟାବହାରିକ ବୈଦିକ ଗଣିତ(ଦ୍ଵିତୀୟ ଭାଗ) / ଡକ୍ଟର ନଳିନୀକାନ୍ତ ମିଶ୍ର

ବ୍ଲାକ୍ ଇଗଲ୍ ବୁକ୍ସ : ଭୁବନେଶ୍ଵର, ଓଡ଼ିଶା ● ଡବ୍ଲିନ୍, ଯୁକ୍ତରାଷ୍ଟ୍ର ଆମେରିକା।

 BLACK EAGLE BOOKS

USA address:
7464 Wisdom Lane
Dublin, OH 43016

India address:
E/312, Trident Galaxy, Kalinga Nagar,
Bhubaneswar-751003, Odisha, India

E-mail: info@blackeaglebooks.org
Website: www.blackeaglebooks.org

First International Edition Published by
BLACK EAGLE BOOKS, 2025

BYABAHARIK BAIDIKA GANITA (PART-II)
by **Dr. Nalinikanta Mishra**

Copyright © **Nalinikanta Mishra**

All rights reserved. No part of this publication may be reproduced, stored in a retrieval system, or transmitted, in any form or by any means, electronic, mechanical, photocopying, recording or otherwise without the prior permission of the publisher.

Cover & Interior Design: Ezy's Publication

ISBN- 978-1-64560-674-1(Paperback)

Printed in the United States of America

ଉପକ୍ରମଣିକା।

'ବେଦ' ପ୍ରାୟ ଛ'ହଜାର ବର୍ଷ ତଳେ ଲିଖିତ ବା ଆପାତ ଦୃଷ୍ଟିରେ ଉର୍ଦ୍ଧ୍ୱରୁ ନିସୃତ ଏକ ଉନ୍ନତ ତଥା ବିକଶିତ ଏବଂ ପୁରାତନ ସାହିତ୍ୟ, ଯାହା ଅନନ୍ୟ ଏବଂ ଅସାଧାରଣ। କେବଳ ସେତିକି ନୁହେଁ, ଜୀବନ ଦର୍ଶନର ସର୍ବଶେଷ ବ୍ୟାଖ୍ୟା ଦେଉଥିବା ଏହି ସାହିତ୍ୟ ଅନ୍ୟ କୌଣସି ବିଭାଗ (Aspect)କୁ ଅଣଦେଖା କରିନାହିଁ; ଯଥା - ଆଧ୍ୟାତ୍ମିକତା, ଗଣିତ, ବିଜ୍ଞାନ, ରାଜନୀତି, ଧର୍ମ ଏବଂ ଅନେକ କିଛି।

'ବୈଦିକ ଗଣିତ' ବେଦର ଏକ ନିର୍ଦ୍ଦିଷ୍ଟ ଆଭିମୁଖ୍ୟକୁ ପ୍ରକାଶ କରିଥାଏ; ଯାହାକୁ ଆମେ ଗଣିତ (Mathematics) କହୁ। କଳନା ଏବଂ ଗଣନା କେଉଁ ଆଦିମ କାଳରୁ ଚାଲି ଆସିଥିବା ଏକ ପ୍ରକ୍ରିୟା, ଯାହା ମଣିଷର ଜିଜ୍ଞାସା ଏବଂ ଜିଗୀଷାକୁ ଏ ଯାବତ୍ ଉଜ୍ଜୀବିତ କରିରଖିଛି। ବିଜ୍ଞାନ, ଦର୍ଶନ ଏବଂ ଜୀବନର ଅନେକ ଅନୁଦ୍ଘାଟିତ ଏବଂ ଉଦ୍ଘାଟିତ ସତ୍ୟ ଏହାରି ଉପରେ ନିର୍ଭର କରିଆସିଛି। ଆଜିର ଗଣିତ (Modern Mathematics) ମଧ୍ୟ ସମାନ ଭାବରେ ଏହାରି ଉପରେ ନିର୍ଭରଶୀଳ। ଏହା ମଧ୍ୟ ଏକ ପରମ ବିସ୍ମୟ ଯେ, ଏ ସବୁ ଜଟିଳ ଗାଣିତିକ ସମସ୍ୟା ସବୁର ସରଳସୂତ୍ର, ବେଦ ଭଳି ଏକ ସର୍ବପୁରାତନ ସାହିତ୍ୟ ଭିତରେ ଥାଇପାରେ।

ପ୍ରସ୍ତାବନା

ପୁରୀସ୍ଥିତ ଗୋବର୍ଦ୍ଧନପୀଠର ମହାମହିମ ଜଗଦ୍‌ଗୁରୁ ଶଙ୍କରାଚାର୍ଯ୍ୟ ଶ୍ରୀ ଭାରତୀକୃଷ୍ଣ ତୀର୍ଥଜୀ ମହାରାଜ (୧୮୮୪ - ୧୯୬୦)ଙ୍କ ଦ୍ୱାରା ପୁନଃ ଆବିଷ୍କୃତ ଷୋଳଗୋଟି ଗାଣିତିକ ସୂତ୍ର ଏବଂ ତେରଗୋଟି ଉପସୂତ୍ର ସମ୍ବଳିତ ଗାଣିତିକ କାର୍ଯ୍ୟ ସମ୍ପାଦିତ ହୋଇଥିଲା । ଉକ୍ତ ସୂତ୍ର ଏବଂ ସେଗୁଡ଼ିକର ଉପସୂତ୍ର ବା ଅନୁସିଦ୍ଧାନ୍ତଗୁଡ଼ିକ ବିଷୟବସ୍ତୁ ଉପସ୍ଥାପନାର ଅବ୍ୟବହିତ ପୂର୍ବରୁ ଉଲ୍ଲିଖିତ କରାଯାଇଛି; ଯାହା ଆଧାରରେ ପାରମ୍ପରିକ ବା ଗତାନୁଗତିକ ପ୍ରଣାଳୀ ସମୂହକୁ ଗୁରୁତ୍ୱ ନଦେଇ ଗାଣିତିକ ସମସ୍ୟାର ତ୍ୱରିତ ସମାଧାନ ପ୍ରଣାଳୀକୁ ଏ ପୁସ୍ତକ 'ବ୍ୟାବହାରିକ **ବୈଦିକ ଗଣିତ' (ଦ୍ୱିତୀୟ ଭାଗ)**ରେ ସନ୍ନିବେଶିତ କରାଯାଇପାରିଛି । ଉକ୍ତ ପୁସ୍ତକରେ ମୁଖ୍ୟତଃ ବିଭିନ୍ନ ବୈଦିକ ଗାଣିତିକ ସୂତ୍ର ଏବଂ ଜଟିଳ ଗାଣିତିକ କାର୍ଯ୍ୟକୁ ମାନସିକ ସ୍ତରରେ ସମ୍ପାଦନ କରାଇବା କ୍ଷେତ୍ରରେ ଉକ୍ତ ସୂତ୍ରଗୁଡ଼ିକର ପ୍ରୟୋଗ ସମ୍ବନ୍ଧୀୟ ଆଲୋଚନା ଅନ୍ତର୍ଭୁକ୍ତ । ଏ ପୁସ୍ତକରେ ଅଣପାରମ୍ପରିକ ପଦ୍ଧତି ସମ୍ବନ୍ଧୀୟ ବିଶଦ ଆଲୋଚନା କରିବାର ଚେଷ୍ଟା କରାଯାଇଛି । ପ୍ରତ୍ୟେକ ବିଷୟବସ୍ତୁର ପ୍ରାରମ୍ଭରେ ପାଠକେ ପଦ୍ଧତିର ଅଣପାରମ୍ପରିକତା ସହ ଥରେ ପରିଚିତ ହୋଇଗଲେ, ପରବର୍ତ୍ତୀ ବିଷୟବସ୍ତୁର ଅଧ୍ୟୟନ କଲାବେଳେ ସେ ଆଉ ଜଟିଳତା ଅନୁଭବ କରିବେ ନାହିଁ, ଯାହା ଏ ପୁସ୍ତକ ରଚନାର ଏକ ମୁଖ୍ୟ ଉଦ୍ଦେଶ୍ୟ ।

'ବୈଦିକ ଗଣିତର ପ୍ରଥମ ଭାଗ' ପ୍ରକାଶିତ ହେବା ପରେ ଏହା ଛାତ୍ରଛାତ୍ରୀମାନଙ୍କ ଗହଣରେ ଖୁବ୍ ଆଦୃତ ହେବାର ଲକ୍ଷ୍ୟ କରାଯାଇଛି । ଖୁସି ଲାଗୁଛି ଯେ, ଆଜିର ଯୁବ ପିଢ଼ି ବେଦ ଭଳି ପୁରାତନ ସାହିତ୍ୟକୁ ଗ୍ରହଣ କରିଛନ୍ତି । ସୁଖର କଥା, 'ବୈଦିକ ଗଣିତର ଦ୍ୱିତୀୟ ଭାଗ' ପ୍ରକାଶିତ ହେବାର ତାହା ହିଁ ମୁଖ୍ୟ ପ୍ରେରଣା । ଏଥିରେ ଅନେକ ଅନାଲୋଚିତ ଅଧ୍ୟାୟ ସନ୍ନିବେଶିତ କରିବାର ପ୍ରୟାସ କରାଯାଇଛି ଏବଂ ଉପସ୍ଥାପନାକୁ ଅତ୍ୟନ୍ତ ସରଳ କରିବା ଉପରେ ଅଧିକ ଗୁରୁତ୍ୱ ଦିଆଯାଇଛି ।

ଏ ପୁସ୍ତକରେ ଛାତ୍ରଛାତ୍ରୀଙ୍କର ଆବଶ୍ୟକତା ଅନୁଯାୟୀ ଅଧିକ ବିଷୟବସ୍ତୁକୁ ସନ୍ନିବେଶ କରାଯିବାର ଚେଷ୍ଟା କରାଯାଇଛି । ସେମାନଙ୍କର ଭବିଷ୍ୟତରେ କୌଣସି ପ୍ରତିଯୋଗିତାମୂଳକ ପରୀକ୍ଷା ନିମିତ୍ତ ସନ୍ନିବେଶ ହୋଇଥିବା ବିଷୟବସ୍ତୁଗୁଡ଼ିକ ନିଶ୍ଚିତ ଭାବରେ ସହାୟକ ହେବ ବୋଲି ଆଶା କରାଯାଇଛି । ଏତଦ୍ ବ୍ୟତୀତ ଉକ୍ତ ପୁସ୍ତକଟି 'ଉଚ୍ଚ ପ୍ରାଥମିକସ୍ତରରୁ ଆରମ୍ଭ କରି ଉଚ୍ଚ ମାଧ୍ୟମିକସ୍ତରର ଶିକ୍ଷାର୍ଥୀମାନଙ୍କ ପାଇଁ' ଗଣିତରେ ମାନସିକ ସ୍ତରର ଦକ୍ଷତା ଅଭିବୃଦ୍ଧିରେ ସହାୟକ ହେବ ।

ସୂଚୀପତ୍ର

ଅଧ୍ୟାୟ	ବିଷୟ	ପୃଷ୍ଠା
ପ୍ରଥମ ଅଧ୍ୟାୟ	ମିଶ୍ରିତ ପ୍ରକ୍ରିୟା (Combined Operations)	୦୧
ଦ୍ୱିତୀୟ ଅଧ୍ୟାୟ	ପଲିନୋମିଆଲ୍ କ୍ଷେତ୍ରରେ ଗୁଣନ (Multiplication on Polynomials)	୧୦
ତୃତୀୟ ଅଧ୍ୟାୟ	ପଲିନୋମିଆଲ୍ କ୍ଷେତ୍ରରେ ଭାଗ (Division on Polynimials)	୧୭
ଚତୁର୍ଥ ଅଧ୍ୟାୟ :	ପଲିନୋମିଆଲ୍ କ୍ଷେତ୍ରରେ ଗ.ସା.ଗୁ. (H.C.F. of Polynomials)	୩୧
ପଞ୍ଚମ ଅଧ୍ୟାୟ :	ଦ୍ୱିଘାତୀ ପଲିନୋମିଆଲ୍‌ର ଉତ୍ପାଦକୀକରଣ (Factoring Quadratic Polynomials)	୪୧
ଷଷ୍ଠ ଅଧ୍ୟାୟ :	ଦ୍ୱିଘାତୀ ପଲିନୋମିଆଲ୍ ସମୀକରଣ (Polynomial Equation of Second Degree)	୫୭
ସପ୍ତମ ଅଧ୍ୟାୟ :	ଦୁଇ ବା ତତୋଽଧିକ ଚଳରାଶି ବିଶିଷ୍ଟ ଦ୍ୱିଘାତୀ ପଲିନୋମିଆଲ୍‌ର ଉତ୍ପାଦକୀକରଣ (Factoring Quadratic Polynomials with Two or More Variables)	୬୬
ଅଷ୍ଟମ ଅଧ୍ୟାୟ :	ତ୍ରିଘାତୀ ପଲିନୋମିଆଲ୍‌ର ଉତ୍ପାଦକୀକରଣ ଏବଂ ସମାଧାନ (Factoring Cubic Polynomials and Finding Solutions)	୭୧
ନବମ ଅଧ୍ୟାୟ :	ଦୁଇ ଅଜ୍ଞାତ ରାଶିବିଶିଷ୍ଟ ଏକଘାତୀ ସହସମୀକରଣ (Linear Simultaneous Equations with Two Variables)	୮୫
ଦଶମ ଅଧ୍ୟାୟ :	ବିଭାଜ୍ୟତା (Divisibility)	୯୪

ଏକାଦଶ ଅଧ୍ୟାୟ   ରୈଖିକ ଭାଗକ୍ରିୟା   ୧୦୭
(Straight Divisions)
ଦ୍ୱାଦଶ ଅଧ୍ୟାୟ : କୁହୁକବର୍ଗ   ୧୨୩
(Magic Squares)
ତ୍ରୟୋଦଶ ଅଧ୍ୟାୟ : ପିଥାଗୋରୀୟତ୍ରୟୀ   ୧୪୦
(Pythagorean Triple(s))
ଚତୁର୍ଦ୍ଦଶ ଅଧ୍ୟାୟ : ପୌନଃପୁନିକ ଦଶମିକ ଭଗ୍ନାଂଶ   ୧୫୦
(Recurring Decimal Fractions)
ପଞ୍ଚଦଶ ଅଧ୍ୟାୟ : ବିନ୍ଦୁ ସଂସ୍ଥାପନ ଏବଂ ପ୍ରତିସ୍ଥାପନ   ୧୭୦
(Exploding Dots)
ଷୋଡ଼ଶ ଅଧ୍ୟାୟ : ବହୁଭୁଜର କ୍ଷେତ୍ରଫଳ   ୧୮୮
(Area of Polygons)

ଉତ୍ତରମାଳା (Answers)   ୨୦୨

-o-

ପ୍ରଥମ ଅଧ୍ୟାୟ

ମିଶ୍ରିତ ପ୍ରକ୍ରିୟା

(COMBINED OPERATIONS)

ପାରମ୍ପରିକ ପାଟୀଗାଣିତିକ ସରଳୀକରଣ ମାଧ୍ୟମରେ ଆମେ ପ୍ରଥମେ କୌଣସି ଏକ ପ୍ରକ୍ରିୟା ସମ୍ବଳିତ ତଥ୍ୟ ବା ବ୍ୟବସ୍ଥାକୁ ଗ୍ରହଣ କରିଥାଉ । ଯଦି ସରଳୀକରଣ ସମ୍ବନ୍ଧିତ ପ୍ରଶ୍ନରେ ଦୁଇ ବା ତତୋଽଧିକ ପ୍ରକ୍ରିୟା ସଂଯୁକ୍ତ ହୋଇଥାଏ, ତେବେ ପ୍ରଥମେ ହରଣ, ଗୁଣନ, ମିଶାଣ ଏବଂ ଫେଡ଼ାଣ ଆଦି ପ୍ରକ୍ରିୟା ଦ୍ୱାରା ସଂପୃକ୍ତ ସଂଖ୍ୟାମାନଙ୍କୁ ନେଇ ଏକ କ୍ରମରେ ଏହାର ସରଳୀକୃତମାନକୁ ସ୍ଥିର କରିଥାଉ । କିନ୍ତୁ ବେଦଗଣିତ ମାଧ୍ୟମରେ ଏକାଧିକ ପ୍ରକ୍ରିୟା ସଂଯୁକ୍ତ ତଥ୍ୟର ସରଳୀକୃତମାନ ସହଜରେ ସ୍ଥିର କରିବା ସମ୍ଭବପର ହୋଇଥାଏ ।

ଉଦାହରଣ ସ୍ୱରୂପ, ପ୍ରଥମେ ଯୋଗ ଏବଂ ବିୟୋଗ ପ୍ରକ୍ରିୟା ସଂଯୁକ୍ତ ଏକ ଉଦାହରଣ ଜରିଆରେ ଏକ ସାଧାରଣ ଗାଣିତିକ ତଥ୍ୟର ସରଳୀକରଣକୁ ବୁଝିବାକୁ ଚେଷ୍ଟା କରିବା। ଗାଣିତିକ ତଥ୍ୟ :

$$258 + 362 - 185 - 151 + 113$$

ବୈଦିକ ସୂତ୍ର ଆଧାରିତ **ବିନ୍‌କୁଲମ୍** (Vinculum) ତଥ୍ୟର ପ୍ରୟୋଗରେ ଗୋଟିଏ ଧାଡ଼ିରେ ଉତ୍ତରକୁ ସ୍ଥିର କରିପାରିବା।

ଦତ୍ତ ପରିପ୍ରକାଶ: $258+362+\overline{185}+\overline{151}+113$ (ବିନ୍‌କୁଲମ୍ ଦ୍ୱାରା ପ୍ରକାଶିତ)

$$= 4\bar{1}7 = (40-1)7 = 397$$

କିନ୍ତୁ ଗତାନୁଗତିକ ପଦ୍ଧତିରେ ସମାଧାନର ସୋପାନଗୁଡ଼ିକ ହେବ :

ପ୍ରଥମ ସୋପାନ : $(258 + 362 + 113) - (185 + 151)$

ଦ୍ୱିତୀୟ ସୋପାନ : $= 733 - 336 = 397$

ଏଠାରେ ଲକ୍ଷ୍ୟ କର ଯେ, ପ୍ରଥମ ପଦ୍ଧତି ଅନୁଯାୟୀ ସମାଧାନ, ପରବର୍ତ୍ତୀ ଗତାନୁଗତିକ ପଦ୍ଧତିରେ ସମାଧାନ, ଅପେକ୍ଷାକୃତ ସହଜ ।

(i) ଯୋଗ ଏବଂ ବିୟୋଗ ପ୍ରକ୍ରିୟା ସହ ଗୁଣନ ପ୍ରକ୍ରିୟା ସଂଯୁକ୍ତ ତଥ୍ୟର ସରଳୀକରଣ:

ଉଦାହରଣ - 1 :

ସରଳୀକୃତ ମାନ ସ୍ଥିର କର : (a) $15 \times 14 + 32 \times 98$

(b) $31 \times 12 + 35 \times 14$

ସମାଧାନ : (a) $15 \times 14 + 32 \times 98$

ସୋପାନ - 1 : $1 \times 1 + 3 \times 9 = 1 + 27 = 28$

ସୋପାନ - 2 : $(4 \times 1 + 1 \times 5) + (8 \times 3 + 9 \times 2)$
$= (4+5) + (24+18) = 9 + 42 = 51$

ସୋପାନ - 3 : $4 \times 5 + 8 \times 2 = 20 + 16 = 36$

ପ୍ରତ୍ୟେକ ସୋପାନରୁ ଉଦ୍ଧୃତ ଫଳାଫଳକୁ ସଜାଇ ରଖିଲେ ପାଇବା -
$28/51/36 = 28 + 5 / 1+3 / 6$ ∴ ନିର୍ଣ୍ଣେୟ ଗୁଣଫଳ = 3346

ପାରମ୍ପରିକ ପଦ୍ଧତି ଅନୁଯାୟୀ ଆମେ (a) ପ୍ରଶ୍ନର ସମାଧାନ ପାଇଁ ପ୍ରଥମେ 15 କୁ 14 ଦ୍ୱାରା ଏବଂ ପରେ 32 କୁ 98 ଦ୍ୱାରା ଗୁଣି ଉଭୟ ଗୁଣଫଳକୁ ଯୋଗ କରି ଫଳାଫଳ ନିର୍ଣ୍ଣୟ କରିଥାଉ । କିନ୍ତୁ ବେଦଗଣିତ ଦ୍ୱାରା ଉକ୍ତ ଫଳାଫଳ ନିର୍ଣ୍ଣୟ ସହଜରେ ନିର୍ଣ୍ଣୟ କରାଯାଇପାରେ ।

ଦ୍ରଷ୍ଟବ୍ୟ: ଗୁଣନ କାର୍ଯ୍ୟ ପାଇଁ ବେଦଗଣିତରେ ଥିବା 'ଉର୍ଦ୍ଧ୍ୱତୀର୍ଯ୍ୟକ' ପ୍ରଣାଳୀକୁ ପ୍ରୟୋଗ କରାଯାଇଛି ।

ବିଶ୍ଳେଷଣ : (ଉର୍ଦ୍ଧ୍ୱତୀର୍ଯ୍ୟକ ପ୍ରଣାଳୀର ପ୍ରତିରୂପ)

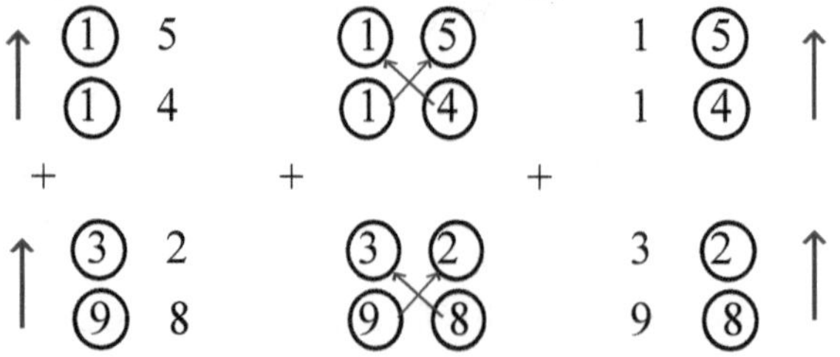

$[1 \times 1 + 9 \times 3] + [1 \times 5 + 4 \times 1 + 9 \times 2 + 8 \times 3] + [4 \times 5 + 8 \times 2]$
$= 28/51/36 = 33/4/6 = 3346$

(b) $31 \times 12 + 35 \times 14$

ସୋପାନ - 1 : $1 \times 3 + 1 \times 3 = 3 + 3 = 6$

ସୋପାନ - 2 : $(1 \times 1 + 2 \times 3) + (1 \times 5 + 4 \times 3) = 7 + 17 = 24$

ସୋପାନ - 3 : $2 \times 1 + 4 \times 5 = 2 + 20 = 22$

∴ ସୋପାନଗୁଡ଼ିକରୁ ନିର୍ଣ୍ଣୀତ ମାନଗୁଡ଼ିକ ସଜାଇ ଲେଖିଲେ,
$6/24/22 = 8/6/2 = 862$

∴ ନିର୍ଣ୍ଣେୟ ସରଳୀକୃତମାନ = 862 ।

ଉଦାହରଣ- 2 : ସରଳୀକୃତମାନ ସ୍ଥିର କର : $44 \times 55 - 12 \times 56$

ସମାଧାନ :

ସୋପାନ - 1 : $5 \times 4 - 5 \times 1 = 20 - 5 = 15$

ସୋପାନ - 2 : $(5 \times 4 + 5 \times 4) - (5 \times 2 + 6 \times 1)$
$= (20 + 20) - (10 + 6)$
$= 40 - 16 = 24$

ସୋପାନ - 3 : $5 \times 4 - 6 \times 2 = 20 - 12 = 8$

ପ୍ରତ୍ୟେକ ସୋପାନରେ ନିର୍ଣ୍ଣିତ ଫଳାଫଳଗୁଡ଼ିକୁ ସଜାଇ ରଖିଲେ -
$15/24/8 = 15 + 2 /4/8 = 1748$

∴ ନିର୍ଣ୍ଣେୟ ସରଳୀକୃତମାନ = 1748 ।

ଉଦାହରଣ - 3

ସରଳୀକୃତମାନ ସ୍ଥିର କର : $26 \times 87 - 11 \times 34$

ସମାଧାନ :

ସୋପାନ - 1: $8 \times 2 - 3 \times 1 = 16 - 3 = 13$

ସୋପାନ - 2: $(8 \times 6 + 7 \times 2) - (3 \times 1 + 4 \times 1)$
$= (48 + 14) - (3 + 4) = 62 - 7 = 55$

ସୋପାନ - 3 : $7 \times 6 - 4 \times 1 = 42 - 4 = 38$

ଉପରିସ୍ଥ ସୋପାନଗୁଡ଼ିକରୁ ନିର୍ଣ୍ଣିତ ଫଳାଫଳଗୁଡ଼ିକୁ ସଜାଇ ରଖିଲେ,
$13/55/38 = 13 + 5/8/8 = 1888$

∴ ନିର୍ଣ୍ଣେୟ ସରଳୀକୃତମାନ = 1888 ।

ଉଦାହରଣ - 4 : ସରଳୀକୃତମାନ ସ୍ଥିର କର : $684 \times 6 - 432 \times 9$ ।

ସମାଧାନ :

ସୋପାନ - 1 : $(6 \times 6) - (4 \times 9) = 36 - 36 = 0$

ସୋପାନ - 2 : $(8 \times 6) - (3 \times 9) = 48 - 27 = 21$

ସୋପାନ - 3 : $(4 \times 6) - (2 \times 9) = 24 - 18 = 6$

∴ ନିର୍ଣ୍ଣେୟ ସରଳୀକୃତମାନ : $0/21/6 = 216$

ଉଦାହରଣ - 5 : ସରଳୀକୃତମାନ ସ୍ଥିର କର :
$(5729 \times 7) + (8342 \times 9) - (386 \times 8)$

ସମାଧାନ : ସୋପାନ ସମୂହ :
(i) $35 + 72 = 107$
(ii) $49 + 27 - 24 = 76 - 24 = 52$
(iii) $14 + 36 - 64 = = 50 - 64 = -14$ ଅଥବା $\overline{14}$
(iv) $63 + 18 - 48 = 81 - 48 = 33$

ଉପରିସ୍ଥ ସୋପାନଗୁଡ଼ିକରୁ ନିର୍ଣ୍ଣିତ ମାନ ଗୁଡ଼ିକୁ ସଜାଇ ରଖିଲେ :

$107/52/\overline{14}/33$

$= 107/52/\overline{11}/3 = 107/51/\overline{1}/3 = 112/1/\overline{1}/3$

$= 1121\overline{1}3 = 112093$

∴ ସରଳୀକୃତମାନ : 112093 ।

ଉଦାହରଣ - 6 : ସରଳୀକୃତମାନ ସ୍ଥିର କର :
$(472 \times 44) + (863 \times 79) - (126 \times 58)$

ସମାଧାନ : ସୋପାନ - 1 : $4 \times 4 + 7 \times 8 - 5 \times 1$
$= 16 + 56 - 5 = 72 - 5 = 67$

ସୋପାନ - 2 : $(4 \times 4 + 4 \times 7) + (9 \times 8 + 7 \times 6) - (8 \times 1 + 5 \times 2)$
$= (16 + 28) + (72 + 42) - (8 + 10)$
$= 44 + 114 - 18 = 158 - 18 = 140$

ସୋପାନ - 3 : $(4 \times 2 + 4 \times 7) + (7 \times 3 + 9 \times 6) - (5 \times 6 + 8 \times 2)$
$= (8 + 28) + (21 + 54) - (30 + 16)$
$= 36 + 75 - 46 = 111 - 46 = 65$

ସୋପାନ - 4 : $4 \times 2 + 9 \times 3 - 8 \times 6$
$= 8 + 27 - 48 = 35 - 48 = -13$ କିମ୍ବା $\overline{13}$

ସୋପାନଗୁଡ଼ିକରୁ ମିଳିଥିବା ଫଳାଫଳଗୁଡ଼ିକୁ ସଜାଇ ରଖିଲେ -
$67/140/65/\overline{13} = 81/6/4/\overline{3} = 8164\overline{3} = 81637$

∴ ନିର୍ଣ୍ଣେୟ ସରଳୀକୃତମାନ : 81637 ।

ଦ୍ରଷ୍ଟବ୍ୟ : ତିନିଅଙ୍କ ବିଶିଷ୍ଟ ସଂଖ୍ୟାକୁ, ତିନିଅଙ୍କ ବିଶିଷ୍ଟ ସଂଖ୍ୟା ଦ୍ୱାରା ଗୁଣନ କାର୍ଯ୍ୟ ପାଇଁ, ଊର୍ଦ୍ଧ୍ୱତୀର୍ଯ୍ୟକ ପ୍ରଣାଳୀର ଏକ ପ୍ରତିରୂପ (Pattern) ର ସାହାଯ୍ୟ ନିଆଯାଇପାରେ ।

ପ୍ରତିରୂପ

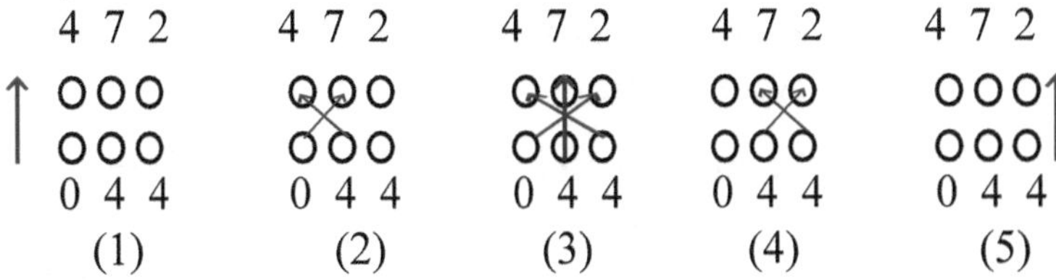

```
      4 7 2      4 7 2      4 7 2      4 7 2      4 7 2
   ↑  0 0 0      0 0 0      0 0 0      0 0 0      0 0 0 ↑
   |  0 0 0      0 0 0      0 0 0      0 0 0      0 0 0 |
      0 4 4      0 4 4      0 4 4      0 4 4      0 4 4
       (1)        (2)        (3)        (4)        (5)
     0 × 4 = 0  4 × 4 = 16  4 ×7+4×4   4 ×7+ 4 × 2  4×2= 8
                             = 44       =36
```

∴ ଗୁଣଫଳ = 0/16/44/ 36/8 = 20768

∴ 472 × 44 = 20768 ।

(ii) ପରବର୍ତ୍ତୀ ଉଦାହରଣ ଗୁଡ଼ିକରେ କେତେଗୁଡ଼ିଏ ସଂଖ୍ୟାର ସମଷ୍ଟିକୁ ଏକ ସଂଖ୍ୟା ଦ୍ୱାରା ଭାଗକରିବା ବିଧିକୁ ଜାଣିବା । ଗତାନୁଗତିକ ପ୍ରଣାଳୀଟି ହେଲା – ପ୍ରଥମେ ସଂଖ୍ୟା ଗୁଡ଼ିକର ଯୋଗଫଳ ସ୍ଥିର କରିବା ଏବଂ ପରେ ଯୋଗଫଳକୁ ଦତ୍ତ ସଂଖ୍ୟା ଦ୍ୱାରା ଭାଗକରିବା । ଏ ପ୍ରକାରର ଭାଗକ୍ରିୟାକୁ ଅନ୍ୟ ଏକ ଉପାୟ ମାଧ୍ୟମରେ ବୁଝିବା । ନିମ୍ନ ଉଦାହରଣରୁ ସ୍ପଷ୍ଟ ହେବ ।

ଉଦାହରଣ - 7 : ଭାଗ କର : $(85 + 42 + 68) \div 6$

ସମାଧାନ :

ସୋପାନ - 1: $(8 + 4 + 6) \div 6$
= $18 \div 6= 3$ (3 ଦଣ୍ଡ)

ସୋପାନ - 2 : $(5 + 2 + 8) \div 6$
= $15 \div 6 = 2$ ଭାଗଫଳ ଓ 3 ଭାଗଶେଷ ।

∴ ନିର୍ଣ୍ଣେୟ ଭାଗଫଳ = 32 ଏବଂ ଭାଗଶେଷ = 3

∴ ଦଶମିକ ଭଗ୍ନାଂଶରେ ପ୍ରକାଶ କଲେ, ନିର୍ଣ୍ଣେୟ ଭାଗଫଳ = 32.5 ।

ଉଦାହରଣ - 8 : ଭାଗକର : $(68 + 24 + 49 + 36 + 18) \div 9$

ସମାଧାନ :

ସୋପାନ - 1 : $6 + 2 + 4 + 3 + 1 = 16$

∴ $16 \div 9 = 1$ ଭାଗଫଳ ଓ 7 ଭାଗଶେଷ (ଏକ ଦଶ ଓ 7 ଦଶ)

ସୋପାନ - 2 : $8 + 4 + 9 + 6 + 8 = 35$

ସୋପାନ - 3 : ଭାଜ୍ୟ = 35 + 70 = 105

ସୋପାନ - 4 : 105 ÷ 9 = 11 ଭାଗଫଳ ଓ 6 ଭାଗଶେଷ ।

∴ ନିର୍ଣ୍ଣେୟ ଭାଗଫଳ = 21 ଏବଂ ଭାଗଶେଷ = 6

ଦଶମିକ ଭଗ୍ନାଂଶରେ ପ୍ରକାଶ କଲେ 21.66 ପାଇବା ।

ଉଦାହରଣ - 9 : ଭାଗକର : (379 + 286 + 352 + 75) ÷ 8

ସମାଧାନ :

ସୋପାନ - 1 : 3 + 2 + 3 = 8

∴ 8 ÷ 8 = 1 (ଭାଗଫଳ) (1 ଶତ)

ସୋପାନ - 2 : 7 + 8 + 5 + 7 = 27

∴ 27 ÷ 8 = 3 ଭାଗଫଳ ଓ 3 ଭାଗଶେଷ

(3 ଦଶ ଓ 3 ଦଶ)

ସୋପାନ - 3 : 9 + 6 + 2 + 5 = 22

∴ ଭାଜ୍ୟ = 22 + 30 = 52

∴ 52 ÷ 8 = 6 ଭାଗଫଳ ଓ 4 ଭାଗଶେଷ

∴ ନିର୍ଣ୍ଣେୟ ଭାଗଫଳ = (100 + 30+ 6) = 136 ଏବଂ ଭାଗଶେଷ = 4

ଦଶମିକ ଭଗ୍ନସଂଖ୍ୟାରେ ପ୍ରକାଶ କଲେ 136.5 ପାଇବା ।

∴ ନିର୍ଣ୍ଣେୟ ସରଳୀକୃତମାନ = 136.5 ।

ଦୁଇଟି ସଂଖ୍ୟାର ବର୍ଗର ଅନ୍ତର ବା ବିୟୋଗ ଏବଂ ସମଷ୍ଟି ନିର୍ଣ୍ଣୟ:

ସାଧାରଣତଃ ଗତାନୁଗତିକ ପ୍ରଣାଳୀ ଅନୁଯାୟୀ ଦତ୍ତ ସଂଖ୍ୟା ଦ୍ୱୟର ବର୍ଗ ଅଲଗା ଅଲଗା ସ୍ଥିର କରି ଉଭୟର ବିୟୋଗଫଳ ବା ଯୋଗଫଳ ସ୍ଥିର କରାଯାଇଥାଏ । କିନ୍ତୁ ବେଦଗଣିତରେ ବର୍ଗ ନିର୍ଣ୍ଣୟ ସୂତ୍ର ପ୍ରୟୋଗ କରି ଏକ ସଙ୍ଗରେ ବର୍ଗଦ୍ୱୟର ବିୟୋଗଫଳ ଏବଂ ଯୋଗଫଳ ମଧ୍ୟ ସ୍ଥିର କରିପାରିବା ।

ଉଦାହରଣ - 10 : ବିୟୋଗଫଳ ସ୍ଥିର କର ।

(a) $(63)^2 - (36)^2$ (b) $(72)^2 - (27)^2$

(c) $(52)^2 - (47)^2$ (d) $(647)^2 - (352)^2$

ସମାଧାନ : (a) $63^2 - 36^2 = (63 + 36)(63 - 36) = 99 \times 27$

$= 2673$ (ଏକ ନ୍ୟୁନେନ ପୂର୍ବେଣ)

(b) $72^2 - 27^2 = (72 + 27)(72 - 27)$

$= 99 \times 45 = 4455$

(c) $52^2 - 47^2 = (52 + 47)(52 - 47)$

$= 99 \times 5 = 0495 = 495$

ଦ୍ରଷ୍ଟବ୍ୟ : ଏଠାରେ ଦତ୍ତ ସଂଖ୍ୟା ଦ୍ୱୟର ସମଷ୍ଟି 99 ହେତୁ ଗୁଣଫଳ ନିର୍ଣ୍ଣୟ ପାଇଁ ବୈଦିକ ସୂତ୍ର **'ଏକ ନ୍ୟୁନେନ ପୂର୍ବେଣ'** ସୂତ୍ରର ପ୍ରୟୋଗ କରାଗଲା ।

(d) $647^2 - 352^2$

$= (647 + 352)(647 - 352)$

$= 999 \times 295 = 294705$ (ଏକ ନ୍ୟୁନେନ ପୂର୍ବେଣ) ।

ଉଦାହରଣ-11: ଦୁଇଟି ବର୍ଗର ବିୟୋଗଫଳ ସ୍ଥିର କର । (ଦ୍ୱନ୍ଦ୍ୱ ଯୋଗ ସୂତ୍ର)

(a) $42^2 - 29^2$ (b) $38^2 - 17^2$

ସମାଧାନ : (a) $42^2 - 29^2$

ସୋପାନ - 1 : $D(4) - D(2) = 16 - 4 = 12$

ସୋପାନ - 2 : $D(42) - D(29) = 16 - 36 = -20$ ବା $\overline{20}$

ସୋପାନ - 3 : $D(2) - D(9) = 4 - 81 = -77$ ବା $\overline{77}$

$\therefore$ ନିର୍ଣ୍ଣେୟ ବିୟୋଗ ଫଳ $= 12/\overline{20}/\overline{77} = 12/\overline{27}/\overline{7}$

$= 10/\overline{7}/\overline{7} = 10\overline{77} = 923$ ।

(b) $38^2 - 17^2$

ସୋପାନ - 1 : $D(3) - D(1) = 9 - 1 = 8$

ସୋପାନ - 2 : $D(38) - D(17) = 48 - 14 = 34$

ସୋପାନ - 3 : $D(8) - D(7) = 64 - 49 = 15$

$\therefore$ ନିର୍ଣ୍ଣେୟ ବିୟୋଗ ଫଳ $= 8/34/15$

$= 8/35/5 = 11/5/5 = 1155$ ।

ଉଦାହରଣ - 12 : ଦୁଇଟି ବର୍ଗର ସମଷ୍ଟି ସ୍ଥିର କର । (ଦ୍ୱନ୍ଦ୍ୱଯୋଗ ସୂତ୍ର)

(a) $41^2 + 35^2$ (b) $116^2 + 231^2$

ସମାଧାନ : (a) $41^2 + 35^2$

ସୋପାନ - 1 : $D(4) + D(3) = 16 + 9 = 25$

ସୋପାନ - 2 : $D(41) + D(35) = 8 + 30 = 38$
ସୋପାନ - 3 : $D(1) + D(5) = 1 + 25 = 26$
∴ ନିର୍ଣ୍ଣେୟ ସମଷ୍ଟି = 25/38/26 = 2906 ।

(b) $116^2 + 231^2$
ସୋପାନ - 1 : $D(1) + D(2) = 1 + 4 = 5$
ସୋପାନ - 2 : $D(11) + D(23) = 2 + 12 = 14$
ସୋପାନ - 3 : $D(116) + D(231) = 13 + 13 = 26$
ସୋପାନ - 4 : $D(16) + D(31) = 12 + 6 = 18$
ସୋପାନ - 5 : $D(6) + D(1) = 36 + 1 = 37$
∴ ନିର୍ଣ୍ଣେୟ ସମଷ୍ଟି = 5/14/26/18/37 = 6 6 8 1 7

ଦ୍ରଷ୍ଟବ୍ୟ : ଦ୍ୱନ୍ଦ୍ୱଯୋଗ ସୂତ୍ର (Duplex Method) :
Duplex of (a) = $D(a) = a^2$,
Duplex of (ab) = $D(ab) = 2ab$,
Duplex of (abc) = $D(abc) = 2ac + b^2$,
Duplex of (abcd) = $D(abcd) = 2ad + 2bc$ ଇତ୍ୟାଦି ।

ଉଦାହରଣ : 13 : ସରଳ କର ।
(a) $(84)^2 + (23)^2 - (56)^2$ (b) $47^2 - 31^2 + 12^2$

ସମାଧାନ : (a) $84^2 + 23^2 - 56^2$

(a) ସୋପାନ - 1 : $D(8) + D(2) - D(5)$
                              $= 64 + 4 - 25 = 68 - 25 = 43$
ସୋପାନ - 2 : $D(84) + D(23) - D(56)$
                              $= 64 + 12 - 60 = 76 - 60 = 16$
ସୋପାନ- 3 : $D(4) + D(3) - D(6)$
                              $= 16+9-36 = 25- 36 = -11$ ବା $\overline{11}$

∴ ସରଳୀକୃତମାନ = 43 / 16 / $\overline{11}$
                              = 43 / 15 / $\overline{1}$ = 445$\overline{1}$ = 4449 ।

(b) $47^2 - 31^2 + 12^2$
ସୋପାନ - 1 : $D(4) - D(3) + D(1) = 16 - 9 + 1 = 8$
ସୋପାନ - 2 : $D(47) - D(31) + D(12) = 56 - 6 + 4 = 54$

ସୋପାନ - 3: D (7) – D (1) + D(2) = 49 – 1 + 4 = 52

∴ ସରଳୀକୃତମାନ = 8 / 54 / 52 = 8 / 59 / 2 = 1 3 9 2

ମିଶ୍ରିତ ପ୍ରକ୍ରିୟା ସମ୍ବଳିତ ପ୍ରଶ୍ନଗୁଡ଼ିକର ସମାଧାନରେ ପ୍ରତ୍ୟେକ ପ୍ରକ୍ରିୟା ପାଇଁ ବେଦଗାଣିତିକ ସୂତ୍ରାବଳୀକୁ ମନେ ରଖିବା ଆବଶ୍ୟକ । ଗୁଣନ, ଭାଗ, ବର୍ଗ, ଘନ ଇତ୍ୟାଦି ପ୍ରକ୍ରିୟା ସଂଯୁକ୍ତ ଗାଣିତିକ ତଥ୍ୟର ସମାଧାନ କରିବା ପାଇଁ ବେଦଗାଣିତିକ ସୂତ୍ରର ପ୍ରୟୋଗ ବିଧିକୁ ମଧ୍ଯ ଜାଣିବା ଆବଶ୍ୟକ । ସମାଧାନ ଅଭ୍ୟାସଗତ ହୋଇଗଲେ ବିଭିନ୍ନ ଜଟିଳ ଗାଣିତିକ ପ୍ରଶ୍ନର ସମାଧାନ ଅବିଳମ୍ବେ ସମ୍ପାଦିତ ହୋଇପାରିବ।

ପ୍ରଶ୍ନାବଳୀ

1. ସରଳୀକୃତମାନ ସ୍ଥିର କର :

(a) $67 \times 31 + 25 \times 18$ (b) $53 \times 42 + 35 \times 38$

(c) $47 \times 22 + 88 \times 13$ (d) $35 \times 48 - 18 \times 32$

(e) $43 \times 51 - 13 \times 78$ (f) $45 \times 18 - 23 \times 15$

2. ସରଳୀକୃତମାନ ସ୍ଥିର କର ।:

(a) $218 \times 9 - 132 \times 7$

(b) $428 \times 6 + 235 \times 9$

(c) $2132 \times 7 + 4317 \times 8 - 386 \times 9$

(d) $218 \times 12 + 613 \times 18 - 532 \times 17$

(e) $426 \times 15 + 245 \times 14 - 135 \times 16$

3. ସରଳୀକୃତମାନ ସ୍ଥିର କର ।

(a) $(32 + 16 + 18 + 24) \div 6$

(b) $(63 + 32 + 41 + 35 + 18) \div 7$

(c) $(17 + 28 + 34 + 16 + 25) \div 9$

(d) $(135 + 218 + 306 + 312) \div 8$

4. ଦୁଇଟି ବର୍ଗର ସମଷ୍ଟି ସ୍ଥିର କର ।

(a) $47^2 + 52^2$ (b) $33^2 + 68^2$ (c) $67^2 + 32^2$

5. ଦୁଇଟି ବର୍ଗର ବିୟୋଗଫଳ ସ୍ଥିର କର ।

(a) $68^2 - 22^2$ (b) $35^2 - 17^2$ (c) $73^2 - 61^2$

6. ସରଳୀକୃତମାନ ସ୍ଥିର କର ।

(a) $28^2 + 32^2 - 16^2$ (b) $68^2 - 31^2 + 15^2$

(c) $83^2 - 43^2 + 21^2$

ଦ୍ୱିତୀୟ ଅଧ୍ୟାୟ

ପଲିନୋମିଆଲ୍ କ୍ଷେତ୍ରରେ ଗୁଣନ

(MULTIPLICATION ON POLYNOMIALS)

ଏକ ପଲିନୋମିଆଲ୍‌ର ସାଧାରଣ ରୂପ, $a_0x^0 + a_1x^1 + a_2x^2 + \dots\dots\dots + a_{n-1}x^{n-1} + a_nx^n$, ଯେଉଁଠାରେ $a_0, a_1 \dots\dots a_n$ ଯଥାକ୍ରମେ ସଂପୃକ୍ତ ପଦଗୁଡ଼ିକର ସହଗ ଏବଂ $a_n \neq 0$ । ଉକ୍ତ ପଲିନୋମିଆଲ୍‌ର ଘାତ 'n' ('x' ର ସର୍ବୋଚ୍ଚ ଘାତ) ଏବଂ ପଦସଂଖ୍ୟା (n+1) । ଅବଶ୍ୟ ପଲିନୋମିଆଲ୍‌ର ପଦ ଗୁଡ଼ିକର ଘାତ ଅଣରଣାତ୍ମକ ପୂର୍ଣ୍ଣ ସଂଖ୍ୟା ହୋଇଥିବା ଆବଶ୍ୟକ।

ଗତାନୁଗତିକ ପ୍ରଣାଳୀରେ ପଲିନୋମିଆଲ୍ କ୍ଷେତ୍ରରେ ଗୁଣନ ସମୟସାପେକ୍ଷ; କାରଣ ଗୁଣଫଳ ନିର୍ଣ୍ଣୟରେ ସମଘାତ ବିଶିଷ୍ଟ ପଦଗୁଡ଼ିକୁ ଏକାଠି କରି ଉର୍ଦ୍ଧ୍ୱ ବା ଅଧଃ କ୍ରମରେ ଲେଖିବା ଅପେକ୍ଷାକୃତ ଜଟିଳ ହୋଇଥାଏ । ଏହାର ସରଳୀକରଣକୁ ଏକ ଉଦାହରଣ ଜରିଆରେ ବୁଝିବା ।

ଉଦାହରଣ - 1 : $(x^2 + 2x + 3)$ ଏବଂ $(x^2 + x + 2)$ ର ଗୁଣଫଳ ସ୍ଥିର କର ।

ସମାଧାନ : $(x^2 + 2x + 3) \times (x^2 + x + 2)$

$= x^2(x^2 + x + 2) + 2x(x^2 + x + 2) + 3(x^2 + x + 2)$ (ବଣ୍ଟନ ନିୟମ ଦ୍ୱାରା)

$= x^4 + x^3 + 2x^2 + 2x^3 + 2x^2 + 4x + 3x^2 + 3x + 6$

$= x^4 + 3x^3 + 7x^2 + 7x + 6$

ବେଦ ଗଣିତରେ ଆଲୋଚିତ 'ଉର୍ଦ୍ଧ୍ୱତୀର୍ଯ୍ୟକ' ପଦ୍ଧତି (Urdhva Tiryagbhyam) ଯାହାର ଅର୍ଥ 'ଉର୍ଦ୍ଧ୍ୱ ଏବଂ ତୀର୍ଯ୍ୟକ ଭାବରେ ଗୁଣନ'; ଯାହା ଏଠାରେ ଅର୍ଥପୂର୍ଣ୍ଣ । ଉକ୍ତ ଗୁଣନ ପ୍ରଣାଳୀ ସଂଖ୍ୟାକ୍ଷେତ୍ରରେ ବେଶ୍ ଆଦୃତ।

ଦ୍ରଷ୍ଟବ୍ୟ : 1. ଦୁଇଅଙ୍କ ବିଶିଷ୍ଟ ସଂଖ୍ୟା କ୍ଷେତ୍ରରେ ଗୁଣନର ପ୍ରତିରୂପ :

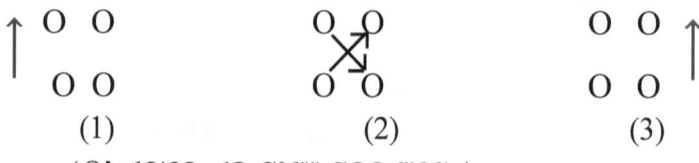

(1) (2) (3)

'O' ଏଠାରେ ଏକ ସଂଖ୍ୟା ସୂଚକ ଅଟେ ।

2. ତିନି ଅଙ୍କ ବିଶିଷ୍ଟ ସଂଖ୍ୟା କ୍ଷେତ୍ରରେ ଗୁଣନର ପ୍ରତିରୂପ :

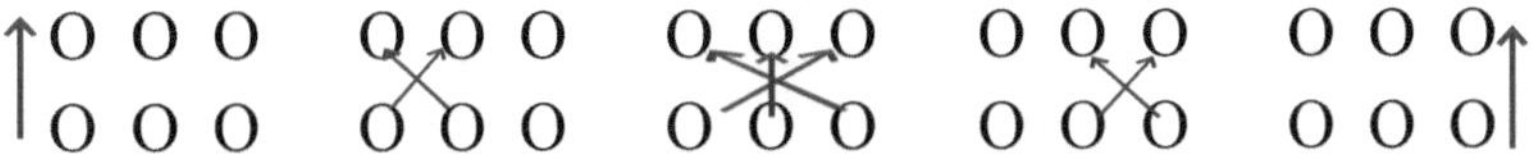

```
↑o o o   o o o   o o o   o o o   o o o↑
 o o o   o o o   o o o   o o o   o o o
```

ପ୍ରତିରୂପରେ ଦଉ ତୀର ଚିହ୍ନ, ସଂପୃକ୍ତ ସଂଖ୍ୟାର ଗୁଣନର ତରିକାକୁ ବୁଝାଏ । ଉକ୍ତ ପ୍ରଣାଳୀକୁ ସଂଖ୍ୟାକ୍ଷେତ୍ରରେ ପୂର୍ବରୁ ଦୁଇଅଙ୍କ, ତିନିଅଙ୍କ, ଚାରିଅଙ୍କ ବିଶିଷ୍ଟ ଗୁଣନ ପ୍ରକ୍ରିୟାକୁ ବୁଝିସାରିଛ । ବର୍ତ୍ତମାନ ଉକ୍ତ ପ୍ରକ୍ରିୟା, ବୀଜଗାଣିତିକ ପରିପ୍ରକାଶ କ୍ଷେତ୍ରରେ କିପରି ପ୍ରୟୋଗ ହୋଇପାରିବ ତାକୁ ବୁଝିବାକୁ ଚେଷ୍ଟା କରିବା ।

1. ଦ୍ୱିପଦୀ ପରିପ୍ରକାଶ (ପଲିନୋମିଆଲ୍) କ୍ଷେତ୍ରରେ ଗୁଣନ :

ଉଦାହରଣ - 2 :

$(x + 3y)$ କୁ $(3x + 4y)$ ଦ୍ୱାରା ଗୁଣି ଗୁଣଫଳ ସ୍ଥିର କର ।

ସମାଧାନ :

ଗତାନୁଗତିକ ପ୍ରଣାଳୀ :

$(x + 3y)(3x + 4y)$
$= x(3x + 4y) + 3y(3x + 4y)$
$= 3x^2 + 4xy + 9xy + 12y^2$ (ବଣ୍ଟନ ନିୟମ)
$= 3x^2 + 13xy + 12y^2$

∴ ନିର୍ଣ୍ଣେୟ ଗୁଣଫଳ = $(3x^2 + 13xy + 12y^2)$ ।

ବେଦଗାଣିତିକ ପ୍ରଣାଳୀ : (ଉର୍ଦ୍ଧ୍ୱତୀର୍ଯ୍ୟକ ପ୍ରଣାଳୀ)

```
    x       y        ... ଚଳରାଶି
  ↑ 1  ⤫  3 ↑     ପ୍ରଥମ ଦ୍ୱିପଦୀର ସହଗ
    3       4        ଦ୍ୱିତୀୟ ଦ୍ୱିପଦୀର ସହଗ
  ─────────────
   3×1 ╱ 4×1 + 3×3 ╱ 4×3
  (ଉର୍ଦ୍ଧ୍ୱ)  (ତୀର୍ଯ୍ୟକ)  (ଉର୍ଦ୍ଧ୍ୱ)
```

= 3 ╱ 13 ╱ 12 = $3x^2 + 13xy + 12y^2$

(ଦକ୍ଷିଣରୁ ବାମକୁ ଥିବା ସଂଖ୍ୟାମାନ 12, 13 ଏବଂ 3 ଯଥାକ୍ରମେ y^2, xy ଏବଂ x^2 ର ସହଗ ହେବ ।)

ଉଦାହରଣ - 3: (2x + 3y) କୁ (11x + 6y) ଦ୍ୱାରା ଗୁଣି ଗୁଣଫଳ ସ୍ଥିର କର ।

ସମାଧାନ :

x y ... ଚଳରାଶି

↑ 2 ⤫ 3 ↑ (ପ୍ରତ୍ୟେକ କ୍ଷେତ୍ରରେ ଚଳରାଶିର

11 6 ସହଗଗୁଡ଼ିକୁ ତଳକୁ ତଳ ଲେଖାଯାଇଛି)

11×2 / 11×3 + 6×2 / 6×3

= 22/33+12/18 = 22 / 45 / 18

∴ ନିର୍ଣ୍ଣେୟ ଗୁଣଫଳ = $22x^2 + 45xy + 18y^2$ ।

ଉଦାହରଣ - 4 : (2x – 5y) କୁ (3x – 7y) ଦ୍ୱାରା ଗୁଣି ଗୁଣଫଳ ସ୍ଥିର କର ।

ସମାଧାନ :

x y

↑ 2 ⤫ –5 ↑

3 –7

3×2 / 3(–5) + (–7) 2 / (–7) ×(–5)

= 6 / (–15) +(–14) / 35 = 6 / –29 / 35

∴ ନିର୍ଣ୍ଣେୟ ଗୁଣଫଳ = $6x^2 – 29xy + 35y^2$ ।

ଆବଶ୍ୟକ ସୋପାନସମୂହ:

(1) ଦତ୍ତ ପରିପ୍ରକାଶ ଗୁଡ଼ିକରେ ଥିବା ଚଳରାଶିଗୁଡ଼ିକୁ ପ୍ରଥମେ ପ୍ରଥମ ଧାଡ଼ିରେ ଲେଖ ।

(2) ପ୍ରତ୍ୟେକ କ୍ଷେତ୍ରରେ ଥିବା ଚଳରାଶିର ସହଗଗୁଡ଼ିକୁ ତଳକୁ ତଳ ଲେଖ ।

(3) ଉର୍ଦ୍ଧ୍ୱତୀର୍ଯ୍ୟକ ପ୍ରତିରୂପ ଅନୁଯାୟୀ ଦତ୍ତ ସଂଖ୍ୟା ସହଗଗୁଡ଼ିକୁ ନେଇ ଗୁଣନ କର ।

(4) ଦକ୍ଷିଣ ବା ବାମରୁ ଚଳରାଶିଗୁଡ଼ିକୁ ସଂପୃକ୍ତ ଗୁଣଫଳ ସହିତ ସଂଯୋଗ କର ଏବଂ ତତ୍ପରେ ଗୁଣଫଳକୁ ଲେଖ । (ଚଳରାଶିର ଘାତ ଅଧଃ କିମ୍ବା ଉର୍ଦ୍ଧ୍ୱକ୍ରମରେ)

(5) ଗୁଣ୍ୟ ଓ ଗୁଣକର ସହଗମାନଙ୍କର ସମଷ୍ଟିର ଗୁଣଫଳ, ଗୁଣଫଳର ସହଗମାନଙ୍କର ସମଷ୍ଟି ସହ ସମାନ ଦର୍ଶାଇ ଗୁଣଫଳର ସଠିକତା ଦର୍ଶାଅ।

2. ତ୍ରିପଦୀ ପରିପ୍ରକାଶ (ପଲିନୋମିଆଲ୍) କ୍ଷେତ୍ରରେ ଗୁଣନ :

ଉଦାହରଣ - 5 :

$(x^2 + 2x + 3)$ କୁ $(3x^2 + 2x + 4)$ ଦ୍ୱାରା ଗୁଣି ଗୁଣଫଳ ସ୍ଥିର କର ।

ସମାଧାନ :

ଉଦାହରଣ - 1 ରେ ଦୁଇଟି ତ୍ରିପଦୀ ପରିପ୍ରକାଶର ଗୁଣନ ଗତାନୁଗତିକ ପଦ୍ଧତି ରେ କିପରି କରାଯାଇ ଗୁଣଫଳ ସ୍ଥିର କରାଯାଏ, ତା'ର ଏକ ଉଦାହରଣ ଦିଆଯାଇଛି । ବର୍ତ୍ତମାନ ବେଦଗଣିତର 'ଉର୍ଦ୍ଧ୍ୱତୀର୍ଯ୍ୟକ' ସୂତ୍ର ଉପଯୋଗରେ ଉକ୍ତ ଗୁଣନ ପ୍ରକ୍ରିୟା କିପରି ହୁଏ ଅନୁଧ୍ୟାନ କର ।

(ଉର୍ଦ୍ଧ୍ୱତୀର୍ଯ୍ୟକ ଗୁଣନକୁ ନିମ୍ନ ସୋପାନ ଗୁଡ଼ିକରେ ଦର୍ଶାଯାଇଛି)

$x^2 \quad x \quad x^0$ (ଚଳରାଶିର ଘାତ)

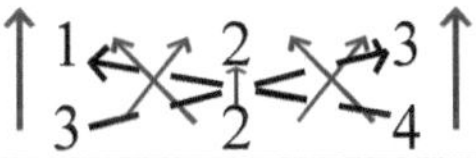

$$\begin{array}{c} 1 \quad 2 \quad 3 \\ 3 \quad 2 \quad 4 \end{array}$$ (ପ୍ରତ୍ୟେକ ପରିପ୍ରକାଶର ସଂପୃକ୍ତ ପଦର ସହଗ)

3 / 8 / 17 / 14 / 12

ସୋପାନ - 1. $4 \times 3 = 12$
ସୋପାନ - 2. $4 \times 2 + 2 \times 3 = 8 + 6 = 14$
ସୋପାନ - 3. $4 \times 1 + 2 \times 2 + 3 \times 3 = 4 + 4 + 9 = 17$
ସୋପାନ - 4. $2 \times 1 + 3 \times 2 = 2 + 6 = 8$
ସୋପାନ - 5. $3 \times 1 = 3$

ବାମପାର୍ଶ୍ୱରୁ ଚଳରାଶିର ଘାତର ଅଧଃକ୍ରମରେ ରଖି ସଂପୃକ୍ତ ସହଗକୁ ନେଇ ଲେଖିଲେ ପାଇବା :-

$3x^4 / 8x^3 / 17x^2 / 14x / 12$

ଅର୍ଥାତ୍ ନିର୍ଣ୍ଣେୟ ଗୁଣଫଳ = $3x^4 + 8x^3 + 17x^2 + 14x + 12$

$\therefore (x^2 + 2x + 3)(3x^2 + 2x + 4)$
$= 3x^4 + 8x^3 + 17x^2 + 14x + 12$ ।

ଗୁଣଫଳର ସତ୍ୟତା ନିରୂପଣ :

ଗୁଣ୍ୟ ଓ ଗୁଣକର ସହଗମାନଙ୍କର ସମଷ୍ଟିର ଗୁଣଫଳ = 54

ଏବଂ ଗୁଣଫଳର ସହଗମାନଙ୍କର ସମଷ୍ଟି = 54 ।

$\therefore$ ଗୁଣଫଳ ନିର୍ଣ୍ଣୟ ପ୍ରକ୍ରିୟା ଠିକ୍ ଅଛି ।

ଉଦାହରଣ - 6 :

$(2x^2 - 4x + 6)$ କୁ $(3x^2 - 7x - 2)$ ଦ୍ୱାରା ଗୁଣି ଗୁଣଫଳ ସ୍ଥିର କର ।

ସମାଧାନ:

ଦୁଇ ପଲିନୋମିଆଲର ଚଳରାଶିଗୁଡ଼ିକୁ ପ୍ରଥମେ ଲେଖି ତପରେ ସେଗୁଡ଼ିକର ସହଗଗୁଡ଼ିକୁ ତଳକୁ ତଳ ଲେଖ ।

x^2 $\quad$ x $\quad$ x^0 $\quad$ ଉର୍ଦ୍ଧ୍ୱତାର୍ଯ୍ୟକ ପ୍ରଣାଳୀ ଅନୁସରଣରେ ସୋପାନଗୁଡ଼ିକୁ ଲେଖ ।

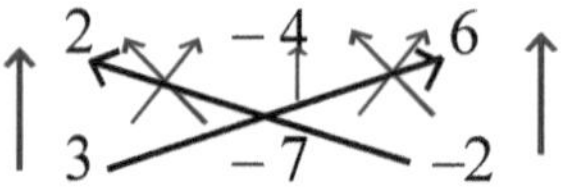

$$\begin{matrix} 2 & -4 & 6 \\ 3 & -7 & -2 \end{matrix}$$

ବାମରୁ ଦକ୍ଷିଣକୁ ଗୁଣନକ୍ରିୟା ଅନୁଯାୟୀ ସଜାଇ ଲେଖ ।

a. $\quad 3 \times 2 = 6$

b. $\quad 3 \times (-4) + (-7) \times 2 = (-12) + (-14) = -26$

c. $\quad 3 \times 6 + (-2) \times 2 + (-7) \times (-4) = 18 - 4 + 28 = 42$

d. $\quad (-7 \times 6) + (-2)(-4) = -42 + 8 = -34$

e. $\quad (-2) \times 6 = -12$

ଉପରିସ୍ଥ ସୋପାନଗୁଡ଼ିକରୁ ପାଇବା : 6 / –26 / 42 / –34 / –12

∴ ନିର୍ଣ୍ଣେୟ ଗୁଣଫଳ = $6x^4 - 26x^3 + 42x^2 - 34x - 12$ ।

ଚଳରାଶିର ଘାତ ର ଅଧଃକ୍ରମରେ ସଂପୃକ୍ତ ସହଗଗୁଡ଼ିକୁ ପ୍ରତିସ୍ଥାପନ କରାଯାଇ ନିର୍ଣ୍ଣେୟ ଗୁଣଫଳକୁ ବାମରୁ ଦକ୍ଷିଣକୁ ଲେଖାଯାଇଛି ।

ଗୁଣଫଳର ସତ୍ୟତା ନିରୂପଣ :

ଗୁଣ୍ୟ ଓ ଗୁଣକର ସହଗମାନଙ୍କର ସମଷ୍ଟିର ଗୁଣଫଳ = – 24

ଏବଂ ଗୁଣଫଳର ସହଗମାନଙ୍କର ସମଷ୍ଟି = – 24 ।

∴ ଗୁଣଫଳ ନିର୍ଣ୍ଣେୟ ପ୍ରକ୍ରିୟା ଠିକ୍ ଅଛି ।

ଉଦାହରଣ - 7 : $(2x^2 - 7)$ କୁ $(3x^2 + 4x)$ ଦ୍ୱାରା ଗୁଣି ଗୁଣଫଳ ସ୍ଥିର କର ।

ସମାଧାନ: ଚଳରାଶିକୁ ଲେଖି ତା'ତଳକୁତଳ ସଂପୃକ୍ତ ସହଗଗୁଡ଼ିକୁ ସଜାଇ ଲେଖିବା ପାଇଁ ଗୁଣ୍ୟ ଓ ଗୁଣକ ଦ୍ୱୟକୁ ଘାତ ଅନୁଯାୟୀ ସଜାଇବା ଦରକାର । ଅର୍ଥାତ୍ ଗୁଣ୍ୟ: $(2x^2 + 0.x - 7)$ ଏବଂ ଗୁଣକ : $(3x^2 + 4x + 0)$ ହେବ ।

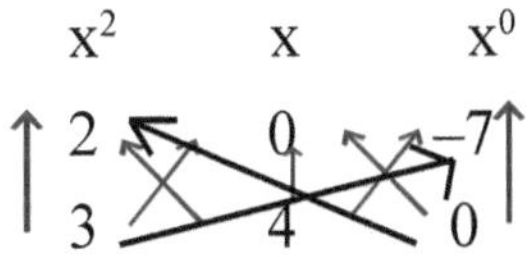

'ଉର୍ଦ୍ଧ୍ୱ ତୀର୍ଯ୍ୟକ' ପ୍ରଣାଳୀ ସଂପୃକ୍ତ ପ୍ରତିରୂପକୁ ଅନୁସରଣ କରି ପ୍ରୟୋଗ କଲେ, -

a. $0 \times (-7) = 0$
b. $0 \times 0 + 4 \times (-7) = -28$
c. $(0 \times 2) + 3 \times (-7) + 4 \times 0 = 0 - 21 + 0 = -21$
d. $4 \times 2 + 3 \times 0 = 8 + 0 = 8$
e. $3 \times 2 = 6$

ଚଳରାଶି 'x' ର ଉର୍ଦ୍ଧ୍ୱକ୍ରମରେ ଦକ୍ଷିଣରୁ ବାମକୁ ଲେଖି ସଂପୃକ୍ତ ସହଗକୁ ପ୍ରତିସ୍ଥାପନ କଲେ, $6x^4 + 8x^3 - 21x^2 - 28x + 0x^0$ ହେବ ।

$\therefore$ ନିର୍ଣ୍ଣେୟ ଗୁଣଫଳ = $6x^4 + 8x^3 - 21x^2 - 28x$ ।

ଆବଶ୍ୟକ ସୋପାନ ସମୂହ :

(i) ପ୍ରଥମେ ଦତ୍ତ ପଲିନୋମିଆଲ୍ ଦ୍ୱୟକୁ ଚଳରାଶିର ଅଧଃକ୍ରମରେ ଲେଖିବାକୁ ହେବ ।

(ii) ଉପରିସ୍ଥ ଉଦାହରଣରେ ଦତ୍ତ ପଲିନୋମିଆଲ୍ ଦ୍ୱୟକୁ ଘାତର ଅଧଃକ୍ରମରେ ଲେଖିଲେ ହେବ: $2x^2 - 7 = 2x^2 + 0x - 7$ ଓ $3x^2 + 4x = 3x^2 + 4x + 0$

(iii) ବର୍ତ୍ତମାନ ଚଳରାଶି ସହଗଗୁଡ଼ିକୁ ଲେଖି ଉର୍ଦ୍ଧ୍ୱତୀର୍ଯ୍ୟକ ପ୍ରଣାଳୀରେ ଦତ୍ତ ପ୍ରତିରୂପକୁ ଅନୁସରଣ କରିବାକୁ ହେବ । ତତ୍ପରେ ଗୁଣଫଳ ସ୍ଥିର କର ।

(iv) ଗୁଣଫଳ ନିର୍ଣ୍ଣୟର ସଠିକତା ନିରୂପଣ କରିବା ବିଧେୟ ।

ଲକ୍ଷ୍ୟକର ଗୁଣ୍ୟ ଓ ଗୁଣକର ସହଗମାନଙ୍କର ସମଷ୍ଟିର ଗୁଣଫଳ, ନିର୍ଣ୍ଣିତ ଗୁଣଫଳର ସହଗ ଗୁଡ଼ିକର ସମଷ୍ଟି ପ୍ରତ୍ୟେକ କ୍ଷେତ୍ରରେ ସମାନ (– 35) ହେବ ।

ଉଦାହରଣ - 8 : $(x^2 + x + 1)$ କୁ $(x - 1)$ ଦ୍ୱାରା ଗୁଣି ଗୁଣଫଳ ନିର୍ଣ୍ଣୟ କର ।

ସମାଧାନ :

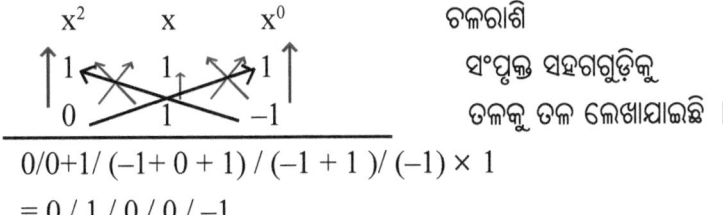

ଚଳରାଶି ସଂପୃକ୍ତ ସହଗଗୁଡ଼ିକୁ ତଳକୁ ତଳ ଲେଖାଯାଇଛି ।

0/0+1/ (–1+ 0 + 1) / (–1 + 1)/ (–1) × 1

= 0 / 1 / 0 / 0 / –1

ଦକ୍ଷିଣରୁ ବାମକୁ ଚଳରାଶିର ଘାତର ଊର୍ଦ୍ଧ୍ୱ କ୍ରମରେ ଲେଖିଲେ ପାଇବା -

$0x^4 + 1x^3 + 0x^2 + 0x + (-1) = x^3 - 1$

∴ ନିର୍ଣ୍ଣେୟ ଗୁଣଫଳ $= x^3 - 1$ ।

ବେଦ ଗଣିତରେ ଗୁଣନ ପ୍ରକ୍ରିୟା ନିମିତ୍ତ ସୂତ୍ରଗୁଡ଼ିକ ମଧ୍ୟରୁ 'ଊର୍ଦ୍ଧ୍ୱତୀର୍ଯ୍ୟକ' ପ୍ରଣାଳୀର ପ୍ରୟୋଗ ସବୁଠାରୁ ଉପଯୋଗୀ; କାରଣ ଏହାର ସଂପୃକ୍ତ ପ୍ରତିରୂପ ଅନୁଯାୟୀ ଗୁଣନ କରିବା ସହଜ ଏବଂ ଚଳରାଶିର ଘାତ ଅନୁଯାୟୀ ଅନୁରୂପ ସହଗଗୁଡ଼ିକର ପ୍ରତିସ୍ଥାପନ କରିବା ମଧ୍ୟ ସହଜସାଧ୍ୟ ।

ସେହିପରି ଊର୍ଦ୍ଧ୍ୱତୀର୍ଯ୍ୟକ ପ୍ରଣାଳୀର ଉପଯୋଗରେ ଚାରିଗୋଟି ପଦ ବିଶିଷ୍ଟ ପଲିନୋମିଆଲ୍ କ୍ଷେତ୍ରରେ ଗୁଣନ ମଧ୍ୟ ସମ୍ଭବ ହୋଇପାରିବ ।

ପ୍ରଶ୍ନାବଳୀ

1. ନିମ୍ନକ୍ଷେତ୍ରରେ ପ୍ରଥମ ପଲିନୋମିଆଲ୍‌କୁ ଦ୍ୱିତୀୟ ପଲିନୋମିଆଲ୍ ଦ୍ୱାରା ଗୁଣି ଗୁଣଫଳ ସ୍ଥିର କର । (ଊର୍ଦ୍ଧ୍ୱତୀର୍ଯ୍ୟକ ସୂତ୍ର ପ୍ରୟୋଗ ଦ୍ୱାରା)

(i) $(2x + 3y) \times (4x + 7y)$

(ii) $(a + 3b) \times (2a - 7b)$

(iii) $(x^2 + 2x + 3) \times (2x^2 - x - 4)$

(iv) $(2x^2 - x - 5) \times (x^2 + x - 7)$

(v) $(5x^2 - 9x - 8) \times (4x^2 - 7x + 3)$

(vi) $(8x^2 + 3) \times (2x - 5)$

(vii) $(4x + 7) \times (x^2 - 3x - 2)$

(viii) $(2a^2 + 3a - 4) \times (4a - 3)$

(ix) $(x^2 - 5x + 6) \times (2x^2 - 12x + 18)$

(x) $(x^3 + x^2 + x + 1) \times (x - 1)$

2. 1 ନମ୍ବର ପ୍ରଶ୍ନରେ ଥିବା ସମସ୍ତ ପ୍ରଶ୍ନର ଗୁଣଫଳ ନିର୍ଣ୍ଣୟର ସଠିକତା ନିରୂପଣ କର ।

ସୂଚନା : ଗୁଣ୍ୟ ଓ ଗୁଣକର ସହଗମାନଙ୍କର ସମଷ୍ଟିର ଗୁଣଫଳ, ନିର୍ଣ୍ଣିତ ଗୁଣଫଳର ସହଗମାନଙ୍କର ସମଷ୍ଟି ସହ ସମାନ ।

-0-

ତୃତୀୟ ଅଧ୍ୟାୟ

ପଲିନୋମିଆଲ୍ କ୍ଷେତ୍ରରେ ଭାଗ

(DIVISION ON POLYNIMIALS)

ଏକ ପଲିନୋମିଆଲ୍‌ର ଗୁଣନୀୟକମାନ (Factors) ନିର୍ଣ୍ଣୟ କରିବା ପାଇଁ ଭାଗପ୍ରକ୍ରିୟା ଏବଂ ଏହା ସହ ସଂପୃକ୍ତ ନିୟମଗୁଡ଼ିକୁ ଜାଣିବା ଆବଶ୍ୟକ । ଉଦାହରଣସ୍ୱରୂପ, ଯଦି $(x^2+6x + 5)$ ଦ୍ୱିଘାତୀ ପଲିନୋମିଆଲ୍‌ର ଗୋଟିଏ ଗୁଣନୀୟକ $(x+1)$ ହୁଏ, ତେବେ ଅନ୍ୟଗୁଣନୀୟକଟିକୁ ସ୍ଥିର କରିବା ପାଇଁ, ଦତ୍ତ ଦ୍ୱିଘାତୀ ପଲିନୋମିଆଲ୍ କୁ $(x + 1)$ ଦ୍ୱାରା ଭାଗ କରିବାକୁ ହୁଏ । ଜାଣି ରଖିବା ଉଚିତ ହେବ ଯେ, ଭାଗ ମାଧ୍ୟମରେ ପଲିନୋମିଆଲର ସମସ୍ତ ଗୁଣନୀୟକ ଗୁଡ଼ିକୁ ମଧ୍ୟ ସ୍ଥିର କରାଯାଇପାରିବ।

ପଲିନୋମିଆଲ୍ କୁ $(x + 1)$ ଦ୍ୱାରା ଭାଗକଲେ ଯଦି ଭାଗଶେଷ '0' ହୁଏ, ତେବେ $(x + 1)$, $(x^2 + 6x +5)$ ର ଏକ ଗୁଣନୀୟକ ହେବ । ଏଠାରେ ଆମକୁ ଦୁଇଟି ପ୍ରଶ୍ନର ସାମ୍ନା କରିବାକୁ ହେବ । ପ୍ରଶ୍ନଦ୍ୱୟ ହେଲା -

(i) ଗୋଟିଏ ପଲିନୋମିଆଲ୍ $(x^2 + 6x + 5)$ ର ଏକ ଗୁଣନୀୟକ $(x + 1)$ ହେଲେ, ଅନ୍ୟ ଗୁଣନୀୟକଟି କେତେ ହେବ ?

(ii) ପଲିନୋମିଆଲ୍ $(x^2 + 6x + 5)$ ର ଏକ ଗୁଣନୀୟକ $(x +1)$ ହେବ କି ନାହିଁ ଆମେ କିପରି ଜାଣିବା ?

ଏଭଳି ପ୍ରଶ୍ନ ଦ୍ୱୟର ଉତ୍ତର ନିମନ୍ତେ ବୀଜଗଣିତରେ ଉପଲବ୍ଧ ଦୁଇଟି ଉପପାଦ୍ୟକୁ ଜାଣିବା ଦରକାର । ଉପପାଦ୍ୟ ଦ୍ୱୟ ହେଲେ -

(a) ଭାଗଶେଷ ଉପପାଦ୍ୟ (Remainder Theorem) ଏବଂ

(b) ଗୁଣନୀୟକ ନିରୂପଣ ଉପପାଦ୍ୟ (Factor Theorem)।

ଭାଗଶେଷ ଉପପାଦ୍ୟ (Remainder Theorem) :

ଯଦି P(x) ଏକ ପଲିନୋମିଆଲ୍ ହୁଏ ଏବଂ ପଲିନୋମିଆଲ୍‌କୁ (x – a) ଦ୍ୱାରା ଭାଗ କରିବା, ତେବେ ଭାଗକ୍ରିୟାରେ ଭାଗଶେଷ P(a) ହେବ ($P(x)$ ର ଘାତ ≥ 1)।

ବର୍ତ୍ତମାନ $P(x) = (3x^2–7x+11)$ ପଲିନୋମିଆଲ୍‌କୁ $(x – 2)$ ଦ୍ୱାରା ଭାଗ କରିବା ଏବଂ ପରୀକ୍ଷା କରି ଦେଖିବା ଯେ, ଭାଗଶେଷ $P(2)$ ସହ ସମାନ ହେବ କି ନାହିଁ ?

ବର୍ତ୍ତମାନ ଦୀର୍ଘକାୟ ଭାଗକ୍ରିୟା ଦ୍ୱାରା ପ୍ରଥମେ ଭାଗଶେଷ କେତେ ହେବ ପରୀକ୍ଷାକରି ଦେଖିବା ।

$$\begin{array}{r|l} & 3x - 1 \\ \hline x-2 & 3x^2 - 7x + 11 \\ & 3x^2 - 6x \\ & - \quad + \\ \hline & -x + 11 \\ & -x + 2 \\ & + \quad - \\ \hline & 9 \text{ (ଭାଗଶେଷ)} \end{array}$$

ଭାଗ ମାଧ୍ୟମରେ ନିର୍ଣ୍ଣେୟ ଭାଗଫଳ $(3x - 1)$ ଏବଂ ଭାଗଶେଷ 9 ।

ଦ୍ରଷ୍ଟବ୍ୟ : ଇଉକ୍ଲିଡୀୟ ପଦ୍ଧତି ପ୍ରୟୋଗରେ ପରୀକ୍ଷା କରି ଦେଖିବା ଯେ,

$$(x - 2)(3x - 1) + 9 = (3x^2 - 7x + 11)$$

ବର୍ତ୍ତମାନ ଭାଗଶେଷ ଉପପାଦ୍ୟର ପ୍ରୟୋଗ କରି ଭାଗଶେଷ କେତେ ହେବ ଜାଣିବା ।

ମନେକର $P(x) = 3x^2 - 7x + 11$

$$\therefore P(2) = 3(2)^2 - 7(2) + 11$$
$$= 3 \times 4 - 7 \times 2 + 11$$
$$= 12 - 14 + 11 = 23 - 14 = 9$$

$\therefore$ ବର୍ତ୍ତମାନ ଦେଖିଲେ, ଯେ ଭାଗଶେଷ ସ୍ଥିର କରିବା ପାଇଁ ଏଠାରେ ପ୍ରକୃତ ଦୀର୍ଘକାୟ ଭାଗକ୍ରିୟାର ଆବଶ୍ୟକତା ପଡୁ ନାହିଁ ।

ଦ୍ରଷ୍ଟବ୍ୟ :

1. ଯଦି $P(x)$ ପଲିନୋମିଆଲ୍‌କୁ $(x + a)$ ଦ୍ୱାରା ଭାଗକରିବା ତେବେ ଭାଗଶେଷ $P(-a)$ ହେବ ।
2. ଯଦି $P(x)$ ପଲିନୋମିଆଲ୍‌କୁ $(2x - a)$ ଦ୍ୱାରା ଭାଗ କିରବା, ତେବେ ଭାଗଶେଷ $P\left(\frac{a}{2}\right)$ ହେବ ।

ଅନୁସିଦ୍ଧାନ୍ତ : (a) . $P(x)$ ଏକ ପଲିନୋମିଆଲ୍ ଯଦି $x = a$ ପାଇଁ

$P(a) = 0$ ହୁଏ, ତେବେ $(x - a)$, $P(x)$ ର ଏକ ଗୁଣନୀୟକ ହେବ ।

ଉକ୍ତ ତଥ୍ୟ ସମ୍ବଳିତ ଉପପାଦ୍ୟକୁ **ଗୁଣନୀୟକ ନିରୂପଣ ଉପପାଦ୍ୟ** ବା **ଉତ୍ପାଦକ ଉପପାଦ୍ୟ** କୁହାଯାଏ ।

(b). ବିପରୀତକ୍ରମେ ଯଦି ପଲିନୋମିଆଲ୍ P(x) ର (x – a) ଏକ ଗୁଣନୀୟକ ହୁଏ, ତେବେ P(a) = 0 ହେବ ।

ଉଦାହରଣ-1 : ଦର୍ଶାଅ ଯେ (x–2), ପଲିନୋମିଆଲ୍ $(x^3 + 4x^2 – 5x – 14)$ର ଏକ ଗୁଣନୀୟକ ହେବ ।

ସମାଧାନ :

ଗୁଣନୀୟକ ନିରୂପଣ ଉପପାଦ୍ୟ ଅନୁସିଦ୍ଧାନ୍ତ **(a)** ଅନୁଯାୟୀ

ଯଦି $P(x) = (x^3 + 4x^2 – 5x – 14)$ ହୁଏ,

ତେବେ $P(2) = (2)^3 + 4(2)^2 – 5(2) – 14 = 8 + 16 – 10 – 14 = 0$ ହେବ ।

$\therefore$ (x – 2), P(x) ର ଏକ ଗୁଣନୀୟକ ।

ଉଦାହରଣ - 2 : ପଲିନୋମିଆଲ୍ $(8x^3 – 12x^2 + 10x – 7)$ କୁ (2x – 1) ଦ୍ୱାରା ଭାଗ କଲେ ଭାଗଶେଷ କେତେ ହେବ ?

ସମାଧାନ :

ପ୍ରଥମେ (2x – 1) ର Zero ସ୍ଥିର କରିବାକୁ ହେବ; ଯାହା $\frac{1}{2}$ ସହ ସମାନ।

ଅର୍ଥାତ୍ 2x – 1 = 0 ହେଲେ, $x = \frac{1}{2}$ ହେବ।

ଏଠାରେ 'x' ର ମାନ $\frac{1}{2}$ ପାଇଁ p(x) ଅର୍ଥାତ୍ ଦତ୍ତ ପଲିନୋମିଆଲ୍‌ର ମାନ ସ୍ଥିର କରିବାକୁ ହେବ (Evaluating the polynomial at $x = \frac{1}{2}$)।

$$P(x) = 8x^3 – 12x^2 + 10x – 7$$

$$\therefore P\left(\frac{1}{2}\right) = 8\left(\frac{1}{2}\right)^3 – 12\left(\frac{1}{2}\right)^2 + 10\left(\frac{1}{2}\right) – 7$$

$$= 8\left(\frac{1}{8}\right) – 12\left(\frac{1}{4}\right) + 10\left(\frac{1}{2}\right) – 7$$

$$= 1 – 3 + 5 – 7 = 6 – 10 = –4$$ (ଭାଗଶେଷ)

$\therefore$ P(x) କୁ (2x –1) ଦ୍ୱାରା ଭାଗ କଲେ ଭାଗଶେଷ (–4) ହେବ।

ଉଦାହରଣ - 3 : ଦର୍ଶାଅ ଯେ, (x+1), ପଲିନୋମିଆଲ୍ $(2x^3 + x^2 – 2x – 1)$ର ଏକ ଗୁଣନୀୟକ ହେବ ।

ସମାଧାନ : (x + 1) ର ଏକ ଶୂନ (Zero) ହେଉଛି (–1) ।

$P(x) = 2x^3 + x^2 - 2x - 1$

$\Rightarrow P(-1) = 2(-1)^3 + (-1)^2 - 2(-1) - 1$

$= -2 + 1 + 2 - 1 = 0$

$\therefore$ ଦ୍ରଷ୍ଟବ୍ୟ (2) ଅନୁଯାୟୀ $P(-1) = 0 \Rightarrow (x + 1)$, $P(x)$ ର ଏକ ଗୁଣନୀୟକ ।

ଉଦାହରଣ - 4 :

'K' ର କେଉଁ ମାନ ପାଇଁ $(x - 3)$, $(K^2x^3 - Kx^2 + 3Kx - K)$ ର ଏକ ଗୁଣନୀୟକ ହେବ ?

ସମାଧାନ :

ମନେକର $P(x) = K^2x^3 - Kx^2 + 3Kx - K$

ଯଦି $(x - 3)$, $P(x)$ ର ଏକ ଗୁଣନୀୟକ ହେବ, ତେବେ $P(3) = 0$ ହେବା ଆବଶ୍ୟକ ।

$\therefore P(3) = K^2(3)^3 - K(3)^2 + 3K(3) - K = 0$

$= 27K^2 - 9K + 9K - K = 0$

$= 27K^2 - K = 0$

$= K(27K - 1) = 0$

$\Rightarrow K = 0$ କିମ୍ବା $K = \frac{1}{27}$

$\therefore (x - 3)$, $P(x)$ ର ଏକ ଗୁଣନୀୟକ ହେଲେ, K ର ମାନ '0' କିମ୍ବା K ର ମାନ $\frac{1}{27}$ ସହ ସମାନ ହେବ ।

ଉଦାହରଣ - 5 : ଯଦି $(x + 2)$, $(3x^3 + 3x^2 + px - 18)$ର ଏକ ଗୁଣନୀୟକ ହୁଏ, ତେବେ 'p' ର ମାନ କେତେ ହେବ ?

ସମାଧାନ :

ମନେକର $P(x) = 3x^3 + 3x^2 + px - 18$

ଯଦି $(x + 2)$, $P(x)$ ର ଏକ ଗୁଣନୀୟକ ହୁଏ, ତେବେ $P(-2) = 0$ ହେବ ।

$\therefore 3 \times (-2)^3 + 3 \times (-2)^2 + p(-2) - 18 = 0$

$\Rightarrow -24 + 12 + (-2p) - 18 = 0$

$\Rightarrow 2p = -30 \quad \Rightarrow p = -15$

$\therefore$ p ର ମାନ (−15) ହେଲେ (x+2), ଦତ୍ତ ପଲିନୋମିଆଲ୍‌ର ଏକ ଗୁଣନୀୟକ ହେବ ।

ଉପରିସ୍ଥ ଉପପାଦ୍ୟ ଦ୍ୱୟ ସାଧାରଣତଃ ଏକ ପଲିନୋମିଆଲ୍‌ର ଉତ୍ପାଦକ ନିର୍ଣ୍ଣୟ ଏବଂ ଏକ ପଲିନୋମିଆଲ୍‌କୁ ଅନ୍ୟ ଏକ ପଲିନୋମିଆଲ୍ ଦ୍ୱାରା ଭାଗକଲେ ଭାଗଶେଷ ନିରୂପଣ ପାଇଁ ମଧ୍ୟ ଉପଯୋଗୀ ହୋଇଥାଏ ।

ଦୀର୍ଘକାୟ ଭାଗପ୍ରକ୍ରିୟା ମାଧ୍ୟମରେ ଗୋଟିଏ ପଲିନୋମିଆଲ୍‌କୁ ଅନ୍ୟ ଏକ ପଲିନୋମିଆଲ୍ ଦ୍ୱାରା ଭାଗକଲେ, ଭାଗଫଳ ଏବଂ ଭାଗଶେଷ ଉଭୟକୁ ପାଇଥାଉ । ପ୍ରକାଶ ଥାଉକି, ଉକ୍ତ ଭାଗକ୍ରିୟାରେ ଭାଜ୍ୟର ଘାତ $\geq$ ଭାଜକର ଘାତ ହେବା ଆବଶ୍ୟକ ।

ଉଦାହରଣ - 6 :

ଭାଜ୍ୟ : $(2x^3 - 5x^2 + 3x + 7)$ ଏବଂ ଭାଜକ : $(x - 2)$ ହେଲେ ଦୀର୍ଘକାୟ ଭାଗକ୍ରିୟା ମାଧ୍ୟମରେ ଭାଗଫଳ ଓ ଭାଗଶେଷ ନିର୍ଣ୍ଣୟ କର ।

ସମାଧାନ :

$$2x^2 - x + 1 \text{ (ଭାଗଫଳ)}$$

$$
\begin{array}{r|l}
x-2 & 2x^3 - 5x^2 + 3x + 7 \\
 & 2x^3 - 4x^2 \\
 & - \quad + \\
\hline
 & -x^2 + 3x + 7 \\
 & -x^2 + 2x \\
 & + \quad - \\
\hline
 & x + 7 \\
 & x - 2 \\
 & - \quad + \\
\hline
 & 9 \text{ (ଭାଗଶେଷ)}
\end{array}
$$

ଏଠାରେ $(2x^3 - 5x^2 + 3x + 7) = (2x^2 - x + 1)(x-2) + 9$

$\because$ ଭାଜ୍ୟ = ଭାଗଫଳ × ଭାଜକ + ଭାଗଶେଷ

$\therefore$ ନିର୍ଣ୍ଣେୟ ଭାଗଫଳ : $(2x^2 - x + 1)$ ଏବଂ ଭାଗଶେଷ : (9) ।

ଦୀର୍ଘକାୟ ଭାଗକ୍ରିୟା (Long Division Method) ପ୍ରଣାଳୀ ପରିବର୍ତ୍ତେ ଅନ୍ୟ ଏକ ପ୍ରକାର ଭାଗପ୍ରକ୍ରିୟା ପଦ୍ଧତି, ଯାହା କେବଳ ପଲିନୋମିଆଲ୍ କ୍ଷେତ୍ରରେ ଭାଗ ନିମିତ୍ତ ଅଧିକ ଉପଯୋଗୀ; ତା'କୁ ଏଠାରେ ଆଲୋଚନା କରିବା ।

ଉକ୍ତ ପ୍ରଣାଳୀକୁ **ସଂଶ୍ଳେଷଣାତ୍ମକ ଭାଗକ୍ରିୟା ପ୍ରଣାଳୀ (Synthetic Division Method)** କୁହାଯାଏ । ଉକ୍ତ ଭାଗକ୍ରିୟା ଦ୍ୱାରା ଗୋଟିଏ ପଲିନୋମିଆଲ୍‌କୁ ଏକ ଏକଘାତୀ ପଲିନୋମିଆଲ୍ (x–c) ଦ୍ୱାରା ଭାଗକଲେ ଏକ ସଙ୍ଗରେ ଭାଗଫଳ ଓ ଭାଗଶେଷ ନିର୍ଣ୍ଣୟ ସମ୍ଭବ ହୋଇଥାଏ ।

ପ୍ରକାଶ ଥାଉକି, ଉକ୍ତ ପ୍ରଣାଳୀ ମାଧ୍ୟମରେ କୌଣସି ଏକ ପଲିନୋମିଆଲ୍ P(x) ର Zeroes (ଶୂନ) ନିର୍ଣ୍ଣୟ ମଧ୍ୟ ସମ୍ଭବପର ହୋଇଥାଏ ।

ଦ୍ରଷ୍ଟବ୍ୟ : ସଂଶ୍ଳେଷଣାତ୍ମକ ଭାଗକ୍ରିୟା ପ୍ରଣାଳୀକୁ **Horner's Synthetic Division Method** କୁହାଯାଏ । ଉକ୍ତ ପ୍ରଣାଳୀ ବ୍ରିଟିଶ ଗଣିତଜ୍ଞ William George Horner (1786-1838) ଙ୍କ ଦ୍ୱାରା ଉଦ୍ଭାବିତ ହୋଇଥିଲା । ଚଳରାଶିର ଏକ ନିର୍ଦ୍ଦିଷ୍ଟ ମାନ ପାଇଁ ପଲିନୋମିଆଲ୍‌ର ମାନ ନିରୂପଣ (Evaluating Polynomials) ଏବଂ ପଲିନୋମିଆଲ୍‌ର ଉତ୍ପାଦକୀକରଣ (Factorisation) ପାଇଁ ଉକ୍ତ ପ୍ରଣାଳୀର ଆବଶ୍ୟକତା ଅଛି ।

ଦ୍ରଷ୍ଟବ୍ୟ : ଗାଣିତିକ ତଥ୍ୟାନୁଯାୟୀ -

$$\frac{\text{ଭାଜ୍ୟ}}{\text{ଭାଜକ}} = \text{ଭାଗଫଳ} + \frac{\text{ଭାଗଶେଷ}}{\text{ଭାଜକ}}$$

ଅଥବା $\frac{P(x)}{x-c} = Q(x) + \frac{R}{x-c}$ ହେବ । ଯେଉଁଠାରେ P(x) ର ଘାତ ≥ 1 ହେବା ଆବଶ୍ୟକ ।

ସଂଶ୍ଳେଷଣାତ୍ମକ ଭାଗକ୍ରିୟାକୁ ନିମ୍ନ ଉଦାହରଣ ଜରିଆରେ ବୁଝିବା ।

ଉଦାହରଣ - 7 :

ଭାଜ୍ୟ $(2x^3 - 5x^2 + 3x + 7)$ କୁ ଭାଜକ $(x - 2)$ ଦ୍ୱାରା ଭାଗ କରି ଭାଗଫଳ ଓ ଭାଗଶେଷ ସ୍ଥିର କର ।

ସମାଧାନ :

ସୋପାନ - 1 : ଭାଜକ : $(x - 2)$

$x - 2 = 0 \Rightarrow x = 2$ (ଭାଜକର ଏକ ଶୂନ)

ସୋପାନ - 2 : ଦତ୍ତ ପଲିନୋମିଆଲ୍‌ଟିର ଚଳରାଶି ବାମରୁ ଦକ୍ଷିଣକୁ x ର ଘାତର ଅଧଃକ୍ରମରେ ଅଛି କି ନାହିଁ ଠିକ୍ ଭାବରେ ଅନୁଧ୍ୟାନ କର ।

ସୋପାନ - 3 : ପ୍ରଥମେ ପଲିନୋମିଆଲ୍‌ର ପ୍ରତ୍ୟେକ ପଦର ସହଗ ଗୁଡ଼ିକୁ ନିମ୍ନ ପ୍ରକାରରେ ସଜାଇ ଲେଖ ।

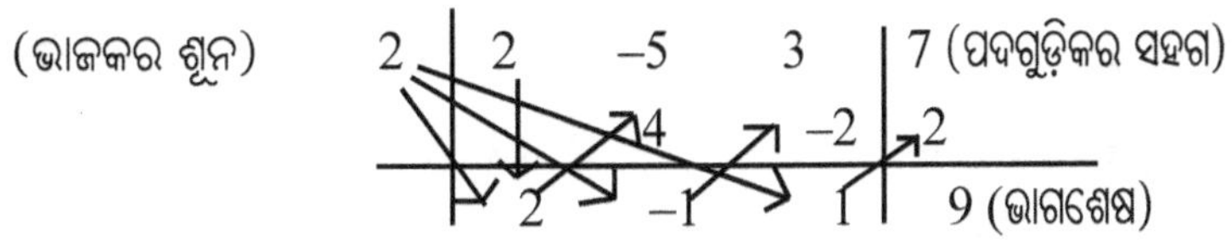

(ଭାଜକର ଶୂନ)
2
2
–5
3
7 (ପଦଗୁଡ଼ିକର ସହଗ)
4
–2
2
2
–1
1
9 (ଭାଗଶେଷ)

ସୋପାନ - 4 : ପ୍ରଥମେ 'x' ର ସହଗ '2' କୁ ସିଧାସଳଖ ଆଣି ଆନୁଭୂମିକ ରେଖାର ତଳକୁ ଲେଖ । ତତ୍ପରେ ଉଲ୍ଲମ୍ବ ରେଖାର ବାମପାର୍ଶ୍ୱସ୍ଥ 2 କୁ ଆନୁଭୂମିକ ରେଖା ତଳେ ଲେଖାଥିବା 2 ଦ୍ୱାରା ଗୁଣ । ଗୁଣଫଳ 4 କୁ (–5) ର ଠିକ୍ ତଳକୁ ଲେଖ ଏବଂ (–5) ଓ 4 ର ଯୋଗଫଳ (–1) କୁ ଆନୁଭୂମିକ ରେଖା ତଳେ ଲେଖ ।

ସୋପାନ-5 : ତତ୍ପରେ 2 କୁ (–1) ଦ୍ୱାରା ଗୁଣି ଗୁଣଫଳ(–2)କୁ 3 ତଳେ ଲେଖ । 3 କୁ (–2) ସହ ମିଶାଇ ମିଶାଣଫଳ 1 କୁ ଆନୁଭୂମିକ ରେଖା ତଳେ ଲେଖ ।

ସୋପାନ-6 : ପୁନଶ୍ଚ 1 କୁ 2 ଦ୍ୱାରା ଗୁଣି ଗୁଣଫଳ 2 କୁ 7 ର ଠିକ୍ ତଳେ ଲେଖ । 2 ଓ 7 ର ଯୋଗଫଳ '9' କୁ ଆନୁଭୂମିକ ରେଖା ତଳେ ଲେଖ । ଯୋଗଫଳ 9 , ଯାହା ନିର୍ଣ୍ଣେୟ ଭାଗଶେଷ ହେବ ।

ସୋପାନ - 7 :

$$(2x^3 - 5x^2 + 3x + 7) \div (x - 2) = (2x^2 - x + 1) + \frac{9}{x-2}$$

$\therefore$ ନିର୍ଣ୍ଣେୟ ଭାଗଫଳ $(2x^2 - x + 1)$ ଏବଂ ଭାଗଶେଷ 9 ।

ଉଦାହରଣ - 8 : $(2x^3 + 5x^2 + 9)$ ପଲିନୋମିଆଲ୍‌କୁ $(x + 3)$ ଦ୍ୱାରା ଭାଗ କରି ଭାଗଫଳ ଓ ଭାଗଶେଷ ନିରୂପଣ କର ।

ସମାଧାନ :

ଭାଜ୍ୟ $= 2x^3 + 5x^2 + 9 = 2x^3 + 5x^2 + 0x + 9$

ଏବଂ ଭାଜକ $= x + 3$

(ଭାଜକର Zero)

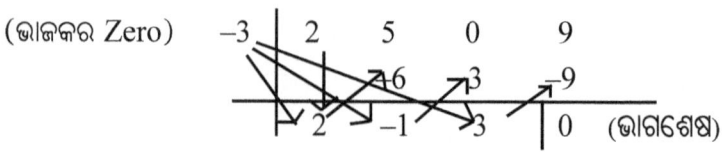

–3
5
0
9
3
–9
–1
3
0
(ଭାଗଶେଷ)

∴ ନିର୍ଣ୍ଣେୟ ଭାଗଫଳ : $(2x^2 - x + 3)$ ଏବଂ ଭାଗଶେଷ : 0 ।

ଏଥିରୁ ସ୍ପଷ୍ଟ ଯେ, $(2x^3 + 5x^2 + 9)$ ସଂପୂର୍ଣ୍ଣ ରୂପେ $(x + 3)$ ଦ୍ୱାରା ବିଭାଜ୍ୟ।

ଦ୍ରଷ୍ଟବ୍ୟ : (a). $(2x^3 + 5x^2 + 9)$ ର ଏକ Zero (ଶୂନ୍) (–3) ।

(b). $(2x^3+5x^2+9)$ ପଲିନୋମିଆଲ୍‌ର ଏକ ଗୁଣନୀୟକ $(x+ 3)$।

ଉଦାହରଣ - 9 : $(3x^3 + 5x - 1)$ ପଲିନୋମିଆଲ୍‌କୁ $(x + 1)$ ଦ୍ୱାରା ଭାଗ କରି ଭାଗଫଳ ଓ ଭାଗଶେଷ ସ୍ଥିର କର ।

ସମାଧାନ: ଭାଜ୍ୟ= $3x^3 + 5x - 1 = 3x^3 + 0x^2 + 5x - 1$

ଏବଂ ଭାଜକ = $(x + 1)$

(x + 1 ର ଶୂନ୍)

–1
3
0
5
–1
–3
3
–8
3
–3
8
–9
(ଭାଗଶେଷ)

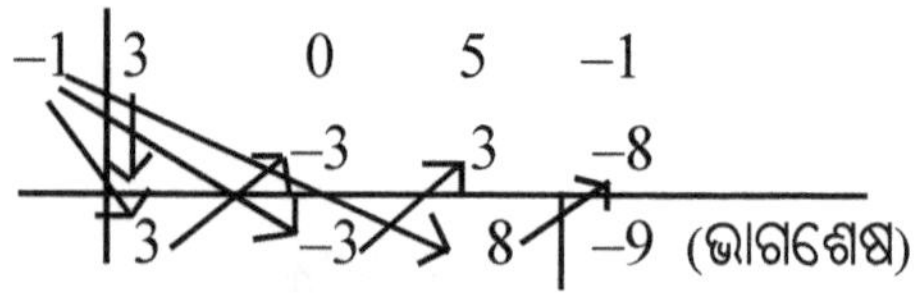

∴ ନିର୍ଣ୍ଣେୟ ଭାଗଫଳ : $(3x^2 - 3x + 8)$ ଏବଂ ଭାଗଶେଷ : (–9)

ଅର୍ଥାତ୍ $(3x^3 + 5x - 1) \div (x + 1) = (3x^2 - 3x + 8) + \left(\frac{-9}{x+1}\right)$

ଦ୍ରଷ୍ଟବ୍ୟ : (1) ଭାଗକ୍ରିୟାର ସତ୍ୟତା ନିରୂପଣ ପାଇଁ ସୂତ୍ର :

ଭାଜକର ସହଗଗୁଡ଼ିକର ସମଷ୍ଟି × ଭାଗଫଳର ସହଗଗୁଡ଼ିକର ସମଷ୍ଟି+ ଭାଗଶେଷର ସହଗଗୁଡ଼ିକର ସମଷ୍ଟି = ଭାଜ୍ୟର ସହଗଗୁଡ଼ିକର ସମଷ୍ଟି।

(2) ପ୍ରତ୍ୟେକ ଭାଗକ୍ରିୟା କ୍ଷେତ୍ରରେ ଉକ୍ତ ତଥ୍ୟକୁ ପ୍ରୟୋଗ କରାଯାଇ ଭାଗକ୍ରିୟାର ସତ୍ୟତା ନିରୂପଣ କରାଯାଇପାରେ।

ଉଦାହରଣ-9 କ୍ଷେତ୍ରରେ $2 \times 8 + (-9) = 7$= ଭାଜ୍ୟର ସହଗଗୁଡ଼ିକର ସମଷ୍ଟି

(∵ ଭାଜକର ସହଗଗୁଡ଼ିକର ସମଷ୍ଟି = 2, ଭାଗଫଳର ସହଗଗୁଡ଼ିର ସମଷ୍ଟି = 8 ଏବଂ ଭାଗଶେଷର ସହଗଗୁଡ଼ିକର ସମଷ୍ଟି = – 9)

ଉଦାହରଣ - 10 : $(4x^3 - 8x^2 - x + 5)$ ପଲିନୋମିଆଲ୍‌କୁ $(2x - 1)$ ଦ୍ୱାରା ଭାଗ କରି ଭାଗଫଳ ଓ ଭାଗଶେଷ ସ୍ଥିର କର ।

ସମାଧାନ : ଭାଜ୍ୟ = $(4x^3 - 8x^2 - x + 5)$ ଏବଂ ଭାଜକ = $(2x - 1)$

ଯଦି $(2x-1) = 0$ ହୁଏ, ତେବେ $x = \frac{1}{2}$ ଅର୍ଥାତ୍‌ $(2x-1)$ ର Zero, $\frac{1}{2}$ ହେବ ।

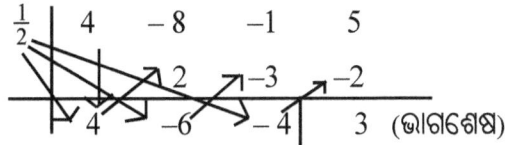

ନିର୍ଣ୍ଣେୟ ଭାଗଫଳ = $\frac{1}{2}(4x^2 - 6x - 4) = (2x^2 - 3x - 2)$

$\therefore (4x^3 - 8x^2 - x + 5) \div (2x - 1) = (2x^2 - 3x - 2) + \frac{3}{(2x - 1)}$

ଉଦାହରଣ-10 କ୍ଷେତ୍ରରେ $(-3) \times 1 + 3 = 0 =$ ଭାଜ୍ୟର ସହଗଗୁଡ଼ିକର ସମଷ୍ଟି ।

$\therefore$ ଭାଗକ୍ରିୟା ନିର୍ଣ୍ଣେୟ ଠିକ୍‌ ଅଛି ।

ଉଦାହରଣ - 11 : $(x^4 - 8x^3 + 17x^2 + 2x - 24)$ ପଲିନୋମିଆଲ୍‌କୁ $(x^2 - x - 2)$ ଦ୍ୱାରା ଭାଗକରି ଭାଗଫଳ ଓ ଭାଗଶେଷ ନିରୂପଣ କର ।

ସମାଧାନ : ଭାଜ୍ୟ = $(x^4 - 8x^3 + 17x^2 + 2x - 24)$

ଏବଂ ଭାଜକ = $(x^2 - x - 2)$

ଏଠାରେ ଉଲୁମ୍ବ ରେଖାର ବାମପାର୍ଶ୍ୱରେ 1, 2 ଲେଖାଯିବ; କାରଣ ଶେଷ ଦୁଇପଦର ସହଗ (-1) ଏବଂ (-2) ର ବିପରୀତ ଚିହ୍ନ ଯୁକ୍ତ ସଂଖ୍ୟା ।

ମନେକର $P(x) = (x^4 - 8x^3 + 17x^2 + 2x - 24)$

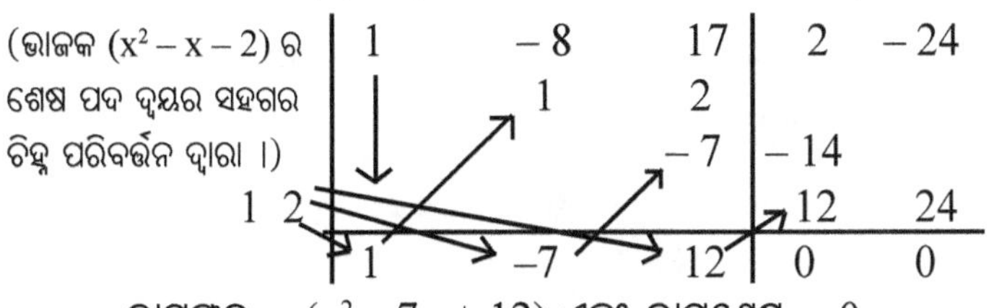

(ଭାଜକ $(x^2 - x - 2)$ ର ଶେଷ ପଦ ଦ୍ୱୟର ସହଗର ଚିହ୍ନ ପରିବର୍ତ୍ତନ ଦ୍ୱାରା ।)

	1	−8	17	2	−24
		1	2		
			−7	−14	
1 2				12	24
	1	−7	12	0	0

$\therefore$ ଭାଗଫଳ = $(x^2 - 7x + 12)$ ଏବଂ ଭାଗଶେଷ = 0

ଲକ୍ଷ୍ୟ କର : ଆନୁଭୂମିକ ରେଖାର ନିମ୍ନରେ ଲେଖାଥିବ ସଂଖ୍ୟାକୁ 1 ଓ 2 ଉଭୟ ସଂଖ୍ୟାରେ ଗୁଣି ଗୁଣଫଳକୁ ସଂପୃକ୍ତ ସଂଖ୍ୟା ତଳେ ଗୋଟିଏ ଧାଡ଼ିରେ ଲେଖାଯାଇଛି ।

ଦ୍ରଷ୍ଟବ୍ୟ : (a) $(x^2 - x - 2)$ ର Zero ଦ୍ୱୟ 2 ଏବଂ –1 । 2 ଏବଂ –1 କୁ ଅଲଗା ଅଲଗା ନେଇ ସଂଶ୍ଳେଷଣାତ୍ମକ ଭାଗକ୍ରିୟା ପ୍ରଣାଳୀ ପ୍ରୟୋଗ କରାଯାଇପାରେ ।

(b) ଦତ୍ତ ପଲିନୋମିଆଲ୍‌କୁ ପ୍ରଥମେ $(x - 2)$ ଏବଂ ପରେ $(x + 1)$ ଦ୍ୱାରା ଭାଗ କରାଯାଇପାରେ ।

$$\because (x^2 - x - 2) = (x - 2)(x + 1)$$

ଏଠାରେ $(x^4 - 8x^3 + 17x^2 + 2x - 24) \div (x - 2)$

$$= x^3 - 6x^2 + 5x + 12$$

ଏବଂ $(x^3 - 6x^2 + 5x + 12) \div (x + 1)$

$= x^2 - 7x + 12$ ହେବ । ପରୀକ୍ଷା କରି ଦେଖ ।

ପରେ ସଂଶ୍ଳେଷଣାତ୍ମକ ଭାଗକ୍ରିୟା ପଦ୍ଧତି ଅବଲମ୍ବନ କର ।

ଉଦାହରଣ - 12 : $(x^3 + 6x^2 + 11x + 6)$ ପଲିନୋମିଆଲ୍‌କୁ $(x^2 + 3x + 2)$ ଦ୍ୱାରା ଭାଗ କରି ଭାଗଫଳ ଓ ଭାଗଶେଷ ସ୍ଥିର କର ।

ସମାଧାନ : ଭାଜ୍ୟ = $(x^3 + 6x^2 + 11x - 6)$ ଏବଂ ଭାଜକ= $(x^2 + 3x + 2)$

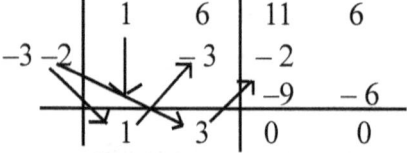

	1	6	11	6	(ପଲିନୋମିଆଲ୍‌ର ସହଗ)
–3 –2		–3	–2		
			–9	–6	
	1	3	0	0	

∴ ନିର୍ଣ୍ଣେୟ ଭାଗଫଳ $(x + 3)$ ଏବଂ ଭାଗଶେଷ 0 ।

ଦ୍ରଷ୍ଟବ୍ୟ : ଭାଜକ $(x^2 + 3x + 2)$ର ଶେଷପଦ ଦ୍ୱୟର ସହଗ 3 ଓ 2 କୁ ବିପରୀତ ଚିହ୍ନଯୁକ୍ତ କରାଯାଇ –3 ଓ –2 କୁ ଭାଜକ ସ୍ତମ୍ଭରେ ଲେଖାଯାଇଛି ।

ପୁନଶ୍ଚ $(x^2 + 3x + 2)$ର Zero ଦ୍ୱୟ ନିର୍ଣ୍ଣୟ କରି ସଂଶ୍ଳେଷଣାତ୍ମକ ଭାଗ ପ୍ରଣାଳୀକୁ ଉପଯୋଗ କରିପାର ।

ପ୍ରକାଶ ଥାଉକି, ବେଦଗଣିତରେ ସଂଖ୍ୟା କ୍ଷେତ୍ରରେ ଭାଗକ୍ରିୟା ନିମିତ୍ତ **'ନିଖିଳଂ'** ଏବଂ **'ପରାବର୍ତ୍ତ୍ୟ'** ସୂତ୍ରର ଅବତାରଣା, ସଂଶ୍ଳେଷଣାତ୍ମକ ଭାଗକ୍ରିୟା ପ୍ରଣାଳୀର ଅନ୍ୟ ଏକ ରୂପ । 'ନିଖିଳଂ' ବୈଦିକ ସୂତ୍ର ଅନୁଯାୟୀ ଭାଗକ୍ରିୟା କିପରି ହୋଇଥାଏ, ତାକୁ ପ୍ରଥମେ ଅନୁଧ୍ୟାନ କରିବା ।

(a) ଆଧାରରୁ କମ୍ ଓ ତାହାର ନିକଟବର୍ତ୍ତୀ ସଂଖ୍ୟା ଦ୍ୱାରା ଭାଗକ୍ରିୟା :

ଉଦାହରଣ - 13 : 10025 କୁ 88 ଦ୍ୱାରା **(ନିଖିଳଂ ସୂତ୍ର ଆଧାରରେ)** ଭାଗ କରି ଭାଗଫଳ ଓ ଭାଗଶେଷ ସ୍ଥିର କର ।

ସମାଧାନ : ଆଧାର = 100 ଏବଂ ଭାଜକ = 88

88, 100 ରୁ 12 କମ୍। ଆଧାର ସଂଖ୍ୟାରେ ଶୂନ ସଂଖ୍ୟା 2 ହେତୁ ଭାଗଶେଷ ପାଇଁ ଦୁଇଟି ସ୍ଥାନ ଛାଡ଼ି ଏକ ଉଲମ୍ବ ରେଖା ନିଆଯିବା ଉଚିତ ।

ଅବଶ୍ୟ 100 – 88 = 12 ସିଧାସଳଖ ନିଆଯାଇପାରେ।

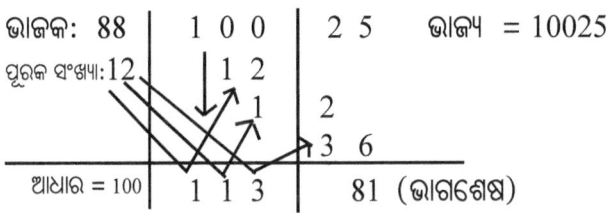

∴ ନିର୍ଣ୍ଣେୟ ଭାଗଫଳ 113 ଏବଂ ଭାଗଶେଷ 81 ।

ଉଦାହରଣ-14: 10312କୁ 87 ଦ୍ୱାରା ଭାଗକରି ଭାଗଫଳ ଓ ଭାଗଶେଷ ସ୍ଥିର କର ।

ସମାଧାନ : ଆଧାର = 100, ଭାଜକ = 87

ପୂରକସଂଖ୍ୟା = 100 – 87 = 13

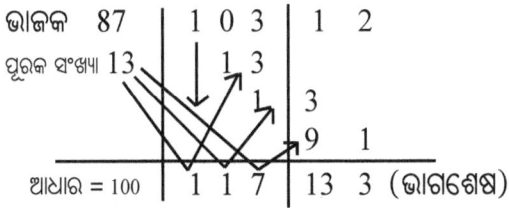

ଭାଗଶେଷ 133, ଭାଜକ 87 ଠାରୁ ବୃହତ୍ତର।

ତେଣୁ, ପରିବର୍ତ୍ତିତ ଭାଗଶେଷ = 133 – 87 = 46

∴ ପରିବର୍ତ୍ତିତ ଭାଗଫଳ = 117 + 1 = 118 ।

ପୂର୍ବବର୍ଣ୍ଣିତ ଉଦାହରଣଗୁଡ଼ିକରେ 'ନିଖିଳଂ' ସୂତ୍ରର ପ୍ରୟୋଗ କରାଯାଇଛି; ଯେଉଁଠାରେ ଭାଜକ, ଆଧାର ଠାରୁ କମ୍ ହୋଇଥିଲା ବେଳେ ସୂତ୍ର "ପରାବର୍ତ୍ତ୍ୟ" ଅନୁଯାୟୀ ଭାଜକ, ଆଧାର ଠାରୁ ଅଧିକ ହୋଇଥାଏ ।

(b) ଆଧାରରୁ ବେଶି ଓ ତାହାର ନିକଟବର୍ତ୍ତୀ ସଂଖ୍ୟା ଦ୍ୱାରା ଭାଗକ୍ରିୟା :

ପରାବର୍ତ୍ତ୍ୟ ସୂତ୍ରରେ : (ଭାଜକ – ଆଧାର) = ଧନାତ୍ମକ ସଂଖ୍ୟା ।

ଏ କ୍ଷେତ୍ରରେ ପ୍ରତ୍ୟେକ ବିଚ୍ୟୁତିର (ପୂରକ ସଂଖ୍ୟାର) ଚିହ୍ନ ପରିବର୍ତ୍ତନ କରାଯାଇ ଭାଗକ୍ରିୟା ସମ୍ପୂର୍ଣ୍ଣ କରାଯାଏ ।

ଉଦାହରଣ-15 : 1358 କୁ 113 ଦ୍ୱାରା ଭାଗ କରି ଭାଗଫଳ ଓ ଭାଗଶେଷ ସ୍ଥିର କର ।

ସମାଧାନ : ଭାଜକ – ଆଧାର = 113 – 100 = 13 (ଧନାତ୍ମକ ସଂଖ୍ୟା)

13 ର ପରିବର୍ତ୍ତିତ ଚିହ୍ନଯୁକ୍ତ ସଂଖ୍ୟା = – 13 ଅଥବା $\overline{13}$ ଅଥବା, –1 –3 ।

ଭାଜକ : 113	1	3	5	8
ପୂରକ ସଂଖ୍ୟା: 13		–1	–3	
ପରିବର୍ତ୍ତିତ ସଂଖ୍ୟା: –1 –3			–2	–6
ଆଧାର = 100	1	2	0	2

∴ ନିର୍ଣ୍ଣେୟ ଭାଗଫଳ : 12 ଏବଂ ଭାଗଶେଷ : 02

ଉଦାହରଣ-16 : 23571କୁ 102 ଦ୍ୱାରା ଭାଗକରି ଭାଗଫଳ ଓ ଭାଗଶେଷ ସ୍ଥିର କର।

ସମାଧାନ : ଭାଜକ – ଆଧାର = 102 – 100 = 02

ପରିବର୍ତ୍ତିତ ଚିହ୍ନ ଯୁକ୍ତ ସଂଖ୍ୟା = –02 ବା $\overline{02}$

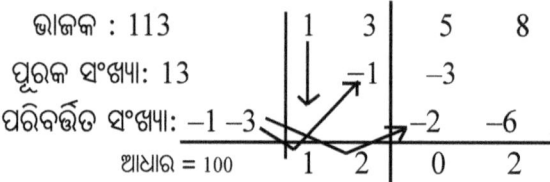

ଭାଜକ : 102	2	3	5	7	1
ପୂରକ ସଂଖ୍ୟା : 02		0	$\overline{4}$		
ପରିବର୍ତ୍ତିତ ସଂଖ୍ୟା: $0\overline{2}$			0	$\overline{6}$	
				0	$\overline{2}$
ଆଧାର = 100	2	3	1	1	$\overline{1}$

∴ ଭାଗଫଳ = 231 ଏବଂ ଭାଗଶେଷ = $1\overline{1}$ = 10 – 1 = 9

'ନିଖିଳଂ' ଏବଂ 'ପରାବର୍ତ୍ତ୍ୟ' ବୈଦିକ ସୂତ୍ରାନୁଯାୟୀ ଭାଗକ୍ରିୟା ସହଜ ହୋଇଥାଏ । ଲକ୍ଷ୍ୟ କର ଯେ, ଉପରୋକ୍ତ ସୂତ୍ର ଦ୍ୱୟର ତରିକା ପଲିନୋମିଆଲ୍‌ର ସଂଶ୍ଳେଷଣାତ୍ମକ ଭାଗକ୍ରିୟାରେ ପୂର୍ଣ୍ଣ ରୂପେ ପ୍ରତିଫଳିତ ହେଉଛି ।

ବର୍ତ୍ତମାନ ଅନ୍ୟ ଏକ ଉଦାହରଣ ଜରିଆରେ 'ସଂଶ୍ଳେଷଣାତ୍ମକ ଭାଗ କ୍ରିୟା ସହ 'ପରାବର୍ତ୍ତ୍ୟ' ବୈଦିକ ସୂତ୍ରର ସମ୍ବନ୍ଧ କିପରି ରହିଛି ବୁଝିବାକୁ ଚେଷ୍ଟା କରିବା ।

ଉଦାହରଣ - 17 :

$(x^3 + 1)$ କୁ $(x + 1)$ ଦ୍ୱାରା ଭାଗ କରି ଭାଗଫଳ ଓ ଭାଗଶେଷ ସ୍ଥିର କର ।

ସମାଧାନ : ଭାଜ୍ୟ $= x^3 + 1 = x^3 + 0.x^2 + 0.x + 1$ ଏବଂ

ଭାଜକ $= x + 1$

$x + 1 = 0$ ହେଲେ, $x = -1$

ସଂଶ୍ଳେଷଣାତ୍ମକ ଭାଗପ୍ରଣାଳୀକୁ ଅନୁଧ୍ୟାନ କର ।

ଭାଜ୍ୟ : $x^3 + 0.x^2 + 0.x + 1$ ଏବଂ ଭାଜକ : $(x + 1)$

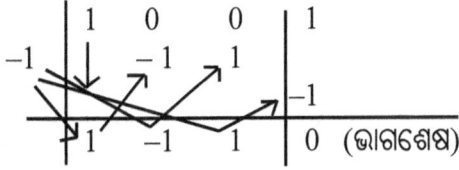

	1	0	0	1
−1		−1	1	−1
	1	−1	1	0 (ଭାଗଶେଷ)

∴ ଭାଗଫଳ = $(x^2 - x + 1)$ ଏବଂ ଭାଗଶେଷ = 0

ଦଶମିକ ପଦ୍ଧତି ପାଇଁ $x = 10$ ନେଲେ, ଭାଜ୍ୟ $= x^3 + 1 = 10^3 + 1 = 1001$

ଏବଂ ଭାଜକ $= x + 1 = 10 + 1 = 11$ ହେବ।

ପରାବର୍ତ୍ତ୍ୟ ସୂତ୍ର ପ୍ରୟୋଗ ଦ୍ୱାରା ଭାଗକ୍ରିୟାରୁ ପାଇବା -

ଭାଜକ : 11	1	0	0	1
ପୂରକ ସଂଖ୍ୟା (1)ର	↓			
ପରିବର୍ତ୍ତିତ ସଂଖ୍ୟା: −1		−1	1	−1
	1	−1	1	0

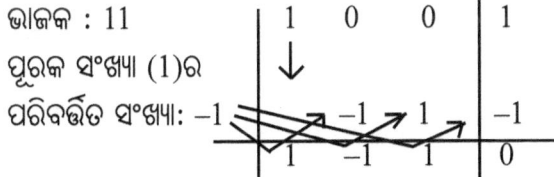

∴ ଭାଗଫଳ = $1\bar{1}1 = 101 - 10 = 91$ ଏବଂ ଭାଗଶେଷ = 0

ଅର୍ଥାତ୍ 1001, 11 ଦ୍ୱାରା ପୂର୍ଣ୍ଣ ରୂପେ ବିଭାଜ୍ୟ ।

ଅନ୍ୟପକ୍ଷରେ, $(x^2 - x + 1)$ କୁ ଦଶମିକ ପଦ୍ଧତିକୁ ରୂପାନ୍ତରଣରେ ପାଇବା :

ଭାଗଫଳ $= 10^2 - 10 + 1 = 100 - 10 + 1 = 91$

ଏଥିରୁ ଉକ୍ତ ପଦ୍ଧତିଦ୍ୱୟ ମଧ୍ୟରେ ପରିଲକ୍ଷିତ ସଂପର୍କକୁ ଠିକ୍ ଭାବରେ ଅନୁଧ୍ୟାନ କରିପାରୁଥିବ ।

ପ୍ରଶ୍ନାବଳୀ

1. ସଂଶ୍ଳେଷଣାତ୍ମକ ପଦ୍ଧତି (Synthetic Division) ଅବଲମ୍ବନରେ ପ୍ରତ୍ୟେକ କ୍ଷେତ୍ରରେ ଭାଗଫଳ ଓ ଭାଗଶେଷ ସ୍ଥିର କର ଏବଂ ପ୍ରତ୍ୟେକ କ୍ଷେତ୍ରରେ ଭାଗଶେଷ ଉପପାଦ୍ୟର ପ୍ରୟୋଗରେ ମଧ୍ୟ ଭାଗଶେଷ ସ୍ଥିର କର।

(i) $(6x^2 + x - 15) \div (2x - 3)$
(ii) $(x^3 - 3x^2 - 10x + 28) \div (x - 4)$
(iii) $(2y^3 + 6y^2 + 12y + 8) \div (y + 1)$
(iv) $(x^3 + 6x^2 + 11x + 16) \div (x + 3)$
(v) $(x^3 + 8) \div (x + 2)$
(vi) $(3x^2 - 5x + 2) \div (3x - 2)$
(vii) $(x^3 + 6x^2 + 11x + 8) \div (x^2 + 3x + 2)$
(viii) $(x^3 - 1) \div (x^2 + x + 1)$
(ix) $(2x^3 + x^2 - 13x + 6) \div (x + 3)$
(x) $(x^3 - 2x^2 + x + 12) \div (x - 3)$

2. 1 ପ୍ରଶ୍ନର (i) ରୁ (v) ପ୍ରଶ୍ନଗୁଡ଼ିକ ପାଇଁ ନିର୍ଣ୍ଣିତ ଭାଗଫଳ ଓ ଭାଗଶେଷ ନିର୍ଣ୍ଣୟର ସଠିକତା ପ୍ରଦାନ କର।

3. ବୈଦିକ ସୂତ୍ର (ନିଖିଳଂ କିମ୍ବା ପରାବର୍ତ୍ତ୍ୟ) ପ୍ରୟୋଗ କରି ଭାଗଫଳ ଓ ଭାଗଶେଷ ସ୍ଥିର କର ।

(i) $1321 \div 89$
(ii) $23124 \div 88$
(iii) $32412 \div 112$
(iv) $13421 \div 103$
(v) $20312 \div 104$
(vi) $13202 \div 113$

-0-

ଚତୁର୍ଥ ଅଧ୍ୟାୟ

ପଲିନୋମିଆଲ୍ କ୍ଷେତ୍ରରେ ଗ.ସା.ଗୁ.

(H.C.F. OF POLYNOMIALS)

ଦୁଇ ବା ତତୋଃଧିକ ସଂଖ୍ୟା ଗୁଡ଼ିକର ଗ.ସା.ଗୁ. (ଗରିଷ୍ଠ ସାଧାରଣ ଗୁଣନୀୟକ) ସାଧାରଣତଃ ମୌଳିକ ଉତ୍ପାଦକୀକରଣ ପ୍ରକ୍ରିୟା କିମ୍ବା ଇଉକ୍ଲିଡୀୟ ପଦ୍ଧତି (ବିଭାଜନ ପ୍ରକ୍ରିୟା)ର ଉପଯୋଗରେ ନିର୍ଣ୍ଣୟ କରାଯାଇପାରେ ।

ଉଦାହରଣ ସ୍ୱରୂପ, 35 ଏବଂ 25 ର ଗ.ସା.ଗୁ ନିର୍ଣ୍ଣୟ କରିବା -

ପ୍ରଥମ ପଦ୍ଧତି : ମୌଳିକ ଉତ୍ପାଦକୀକରଣ ପଦ୍ଧତି :

$35 = 5 \times 7$ ଏବଂ $25 = 5 \times 5$

ଉଭୟର '5' ଏକମାତ୍ର ସାଧାରଣ ମୌଳିକ ସଂଖ୍ୟା ।

$\therefore$ 35 ଓ 25 ର ଗ.ସା.ଗୁ. = 5 ।

ଦ୍ୱିତୀୟ ପଦ୍ଧତି : ଇଉକ୍ଲିଡୀୟ ବିଭାଜନ ପଦ୍ଧତି :

```
25 ) 35 ( 1
     25
     ----------
     10 ) 25 ( 2
          20
          ----------
           5 ) 10 ( 2
               10
               -----
                0
```

ସୋପାନସମୂହ :

(a) ପ୍ରଥମେ ବୃହତ୍ତର ସଂଖ୍ୟା 35କୁ କ୍ଷୁଦ୍ରତର ସଂଖ୍ୟା 25 ଦ୍ୱାରା ଭାଗ କରାଗଲା ।

(b) ଭାଗଶେଷ '0' ନ ହେବାରୁ ପୁନଃ ପୂର୍ବଭାଜକ 25 କୁ ଭାଗଶେଷ 10 ଦ୍ୱାରା ଭାଗକରାଗଲା ।

(c) ପୁନଶ୍ଚ ପରବର୍ତ୍ତୀ ଭାଗକ୍ରିୟାରେ ଭାଗଶେଷ 0 ନ ହେବାରୁ ପୁଣି ପୂର୍ବଭାଜକ 10 କୁ 5 ଦ୍ୱାରା ଭାଗ କରାଗଲା । ଯଦ୍ୱାରା ଭାଗଫଳ 2 ଓ ଭାଗଶେଷ '0' ରହିଲା ।

(d) ଶେଷ ଭାଗକ୍ରିୟାର ଭାଜକ '5', ଦତ୍ତ ସଂଖ୍ୟା ଦ୍ୱୟର ଗ.ସା.ଗୁ. ହେବ ।

$\therefore$ 35 ଓ 25 ର ଗ.ସା.ଗୁ. 5 ।

ଦ୍ରଷ୍ଟବ୍ୟ: ଅନ୍ୟ ଏକ ସମାଧାନ ପ୍ରଣାଳୀର ଆଲୋଚନା କରିବା ଆବଶ୍ୟକ ।

ସୋପାନ - 1 : $35 - 25 = 10 = 2 \times 5$ । ଉଭୟ ସଂଖ୍ୟା 2 ଦ୍ୱାରା ବିଭାଜିତ ନୁହେଁ, କିନ୍ତୁ 5 ଦ୍ୱାରା ଉଭୟ ସଂଖ୍ୟା ବିଭାଜିତ ।

ସୋପାନ- 2 : ପ୍ରକାରାନ୍ତରେ ଉଭୟ ସଂଖ୍ୟା 5 ଦ୍ୱାରା ବିଭାଜିତ ହେବାରୁ ସଂଖ୍ୟାଦ୍ୱୟର ନିର୍ଣ୍ଣେୟ ଗ.ସା.ଗୁ. 5 । (ଉପସୂତ୍ର : ବ୍ୟବକଳନ)

ପଲିନୋମିଆଲ୍ କ୍ଷେତ୍ରରେ ଗରିଷ୍ଠ ସାଧାରଣ ଗୁଣନୀୟକ ନିର୍ଣ୍ଣୟ :-

ପଲିନୋମିଆଲ୍ କ୍ଷେତ୍ରରେ ଏକାଧିକ ପଲିନୋମିଆଲ୍‌ର ଗ.ସା.ଗୁ. ନିମ୍ନ ପଦ୍ଧତିଦ୍ୱୟ ମାଧ୍ୟମରେ ନିର୍ଣ୍ଣୟ ସମ୍ଭବ ।

1. ଉତ୍ପାଦକୀକରଣ ପଦ୍ଧତି ଏବଂ
2. ଦୀର୍ଘ ବିଭାଜନ ପଦ୍ଧତି।

ଉଦାହରଣ - 1 :

ଉତ୍ପାଦକୀକରଣ ପ୍ରକ୍ରିୟା ଦ୍ୱାରା $(x^2 + 6x + 8)$ ଏବଂ $(x^2 + x - 12)$ ପଲିନୋମିଆଲ ଦ୍ୱୟର ଗ.ସା.ଗୁ. ନିର୍ଣ୍ଣୟ କର ।

ସମାଧାନ :

(i) $x^2 + 6x + 8$
$= x^2 + (2 + 4)x + 8$
$= x^2 + 2x + 4x + 8$
$= x(x + 2) + 4(x + 2)$
$= (x + 2)(x + 4)$

(ii) $x^2 + x - 12$
$= x^2 + (4 - 3)x - 12$
$= x^2 + 4x - 3x - 12$
$= x(x + 4) - 3(x + 4)$
$= (x + 4)(x - 3)$

ଉଭୟ କ୍ଷେତ୍ରରେ $(x + 4)$ ସାଧାରଣ ଉତ୍ପାଦକ ।

$\therefore$ ଦତ୍ତ ପଲିନୋମିଆଲ୍ ଦ୍ୱୟର ଗ.ସା.ଗୁ. (H.C.F) $= (x + 4)$ ।

ଉଦାହରଣ - 2 : ଉତ୍ପାଦକୀକରଣ ଦ୍ୱାରା $x^3 + 1$ ଏବଂ $x^2 - 1$ ପଲିନୋମିଆଲ୍ ଦ୍ୱୟର ଗ.ସା.ଗୁ. ନିର୍ଣ୍ଣୟ କର ।

ସମାଧାନ : ଉତ୍ପାଦକୀକରଣ ପଦ୍ଧତି ଅବଲମ୍ବନରେ

(i) $x^3 + 1 = (x)^3 + (1)^3 = (x + 1)(x^2 - x + 1)$

ଏବଂ (ii) $x^2 - 1 = (x)^2 - (1)^2 = (x + 1)(x - 1)$

ଉଭୟର ଉତ୍ପାଦକୀକରଣରୁ ଜାଣିବା ଯେ, $(x+1)$ ଦତ୍ତ ପଲିନୋମିଆଲ୍ ଦ୍ୱୟର ଗ.ସା.ଗୁ.; ଯେହେତୁ ପଲିନୋମିଆଲ୍ ଦ୍ୱୟର ସାଧାରଣ ଗୁଣନୀୟକ $(x + 1)$।

କିନ୍ତୁ ଦୀର୍ଘ ବିଭାଜନ ପ୍ରକ୍ରିୟା ଦ୍ୱାରା ପଲିନୋମିଆଲ୍ ଦ୍ୱୟର ଗ.ସା.ଗୁ. ନିର୍ଣ୍ଣୟ କଷ୍ଟସାଧ୍ୟ ଅଟେ ।

ବର୍ତ୍ତମାନ ଏଠାରେ ବେଦଗଣିତର କିଛି ସୂତ୍ର ଏବଂ ଉପ-ସୂତ୍ର ଦ୍ୱାରା ଏକାଧିକ ପଲିନୋମିଆଲ୍‌ର ଗ.ସା.ଗୁ. କିପରି ନିର୍ଣ୍ଣୟ କରାଯାଇ ପାରିବ ସେ ସବୁକୁ ଆଲୋଚନା ପରିସରକୁ ଆଣିବା ଆବଶ୍ୟକ।

ଗ.ସା.ଗୁ. ନିର୍ଣ୍ଣୟ ପାଇଁ ବେଦଗଣିତରେ ବ୍ୟବହୃତ ସୂତ୍ର ବା ଉପସୂତ୍ର ସମୂହ:

(1) **ଲୋପନ - ସ୍ଥାପନ ଉପସୂତ୍ର** (ଅପସାରଣ ଓ ପ୍ରତିସ୍ଥାପନ ଦ୍ୱାରା)

(2) **ସଂକଳନ - ବ୍ୟବକଳନ ଉପସୂତ୍ର** (ଯୋଗ ଓ ବିୟୋଗ କ୍ରିୟା ଦ୍ୱାରା)

(3) **ଆଦ୍ୟମାଦ୍ୟେନାନ୍ତ୍ୟମନ୍ତ୍ୟେନ ସୂତ୍ର** (ପ୍ରଥମ ଦ୍ୱାରା ପ୍ରଥମ ଓ ଶେଷ ଦ୍ୱାରା ଶେଷ)

ଗ.ସା.ଗୁ. ନିର୍ଣ୍ଣୟର ସୋପାନସମୂହ :

(i) ପ୍ରଥମେ ପଲିନୋମିଆଲ୍ ଦ୍ୱୟର ଚଳରାଶିର ଉଚ୍ଚତମ ଘାତ ଦ୍ୱୟର ସହଗଗୁଡ଼ିକୁ ସମାନ କରାଯାଇ ଆବଶ୍ୟକ ଅନୁଯାୟୀ ଯୋଗ କିମ୍ବା ବିୟୋଗ ମାଧ୍ୟମରେ ସଂପୃକ୍ତ ଚଳରାଶି ବିଶିଷ୍ଟ ପଦଦ୍ୱୟକୁ ଅପସାରଣ କରାଯାଏ ।

(ii) ସେହିପରି ଚଳରାଶିର ନିମ୍ନତମ ଘାତ ବିଶିଷ୍ଟ ରାଶିଦ୍ୱୟ (ସ୍ଥିରାଙ୍କ)କୁ ଯୋଗ କିମ୍ବା ବିୟୋଗ ମାଧ୍ୟମରେ ଅପସାରଣ କରାଯାଇପାରେ । ଅବଶ୍ୟ ତତ୍‌ପୂର୍ବରୁ ଉପଯୁକ୍ତ ସଂଖ୍ୟା ଦ୍ୱାରା ଗୁଣାଯାଇ ସ୍ଥିରାଙ୍କ ଦ୍ୱୟକୁ (ଆବଶ୍ୟକ ଅନୁଯାୟୀ) ସମରାଶିରେ ପରିଣତ କରାଯାଇଥାଏ ।

(iii) ଚଳରାଶିର ଉଚ୍ଚତମ ଘାତ କିମ୍ବା ନିମ୍ନତମ ଘାତ ବିଶିଷ୍ଟ ରାଶିଦ୍ୱୟକୁ ଅପସାରଣ କରାଯିବା ପରେ ଉଦ୍ଧୃତ ରାଶିରୁ ଭାଗକ୍ରିୟା ମାଧ୍ୟମରେ ସାଧାରଣ ପଦକୁ ବାଦ୍ ଦିଆଯାଇଥାଏ ।

(iv) ସାଧାରଣ ପଦକୁ ବାଦ୍ ଦେଲା ପରେ ଅବଶିଷ୍ଟ ପଲିନୋମିଆଲ୍‌କୁ ଦତ୍ତ ପଲିନୋମିଆଲ୍ ଦ୍ୱୟର ଗ.ସା.ଗୁ. କୁହାଯିବ ।

(v) ଆବଶ୍ୟକ ଅନୁଯାୟୀ ପଲିନୋମିଆଲ୍ ଦ୍ୱୟର ଯୋଗ ଏବଂ ବିୟୋଗ ମଧ୍ୟରୁ କେବଳ ଗୋଟିକୁ ଗ୍ରହଣ କରାଯାଇ ପଲିନୋମିଆଲ୍ ଦ୍ୱୟରୁ ଉଚ୍ଚତମ କିମ୍ବା ନିମ୍ନତମ ଘାତ ବିଶିଷ୍ଟ ଚଳରାଶି ମଧ୍ୟରୁ ଯେକୌଣସି ଗୋଟିକୁ ଅପସାରଣ କରାଯାଇ ପଲିନୋମିଆଲ୍ ଦ୍ୱୟର ମଧ୍ୟ ଗ.ସା.ଗୁ. ନିର୍ଣ୍ଣୟ କରାଯାଇପାରେ ।

ଦ୍ରଷ୍ଟବ୍ୟ : ଦୁଇ ବା ତତୋଽଧିକ ପଲିନୋମିଆଲ୍‌ର ଗ.ସା.ଗୁ. ନିର୍ଣ୍ଣୟ ପାଇଁ ନିମ୍ନ ତଥ୍ୟଗୁଡ଼ିକୁ ଆଲୋଚନା ପରିସରକୁ ଆଣିବା ଅପରିହାର୍ଯ୍ୟ ।

ମନେକର P ଓ Q ଦୁଇଟି ପଲିନୋମିଆଲ୍ ଯାହାର ଗ.ସା.ଗୁ. H. ।

$\frac{P}{H} = A$ ଏବଂ $\frac{Q}{H} = B \Rightarrow P = AH$ ଏବଂ $Q = BH$ ।

$\therefore P \pm Q = H(A \pm B),\ MP \pm NQ = H(MA \pm NB)$ ଇତ୍ୟାଦି ।

ଆମେ ଜାଣିଛେ P ଓ Q ର ଗ.ସା.ଗୁ. ମଧ୍ୟ $P \pm Q$, $2P \pm Q, P \pm 2Q$ ଏବଂ $MP \pm NQ$ ଇତ୍ୟାଦିର ଗ.ସା.ଗୁ ହେବ। ତେଣୁ M ଓ N ର ଉପଯୁକ୍ତ ମାନ ନେଇ ପଲିନୋମିଆଲ୍ ଦ୍ୱୟରୁ ଉଚ୍ଚତମ ଏବଂ ନିମ୍ନତମ ଘାତ ବିଶିଷ୍ଟ ପଦଦ୍ୱୟକୁ ଆବଶ୍ୟକତା ଅନୁଯାୟୀ ଅପସାରଣ କରାଯାଇ ପଲିନୋମିଆଲ୍ ଦ୍ୱୟର ଗ.ସା.ଗୁ. ନିର୍ଣ୍ଣୟ କରାଯାଇପାରେ। ନିମ୍ନ ଉଦାହରଣଗୁଡ଼ିକୁ ଅନୁଧ୍ୟାନ କର।

ଉଦାହରଣ - 3 : $(x^2 + 6x + 8)$ ଏବଂ $(x^2 + x - 12)$ ପଲିନୋମିଆଲ୍ ଦ୍ୱୟର ଗ.ସା.ଗୁ. ନିର୍ଣ୍ଣୟ କର ।

ସମାଧାନ :

$$\begin{array}{r} x^2 + 6x + 8 \\ x^2 + x - 12 \\ - \quad - \quad + \\ \hline 5x + 20 \end{array} = 5(x + 4) \text{ (ବିୟୋଗ କରିବା ଦ୍ୱାରା)}$$

5 ଦ୍ୱାରା ଭାଗକରିବା ପରେ ଅବଶିଷ୍ଟ ପଲିନୋମିଆଲ୍ (x+4), ଦର ପଲିନୋମିଆଲ୍ ଦ୍ୱୟର ଗ.ସା.ଗୁ. ହେବ।

∴ ନିର୍ଣ୍ଣେୟ ଗ.ସା.ଗୁ. $(x + 4)$ ।

ପୁନଶ୍ଚ ଚଳରାଶି 'x' ର ନିମ୍ନତମ ଘାତ ବିଶିଷ୍ଟ ପଦ(ସ୍ଥିରାଙ୍କ) ଦ୍ୱୟକୁ ପରବର୍ତ୍ତୀ ସମୟରେ ଉପଯୁକ୍ତ ରାଶି ଦ୍ୱାରା ଗୁଣି ପଦଦ୍ୱୟକୁ ସମାନ କରାଯାଇ ଯୋଗ ବା ବିୟୋଗ ମାଧ୍ୟମରେ ଅପସାରଣ କରାଯାଇପାରେ ।

$$(x^2 + 6x + 8) \times 3 = 3x^2 + 18x + 24$$

$$(x^2 + x - 12) \times 2 = 2x^2 + 2x - 24$$

ଦତ୍ତ ପଲିନୋମିଆଲ୍ ଦ୍ୱୟକୁ ଯୋଗ କଲେ, ଉଭୟର ସ୍ଥିରାଙ୍କକୁ ଅପସାରଣ କରାଯାଇପାରେ । ଯୋଗ କଲାପରେ ପାଇବା : $(5x^2 + 20x)$

$5x^2 + 20x$ କୁ ସାଧାରଣ ପଦ $5x$ ଦ୍ୱାରା ଭାଗ କଲେ $(x + 4)$ ପାଇବା।

∴ ପଲିନୋମିଆଲ୍ ଦ୍ୱୟର ଗ.ସା.ଗୁ. $(x + 4)$ ।

ଉଦାହରଣ - 4 : $(x^3 - 3x^2 - 4x + 12)$ ଏବଂ $(x^3 - 7x^2 + 16x - 12)$ ପଲିନୋମିଆଲ୍ ଦ୍ୱୟର ଗ.ସା.ଗୁ. ନିର୍ଣ୍ଣୟ କର ।

ସମାଧାନ: 'ଲୋପନ-ସ୍ଥାପନ' ସୂତ୍ର ଉପଯୋଗରେ ଦତ୍ତ ପଲିନୋମିଆଲ୍‌ଦ୍ୱୟକୁ ଯୋଗ କଲେ ନିମ୍ନତମ ଘାତାଙ୍କ ବିଶିଷ୍ଟ ପଦଦ୍ୱୟକୁ ଅପସାରଣ କରାଯାଇପାରିବ।

$$\begin{array}{r} x^3 - 3x^2 - 4x + 12 \\ + \quad x^3 - 7x^2 + 16x - 12 \\ \hline 2x^3 - 10x^2 + 12x \end{array}$$

$= 2x(x^2 - 5x + 6)$

'2x' ଦ୍ୱାରା ଭାଗ କଲେ $(x^2 - 5x + 6)$ ମିଳିବ; ଯାହା ପଲିନୋମିଆଲ୍ ଦ୍ୱୟର ଗ.ସା.ଗୁ. ।

ଦ୍ରଷ୍ଟବ୍ୟ : ଦତ୍ତ ପଲିନୋମିଆଲ୍ ଦ୍ୱୟର 'x' ର ଉଚ୍ଚତମ ଘାତର ସହଗ ଦ୍ୱୟ ସମାନ ହେତୁ ଗୋଟିକୁ ଅନ୍ୟଟିରୁ ବିୟୋଗ କରାଯାଇ ପାରିବ; ଯାହା ଦ୍ୱାରା ପଲିନୋମିଆଲ୍ ଦ୍ୱୟର ଗ.ସା.ଗୁ. ନିର୍ଣ୍ଣୟ ମଧ୍ୟ ସମ୍ଭବପର ହେବ।

$$\begin{array}{rrrr} x^3 & - 3x^2 & - 4x & + 12 \\ x^3 & - 7x^2 & + 16x & - 12 \\ (-) \quad - & + & - & + \\ \hline & 4x^2 & - 20x & + 24 \end{array}$$

$= 4(x^2 - 5x + 6)$

$\therefore$ 4 କୁ ବାଦ୍ ଦେଲାପରେ ଅଥବା 4 ଦ୍ୱାରା ଭାଗ କରିବା ପରେ $(x^2-5x + 6)$ ପଲିନୋମିଆଲ୍ ଦ୍ୱୟର ଗ.ସା.ଗୁ. ହେବ।

ଉଦାହରଣ - 5 :

$x^3 - 7x - 6$ ଏବଂ $x^3 + 8x^2 + 17x + 10$ ପଲିନୋମିଆଲ୍ ଦ୍ୱୟର ଗ.ସା.ଗୁ. ସ୍ଥିର କର ।

ସମାଧାନ :

ମନେକର $p(x) = x^3 - 7x - 6$ ଏବଂ $Q(x) = x^3 + 8x^2 + 17x+10$

'ଲୋପନ - ସ୍ଥାପନ' ସୂତ୍ର ଦ୍ୱାରା x^3 ର ଅପସାରଣ ପାଇଁ $\{P(x) - Q(x)\}$ ସ୍ଥିର କରିବାକୁ ହେବ।

$P(x) - Q(x)$

$= (x^3 - 7x - 6) - (x^3 + 8x^2 + 17x + 10)$

$= x^3 - 7x - 6 - x^3 - 8x^2 - 17x - 10$

$= -8x^2 - 24x - 16$

$= -8(x^2 + 3x + 2)$

∴ ନିର୍ଣ୍ଣେୟ ଗ.ସା.ଗୁ. $(x^2 + 3x + 2)$ ।

ବି.ଦ୍ର. : $\{5P(x) - 3Q(x)\}$ ସ୍ଥିର କରିବା ଦ୍ୱାରା ସ୍ଥିରାଙ୍କଦ୍ୱୟକୁ ଅପସାରଣ କରି ଉଭୟ ପଲିନୋମିଆଲ୍‌ର ଗ.ସା.ଗୁ. ନିର୍ଣ୍ଣୟ କରାଯାଇପାରେ ।

ଉଦାହରଣ - 6 : $(2x^3 + x^2 - 9)$ ଏବଂ $(x^4 + 2x^2 + 9)$ ପଲିନୋମିଆଲ୍ ଦ୍ୱୟର ଗ.ସା.ଗୁ. ନିର୍ଣ୍ଣୟ କର ।

ସମାଧାନ : ପଲିନୋମିଆଲ୍ ଦ୍ୱୟର 'x' ର ନିମ୍ନତମ ଘାତ ବିଶିଷ୍ଟ ପଦ-ଦ୍ୱୟର ଅପସାରଣ ଫଳରେ ଉଭୟ ପଲିନୋମିଆଲ୍‌ର ଗ.ସା.ଗୁ. ନିର୍ଣ୍ଣୟ ସମ୍ଭବପର ହେବ । ପଲିନୋମିଆଲ୍ ଦ୍ୱୟକୁ ଯୋଗ କଲେ ପାଇବା -

$(2x^3 + x^2 - 9) + (x^4 + 2x^2 + 9)$

$= x^4 + 2x^3 + 3x^2 = x^2(x^2 + 2x + 3)$

x^2 ଦ୍ୱାରା ଭାଗ କରିବା ପରେ ପଲିନୋମିଆଲ୍ ଦ୍ୱୟର ଗ.ସା.ଗୁ. $(x^2 + 2x + 3)$ ହେବ ।

ଉଦାହରଣ - 7 :

$(4x^3 + 13x^2 + 19x + 4)$ ଏବଂ $(2x^3 + 5x^2 + 5x - 4)$ ପଲିନୋମିଆଲ୍ ଦ୍ୱୟର ଗ.ସା.ଗୁ. ନିର୍ଣ୍ଣୟ କର ।

ସମାଧାନ :

ମନେକର $P(x) = 4x^3 + 13x^2 + 19x + 4$ ଏବଂ

$Q(x) = 2x^3 + 5x^2 + 5x - 4$

'ଲୋପନ-ସ୍ଥାପନ' ସୂତ୍ର ଉପଯୋଗରେ 'x' ର ଉଚ୍ଚତମ ଘାତ ବିଶିଷ୍ଟ ପଦ-ଦ୍ୱୟକୁ ଅପସାରଣ କରିବାକୁ ହେଲେ,

$Q(x)$ ପଲିନୋମିଆଲ୍‌କୁ '2' ଦ୍ୱାରା ଗୁଣି 'x' ର ଉଚ୍ଚତମ ଘାତ ବିଶିଷ୍ଟ ପଦର ସହଗକୁ ପ୍ରଥମ ପଲିନୋମିଆଲ୍‌ର x^3 ର ସହଗ ସହ ସମାନ କରିବାକୁ ହେବ ।

$\{P(x)-2Q(x)\}$ ସ୍ଥିର କରିବା ଫଳରେ 'x^3'ର ଅପସାରଣ ସମ୍ଭବପର ହେବ।

$\therefore\ P(x) - 2Q(x)$

$= (4x^3 + 13x^2 + 19x + 4) - 2(2x^3 + 5x^2 + 5x - 4)$

$= 4x^3 + 13x^2 + 19x + 4 - 4x^3 - 10x^2 - 10x + 8$

$= 3x^2 + 9x + 12 = 3(x^2 + 3x + 4)$

'3' ଗୁଣନୀୟକକୁ ବାଦ୍ ଦେଲେ ପାଇବା : $(x^2 + 3x + 4)$

$\therefore$ ପଲିନୋମିଆଲ୍ ଦ୍ୱୟର ଗ.ସା.ଗୁ. $(x^2 + 3x + 4)$ ହେବ ।

ଦ୍ରଷ୍ଟବ୍ୟ : 'x'ର ନିମ୍ନତମ ଘାତବିଶିଷ୍ଟ (ସ୍ଥିରାଙ୍କ)ପଦଦ୍ୱୟକୁ ଯୋଗ ମାଧ୍ୟମରେ ଅପସାରଣ କରିବା ଫଳରେ ପଲିନୋମିଆଲ୍ ଦ୍ୱୟର ଗ.ସା.ଗୁ. ମଧ୍ୟ ନିର୍ଣ୍ଣୟ ସମ୍ଭବ ହେବ।

$\therefore\ Q(x) + P(x)$

$= (2x^3 + 5x^2 + 5x - 4) + (4x^3 + 13x^2 + 19x + 4)$

$= 6x^3 + 18x^2 + 24x = 6x\,(x^2 + 3x + 4)$

6x ଦ୍ୱାରା ଭାଗ କରିବା ପରେ $(x^2 + 3x + 4)$ ପଲିନୋମିଆଲ୍ ମିଳିବ।

$\therefore$ ନିର୍ଣ୍ଣେୟ ଗ.ସା.ଗୁ. $(x^2 + 3x + 4)$ ।

ଉଦାହରଣ - 8 :

$(6x^4 - 7x^3 - 5x^2 + 14x + 7)$ ଏବଂ $(3x^3 - 5x^2 + 7)$ ପଲିନୋମିଆଲ୍ ଦ୍ୱୟର ଗ.ସା.ଗୁ. ନିର୍ଣ୍ଣୟ କର ।

ସମାଧାନ :

ମନେକର $P(x) = 6x^4 - 7x^3 - 5x^2 + 14x + 7$ ଏବଂ

$Q(x) = 3x^3 - 5x^2 + 7$

ଦତ୍ତ ପଲିନୋମିଆଲ୍ ଦ୍ୱୟର ଘାତ ଭିନ୍ନ ଏବଂ ସହଗ ମଧ୍ୟ ଭିନ୍ନଭିନ୍ନ । ତେଣୁ ଉଭୟର ଉଚ୍ଚତମ ଘାତର ସହଗ ସମାନ କରିବା ପାଇଁ Q(x) କୁ 2x ଦ୍ୱାରା ଗୁଣିବାକୁ ପଡ଼େ ।

$2x \cdot Q(x) = 2x(3x^3 - 5x^2 + 7) = 6x^4 - 10x^3 + 14x$

ବର୍ତ୍ତମାନ P(x) ରୁ $2x \cdot Q(x)$ କୁ ବିୟୋଗ କଲେ,

$P(x) - 2x \cdot Q(x)$

$= (6x^4 - 7x^3 - 5x^2 + 14x + 7) - (6x^4 - 10x^3 + 14x)$

$= 6x^4 - 7x^3 - 5x^2 + 14x + 7 - 6x^4 + 10x^3 - 14x$

$= 3x^3 - 5x^2 + 7$ (ନିର୍ଣ୍ଣେୟ ଗ.ସା.ଗୁ.)

ବର୍ତ୍ତମାନ ଉଚ୍ଚତମ ଘାତ ବିଶିଷ୍ଟ ପଦ-ଦ୍ୱୟକୁ ଅପସାରଣ କରିପାରିଲେ।

ପୁନଶ୍ଚ, P(x) ରୁ Q(x) ବିୟୋଗ କରିବା ଦ୍ୱାରା ଆମେ 'x' ର ନିମ୍ନତମ ଘାତ ବିଶିଷ୍ଟ ପଦ (ସ୍ଥିରାଙ୍କ)କୁ ଅପସାରଣ କରି ଗ.ସା.ଗୁ. ସ୍ଥିର କରିପାରିବା।

$P(x) - Q(x) = (6x^4 - 7x^3 - 5x^2 + 14x + 7) - (3x^3 - 5x^2 + 7)$

$= 6x^4 - 7x^3 - 5x^2 + 14x + 7 - 3x^3 + 5x^2 - 7$

$= 6x^4 - 10x^3 + 14x$

$= 2x\,(3x^3 - 5x^2 + 7)$

'2x' କୁ ବାଦ୍ ଦେଲେ ପଲିନୋମିଆଲ୍ ଦ୍ୱୟର ଗ.ସା.ଗୁ. $(3x^3 - 5x^2 + 7)$ ହେବ। ଉଭୟ କ୍ଷେତ୍ରରେ ଉଭବ ଫଳାଫଳ, ଦତ୍ତ ପଲିନୋମିଆଲ୍ ଦ୍ୱୟର ଗ.ସା.ଗୁ. ହେବ।

ଉଦାହରଣ - 9 :

$6x^4 - 11x^3 + 16x^2 - 22x + 8$ ଏବଂ $6x^4 - 11x^3 - 8x^2 + 22x - 8$ ପଲିନୋମିଆଲ୍ ଦ୍ୱୟର ଗ.ସା.ଗୁ. ସ୍ଥିର କର ।

ସମାଧାନ :

ମନେକର $P(x) = 6x^4 - 11x^3 + 16x^2 - 22x + 8$ ଏବଂ

$Q(x) = 6x^4 - 11x^3 - 8x^2 + 22x - 8$

ଉଭୟ ପଲିନୋମିଆଲ୍‌ର 'x' ର ଉଚ୍ଚତମ ଘାତ ବିଶିଷ୍ଟ ପଦଦ୍ୱୟ ସମାନ ହେତୁ {P(x) – Q(x)} ସ୍ଥିର କରି ଉଭୟ ପଲିନୋମିଆଲ୍‌ର ଗ.ସା.ଗୁ. ସ୍ଥିର କରିପାରିବା ।

$(6x^4 - 11x^3 + 16x^2 - 22x + 8) - (6x^4 - 11x^3 - 8x^2 + 22x - 8)$

$= 6x^4 - 11x^3 + 16x^2 - 22x + 8 - 6x^4 + 11x^3 + 8x^2 - 22x + 8$

$= 24x^2 - 44x + 16 = 4(6x^2 - 11x + 4)$

∴ ଗୁଣନୀୟକ 4 କୁ ବାଦ୍ ଦେବା ପରେ ପଲିନୋମିଆଲ୍ ଦ୍ୱୟର ଗ.ସା.ଗୁ. $(6x^2 - 11x + 4)$ ହେବ ।

ଦ୍ରଷ୍ଟବ୍ୟ : {P(x) + Q(x)} ଦ୍ୱାରା ସ୍ଥିରାଙ୍କ ଦ୍ୱୟର ଅପସାରଣ କରି ପଲିନୋମିଆଲ୍ ଦ୍ୱୟର ଗ.ସା.ଗୁ. ମଧ୍ୟ ସ୍ଥିର କରିପାରିବା ।

ବି.ଦ୍ର : ଦୁଇରୁ ଅଧିକ ପଲିନୋମିଆଲ୍ କ୍ଷେତ୍ରରେ ଗ.ସା.ଗୁ. ନିର୍ଣ୍ଣୟ ମଧ୍ୟ କରାଯାଇପାରିବ। ଉଦାହରଣ ସ୍ୱରୂପ, $P(x) = (x^2-3x+2)$, $Q(x) = (x^2-2x+1)$ ଏବଂ $R(x) = (x^2-1)$ ପଲିନୋମିଆଲ୍ କ୍ଷେତ୍ରରେ ଗ.ସା.ଗୁ. ସ୍ଥିର କରିବା।

ସୋପାନ - (1) : $Q(x) - P(x) = (x-1)$

ସୋପାନ - (2) : $Q(x) - R(x) = -2x + 2 = -2(x-1)$

ସୋପାନ - (3) : ସୋପାନ (1) ଓ ସୋପାନ (2) ରୁ ଜାଣିବା $(x-1)$ ସାଧାରଣ ଗୁଣନୀୟକ।

∴ ନିର୍ଣ୍ଣେୟ ଗ.ସା.ଗୁ. $(x-1)$।

ଉପରିସ୍ଥ ଉଦାହରଣମାନଙ୍କରୁ ବୁଝିପାରିବ ଯେ, ପଲିନୋମିଆଲ୍ ଗୁଡ଼ିକର ଉତ୍ପାଦକ ଗୁଡ଼ିକୁ ସ୍ଥିର କରି ସେମାନଙ୍କର ଗ.ସା.ଗୁ. ସ୍ଥିର କରିବା, ବେଦଗଣିତ ସୂତ୍ରର ଉପଯୋଗରେ ପଲିନୋମିଆଲଗୁଡ଼ିକର ଗ.ସା.ଗୁ. ସ୍ଥିର କିରବା ଠାରୁ ଅଧିକ କଷ୍ଟସାଧ । ତେଣୁ **'ଲୋପନ-ସ୍ଥାପନ'** ବା **'ସଂକଳନ ବ୍ୟବକଳନ'** ସୂତ୍ରର ପ୍ରୟୋଗରେ ପଲିନୋମିଆଲଗୁଡ଼ିକର ଗ.ସା.ଗୁ. କମ୍ ସମୟରେ ସ୍ଥିର କରିବା ସହଜସାଧ ।

ଦୁଇ ବା ତତୋଽଧିକ ସଂଖ୍ୟା କ୍ଷେତ୍ରରେ ଯୋଗ ବା ବିୟୋଗ (ଲୋପନ ସ୍ଥାପନ) ପ୍ରକ୍ରିୟା ଦ୍ୱାରା ସଂଖ୍ୟାଗୁଡ଼ିକର ଗ.ସା.ଗୁ. ସ୍ଥିର କରାଯାଇପାରିବ।

ଉଦାହରଣସ୍ୱରୂପ, 36, 84 ଏବଂ 108 ର ଗ.ସା.ଗୁ . ନିର୍ଣ୍ଣୟ କରିବା।

ସୋପାନ -1 : $84 - 2 \times 36 = 12$

ସେପାନ -2 : $108 - 84 = 24$

ସେପାନ -3 : $36 - 24 = 12$

ସୋପାନ -1 ଏବଂ ସୋପାନ -2 ରୁ ନିର୍ଣ୍ଣିତ ଫଳାଫଳ ଦ୍ୱୟରୁ ଜଣାପଡ଼େ ଯେ, ସୋପାନ -3 ରୁ ନିର୍ଣ୍ଣିତ ଫଳାଫଳ 12 ଯାହା ସଂଖ୍ୟାତ୍ରୟର ସାଧାରଣ ଗୁଣନୀୟକ। ଅର୍ଥାତ୍ ସଂଖ୍ୟାତ୍ରୟର ଗ.ସା.ଗୁ.12 ହେବ।

ଅନ୍ୟ ଏକ ଉଦାହରଣ ଜରିଆରେ 147, 105 ଏବଂ 84 ର ଗ.ସା.ଗୁ. ସ୍ଥିର କରିବା ।

ସୋପାନ -1 : ଦତ୍ତ ସଂଖ୍ୟାତ୍ରୟ ମଧ୍ୟରୁ ଦୁଇଗୋଟି ଲେଖାଏଁ ସଂଖ୍ୟା ନେଇ ସେମାନଙ୍କ ମଧ୍ୟରେ ଥିବା ଅନ୍ତରଫଳ ସ୍ଥିର କରିବା।

ସୋପାନ - 2 : ଅନ୍ତରଫଳମାନ ଯଥାକ୍ରମେ 42, 21 ଏବଂ 63 ହେବ।

ସୋପାନ - 3 : ଲକ୍ଷ୍ୟ କର, 21 ଦ୍ୱାରା 42 ଏବଂ 63 ଉଭୟ ବିଭାଜ୍ୟ।

ସୋପାନ - 4 : ଅତଏବ 21 ସଂଖ୍ୟାତ୍ରୟର ଗ.ସା.ଗୁ.।

ପୂର୍ବପରି ସଂଖ୍ୟାଗୁଡ଼ିକର ବିନା ଉତ୍ପାଦକୀକରଣରେ କେବଳ ବେଦ ଗଣିତରେ ସୂତ୍ର **'ସଂକଳନ-ବ୍ୟବକଳନ'**ର ପ୍ରୟୋଗରେ ଆମେ ଦୁଇ ବା ତତୋଽଧିକ ସଂଖ୍ୟାଗୁଡ଼ିକର ଗ.ସା.ଗୁ. ସ୍ଥିର କରିପାରିବା। ସଂଖ୍ୟାଗୁଡ଼ିକର ଗ.ସା.ଗୁ. ନିର୍ଣ୍ଣୟ ପାଟୀଗଣିତରେ ସାଧାରଣତଃ ମାଧ୍ୟମିକସ୍ତରର ପାଠ୍ୟକ୍ରମରେ ଅନ୍ତର୍ଭୁକ୍ତ ଥାଏ। ବିଦ୍ୟାର୍ଥୀମାନେ ଏସବୁର ସମାଧାନ ପାଇଁ ସର୍ବଦା ଚେଷ୍ଟିତ ରହିବା ଆବଶ୍ୟକ। ଦତ୍ତ ସୂତ୍ରର ପ୍ରୟୋଗରେ ପୂର୍ବ ପ୍ରଶ୍ନର ଅନୁରୂପ ଏକାଧିକ ପ୍ରଶ୍ନର ସମାଧାନକୁ ଅଭ୍ୟାସକୁ ଆଣିବା ଦରକାର।

ପ୍ରଶ୍ନାବଳୀ

ନିମ୍ନ ପ୍ରଶ୍ନଗୁଡ଼ିକରେ ଥିବା ପଲିନୋମିଆଲ୍‌ଗୁଡ଼ିକର ଗ.ସା.ଗୁ. ସ୍ଥିର କର ।

1. $a^3 + 2a^2 - 3a$ ଏବଂ $2a^3 + 5a^2 - 3a$
2. $3m^3 - 12m^2 + 21m - 18$ ଏବଂ $6m^3 - 30m^2 + 60m - 48$
3. $x^2 + 9x + 20$ ଏବଂ $x^2 + 13x + 36$
4. $x^3 - 8$ ଏବଂ $x^2 - 4$
5. $x^3 - 9x^2 + 23x - 15$ ଏବଂ $4x^2 - 16x + 12$
6. $2x^3 + 3x^2 + 2x + 3$ ଏବଂ $6x^3 + 12x^2 + 6x + 12$
7. $x^2 - 6x + 5$ ଏବଂ $x^3 - 125$
8. $4x^4 + 11x^3 + 27x^2 + 17x + 5$ ଏବଂ $3x^4 + 7x^3 + 18x^2 + 7x + 5$
9. $x^2 + 7x + 6$ ଏବଂ $x^2 - 5x - 6$
10. $2x^3 - 54$ ଏବଂ $x^2 - 5x + 6$

-0-

ପଞ୍ଚମ ଅଧ୍ୟାୟ

ଦ୍ୱିଘାତୀ ପଲିନୋମିଆଲ୍‌ର ଉତ୍ପାଦକୀକରଣ

(FACTORING QUADRATIC POLYNOMIALS)

ସଂଖ୍ୟା ଏବଂ ପଲିନୋମିଆଲ୍ କ୍ଷେତ୍ରରେ ଉତ୍ପାଦକୀକରଣ ପ୍ରକ୍ରିୟା, ଗୁଣନ ପ୍ରକ୍ରିୟାର ଠିକ୍ ବିପରୀତ ଏକ ପ୍ରକ୍ରିୟା । "ଉତ୍ପାଦକୀକରଣ ପ୍ରକ୍ରିୟା, ଭାଗପ୍ରକ୍ରିୟାର ଅନନ୍ୟ ପ୍ରୟୋଗ ମାତ୍ର" କହିଲେ ଅତ୍ୟୁକ୍ତି ହେବ ନାହିଁ ।

(a) ସଂଖ୍ୟା ବା ପଲିନୋମିଆଲ୍ କ୍ଷେତ୍ରରେ ଗ.ସା.ଗୁ. ବା ଲ.ସା.ଗୁ. ନିର୍ଣ୍ଣୟ ପାଇଁ ପ୍ରତ୍ୟେକର ଉତ୍ପାଦକ ନର୍ଣ୍ଣୟ ର ଆବଶ୍ୟକତା ଅଛି ।

(b) ପଲିନୋମିଆଲ୍ ସମୀକରଣର ସମାଧାନ କ୍ଷେତ୍ରରେ ପଲିନୋମିଆଲ୍‌ର ଉତ୍ପାଦକ ନିର୍ଣ୍ଣୟ ମଧ୍ୟ ଆବଶ୍ୟକ। ଏକ ଦ୍ୱିଘାତୀ ପଲିନୋମିଆଲ୍ (Quadratic Polynomial)ର ଉତ୍ପାଦକୀକରଣ ପୂର୍ବରୁ ନିମ୍ନ ଏକ ଅଭେଦର ଅବତାରଣା କରିବା ଉଚିତ୍ ।

(i) $(x + p)(x + q) = x^2 + (p + q)x + pq$ (ଅଭେଦ)

ଦ୍ୱିଘାତ ପଲିନୋମିଆଲ୍ $x^2 + Bx + C$ ରେ $C = pq$ ଏବଂ $B = p + q$ ସହ ଉକ୍ତ ଅଭେଦ ତୁଳନୀୟ। ଏଥିରୁ ସ୍ପଷ୍ଟ ଯେ, ଗୋଟିଏ ଦ୍ୱିଘାତୀ ପଲିନୋମିଆଲ୍‌ର ଉତ୍ପାଦକୀକରଣରେ ଦୁଇଟି ଏକାଘାତୀ ପଲିନୋମିଆଲ୍‌ର ସୃଷ୍ଟି ।

(ii) ସେହିପରି, $Ax^2 + Bx + C$ ପଲିନୋମିଆଲ୍ $x^2 + Bx + A.C$ ରୂପରେ ପ୍ରକାଶିତ ହେଲେ, ଦତ୍ତ ପଲିନୋମିଆଲ୍‌ର ଉତ୍ପାଦକୀକରଣ ମଧ୍ୟ ସମ୍ଭବପର ହେବ। ପରବର୍ତ୍ତୀ ଆଲୋଚନାରେ ଉତ୍ପାଦକୀକରଣ ପ୍ରକ୍ରିୟାକୁ ଦର୍ଶାଯାଇଛି।

ଏକ ତ୍ରିପଦୀ ବା ଦ୍ୱିଘାତୀ ପଲିନୋମିଆଲ୍ $(Ax^2 + Bx + C)$ ର ଦୁଇଟି ରୂପ । ଯଥା - 1. $x^2 + Bx + C$ (ଯେଉଁଠାରେ $A = 1$)

2. $Ax^2 + Bx + C$ (ଯେଉଁଠାରେ $A \neq 1$)

1. $(x^2 + Bx + C)$ ରୂପରେ ଥିବା ଦ୍ୱିଘାତୀ ପଲିନୋମିଆଲ୍‌ର ଉତ୍ପାଦକୀକରଣ:

ଉଦାହରଣ - 1 : $(x^2 + 9x + 8)$ ର ଉତ୍ପାଦକ ନିରୂପଣ କର ।

ସମାଧାନ: ଏଠାରେ ଏପରି ଦୁଇଟି ସଂଖ୍ୟା ସ୍ଥିର କରିବା ଯାହାର ଗୁଣଫଳ 8 ଏବଂ ସଂଖ୍ୟା ଦ୍ୱୟର ଯୋଗଫଳ 9 ହେବ । (ଅଭେଦ (i) ରୁ)

ନିମ୍ନସ୍ଥ ବିଶ୍ଳେଷଣରୁ ଦତ୍ତ ସର୍ତ୍ତ ଅନୁଯାୟୀ 1 ଓ 8 ସଂଖ୍ୟା ଦ୍ୱୟକୁ ଗ୍ରହଣ କରାଯାଇପାରେ ।

8 ର ଗୁଣନୀୟକ	ଯୋଗଫଳ
1, 8	9
2, 4	6

$\therefore x^2 + 9x + 8 = (x+1)(x+8)$

ଉଦାହରଣ - 2 : $(y^2 - 7y + 12)$ ର ଉତ୍ପାଦକୀକରଣ ଦର୍ଶାଅ ।

ସମାଧାନ :

ବିଶ୍ଳେଷଣରୁ ଜାଣିବା ଯେ, ସଂଖ୍ୟାଦ୍ୱୟ (–3) ଓ (–4) ହେବ, କାରଣ ସଂଖ୍ୟାଦ୍ୱୟର ଯୋଗଫଳ (–7) ଏବଂ ଗୁଣଫଳ 12 ।

12 ର ଗୁଣନୀୟକ	ଯୋଗଫଳ
–1, –12	–13
–2, –6	–8
–3, –4	–7

$\therefore (y^2 - 7y + 12) = (y-3)(y-4)$ ।

ଉଦାହରଣ - 3 : $(P^2 + 15P - 16)$ ର ଉତ୍ପାଦକୀକରଣ ଦର୍ଶାଅ ।

ସମାଧାନ :

ଏଠାରେ ଲକ୍ଷ୍ୟକର P ର ସହଗ ଧନାତ୍ମକ ହେତୁ ସଂଖ୍ୟାଦ୍ୱୟ ମଧ୍ୟରୁ ବୃହତ୍ତର ସଂଖ୍ୟାଟି ଧନାତ୍ମକ ହେବ । ଏପରି ସଂଖ୍ୟାଦ୍ୱୟ ସ୍ଥିରକରିବା ଯେପରି

–16 ର ଗୁଣନୀୟକ	ଯୋଗଫଳ
–1, 16	15
–2, 8	6
–4, 4	0

ସେମାନଙ୍କ ଯୋଗଫଳ 15 ହେବ ଏବଂ ଗୁଣଫଳ (–16) ହେବ ।

ବିଶ୍ଳେଷଣରୁ ସ୍ପଷ୍ଟ ଯେ, ସଂଖ୍ୟା ଦ୍ୱୟ (–1) ଏବଂ 16 ହେବ ।

$\therefore (P^2 + 15P - 16) = (P-1)(P+16)$ ।

ଉଦାହରଣ - 4 : $(x^2 - 10x - 24)$ ପଲିନୋମିଆଲର ଉତ୍ପାଦକୀକରଣ ଦର୍ଶାଅ ।

ସମାଧାନ: ଏଠାରେ 'x' ର ସହଗ ରଣାତ୍ମକ ହେତୁ (–24)ର ଏପରି ଦୁଇଟି ଗୁଣନୀୟକ ସ୍ଥିର କରିବା ଯାହାର ଯୋଗଫଳ (–10) ଏବଂ ଗୁଣଫଳ (–24) ହେବ ।

–24 ର ଗୁଣନୀୟକ	ଯୋଗଫଳ
$1 \times (-24)$	–22
$2 \times (-12)$	–10
$3 \times (-8)$	–5
$4 \times (-6)$	–2

ଏଠାରେ ସଂଖ୍ୟାଦ୍ୱୟ ମଧ୍ୟରୁ ଗୋଟିଏ ଧନାତ୍ମକ ଏବଂ ଅନ୍ୟଟି ରଣାତ୍ମକ ହେବ ।

ଯେହେତୁ ଯୋଗଫଳ (–10) , ତେଣୁ ବୃହତ୍ତର ସଂଖ୍ୟାଟି ଋଣାତ୍ମକ ଏବଂ ଅନ୍ୟଟି ଧନାତ୍ମକ ହେବ ।

ବିଶ୍ଳେଷଣରୁ **ସ୍ପଷ୍ଟ** ଜଣାପଡୁଛି ଯେ, ସଂଖ୍ୟା ଦ୍ୱୟ (–12) ଏବଂ 2 ହେବ ।

$\therefore\ (x^2 - 10x - 24) = (x - 12)(x + 2)$ ।

ଦ୍ରଷ୍ଟବ୍ୟ : ଏଭଳି ପ୍ରତ୍ୟେକ ପ୍ରଶ୍ନର ଉତ୍ପାଦକୀକରଣ ପାଇଁ 'ବିଶ୍ଳେଷଣ'ର ଆବଶ୍ୟକତା ନାହିଁ । ମାନସିକ ସ୍ତରରେ ସଂଖ୍ୟା ଦ୍ୱୟକୁ ମଧ୍ୟ ସ୍ଥିର କରିହେବ ।

2. $Ax^2 + Bx + C$ ରୂପରେ ଥିବା ଦ୍ୱିଘାତୀ ପଲିନୋମିଆଲ୍‌ର ଉତ୍ପାଦକୀକରଣ:

ଉଦାହରଣ - 5 : $(3x^2 + 11x + 6)$ ପଲିନୋମିଆଲ୍‌ର ଉତ୍ପାଦକୀକରଣ ଦର୍ଶାଅ ।

ସମାଧାନ :

ସଂଖ୍ୟାଦ୍ୱୟ ଏପରି ସ୍ଥିର କରିବା, ଯାହାର ଗୁଣଫଳ 18 ଏବଂ ଯୋଗଫଳ 11 ହେବ । ଉଭୟ ଧନାତ୍ମକ ହେତୁ, ସଂଖ୍ୟାଦ୍ୱୟ 9 ଏବଂ 2 ହେବ ।

$$\begin{aligned}\therefore\ 3x^2 + 11x + 6 &= 3x^2 + (9 + 2)x + 6\\ &= 3x^2 + 9x + 2x + 6\\ &= 3x(x + 3) + 2(x + 3)\\ &= (3x + 2)(x + 3)\end{aligned}$$

$\therefore 3x^2 + 11x + 6 = (3x + 2)(x + 3)$ ।

ଦ୍ରଷ୍ଟବ୍ୟ :

'ବଣ୍ଟନ ନିୟମ'ର ପ୍ରୟୋଗରେ ଉପରୋକ୍ତ ସମାଧାନ କରାଯାଇଛି; ଯାହା ସାଧାରଣତଃ ବିଦ୍ୟାଳୟସ୍ତରରେ ଆଲୋଚିତ ହୋଇଥାଏ ।

ପରବର୍ତ୍ତୀ ଉଦାହରଣଗୁଡ଼ିକ ମାଧ୍ୟମରେ ଆମେ ଦୁଇଟି ବିକଳ୍ପ ଉତ୍ପାଦକୀକରଣ ପ୍ରକ୍ରିୟାର ଅବତାରଣା କରିବା ।

ବିକଳ୍ପ ସମାଧାନ - 1.

$(3x^2 + 11x + 6)$ ($Ax^2 + Bx + C$ ରୂପ ବିଶିଷ୍ଟ)

ଉକ୍ତ ପଲିନୋମିଆଲ୍‌କୁ $(x^2 + Bx + AC)$ ରୂପରେ ପ୍ରକାଶ କରିଲେ

$(x^2 + 11x + 18)$ ପାଇବା ।

ଉତ୍ପାଦକ ନିରୂପଣ ପାଇଁ ଏଠାରେ ସଂଖ୍ୟାଦ୍ୱୟ ସ୍ଥିର କରିବା ଯାହାର ଗୁଣଫଳ 18 ଏବଂ ଯୋଗଫଳ 11 ହେବ ।

ବିଶ୍ଳେଷଣରୁ ଆବଶ୍ୟକ ସଂଖ୍ୟା ଦ୍ୱୟ 9 ଏବଂ 2 ପାଇବା ।

$\therefore x^2 + 11x + 18 = (x + 2)(x + 9)$

ତତ୍ପରେ ଉଭବ ଗୁଣନୀୟକ ଦ୍ୱୟର ସ୍ଥିରାଙ୍କ ସଂଖ୍ୟାକୁ '3' ଦ୍ୱାରା ଭାଗ କରିବା ଆବଶ୍ୟକ। ଅର୍ଥାତ୍ ଉତ୍ପାଦକଦ୍ୱୟ: $\left(x+\frac{2}{3}\right)\left(x+\frac{9}{3}\right) = (3x + 2)(x + 3)$

($\because$ ସ୍ଥିରାଙ୍କ '6' କୁ x^2 ର ସହଗ 3 ଦ୍ୱାରା ଗୁଣାଯାଇଥିଲା)

$\therefore 3x^2 + 11x + 6 = (3x + 2)(x + 3)$।

ବିକଳ୍ପ ସମାଧାନ -2 :

ମନେକର $(3x^2 + 11x + 6)$ ପଲିନୋମିଆଲ୍‌ର ଗୁଣନୀୟକ ଦ୍ୱୟର ପ୍ରଥମ ପଦ ପ୍ରତ୍ୟେକର 3x ହେଉ ।

ଆମେ ବିଶ୍ଳେଷଣରୁ ଜାଣିଛେ, ଆବଶ୍ୟକ ସଂଖ୍ୟା ଦ୍ୱୟ 9 ଏବଂ 2 ହେବ ।

$\therefore$ $3x^2 + 11x + 6$ ର ଅନ୍ୟ ଏକ ରୂପ : $(3x + 9)(3x + 2)$

ପ୍ରଥମ ଉତ୍ପାଦକ $(3x + 9)$ ରୁ ସାଧାରଣ ପଦଟିକୁ ବାଦ୍ ଦେଲେ ବା ଉତ୍ପାଦକ କୁ '3' ଦ୍ୱାରା ଭାଗକଲେ $(x + 3)$ ପାଇବା ।

$\therefore 3x^2 + 11x + 6 = (x + 3)(3x + 2)$ ।

ଉଦାହରଣ - 6 : $(12x^2 + 17x + 6)$ ପଲିନୋମିଆଲ୍‌ର ଉତ୍ପାଦକୀକରଣ ଦର୍ଶାଅ ।

ସମାଧାନ : $(12x^2 + 17x + 6)$ କୁ $x^2 + Bx + AC$ ରୂପରେ ଲେଖିଲେ $(x^2 + 17x + 72)$ ହେବ।

ବର୍ତ୍ତମାନ ସଂଖ୍ୟା ଦ୍ୱୟ ସ୍ଥିର କରିବା, ଯାହାର ଗୁଣଫଳ 72 ଏବଂ ଯୋଗଫଳ 17 ହେବ । ଏଠାରେ ଆବଶ୍ୟକ ସଂଖ୍ୟାଦ୍ୱୟ ଧନାତ୍ମକ ହେବେ।

ମାନସିକ ସ୍ତରରେ ବିଶ୍ଳେଷଣ କଲେ ସଂଖ୍ୟାଦ୍ୱୟ 9 ଏବଂ 8 ପାଇବା ।

$\therefore x^2 + 17x + 72 = (x + 9)(x + 8)$ ।

ଗୁଣନୀୟକ ଦ୍ୱୟର ସ୍ଥିରାଙ୍କ ସଂଖ୍ୟାକୁ 12 ଦ୍ୱାରା ଭାଗକଲେ ପାଇବା -

$$= \left(x + \frac{9}{12}\right)\left(x + \frac{8}{12}\right)$$ (∵ C କୁ A ଦ୍ୱାରା ଗୁଣାଯାଇଥିଲା)

$$= \left(x + \frac{3}{4}\right)\left(x + \frac{2}{3}\right) = \left(\frac{4x+3}{4}\right)\left(\frac{3x+2}{3}\right)$$

$= (4x + 3)(3x + 2)$ (12 ଦ୍ୱାରା ଗୁଣାଗଲା)

$\therefore\ 12x^2 + 17x + 6 = (4x + 3)(3x + 2)$ ।

ଦ୍ରଷ୍ଟବ୍ୟ : ଅନ୍ୟ ଏକ ବିକଳ୍ପ ସମାଧାନ ଅନୁଯାୟୀ ପ୍ରଥମେ $(12x^2 + 17x + 6)$କୁ ଦୁଇଟି ଦ୍ୱିପଦୀର ଗୁଣଫଳ ଆକାରରେ ଲେଖିବା ଯାହାର ପ୍ରଥମ ପଦ ପ୍ରତ୍ୟେକର 12x ହେବ ।

ବର୍ତ୍ତମାନ ସଂଖ୍ୟାଦ୍ୱୟ ସ୍ଥିର କରିବା ଯାହାର ଗୁଣଫଳ 72 ଏବଂ ଯୋଗଫଳ 17 ହେବ ।

ବିଶ୍ଳେଷଣରୁ ସଂଖ୍ୟା ଦ୍ୱୟ 9 ଏବଂ 8 ପାଇବା ।

∴ ଉତ୍ପାଦକ ଦ୍ୱୟ : $(12x + 9)(12x + 8)$

ଉଭବ ଉତ୍ପାଦକ ଦ୍ୱୟକୁ ପ୍ରତ୍ୟେକର ସାଧାରଣ ସଂଖ୍ୟା ଦ୍ୱାରା ଭାଗ କଲେ ଯଥାକ୍ରମେ $(4x + 3)$ ଏବଂ $(3x + 2)$ ପାଇବା ।

$\therefore\ 12x^2 + 17x + 6 = (4x + 3)(3x + 2)$ ।

ଉଦାହରଣ - 7 : $(3x^2 + 14x - 5)$ ପଲିନୋମିଆଲ୍‌ର ଉତ୍ପାଦକୀକରଣ ଦର୍ଶାଅ ।

ସମାଧାନ: ପ୍ରଥମେ $(3x^2 + 14x - 5)$ କୁ AC ସ୍ଥିରାଙ୍କ ଥାଇ ଦତ୍ତ ପଲିନୋମିଆଲ୍‌କୁ $(x^2 + 14x - 15)$ ରୂପରେ ଲେଖିବା।

ଏଠାରେ ସଂଖ୍ୟାଦ୍ୱୟ ସ୍ଥିର କରିବା ଯାହାର ଗୁଣଫଳ (–15) ଏବଂ ଯୋଗଫଳ 14 ହେବ । ସଂଖ୍ୟାଦ୍ୱୟ ମଧ୍ୟରୁ ବୃହତ୍ତର ସଂଖ୍ୟାଟି ଧନାତ୍ମକ ଏବଂ ଅନ୍ୟଟି ଋଣାତ୍ମକ ହେବ।

ବିଶ୍ଳେଷଣରୁ ସଂଖ୍ୟାଦ୍ୱୟ (–1) ଏବଂ 15 ପାଇବା ।

∴ ଉତ୍ପାଦକ ଦ୍ୱୟ

$(x + 15)$ ଏବଂ $(x - 1)$ ହେବ।

–15ର ଗୁଣନୀୟକ	ଯୋଗଫଳ
–1, 15	14
–3, 5	2

ଉତ୍ପାଦକ ଦ୍ୱୟର ସ୍ଥିରାଙ୍କ ଦ୍ୱୟକୁ 3 ଦ୍ୱାରା ଭାଗକଲେ,

$\left(x + \frac{15}{3}\right)$ ଏବଂ $\left(x - \frac{1}{3}\right)$ ହେବ । ଅତଏବ ପରିବର୍ତ୍ତିତ ଉତ୍ପାଦକ ଦ୍ୱୟ $(x + 5)$ ଏବଂ $(3x - 1)$ ହେବ ।

∴ $3x^2 + 14x - 5 = (x + 5)(3x - 1)$ ।

ଉଦାହରଣ-8 : $(12x^2 - x - 1)$ ପଲିନୋମିଆଲର ଉତ୍ପାଦକୀକରଣ ଦର୍ଶାଅ ।

ସମାଧାନ : $12x^2 - x - 1$ କୁ ପ୍ରଥମେ AC ସ୍ଥିରାଙ୍କ ଥାଇ ପଲିନୋମିଆଲକୁ ଲେଖିଲେ $(x^2 - x - 12)$ ପାଇବା ।

ଏଠାରେ ଉତ୍ପାଦକ ଦ୍ୱୟ $(x - 4)$ ଏବଂ $(x + 3)$ ହେବ ।

କାରଣ, $(-4) + 3 = (-1)$ ଏବଂ $(-4) \times 3 = (-12)$ ।

ବର୍ତ୍ତମାନ ପରିବର୍ତ୍ତିତ ଉତ୍ପାଦକ ଦ୍ୱୟ $\left(x - \frac{4}{12}\right)$ ଏବଂ $\left(x + \frac{3}{12}\right)$ ।

ଅଥବା $\left(x - \frac{1}{3}\right)$ ଏବଂ $\left(x + \frac{1}{4}\right)$ ଅଥବା $(3x - 1)(4x + 1)$ ହେବ ।

∴ $12x^2 - x - 1 = (3x - 1)(4x + 1)$

ଦ୍ରଷ୍ଟବ୍ୟ : ଅନ୍ୟ ବିକଳ୍ପ ସମାଧାନ ଅନୁଯାୟୀ $(12x^2 - x - 1)$ ପଲିନୋମିଆଲର ଉତ୍ପାଦକୀକରଣ ସମ୍ଭବ ।

ମନେକର ଉତ୍ପାଦକ ଦ୍ୱୟର ପ୍ରଥମ ପଦ $12x$ । ବିଶ୍ଳେଷଣ ମାଧ୍ୟମରେ ଜାଣିଥିଲେ ସଂଖ୍ୟାଦ୍ୱୟ (-4) ଏବଂ 3 ।

∴ ଉତ୍ପାଦକ ଦ୍ୱୟ $(12x - 4)$ ଏବଂ $(12x + 3)$ । ସେମାନଙ୍କର ସାଧାରଣ ଗୁଣନୀୟକ ଦ୍ୱାରା ସଂଯୁକ୍ତ ଉତ୍ପାଦକ ଦ୍ୱୟକୁ 12 ଦ୍ୱାରା ଅର୍ଥାତ୍ (4×3) ଦ୍ୱାରା ଭାଗକଲେ ଉତ୍ପାଦକ ଦ୍ୱୟ

$\left(\frac{12x - 4}{4}\right)$ ଏବଂ $\left(\frac{12x + 3}{3}\right)$ ହେବ ।

ଅଥବା $(3x - 1)$ ଏବଂ $(4x + 1)$ ହେବ ।

∴ $12x^2 - x - 1 = (3x - 1)(4x + 1)$ ।

ବୈଦିକ ସୂତ୍ର ଅବଲମ୍ବନରେ ଦ୍ୱିଘାତୀ ପଲିନୋମିଆଲ୍‌ର ଉତ୍ପାଦକୀକରଣ ସମ୍ଭବ ।

ସୂତ୍ରଗୁଡ଼ିକ ହେଲା -

1. **ଆନୁରୂପ୍ୟେଣ** (Anurupyena) (ଆନୁପାତୀକ ଭାବରେ)

2. **ଆଦ୍ୟମାଦ୍ୟେନ - ଅନ୍ତିମଅନ୍ତ୍ୟେନ** (Adyamadyenantyamantyena) (ପ୍ରଥମକୁ ପ୍ରଥମ ଦ୍ୱାରା ଏବଂ ଶେଷକୁ ଶେଷ ଦ୍ୱାରା)

3. **ଗୁଣିତସମୁଚ୍ଚୟଃ ସମ୍ମୁଚ୍ଚୟଗୁଣିତଃ**

(Gunitasamuccayah Samuccaya gunitah)

(ଗୁଣନୀୟକ ଗୁଡ଼ିକର ପ୍ରତ୍ୟେକ ପଦର ସହଗଗୁଡ଼ିକର ସମଷ୍ଟିର ଗୁଣଫଳ, ଗୁଣନୀୟକଗୁଡ଼ିକର ଗୁଣଫଳର ସହଗମାନଙ୍କର ସମଷ୍ଟି ସହ ସମାନ ।)

1. ଆନୁରୂପ୍ୟେଣ ବୈଦିକ ପଦ୍ଧତିର ପ୍ରୟୋଗ :

$(x^2 + Bx + C)$ ରୂପରେ ଥିବା $(x^2 + 7x + 10)$ ପଲିନୋମିଆଲ୍‌ର ଗୁଣନୀୟକଗୁଡ଼ିକୁ ସ୍ଥିର କରିବା । ଏଠାରେ ମଧ୍ୟବର୍ତ୍ତୀ ପଦର ସହଗ '7' ଏବଂ ସ୍ଥିରାଙ୍କ 10, ଯଥାକ୍ରମେ ସଂଖ୍ୟା ଦ୍ୱୟର ସମଷ୍ଟି ଏବଂ ସଂଖ୍ୟାଦ୍ୱୟର ଗୁଣଫଳ ହେବ । ଦତ୍ତ ତଥ୍ୟାନୁଯାୟୀ ସଂଖ୍ୟାଦ୍ୱୟ 5 ଓ 2 ହେବେ।

ଏହାକୁ ଆଧାର କରି $(x^2 + 7x + 10)$ ର ଗୁଣନୀୟକଗୁଡ଼ିକୁ ସ୍ଥିର କରିପାରିବା ।

$$x^2 + 7x + 10$$
$$= x^2 + (5 + 2)x + 10 \quad \text{.............(i)}$$
$$= x^2 + 5x + 2x + 10 \quad \text{............ (ii)}$$
$$= x(x + 5) + 2(x + 5) \quad \text{............. (iii)}$$
$$= (x + 5)(x + 2) \quad \text{............... (iv)}$$
$$\therefore x^2 + 7x + 10 = (x + 5)(x + 2) \quad \text{.............. (v)}$$

ଦ୍ୱିତୀୟ ସୋପାନ ରୁ ସ୍ପଷ୍ଟ ଯେ, ପ୍ରଥମ ଦୁଇଟି ପଦର ସହଗର ଅନୁପାତ 1:5 ଏବଂ ଶେଷ ଦୁଇଟି ପଦର ସହଗର ଅନୁପାତ 1:5 ସହ ସମାନ । (ସୂତ୍ର - 1)

ଉକ୍ତ ଅନୁଧ୍ୟାନ ରୁ ଜାଣିଥିବା ତଥ୍ୟ ଆଧାରରେ ଯେ କୌଣସି ଦ୍ୱିଘାତୀ ପଲିନୋମିଆଲ୍‌ର ଉତ୍ପାଦକୀକରଣ ସମ୍ଭବ ।

ଏଠାରେ ଦତ୍ତ ପଲିନୋମିଆଲ୍‌ର ପ୍ରଥମ ଗୁଣନୀୟକଟି (x+5) ହେବ। ପରବର୍ତ୍ତୀ ସମୟରେ ସୂତ୍ର -2 ଆଧାରରେ ଦ୍ୱିତୀୟ ଗୁଣନୀୟକଟି (x+2) ହେବ ।

2. ଆଦ୍ୟମାଦ୍ୟେନ - ଅନ୍ତିମଅନ୍ତ୍ୟେନ ସୂତ୍ରର ପ୍ରୟୋଗ :

ସୂତ୍ର (1)ର ପ୍ରୟୋଗ ପରେ, ସୂତ୍ର (2)ର ପ୍ରୟୋଗ ଦ୍ୱାରା ଗୁଣନୀୟକ ଦ୍ୱୟକୁ ସ୍ଥିର କରିବା ସହଜ ହେବ। ନିମ୍ନସ୍ଥ ଉଦାହରଣକୁ ଅନୁଧ୍ୟାନ କର।

ଉଦାହରଣ - 9 : $(2x^2 + 5x + 2)$ ର ଉତ୍ପାଦକୀକରଣ ଦର୍ଶାଅ ।

ସମାଧାନ :

$2x^2 + 5x + 2 \quad = \quad 2x^2 + 4x + x + 2$

4

4 1

ପ୍ରଥମ ଦୁଇଟି ପଦର ସହଗର ଅନୁପାତ 2:4= 1:2 ଏବଂ ଶେଷ ପଦଦ୍ୱୟର ସହଗର ଅନୁପାତ 1 : 2।

$\therefore$ ସୂତ୍ର (1) ଦ୍ୱାରା ଦୁଇଟି ଦ୍ୱିପଦୀ ଗୁଣନୀୟକ ମଧ୍ୟରୁ ଗୋଟିଏ ଗୁଣନୀୟକ = $(x + 2)$ ହେବ।

ସୂତ୍ର - (2) ଅନୁଯାୟୀ ପରବର୍ତ୍ତୀ ଗୁଣନୀୟକ, $\frac{2x^2}{x} + \frac{2}{2} = (2x + 1)$ ହେବ।

ସୂତ୍ର : ଦତ୍ତ ପଲିନୋମିଆଲ୍‌ର ପ୍ରଥମ ପଦକୁ ପ୍ରଥମ ଗୁଣନୀୟକର ପ୍ରଥମ ପଦଦ୍ୱାରା ଭାଗ କରାଯାଏ ଏବଂ ପଲିନୋମିଆଲ୍‌ର ଶେଷ ପଦକୁ ପ୍ରଥମ ଗୁଣନୀୟକର ଶେଷ ପଦ ଦ୍ୱାରା ଭାଗ କରାଯାଇ ଉଭୟ କୁ ଯୋଗ କଲେ ପଲିନୋମିଆଲ୍‌ର ଦ୍ୱିତୀୟ ଗୁଣନୀୟକ ମିଳିବ ।

$\therefore 2x^2 + 5x + 2 = (x + 2)(2x + 1)$ ।

ଉଦାହରଣ-10: $(3x^2 - x - 2)$ ପଲିନୋମିଆଲ୍‌ର ଉତ୍ପାଦକୀକରଣ ଦର୍ଶାଅ ।

ସମାଧାନ : $(3x^2 - x - 2)$ ର ସାଧାରଣ ରୂପ $Ax^2 + Bx + C$ ।

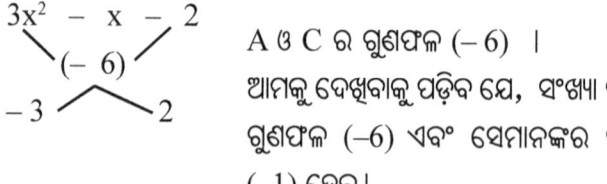

$3x^2 \quad - \quad x \quad - \quad 2$

(– 6)

– 3 2

A ଓ C ର ଗୁଣଫଳ (– 6) ।

ଆମକୁ ଦେଖିବାକୁ ପଡ଼ିବ ଯେ, ସଂଖ୍ୟା ଦ୍ୱୟର ଗୁଣଫଳ (–6) ଏବଂ ସେମାନଙ୍କର ସମଷ୍ଟି (–1) ହେବ।

ବିଶ୍ଳେଷଣରୁ ସଂଖ୍ୟା ଦ୍ୱୟ (–3) ଓ 2 ପାଇବା ।

$\therefore\ 3x^2 - x - 2 = 3x^2 - 3x + 2x - 2 \quad [\because (-x) = -3x + 2x)]$

ଏଠାରେ ପ୍ରଥମ ଦୁଇଟି ପଦର ଅନୁପାତ = 3 : – 3 = 1 : (–1)

ଶେଷ ଦୁଇଟି ପଦର ଅନୁପାତ 2 : – 2 = 1 : (–1) (ସୂତ୍ର - 1 ଦ୍ୱାରା)

$\therefore$ ପଲିନୋମିଆଲ୍‌ର ପ୍ରଥମ ଗୁଣନୀୟକ (x – 1) ।

ଦ୍ୱିତୀୟ ଗୁଣନୀୟକ : $\frac{3x^2}{x} + \left(\frac{-2}{-1}\right) = (3x + 2)$ (ସୂତ୍ର -2 ଦ୍ୱାରା)

$\therefore\ 3x^2 - x - 2 = (x - 1)(3x + 2)$ ।

ଦ୍ରଷ୍ଟବ୍ୟ : 1. ସୂତ୍ର -2 ଦ୍ୱାରା ପଲିନୋମିଆଲ୍‌ର ଏକ ଗୁଣନୀୟକ ଜଣାଥିଲେ, ଅନ୍ୟ ଗୁଣନୀୟକଟିକୁ ସ୍ଥିର କରାଯାଇପାରିବ । ଉଦାହରଣ ସ୍ୱରୂପ -

$4x^2 + 16x + 7$ ର ଏକ ଗୁଣନୀୟକ (2x + 1) ହେଲେ ଅନ୍ୟ ଗୁଣନୀୟକଟି

(2x + 7) ହେବ । $\left(\because \frac{4x^2}{2x} + \frac{7}{1} = 2x + 7\right)$

$\therefore 4x^2 + 16x + 7 = (2x + 1)(2x + 7)$ ।

2. ଉକ୍ତ ପଲିନୋମିଆଲ୍‌ର ଉତ୍ପାଦକ ବା ଗୁଣନୀୟକ ନିରୂପଣର ସଠିକତା ସୂତ୍ର –3 ଦ୍ୱାରା ଦର୍ଶାଯାଇପାରିବ । (ସୂତ୍ର –3::**ଗୁଣିତଃସମୁଚ୍ଚୟ - ସମୁଚ୍ଚୟ ଗୁଣିତଃ**)

ବାମପାର୍ଶ୍ୱ = 4 +16 + 7 = 27 (ପଲିନୋମିଆଲ୍‌ର ସହଗମାନଙ୍କର ସମଷ୍ଟି)

ଦକ୍ଷିଣପାର୍ଶ୍ୱ = (2+1) × (2+7) = 27 = 3 × 9

(ଗୁଣନୀୟକଗୁଡ଼ିକର ସହଗଗୁଡ଼ିକର ସମଷ୍ଟିର ଗୁଣଫଳ)

$\therefore$ ପଲିନୋମିଆଲ୍‌ର ଉତ୍ପାଦକୀକରଣ ପ୍ରକ୍ରିୟା ଠିକ୍ ଅଛି ।

ସେହିପରି $(x + 7)(x + 9) = x^2 + 16x + 63$ ର ସଠିକତା ଦର୍ଶାଇ ପାରିବା ।

ବାମପାର୍ଶ୍ୱ = (1 + 7)× (1+9) = 8 × 10 = 80

(ଗୁଣନୀୟକଗୁଡ଼ିକର ସହଗଗୁଡ଼ିକର ସମଷ୍ଟିର ଗୁଣଫଳ)

ଦକ୍ଷିଣପାର୍ଶ୍ୱ = 1+16+63 = 80 (ପଲିନୋମିଆଲ୍ ସହଗଗୁଡ଼ିକର ସମଷ୍ଟି)

$\therefore x^2 + 16x + 63$ ର ଉତ୍ପାଦକୀକରଣ ନିର୍ଣ୍ଣୟ ପ୍ରକ୍ରିୟା ଠିକ୍ ଅଛି ।

ଦ୍ରଷ୍ଟବ୍ୟ : (1) କେତେକ ପଲିନୋମିଆଲ୍ କ୍ଷେତ୍ରରେ ବିଶ୍ଳେଷଣ ମାଧ୍ୟମରେ ଉତ୍ପାଦକୀକରଣ ନିର୍ଣ୍ଣୟ କଷ୍ଟସାଧ୍ୟ ହୋଇଥାଏ । ଉଦାହରଣ ସ୍ୱରୂପ, $(x^2-60x+899)$ ପଲିନୋମିଆଲ୍ କ୍ଷେତ୍ରରେ ଆବଶ୍ୟକ ସଂଖ୍ୟା ଦ୍ୱୟ ସ୍ଥିର କରିବା କଷ୍ଟସାଧ୍ୟ। ଦତ୍ତ ପଲିନୋମିଆଲ୍‌ର ଉତ୍ପାଦକଦ୍ୱୟକୁ ନିରୂପଣ କରିବା।

ମନେକର $x^2-60x+899 = (x+m)(x+n)$

ଏଠାରେ m ଓ n ର ମାନ ସ୍ଥିର କରିବା ଯେଉଁଠାରେ

$m+n = (-60)$ ଏବଂ $mn = 899$

ଆମେ ଜାଣିଛେ, $899 < 900$ ଅର୍ଥାତ $899 < (-30)(-30)$

ଯଦି ସମ୍ଭବ ହୁଏ, 'u' ଏପରି ଏକ ସଂଖ୍ୟା ନେବା,

ଯେପରି $(-30+u)(-30-u) = 899$ ($\because$ ସଂଖ୍ୟାଦ୍ୱୟର ଗୁଣଫଳ= 899)

$(-30)^2 - (u)^2 = 899 \Rightarrow u^2 = 900 - 899 = 1$

$\Rightarrow u = \pm 1$ (u ର ମାନ 1 କିମ୍ବା (–1) ହୋଇପାରେ)

$\therefore$ ସଂଖ୍ୟାଦ୍ୱୟ –31 ଏବଂ –29 । ଅର୍ଥାତ୍ $m = -31$ ଏବଂ $n = -29$।

$\therefore$ ଉତ୍ପାଦକଦ୍ୱୟ (x–31) ଏବଂ (x–29) ।

$\therefore x^2 - 60x + 899 = (x-31)(x-29)$।

(2) ଏଠାରେ ମନେରଖିବା ଉଚିତ ହେବ ଯେ, ଦ୍ୱିଘାତୀ ପଲିନୋମିଆଲ୍ $x^2 + Bx + C$ ରୂପ ନେବା ଆବଶ୍ୟକ।

(3) ପରବର୍ତ୍ତୀ ଅଧ୍ୟାୟ 'ଦ୍ୱିଘାତୀ ପଲିନୋମିଆଲ୍‌ର ସମୀକରଣ'ର ସମାଧାନରେ ଉକ୍ତ ଉତ୍ପାଦକୀକରଣ ପ୍ରକ୍ରିୟାକୁ ପ୍ରାୟତଃ ଗ୍ରହଣ କରାଯାଇଛି। ବିଶେଷ ଭାବରେ **Po-Shen-Loh** ଙ୍କ ଦ୍ୱାରା ଆବିଷ୍କୃତ ପ୍ରକ୍ରିୟା ଉକ୍ତ ସମୀକରଣ ସମାଧାନ ପାଇଁ ଅଧିକ ଉପଯୋଗୀ। ପରବର୍ତ୍ତୀ ଅଧ୍ୟାୟର ଆଲୋଚନାରେ ଏହା ଅଧିକ ସ୍ପଷ୍ଟ ହେବ।

(4) ବେଦଗଣିତର ଉପସୂତ୍ର **'ବିଲୋକନଂ'**ର ଉପଯୋଗରେ ଅତି ସହଜରେ $(x^2 - 60x + 899)$ ପଲିନୋମିଆଲ୍‌ର ଉତ୍ପାଦକୀକରଣ ସମ୍ଭବ। ଆମକୁ ଦୁଇଟି ସଂଖ୍ୟା ସ୍ଥିର କରିବାକୁ ପଡ଼ିବ ଯେ, କେଉଁ ଦୁଇଟି ସଂଖ୍ୟାର ଯୋଗଫଳ (– 60) ଏବଂ ଗୁଣଫଳ 899 । ଏଠାରେ ସଂଖ୍ୟାଦ୍ୱୟର ଯୋଗଫଳ ଏବଂ ଗୁଣଫଳକୁ ଦୃଷ୍ଟିରେ ରଖି, ସଂଖ୍ୟାଦ୍ୱୟର ଏକକ ଅଙ୍କ ଦ୍ୱୟ 1 ଏବଂ 9 ନିଶ୍ଚିତ କରିବା। ଯେହେତୁ $899 < 30 \times 30$ ତେଣୁ ସଂଖ୍ୟାଦ୍ୱୟର ଦଶକ ଅଙ୍କ ଦ୍ୱୟ '3' ର

ନିକଟବର୍ତ୍ତୀ ହେବା ଆବଶ୍ୟକ। ପର୍ଯ୍ୟବେକ୍ଷଣରୁ ଜାଣିପାରିବା ଯେ, ସଂଖ୍ୟାଦ୍ୱୟ (–31) ଏବଂ (–29) ହେବ । ଯେଉଁଠାରେ ସଂଖ୍ୟାଦ୍ୱୟର ଯୋଗଫଳ (–60) ଏବଂ ଗୁଣଫଳ 899 ହେବ।

$$\therefore\ x^2 - 60x + 899 = (x - 31)(x - 29)$$

କେତେକ ସ୍ୱତନ୍ତ୍ର ପରିସ୍ଥିତିରେ ବିଲୋକନଂ (ପର୍ଯ୍ୟବେକ୍ଷଣ) ଉପସୂତ୍ରର ଉପଯୋଗରେ ଦ୍ୱିଘାତୀ ପଲିନୋମିଆଲ୍‌ର ଉତ୍ପାଦକୀକରଣ ସମ୍ଭବ।

ପ୍ରଶ୍ନାବଳୀ

1. $(x^2 + Bx + C)$ ସାଧାରଣ ରୂପ ବିଶିଷ୍ଟ ପଲିନୋମିଆଲ୍‌ଗୁଡ଼ିକର ଉତ୍ପାଦକ ନିର୍ଣ୍ଣୟ କର।

a) $x^2 + 3x + 2$
b) $x^2 - 7x + 10$
c) $x^2 + 3x - 10$
d) $x^2 - 4x - 12$
e) $p^2 - 7p + 6$
f) $y^2 - 5y - 14$
g) $x^2 + 6x + 5$
h) $x^2 - 5x + 6$

2. $(Ax^2 + Bx + C)$ ସାଧାରଣରୂପ ବିଶିଷ୍ଟ ପଲିନୋମିଆଲ୍‌ଗୁଡ଼ିକର ଉତ୍ପାଦକୀକରଣ ଦର୍ଶାଅ।

a) $2x^2 + 5x - 3$
b) $3x^2 + x - 14$
c) $3x^2 - 7x + 2$
d) $3x^2 + 13x - 30$
e) $6x^2 + 13x + 6$
f) $6x^2 - 13x - 19$
g) $8x^2 + 6x + 1$
h) $7x^2 - 3x - 4$
i) $12x^2 + 13x - 4$
j) $8x^2 - 22x + 5$

3. ପ୍ରଶ୍ନ - 2 ରେ ଦିଆଯାଇଥିବା ପ୍ରଶ୍ନଗୁଡ଼ିକର ଉତ୍ପାଦକୀକରଣ ଦର୍ଶାଇ, ଉତ୍ପାଦକ ନିର୍ଣ୍ଣୟର ସଠିକତା ନିରୂପଣ କର ।

ସୂଚନା: ବୈଦିକ ସୂତ୍ର –3 **'ଗୁଣିତସମୁଚ୍ଚୟଃସମୁଚ୍ଚୟଗୁଣିତଃ'**ର ଉପଯୋଗ କର।

-0-

ଷଷ୍ଠ ଅଧ୍ୟାୟ

ଦ୍ୱିଘାତୀ ପଲିନୋମିଆଲ୍ ସମୀକରଣ

(POLYNOMIAL EQUATION OF SECOND DEGREE)

$x^2 + Bx + C = 0$ ବା $Ax^2 + Bx + C = 0$ $(A \neq 0)$ ସାଧାରଣ ରୂପରେ ଥିବା ପଲିନୋମିଆଲ୍ ସମୀକରଣକୁ ମଧ୍ୟ ଦ୍ୱିଘାତୀସମୀକରଣ କୁହାଯାଏ ।

ବୀଜଗଣିତର ମୌଳିକ ଉପପାଦ୍ୟ ଅନୁଯାୟୀ ଦ୍ୱିଘାତୀ ସମୀକରଣର ସମାଧାନରେ କେବଳ ଦୁଇଟି ବୀଜ ସମ୍ଭବ। ପୂର୍ବରୁ ତୁମେମାନେ ଦ୍ୱିଘାତୀ ପଲିନୋମିଆଲ୍‌ର ଉତ୍ପାଦକୀକରଣ ସମ୍ବନ୍ଧରେ ଅବଗତ ଅଛ। ଦ୍ୱିଘାତୀ ପଲିନୋମିଆଲ୍‌ର ଉତ୍ପାଦକୀକରଣରୁ କେବଳ ଦୁଇଟି ଏକଘାତୀ ପଲିନୋମିଆଲ୍ ପାଇବା। ଉଦାହରଣ ସ୍ୱରୂପ,

$(x^2 + 3x + 2) = (x + 1)(x + 2)$ (ଉତ୍ପାଦକୀକରଣ ଦ୍ୱାରା)

ଦ୍ୱିଘାତୀ ପଲିନୋମିଆଲ୍ ସମୀକରଣ : $Ax^2 + Bx + C = 0$ $(A \neq 0)$

ସମାଧାନ : $x = \dfrac{-B \pm \sqrt{B^2 - 4AC}}{2A}$

ଯେଉଁଠାରେ $D = B^2 - 4AC$ (ପ୍ରଭେଦକ) ।

ଦ୍ୱିଘାତୀ ପଲିନୋମିଆଲ୍ ସମୀକରଣର **ମୂଳଦ୍ୱୟର ସ୍ୱରୂପ** (Nature of Roots) ପ୍ରଭେଦକ ଦ୍ୱାରା ନିରୂପିତ ହୋଇଥାଏ।

ବିଦ୍ୟାଳୟସ୍ତରରେ ଦ୍ୱିଘାତୀ ପଲିନୋମିଆଲ୍‌ର ଉତ୍ପାଦକୀକରଣ ଏବଂ ଦ୍ୱିଘାତୀ ସମୀକରଣର ସମାଧାନ ମାଧ୍ୟମିକସ୍ତରର ପାଠ୍ୟକ୍ରମରେ ଅନ୍ତର୍ଭୁକ୍ତ । ମାଧ୍ୟମିକସ୍ତରର ଛାତ୍ରୀଛାତ୍ରମାନେ ଏ ସବୁର ସମାଧାନରେ ପ୍ରାୟତଃ ଅବଗତ ଥା'ନ୍ତି। ନିମ୍ନରେ ଦତ୍ତ ପ୍ରଣାଳୀଗୁଡ଼ିକ ମାଧ୍ୟମରେ ଦ୍ୱିଘାତୀ ସମୀକରଣର ସମାଧାନ ସମ୍ଭବ, ଯାହା ଉକ୍ତ ସ୍ତରର ପାଠ୍ୟକ୍ରମରେ ଅନ୍ତର୍ଭୁକ୍ତ ।

(a) ମଧ୍ୟପଦର ବିଭାଗୀକରଣ ଦ୍ୱାରା,

(b) ପୂର୍ଣ୍ଣବର୍ଗରେ ପରିଣତ କରିବା ଦ୍ୱାରା ଏବଂ

(c) ଦ୍ୱିଘାତୀ ସୂତ୍ରର ପ୍ରୟୋଗ ଦ୍ୱାରା ।

ଯଦି $ax^2 + bx + c = 0$, $(a \neq 0)$, ଦ୍ୱିଘାତ ସମୀକରଣର ଏକ ସାଧାରଣ ରୂପ ହୁଏ, ତେବେ ଏହାର ପ୍ରଭେଦକ $(D) = b^2 - 4ac$ ହେବ ।

ପୂର୍ବରୁ ବେଦଗଣିତର ସଂପୃକ୍ତ **'କଳନକଳନାଭ୍ୟାମ୍'** ସୂତ୍ରର ଅବତାରଣା ଦ୍ୱାରା ଗଣିତ ଶାସ୍ତ୍ରର କଳନଶାସ୍ତ୍ର (Calculus)) ର ଉଦ୍ଭବ ହୋଇଥିଲା ବୋଲି ଅନୁମାନ କରାଯାଏ । କଳନଶାସ୍ତ୍ରର ଉପଯୋଗରେ ଦ୍ୱିଘାତୀ ସମୀକରଣର ସମାଧାନ ସମ୍ଭବପର ହୋଇଥାଏ ।

ଏକ ଦ୍ୱିଘାତୀ ପଲିନୋମିଆଲ୍‌କୁ ପ୍ରଥମେ ବିଚାରକୁ ନେବା ।

$(x^2 + 5x + 6)$ ଏକ ପଲିନୋମିଆଲ୍‌ର ଉତ୍ପାଦକୀକରଣରୁ ପାଇବା :

$x^2 + 5x + 6 = (x + 2)(x + 3)$

ବର୍ତ୍ତମାନ $(x^2 + 5x + 6)$ ର ଅବକଳନରୁ ପାଇବା : $(2x + 5)$ ଯାହା, $(x^2 + 5x + 6)$ ର ଗୁଣନୀୟକ ଦ୍ୱୟର ଯୋଗଫଳ ସହ ସମାନ ।

ଅର୍ଥାତ୍ $2x + 5 = (x + 2) + (x + 3)$

ସେହିପରି $(x^2 - x - 2)$ ର ଅବକଳନରୁ ପାଇବା $(2x - 1)$ ଏବଂ ଉତ୍ପାଦକୀକରଣରୁ ପାଇବା $(x - 2)(x + 1)$ ।

ଏଠାରେ ଲକ୍ଷ୍ୟ କର, $(2x - 1) = (x - 2) + (x + 1)$ ।

ଦ୍ରଷ୍ଟବ୍ୟ : x^3 ଓ x^2 ର ଅବକଳନରୁ ଉଦ୍ଭବ ପଦ ଯଥାକ୍ରମେ $3x^2$ ଏବଂ $2x$ ଅର୍ଥାତ୍ ଘାତ ଦତ୍ତ ପଦର ସହଗ ଏବଂ ଚଳରାଶିର ଘାତ ପୂର୍ବଘାତରୁ 1 କମ୍ ହେବ। କିନ୍ତୁ ମନେରଖିବାକୁ ହେବ, ସ୍ଥିରାଙ୍କ ସଂଖ୍ୟାର ଅବକଳନ '0' ସହ ସମାନ ।

କଳନଶାସ୍ତ୍ରର ପ୍ରୟୋଗରେ ଦ୍ୱିଘାତୀ ସମୀକରଣର ସମାଧାନ :

ସୂତ୍ର : ଦ୍ୱିଘାତ ପଲିନୋମିଆଲ୍‌ର ପ୍ରଥମ ଅବକଳନ = $\pm\sqrt{\text{ପ୍ରଭେଦକ}}$

$$ax^2 + bx + c = 0\ (a \neq 0) \text{ କ୍ଷେତ୍ରରେ } 2ax + b = \pm\sqrt{D}$$

ଯେଉଁଠାରେ, $D = b^2 - 4ac$ ।

ଉଦାହରଣ-1. $x^2+5x+6=0$ ପଲିନୋମିଆଲ୍ ସମୀକରଣର ସମାଧାନ କର ।

ସମାଧାନ : $(x^2 + 5x + 6)$ ର ପ୍ରଥମ ଅବକଳନରୁ ପାଇବା $(2x + 5)$

ଏବଂ $D = \pm\sqrt{5^2 - 4 \times 1 \times 6} = \pm\sqrt{25 - 24}$

$\therefore$ ସୂତ୍ରାନୁଯାୟୀ $2x + 5 = \pm\sqrt{1}$

$\Rightarrow 2x = -5 \pm\sqrt{1} = -5 \pm 1$

$\Rightarrow 2x = (-5 + 1)$ କିମ୍ବା $(-5 - 1)$

$\Rightarrow x = \left(\frac{-4}{2}\right)$ କିମ୍ବା $\left(\frac{-6}{2}\right)$

$\Rightarrow x = -2$ କିମ୍ବା -3 $\Rightarrow x = -2$ ଏବଂ -3

$\therefore$ ସମାଧାନ ସେଟ୍ = $\{-2, -3\}$

ଉଦାହରଣ - 2 : $(7x^2 - 5x - 2) = 0$ ଦ୍ୱିଘାତୀ ସମୀକରଣର ସମାଧାନ କର ।

ସମାଧାନ : $(7x^2 - 5x - 2)$ ର ପ୍ରଥମ ଅବକଳନ = $14x - 5$

$(7x^2 - 5x - 2) = 0$ ର ପ୍ରଭେଦକ

$= (-5)^2 - 4 \cdot 7 \cdot (-2) = 25 + 56 = 81$

$\therefore$ ସୂତ୍ରାନୁଯାୟୀ, $14x - 5 = \pm\sqrt{81}$

$\Rightarrow 14x - 5 = \pm 9 \Rightarrow 14x = 5 \pm 9$

$\Rightarrow 14x = (5+9)$ କିମ୍ବା $(5-9) = 14$ କିମ୍ବା (-4)

$\Rightarrow x = 1$ କିମ୍ବା $\left(-\frac{2}{7}\right)$ $\therefore$ ସମାଧାନ 1 ଏବଂ $\left(-\frac{2}{7}\right)$

$\therefore$ ସମାଧାନ ସେଟ୍ = $\left\{1, -\frac{2}{7}\right\}$

ଦ୍ରଷ୍ଟବ୍ୟ (1) : $ax^2 + bx + c = 0$ ର ସମାଧାନ ପ୍ରଥମ ଅବକଳ ଆଧାରରେ

$\Rightarrow 2ax + b = \pm\sqrt{b^2 - 4ac}$

$(\because 2ax + b = \pm\sqrt{D}$ । ଯେଉଁଠାରେ $D = b^2 - 4ac)$

$\Rightarrow 2ax = -b \pm \sqrt{b^2 - 4ac} \Rightarrow x = \dfrac{-b \pm \sqrt{b^2 - 4ac}}{2a}$

$\therefore x = \dfrac{-b + \sqrt{b^2 - 4ac}}{2a}$ ଏବଂ $\dfrac{-b - \sqrt{b^2 - 4ac}}{2a}$

ଦ୍ରଷ୍ଟବ୍ୟ (2) : ବୀଜଦ୍ୱୟର ସମଷ୍ଟି = $\dfrac{-b}{a}$ ଏବଂ ବୀଜଦ୍ୱୟର ଗୁଣଫଳ = $\dfrac{c}{a}$

ଦ୍ୱିଘାତୀ ସମୀକରଣ $ax^2 + bx + c = 0$ ର ସମାଧାନ ସମୟରେ ପରବର୍ତ୍ତୀ ଦୁଇଗୋଟି ତଥ୍ୟ ଉପରେ ଦୃଷ୍ଟି ଦେବା ବାଞ୍ଛନୀୟ ।

(i) $a + b + c = 0$ ହେଲେ ବୀଜଦ୍ୱୟ 1 ଏବଂ $\frac{c}{a}$ ହେବ।

(ii) $a - b + c = 0$ ହେଲେ ବୀଜଦ୍ୱୟ (-1) ଏବଂ $(-\frac{c}{a})$ ହେବ ।

ଦ୍ରଷ୍ଟବ୍ୟ(3): (i) ଦ୍ୱିଘାତୀ ସମୀକରଣର କେବଳ ଦୁଇଗୋଟି ବୀଜ ନିରୂପଣ ସମ୍ଭବ ।
(ii) ବୀଜଦ୍ୱୟର ସ୍ୱରୂପ, ସମୀକରଣର ପ୍ରଭେଦକ ଉପରେ ନିର୍ଭର କରିଥାଏ ।

ଭିନ୍ନ ଭିନ୍ନ ଉଦାହରଣ ମାଧ୍ୟମରେ ଏବଂ ବେଦଗଣିତର ବିଭିନ୍ନ ଉପଯୋଗୀ ସୂତ୍ର ଅବଲମ୍ବନରେ ସଂପୃକ୍ତ ଦ୍ୱିଘାତୀ ସମୀକରଣର ସମାଧାନ କରିବା ପାଇଁ ପ୍ରୟାସ କରିବା।

ବିଦ୍ୟାଳୟସ୍ତରରେ କୌଣସି ଏକ ପ୍ରଶ୍ନର ସମାଧାନ ପାଇଁ, ଛାତ୍ରୀ କିମ୍ବା ଛାତ୍ରଙ୍କୁ ଅଧିକ ସମୟ ଲାଗୁଥିଲା ବେଳେ, ବେଦଗଣିତର ସୂତ୍ର ମାଧ୍ୟମରେ ସେହି ପ୍ରଶ୍ନର ସମାଧାନକୁ ସ୍ୱଳ୍ପସମୟ ମଧ୍ୟରେ ନିର୍ଭୁଲ ଭାବରେ କରିପାରିବେ ।

A. ବେଦଗଣିତ ଉପସୂତ୍ର 'ବିଲୋକନଂ' (ପର୍ଯ୍ୟବେକ୍ଷଣ)ର ପ୍ରୟୋଗ :

ଉଦାହରଣ - 3. ସମାଧାନ କର : $x + \frac{1}{x} = \frac{26}{5}$

ସମାଧାନ : ଗତାନୁଗତିକ ପଦ୍ଧତିରେ ସମାଧାନ :

$$x + \frac{1}{x} = \frac{26}{5} \Rightarrow \frac{x^2 + 1}{x} = \frac{26}{5}$$
$$\Rightarrow 5(x^2 + 1) = 26x \Rightarrow 5x^2 - 26x + 5 = 0$$
$$\Rightarrow 5x^2 - 26x + 5 = 0$$
$$\Rightarrow 5x^2 - 25x - x + 5 = 0 \quad \text{(ମଧ୍ୟପଦର ବିଭାଗୀକରଣ)}$$
$$\Rightarrow 5x(x - 5) - 1(x - 5) = 0$$
$$\Rightarrow (x - 5)(5x - 1) = 0 \Rightarrow x = 5 \text{ କିମ୍ବା } x = \frac{1}{5}$$

$\therefore$ ନିର୍ଣ୍ଣେୟ ଉତ୍ତର : 5 ଏବଂ $\frac{1}{5} \Rightarrow$ ସମାଧାନ ସେଟ୍ $= \left\{5, \frac{1}{5}\right\}$ ।

'ବିଲୋକନଂ' ଉପସୂତ୍ର ପ୍ରୟୋଗରେ ସମାଧାନ :

$x + \frac{1}{x} = \frac{26}{5}$ (ଏଠାରେ x ଏବଂ $\frac{1}{x}$, ପରସ୍ପରର ବ୍ୟୁତ୍କ୍ରମ)

$\Rightarrow x + \frac{1}{x} = 5 + \frac{1}{5}$ ଅଥବା $x + \frac{1}{x} = \frac{1}{5} + 5$

ପର୍ଯ୍ୟବେକ୍ଷଣ ରୁ ଜାଣିବା, $x = 5$ ବା $\frac{1}{5}$ $\therefore$ ସମାଧାନ 5 ଓ $\frac{1}{5}$

$\therefore$ ସମାଧାନ ସେଟ୍ $= \left\{5, \frac{1}{5}\right\}$

ଉଦାହରଣ - 4. ସମାଧାନ କର : $\frac{x}{x+1} + \frac{x+1}{x} = \frac{82}{9}$

ସମାଧାନ: ବେଦଗଣିତର ଉପସୂତ୍ର 'ବିଲୋକନଂ'ର ଉପଯୋଗରେ ଅର୍ଥାତ୍ ପର୍ଯ୍ୟବେକ୍ଷଣରୁ ମିଳିବ $\frac{x}{x+1}$ ଏବଂ $\frac{x+1}{x}$ ପରସ୍ପରର ବ୍ୟୁତ୍କ୍ରମ ।

$\frac{x}{x+1} + \frac{x+1}{x} = 9 + \frac{1}{9}$ ଅଥବା $\frac{x}{x+1} + \frac{x+1}{x} = \frac{1}{9} + 9$

$\therefore \frac{x}{x+1} = \frac{1}{9}$ କିମ୍ୱା $\frac{x}{x+1} = 9$

$\Rightarrow 9x = x + 1$ କିମ୍ୱା $8x = 1 \Rightarrow x = \frac{1}{8}$

ପୁନଶ୍ଚ $\frac{x}{x+1} = 9 \Rightarrow 9x + 9 = x \Rightarrow 8x = -9 \Rightarrow x = \frac{-9}{8}$

$\therefore$ ନିର୍ଣ୍ଣେୟ ଉତ୍ତର : $\frac{1}{8}$ ଏବଂ $\frac{-9}{8}$ ।

$\therefore$ ସମାଧାନ ସେଟ୍ $= \left\{\frac{1}{8}, -\frac{9}{8}\right\}$

ଉଦାହରଣ - 5. ସମାଧାନ କର : $\frac{x+2}{x+1} + \frac{x+1}{x+2} = \frac{37}{6}$

ସମାଧାନ : ଏଠାରେ ଲକ୍ଷ୍ୟ କର, ବାମପାର୍ଶ୍ୱସ୍ଥ ପ୍ରତ୍ୟେକ ପଦ ଅନ୍ୟଟିର ବ୍ୟୁତ୍କ୍ରମ । ବିଲୋକନଂ ଉପସୂତ୍ର ପ୍ରୟୋଗରେ ଅଥବା ପର୍ଯ୍ୟବେକ୍ଷଣରୁ

$\frac{x+2}{x+1} + \frac{x+1}{x+2} = 6 + \frac{1}{6}$ ଅଥବା $\frac{x+2}{x+1} + \frac{x+1}{x+2} = \frac{1}{6} + 6$

ପର୍ଯ୍ୟବେକ୍ଷଣ ରୁ $\frac{x+2}{x+1} = 6$ ଏବଂ $\frac{x+2}{x+1} = \frac{1}{6}$

ଯଦି $\frac{x+2}{x+1} = 6$ ହୁଏ, ତେବେ $6x + 6 = x + 2$

$\Rightarrow 5x = -4 \Rightarrow x = \frac{-4}{5}$

ପୁନଶ୍ଚ $\frac{x+2}{x+1} = \frac{1}{6} \Rightarrow 6x + 12 = x + 1$

$\Rightarrow 5x = -11 \Rightarrow x = \frac{-11}{5}$ ∴ ସମାଧାନ : $\left(-\frac{4}{5}\right)$ ଏବଂ $\left(\frac{-11}{5}\right)$

∴ ସମାଧାନ ସେଟ୍ = $\left\{\left(-\frac{4}{5}\right), \left(-\frac{11}{5}\right)\right\}$

ଉଦାହରଣ - 6 : ସମାଧାନ କର : $\frac{x}{x+1} + \frac{x+1}{x} = \frac{169}{60}$

ସମାଧାନ : ପର୍ଯ୍ୟବେକ୍ଷଣରୁ $\frac{x}{x+1}, \frac{x+1}{x}$ ର ବ୍ୟୁତ୍କ୍ରମ ।

∴ $\frac{x}{x+1} + \frac{x+1}{x} = \frac{5}{12} + \frac{12}{5}$ (ବିଲୋକନଂ ଉପସୂତ୍ର)

[∵ $169 = 13^2 = 5^2 + 12^2$ ଏବଂ ହର = $60 = 5 \times 12$]

∴ $\frac{x}{x+1} = \frac{5}{12}$ କିମ୍ବା $\frac{x}{x+1} = \frac{12}{5}$

$\Rightarrow 12x = 5x + 5$ କିମ୍ବା $12x + 12 = 5x$

$\Rightarrow 7x = 5$ କିମ୍ବା $7x = -12 \Rightarrow x = \frac{5}{7}$ କିମ୍ବା $x = \frac{-12}{7}$

∴ ସମାଧାନ : $\frac{5}{7}$ ଏବଂ $\left(\frac{-12}{7}\right)$

∴ ସମାଧାନ ସେଟ୍ = $\left\{\frac{5}{7}, \left(-\frac{12}{7}\right)\right\}$

B. 'ଶୂନ୍ୟଂଅନ୍ୟତ୍' ଏବଂ 'ଶୂନ୍ୟଂସାମ୍ୟସମୁଚ୍ଚୟ' ସୂତ୍ର ଉପଯୋଗରେ ସମାଧାନ:

ଉଦାହରଣ - 7 : ସମାଧାନ କର : $\frac{2}{x+2} + \frac{3}{x+3} = \frac{4}{x+4} + \frac{1}{x+1}$

ସମାଧାନ : 'ଶୂନ୍ୟଂ ଅନ୍ୟତ୍' ସୂତ୍ରର ଅର୍ଥ :

ବାମପାର୍ଶ୍ୱରେ ଥିବା ସ୍ଥିରାଙ୍କ ଦ୍ଵୟର ଅନୁପାତ ଯଦି ଦକ୍ଷିଣପାର୍ଶ୍ୱସ୍ଥ ସ୍ଥିରାଙ୍କ ଦ୍ଵୟର ଅନୁପାତ ସମାନ ହୁଏ, ତେବେ ଚଳରାଶିର ମାନ '0' ସହ ସମାନ ହୁଏ ।

ଦତ୍ତ ପ୍ରଶ୍ନରେ ବାମପାର୍ଶ୍ୱରେ ଥିବା ସ୍ଥିରାଙ୍କଦ୍ୱୟର ଅନୁପାତ = $\dfrac{2}{2} + \dfrac{3}{3} = 1+1 = 2$

ଏବଂ ଦକ୍ଷିଣପାର୍ଶ୍ୱରେ ଥିବା ସ୍ଥିରାଙ୍କ ଦ୍ୱୟର ଅନୁପାତ = $\dfrac{4}{4} + \dfrac{1}{1} = 2$

∴ ଉଭୟ ପାର୍ଶ୍ୱରେ ଥିବା ସ୍ଥିରାଙ୍କଗୁଡ଼ିକର ଅନୁପାତ ସମାନ,

ତେଣୁ $x = 0$ ..... (i)

ଦତ୍ତ ସମୀକରଣର ଦ୍ୱିତୀୟ ସୂତ୍ର 'ଶୂନ୍ୟଂସାମ୍ୟସମୁଚ୍ଚୟ'
(ବାମପାର୍ଶ୍ୱ ଏବଂ ଦକ୍ଷିଣପାର୍ଶ୍ୱସ୍ଥ ଲବ ମାନଙ୍କର ସମଷ୍ଟି ପରସ୍ପର ସମାନ ହେଲେ, ହର ମାନଙ୍କର ସମଷ୍ଟି '0' ସହ ସମାନ ହେବ।) (N = ଲବ ଏବଂ D = ହର)

ବାମପାର୍ଶ୍ୱ : $N_1 + N_2 = 2 + 3 = 5$

ଦକ୍ଷିଣପାର୍ଶ୍ୱ : $N_1 + N_2 = 4 + 1 = 5$

ତେଣୁ $D_1 + D_2 = 0 \Rightarrow x + 2 + x + 3 = 0$

$\Rightarrow 2x + 5 = 0 \Rightarrow x = -\dfrac{5}{2}$ .... (ii)

(i) ଓ (ii) ରୁ ପାଇବା ସମାଧାନ : 0 ଏବଂ $-\dfrac{5}{2}$

∴ ସମାଧାନ ସେଟ୍ = $\left\{0, -\dfrac{5}{2}\right\}$ ।

ଉଦାହରଣ - 8. ସମାଧାନ କର : $\dfrac{3}{x+3} + \dfrac{4}{x+4} = \dfrac{2}{x+2} + \dfrac{5}{x+5}$

ପ୍ରଥମ ସୋପାନ :

ବାମପାର୍ଶ୍ୱରେ ଥିବା ସ୍ଥିରାଙ୍କ ଦ୍ୱୟର ଅନୁପାତ = $\dfrac{3}{3} + \dfrac{4}{4} = 1 + 1 = 2$

ଏବଂ ଦକ୍ଷିଣପାର୍ଶ୍ୱରେ ଥିବା ସ୍ଥିରାଙ୍କ ଦ୍ୱୟର ଅନୁପାତ = $\dfrac{2}{2} + \dfrac{5}{5} = 1+1 = 2$

∴ $x = 0$ .... (i)

ଦ୍ୱିତୀୟ ସୋପାନ : ଦ୍ୱିତୀୟ ସୂତ୍ର ଅନୁଯାୟୀ $D_1 + D_2 = 0$

$\Rightarrow (x+3) + (x+4) = 0 \Rightarrow 2x + 7 = 0$

$\Rightarrow x = -\dfrac{7}{2} = -3\dfrac{1}{2}$ .... (ii)

(i) ଓ (ii) ରୁ ସମାଧାନ : $x = 0$ ଏବଂ $x = -3\frac{1}{2}$

ସମାଧାନ ସେଟ୍ $= \left\{0, -3\frac{1}{2}\right\}$

(C) 'ଶୂନ୍ୟଂ ସାମ୍ୟସମୁଚ୍ଚୟ' ସୂତ୍ର ଅନୁଯାୟୀ ସମାଧାନ :

ଉଦାହରଣ - 9 : ସମାଧାନ କର : $\dfrac{3x + 4}{6x + 7} = \dfrac{5x + 6}{2x + 3}$

ଉଭୟ ପାର୍ଶ୍ୱରେ ଥିବା ଲବମାନଙ୍କର ଯୋଗଫଳ ହରମାନଙ୍କର ଯୋଗଫଳ ସହ ସମାନ ହେଲେ, 'ଶୂନ୍ୟଂ ସାମ୍ୟସମୁଚ୍ଚୟ' ସୂତ୍ର ଏଠାରେ ପ୍ରୟୋଗ ହୋଇପାରିବ ।

ଅର୍ଥାତ୍ $N_1 + N_2 = D_1 + D_2 = 0$

(ସମୀକରଣର ଗୋଟିଏ ବୀଜ ନିରୂପଣ ସମ୍ଭବ)

ଏବଂ $N_1 - D_1 = N_2 - D_2 = 0$

(ସମୀକରଣର ଅନ୍ୟ ବୀଜଟି ମଧ୍ୟ ନିରୂପଣ ସମ୍ଭବ)

ଉକ୍ତ ପ୍ରଶ୍ନରେ $N_1 + N_2 = D_1 + D_2 = 0$

$\Rightarrow 3x + 4 + 5x + 6 = 6x + 7 + 2x + 3 = 0$

$\Rightarrow 8x + 10 = 0 \Rightarrow x = \dfrac{-10}{8} = \dfrac{-5}{4}$

ପୁନଶ୍ଚ $N_1 - D_1 = N_2 - D_2 = 0$

ଅଥବା $(N_1 - D_1) = (D_2 - N_2)$ର ଏକ ଗୁଣିତକ '0' ସହ ସମାନ ହୋଇପାରେ ।

$\Rightarrow (3x + 4) - (6x + 7) = 0$ ଅଥବା $(2x + 3) - (5x + 6) = 0$

$\Rightarrow -3x - 3 = 0$

$\Rightarrow -3x = 3 \Rightarrow x = -1$

$\therefore$ ନିର୍ଣ୍ଣେୟ ସମାଧାନ : $\left(\dfrac{-5}{4}\right)$ ଏବଂ (-1) ।

$\therefore$ ସମାଧାନ ସେଟ୍ $= \left\{-\dfrac{5}{4}, -1\right\}$ ।

ଉଦାହରଣ - 10. ସମାଧାନ କର : $\frac{7x+5}{9x-5} = \frac{9x+7}{7x+17}$

ସମାଧାନ : ପର୍ଯ୍ୟବେକ୍ଷଣରୁ ପାଇବା -

ପ୍ରଥମ ସୋପାନ : $N_1 + N_2 = D_1 + D_2 = 16x + 12$

$\therefore$ ସୂତ୍ରାନୁଯାୟୀ $16x + 12 = 0 \Rightarrow x = \frac{-12}{16} \Rightarrow x = \frac{-3}{4}$

ଦ୍ୱିତୀୟ ସୋପାନ : $N_2 - D_2 = 2x - 10$

$\therefore 2x - 10 = 0 \Rightarrow 2x = 10 \Rightarrow x = 5$

(ଏଠାରେ ଲକ୍ଷ୍ୟ କର $(N_1 - D_1) \times (-1) = N_2 - D_2$ ହେତୁ, ଦତ୍ତ ସୂତ୍ର ଦ୍ୱାରା ମଧ୍ୟ ଉକ୍ତ ପ୍ରଶ୍ନର ସମାଧାନ ସମ୍ଭବ।)

$\therefore$ ସମାଧାନ ସେଟ୍ $= \left\{\frac{-3}{4}, 5\right\}$ ।

(D) ପୂର୍ଣ୍ଣବର୍ଗରେ ପରିଣତ କରି ସମାଧାନ ('ପରାବର୍ତ୍ତ୍ୟ' ଏବଂ 'ଲୋପନ ସ୍ଥାପନ' ସୂତ୍ରର ପ୍ରୟୋଗ) :

$ax^2 + bx + c = 0 \ (a \neq 0)$ (ଦ୍ୱିଘାତୀ ସମୀକରଣର ସାଧାରଣ ରୂପ)

$\Rightarrow x^2 + \frac{b}{a} = \frac{-c}{a}$ (ପରାବର୍ତ୍ତ୍ୟ ସୂତ୍ରର ପ୍ରୟୋଗ)

$$\Rightarrow x^2 + 2 \, . \, x \, . \, \frac{b}{2a} = \frac{-c}{a}$$

$$\Rightarrow x^2 + 2 \, . \, x \, . \, \frac{b}{2a} + \left(\frac{b}{2a}\right)^2 = \left(\frac{b}{2a}\right)^2 - \frac{c}{a} = \frac{b^2 - 4ac}{4a^2}$$

$$\Rightarrow \left(x + \frac{b}{2a}\right)^2 = \left(\pm\frac{\sqrt{b^2 - 4ac}}{2a}\right)^2 \Rightarrow x + \frac{b}{2a} = \left(\pm\frac{\sqrt{b^2 - 4ac}}{2a}\right)$$

$$\Rightarrow x = \frac{-b}{2a} \pm \frac{\sqrt{b^2 - 4ac}}{2a} \Rightarrow x = \frac{-b \pm \sqrt{b^2 - 4ac}}{2a}$$

$$\therefore x = \frac{-b + \sqrt{b^2 - 4ac}}{2a} \text{ ଏବଂ } x = \frac{-b - \sqrt{b^2 - 4ac}}{2a} \text{ ।}$$

(ଦ୍ୱିଘାତୀ ସମୀକରଣ ସମାଧାନ ପାଇଁ ଆବଶ୍ୟକ ସୂତ୍ର **ବ୍ରହ୍ମଗୁପ୍ତ**ଙ୍କ ଦ୍ୱାରା ଆବିଷ୍କୃତ)

ଉଦାହରଣ-11: ପୂର୍ଣ୍ଣବର୍ଗରେ ପରିଣତ କରି ସମାଧାନ କର: $2x^2 - x - 3 = 0$

ସମାଧାନ : $2x^2 - x - 3 = 0$

$$\Rightarrow x^2 - \frac{1}{2}x = \frac{3}{2} \Rightarrow x^2 - 2 . x . \frac{1}{4} = \frac{3}{2} \text{ (ପରାବର୍ତ୍ତ୍ୟ ସୂତ୍ର ଦ୍ୱାରା)}$$

$$\Rightarrow x^2 - 2 . x . \frac{1}{4} + \left(\frac{1}{4}\right)^2 = \left(\frac{1}{4}\right)^2 + \frac{3}{2} = \frac{1}{16} + \frac{3}{2} = \frac{25}{16}$$

$$\Rightarrow \left(x - \frac{1}{4}\right)^2 = \frac{25}{16} \Rightarrow \left(x - \frac{1}{4}\right)^2 = \left(\pm\frac{5}{4}\right)^2$$

$$\Rightarrow x - \frac{1}{4} = \pm\frac{5}{4}$$

$$\Rightarrow x = \frac{1}{4} + \frac{5}{4} = \frac{6}{4} = \frac{3}{2} \text{ କିମ୍ବା } x = \frac{1}{4} - \frac{5}{4} = \frac{-4}{4} = -1$$

$\therefore$ ନିର୍ଣ୍ଣେୟ ବୀଜଦ୍ୱୟ : $\frac{3}{2}$ ଏବଂ (-1) $\therefore$ ସମାଧାନ ସେଟ୍ = $\left\{\frac{3}{2}, -1\right\}$

ଉଦାହରଣ-12: ପୂର୍ଣ୍ଣବର୍ଗରେ ପରିଣତ କରି ସମାଧାନ କର:$3x^2 + 5x - 2 = 0$ ।

ସମାଧାନ : $3x^2 + 5x - 2 = 0 \Rightarrow 3x^2 + 5x = 2$

$\Rightarrow 36x^2 + 60x = 24$ (ଉଭୟ ପାର୍ଶ୍ୱକୁ 3×4 ବା 12 ଦ୍ୱାରା ଗୁଣି)

$$\Rightarrow (6x)^2 + 2 . 6x . 5 = 24$$

$$\Rightarrow (6x)^2 + 2 . 6x . 5 + (5)^2 = (5)^2 + 24 = 49$$

$$\Rightarrow (6x + 5)^2 = (\pm 7)^2 \Rightarrow 6x + 5 = \pm 7$$

$\Rightarrow 6x + 5 = +7$ କିମ୍ବା $6x + 5 = -7$

$\Rightarrow 6x = 2$ କିମ୍ବା $6x = -12 \Rightarrow x = \frac{1}{3}$ କିମ୍ବା $x = -2$

$\therefore$ ନିର୍ଣ୍ଣେୟ ସମାଧାନ : $\frac{1}{3}$ ଏବଂ -2 । $\therefore$ ସମାଧାନ ସେଟ୍ = $\left\{\frac{1}{3}, -2\right\}$

ଦ୍ରଷ୍ଟବ୍ୟ : ଶ୍ରୀଧର ଆଚାର୍ଯ୍ୟଙ୍କ ସମାଧାନ ପଦ୍ଧତି ଦ୍ୱାରା ଦତ୍ତ ପଲିନୋମିଆଲ୍ ସମୀକରଣର ସମାଧାନ କରାଯାଇଛି ।

Po-Shen Loh Method :

(ଏକ ଅନନ୍ୟ ପ୍ରଣାଳୀ, ଯାହା ମାଧ୍ୟମରେ ଦ୍ୱିଘାତୀ ସମୀକରଣର ସମାଧାନ ସମ୍ଭବ) ।

Po-Shen Loh (Professor, Carnegie Mellon University) (Coach, USA Mathematics Olympiad Team)

ପ୍ରକାଶ ଥାଉକି, ପୂର୍ବରୁ $ax^2 + bx + c = 0$ ସମାଧାନ ପାଇଁ ବ୍ରହ୍ମଗୁପ୍ତ ଏକ ସୂତ୍ରର ଅବତାରଣା କରିଥିଲେ । (ପୂର୍ଣ୍ଣବର୍ଗରେ ପରିଣତ କରି ସମାଧାନ)

ସୂତ୍ର : $x = \dfrac{-b \pm \sqrt{b^2 - 4ac}}{2a}$ ($a \neq 0$)

ପ୍ରଣାଳୀ : Po-Shen Loh ଙ୍କ, $x^2 + Bx + C = 0$ ସମୀକରଣରେ ବୀଜଦ୍ୱୟର ଯୋଗଫଳ $= -B$ ଏବଂ ଗୁଣଫଳ $= C$ ।

ବୀଜଦ୍ୱୟର ହାରାହାରି $= \dfrac{-B}{2}$ । ମନେକର ବୀଜଦ୍ୱୟ $\left(\dfrac{-B}{2} \pm Z\right)$

ଅର୍ଥାତ୍ ବୀଜଦ୍ୱୟ $\left(\dfrac{-B}{2} + Z\right)$ ଏବଂ $\left(\dfrac{-B}{2} - Z\right)$

ବୀଜଦ୍ୱୟର ଗୁଣଫଳ $= C$ କାରଣରୁ $\left(\dfrac{-B}{2} + Z\right)\left(\dfrac{-B}{2} - Z\right) = C$

$\Rightarrow \left(\dfrac{-B}{2}\right)^2 - Z^2 = C \Rightarrow \dfrac{B^2}{4} - C = Z^2$ .... (i)

$\Rightarrow Z = \pm\sqrt{\dfrac{B^2}{4} - C}$.

$\therefore$ ବୀଜଦ୍ୱୟ : $\dfrac{-B}{2} \pm Z$ ଅର୍ଥାତ୍ $x = \dfrac{-B}{2} \pm \sqrt{\dfrac{B^2}{4} - C}$: ସୂତ୍ର

ଦ୍ରଷ୍ଟବ୍ୟ : $x^2 - Bx + C = 0$ ସାଧାରଣ ରୂପ ବିଶିଷ୍ଟ ପଲିନୋମିଆଲ୍ ସମୀକରଣର ସମାଧାନରେ Po-Shen Lohଙ୍କ ପ୍ରଣାଳୀ ଉପଯୋଗୀ ହୋଇଥାଏ ।

ଉଦାହରଣ - 13 : ସମାଧାନ କର : $x^2 - 8x + 15 = 0$

ସମାଧାନ : $x^2 - 8x + 15 = 0$ ଏଠାରେ ବୀଜଦ୍ୱୟର ଯୋଗଫଳ 8 ଏବଂ ଗୁଣଫଳ 15 ।

ବୀଜଦ୍ୱୟର ହାରାହାରି $= \dfrac{8}{2} = 4$

ମନେକର ବୀଜଦ୍ୱୟ = $\frac{-B}{2} \pm Z$ ($\because \frac{-B}{2}$ = ବୀଜଦ୍ୱୟର ହାରାହାରି)

ଅର୍ଥାତ୍ ବୀଜଦ୍ୱୟ $(4 + Z)$ ଏବଂ $(4 - Z)$

ପୁନଶ୍ଚ ବୀଜଦ୍ୱୟର ଗୁଣଫଳ = 15

$\Rightarrow (4+Z)(4-Z) = 15 \Rightarrow 16 - Z^2 = 15 \Rightarrow Z^2 = 1 \Rightarrow Z = \pm 1$

$\therefore$ ବୀଜଦ୍ୱୟ $(4 + 1)$ କିମ୍ବା $(4 - 1)$ ଅର୍ଥାତ୍ ବୀଜଦ୍ୱୟ 5 ଏବଂ 3 ।

$\therefore$ ସମାଧାନ ସେଟ୍ = {5, 3} ।

ଉଦାହରଣ - 14 : $2x^2 + 3x + 1 = 0$ ସମୀକରଣର ସମାଧାନ କର । (PoShen Loh ଙ୍କ ପ୍ରଣାଳୀ ଅବଲମ୍ବନରେ)

ସମାଧାନ : $2x^2 + 3x + 1 = 0 \Rightarrow x^2 + \frac{3}{2} \cdot x + \frac{1}{2} = 0$

($2x^2 + 3x + 1 = 0$ ସମୀକରଣକୁ $x^2 + Bx + C = 0$ ସାଧାରଣ ରୂପ ବିଶିଷ୍ଟ ସମୀକରଣରେ ପରିବର୍ତ୍ତନ କରାଗଲା)

$\therefore$ ବୀଜଦ୍ୱୟର ଯୋଗଫଳ = $\frac{-3}{2}$ ଏବଂ ହାରାହାରି = $\frac{-3}{4}$

ମନେକର ବୀଜଦ୍ୱୟ, $\frac{-3}{4} \pm Z$

ଅର୍ଥାତ୍ ବୀଜଦ୍ୱୟ $\left(\frac{-3}{4} + Z\right)$ ଏବଂ $\left(\frac{-3}{4} - Z\right)$

$\therefore \left(\frac{-3}{4} + Z\right)\left(\frac{-3}{4} - Z\right) = \frac{1}{2}$ ($\because$ ବୀଜଦ୍ୱୟର ଗୁଣଫଳ = $\frac{1}{2}$)

$\Rightarrow \left(\frac{-3}{4}\right)^2 - Z^2 = \frac{1}{2} \Rightarrow \frac{9}{16} - Z^2 = \frac{1}{2}$

$\Rightarrow Z^2 = \frac{9}{16} - \frac{1}{2} = \frac{1}{16} = \left(\pm\frac{1}{4}\right)^2 \Rightarrow Z = \pm\frac{1}{4}$

$\therefore$ ବୀଜଦ୍ୱୟ $\left(-\frac{3}{4} + \frac{1}{4}\right)$ କିମ୍ବା $\left(\frac{-3}{4} - \frac{1}{4}\right)$

$\therefore$ ନିର୍ଣ୍ଣେୟ ବୀଜଦ୍ୱୟ $\left(-\frac{1}{2}\right)$ ଏବଂ (-1)

$\therefore$ ସମାଧାନ ସେଟ୍ = $\left\{-\frac{1}{2}, -1\right\}$

ବିକଳ୍ପ ସମାଧାନ : (1) ସୂତ୍ର ପ୍ରୟୋଗରେ $\left(x = \frac{-B}{2} \pm \sqrt{\frac{B^2}{4} - C}\right)$

ସମାଧାନ: $2x^2 + 3x + 1 = 0 \Rightarrow x^2 + \frac{3}{2}x + \frac{1}{2} = 0$

ଦତ୍ତ ସମୀକରଣରୁ $B = \frac{-3}{2}$ ଏବଂ $C = \frac{1}{2}$

$$x = \frac{-3}{4} \pm \sqrt{\frac{\left(\frac{-3}{2}\right)^2}{4} - \frac{1}{2}} = \frac{-3}{4} \pm \sqrt{\left(\frac{1}{4}\right)^2} = \frac{-3}{4} \pm \frac{1}{4}$$

$\therefore x = \left(\frac{-3}{4} + \frac{1}{4}\right)$ କିମ୍ବା $\left(\frac{-3}{4} - \frac{1}{4}\right)$

ନିର୍ଣ୍ଣେୟ ବୀଜଦ୍ୱୟ : $x = \frac{-1}{2}$ ଏବଂ (-1)

$\therefore$ ସମାଧାନ ସେଟ୍ $= \left\{-\frac{1}{2}, -1\right\}$

ବିକଳ୍ପ ସମାଧାନ : (2) ଦତ୍ତ ପଲିନୋମିଆଲ୍ ସମୀକରଣ: $2x^2 + 3x + 1 = 0$

ଦତ୍ତ ସମୀକରଣ $ax^2 + bx + c = 0$ ରୂପ ବିଶିଷ୍ଟ । ତେଣୁ $a = 1$, $b = 3$ ଏବଂ $c = 1$

$$x = \frac{-b \pm \sqrt{b^2 - 4ac}}{2a} \quad (\text{ବ୍ରହ୍ମଗୁପ୍ତଙ୍କ ସୂତ୍ର})$$

$\Rightarrow x = \frac{-3 \pm \sqrt{9 - 4.2.1}}{2.2} = \frac{-3 \pm 1}{4}$

$\Rightarrow x = \frac{-2}{4}$ କିମ୍ବା $\frac{-4}{4} = \frac{-1}{2}$ କିମ୍ବା (-1)

$\therefore$ ନିର୍ଣ୍ଣେୟ ବୀଜଦ୍ୱୟ $= \frac{-1}{2}$ ଏବଂ (-1)

$\therefore$ ସମାଧାନ ସେଟ୍ $= \left\{-\frac{1}{2}, -1\right\}$

ପ୍ରଶ୍ନାବଳୀ

1. ନିମ୍ନ ଦ୍ୱିଘାତୀ ସମୀକରଣଗୁଡ଼ିକର ସମାଧାନ କର ।

(a) $x^2 - 11x + 10 = 0$ (b) $5x^2 - 7x - 12 = 0$

(c) $x - \frac{1}{x} = \frac{5}{6}$ (d) $\frac{x+7}{x+9} - \frac{x+9}{x+7} = \frac{32}{63}$

(e) $\frac{7x-9}{2x-9} = \frac{9x-7}{14x-7}$ (f) $\frac{2x+1}{2x-11} + \frac{2x-11}{2x+1} = \frac{193}{84}$

(g) $\frac{x}{x+3} - \frac{x+3}{x} = \frac{15}{56}$ (h) $\frac{2}{x+2} + \frac{3}{x+3} = \frac{5}{x+5}$

2. ନିମ୍ନ ଦ୍ୱିଘାତୀ ସମୀକରଣଗୁଡ଼ିକର 'ପରାବର୍ତ୍ତ୍ୟଯୋଜୟତ୍' ଏବଂ 'ଲୋପନ-ସ୍ଥାପନ' ସୂତ୍ର ପ୍ରୟୋଗରେ ସମାଧାନ କର ।

(a) $2x^2 - 3x - 5 = 0$ (e) $2x^2 + x - 1 = 0$

(b) $3x^2 - 13x - 10 = 0$ (f) $x^2 - 3x - 10 = 0$

(c) $3x^2 + x - 4 = 0$ (g) $x^2 + 11x + 30 = 0$

(d) $4x^2 - 9x + 5 = 0$ (h) $x^2 - x - 30 = 0$

3. Po-Shen Loh ଙ୍କ ପଦ୍ଧତି ଅନୁସରଣରେ ସମାଧାନ କର ।

(a) $x^2 - 5x + 6 = 0$ (d) $3x^2 - 7x + 4 = 0$

(b) $2x^2 - 3x - 2 = 0$ (e) $x^2 - 8x - 20 = 0$

(c) $x^2 + 7x - 8 = 0$ (f) $x^2 + 8x + 15 = 0$

- 0 -

ସପ୍ତମ ଅଧ୍ୟାୟ

ଦୁଇ ବା ତତୋଽଧିକ ଚଳରାଶି ବିଶିଷ୍ଟ ଦ୍ୱିଘାତୀ ପଲିନୋମିଆଲ୍‌ର ଉତ୍ପାଦକୀକରଣ

(FACTORING QUADRATIC POLYNOMIALS WITH TWO OR MORE VARIABLES)

ପୂର୍ବରୁ ସାଧାରଣତଃ ଏକ ଚଳରାଶି ବା ଅତିବେଶିରେ ଦୁଇ ଚଳରାଶି ବିଶିଷ୍ଟ ଦ୍ୱିଘାତୀ ଏବଂ ତ୍ରିଘାତୀ ପଲିନୋମିଆଲ୍‌ର ଉତ୍ପାଦକୀକରଣ ସମ୍ବନ୍ଧରେ ଅବଗତ ùj ÙAi ùeÒ ö aùgh bùaùe **ଭାଗଶେଷ ଉପପାଦ୍ୟ (Remainder Theorem)** ଏବଂ **ଗୁଣନୀୟକ ନିରୂପଣ ଉପପାଦ୍ୟ (Factor Theorem)**ର ଉପଯୋଗରେ ଉପରୋକ୍ତ ପଲିନୋମିଆଲ୍‌ର ଉତ୍ପାଦକ ନିରୂପଣ କିପରି ହୁଏ ତାହା ସମ୍ବନ୍ଧରେ ମଧ୍ୟ ଅବଗତ ଅଛ ।

ବର୍ତ୍ତମାନ ଦୁଇ ବା ତତୋଽଧିକ ଚଳରାଶି ବିଶିଷ୍ଟ ଦ୍ୱିଘାତୀ ପଲିନୋମିଆଲ୍‌ର ଉତ୍ପାଦକୀକରଣ ସଂପର୍କରେ ଆଲୋଚନା କରିବା । ଉକ୍ତ ଉତ୍ପାଦକୀକରଣ ନିମିତ୍ତ ବେଦ ଗଣିତର ଏକ ସୂତ୍ର **'ଲୋପନସ୍ଥାପନ'** (**'ଅପସାରଣ ଏବଂ ପ୍ରତିସ୍ଥାପନ'**)ର ପ୍ରୟୋଗ ବିଧିକୁ ଜାଣିବା ।

ପ୍ରୟୋଗ ବିଧି : (i) କୌଣସି ଏକ ପ୍ରଣାଳୀ ଦ୍ୱାରା ଏକ ଚଳରାଶିର ଅପସାରଣ କରାଇ ଅବଶିଷ୍ଟ ଚଳରାଶିକୁ ନେଇ ଏକ ଦ୍ୱିଘାତୀ ପଲିନୋମିଆଲ୍ ସୃଷ୍ଟି କରାଯାଏ ଏବଂ ତତ୍ପରେ ଉକ୍ତ ଦ୍ୱିଘାତୀ ପଲିନୋମିଆଲ୍‌ର ଉତ୍ପାଦକ ନିରୂପଣ କରାଯାଏ ।

(ii) ସେହିପରି ଅନ୍ୟ ଏକ ଚଳରାଶିର ଅପସାରଣ କରାଯାଇ ଏକ ଦ୍ୱିଘାତୀ ପଲିନୋମିଆଲ୍ ସୃଷ୍ଟି କରାଯାଇ ପୂର୍ବ ପରି ଉକ୍ତ ପଲିନୋମିଆଲ୍‌ର ମଧ୍ୟ ଉତ୍ପାଦକ ନିରୂପଣ କରାଯାଏ ।

(iii) ଉଭୟ କ୍ଷେତ୍ରରେ ଲବ୍ଧ ଉତ୍ପାଦକ ଗୁଡ଼ିକୁ ଅନୁଧ୍ୟାନ କରି ଏମାନଙ୍କର ବୃତ୍ତୀୟକ୍ରମ ଆଧାରରେ ଦତ୍ତ ଦୁଇ ବା ତତୋଽଧିକ ଚଳରାଶି ବିଶିଷ୍ଟ ଦ୍ୱିଘାତୀ ପଲିନୋମିଆଲ୍‌ର ଉତ୍ପାଦକଗୁଡ଼ିକୁ ନିର୍ଣ୍ଣୟ କରାଯାଇପାରେ ।

ଉଦାହରଣ-1: $x^2 + xy - 2y^2 + 2xz - 5yz - 3z^2$ ର ଉତ୍ପାଦକୀକରଣ ଦର୍ଶାଅ ।

ସମାଧାନ : ଦତ୍ତ ପଲିନୋମିଆଲ୍ ଦ୍ୱିଘାତୀ ଏବଂ ତିନି ଚଳରାଶି (x, y ଏବଂ z) ବିଶିଷ୍ଟ ।

ପ୍ରଥମେ x ଚଳରାଶିକୁ ଅପସାରଣ କରିବା । ଅର୍ଥାତ୍ $x = 0$ କୁ ଦତ୍ତ ପଲିନୋମିଆଲ୍‌ରେ ସ୍ଥାପନ କରି ପାଇବା : $-2y^2 - 5yz - 3z^2$

$= -(2y^2 + 5yz + 3z^2) = -(2y^2 + 2yz + 3yz + 3z^2)$

$= -(y + z)(2y + 3z)$ (ଆଦ୍ୟମାଦ୍ୟେନ ସୂତ୍ର)

$= (-y - z)(2y + 3z)$ .....(i)

ସୋପାନ - 2 : $y = 0$ ନେଲେ ପାଇବା :

$x^2 + 2xz - 3z^2 = x^2 + 3xz - xz - 3z^2$

ଆଦ୍ୟମାଦ୍ୟେନ ସୂତ୍ର ଅନୁଯାୟୀ

$\therefore x^2 + 2xz - 3z^2 = (x + 3z)(x - z)$ ....(ii)

ସୋପାନ - 3 : ବର୍ତ୍ତମାନ, $z = 0$ ପାଇଁ ଦତ୍ତ ପଲିନୋମିଆଲ୍‌ରୁ ପାଇବା

$(x^2 + xy - 2y^2) = x^2 + 2xy - xy - 2y^2$

ଆଦ୍ୟମାଦ୍ୟେନ ସୂତ୍ର ପ୍ରୟୋଗରେ ପାଇବା -

$(x^2 + xy - 2y^2) = (x + 2y)(x - y)$ ... (iii)

(i), (ii) ଓ (iii) ସମୀକରଣତ୍ରୟରୁ ଉଦ୍ଭବ ଗୁଣନୀୟକଗୁଡ଼ିକର ବୃତ୍ତୀୟକ୍ରମକୁ ଅନୁଧ୍ୟାନ କଲେ ଜଣାପଡ଼ିବ ଯେ,

$(x + 2y + 3z)$ ପଲିନୋମିଆଲ୍‌ର ଏକ ଗୁଣନୀୟକ ହେବ ଏବଂ ଅନ୍ୟ ଗୁଣନୀୟକଟି $(x - y - z)$ ହେବ ।

$\therefore x^2 + xy - 2y^2 + 2xz - 5yz - 3z^2$

$= (x + 2y + 3z)(x - y - z)$ ।

ଦ୍ରଷ୍ଟବ୍ୟ : 1. ଦତ୍ତ ପଲିନୋମିଆଲ୍‌ରେ ଥିବା ତିନିଗୋଟି ଚଳରାଶି ମଧ୍ୟରୁ ଯେ କୌଣସି ଦୁଇଗୋଟି ଚଳରାଶିକୁ ଅପସାରଣ କରାଯାଇପାରେ । ଉଭୟରୁ ଚଳରାଶି ଅପସାରଣ ପରେ ମିଳୁଥିବା ଗୁଣନୀୟକଗୁଡ଼ିକୁ ନେଇ ଦତ୍ତ ପଲିନୋମିଆଲ୍‌ର ଗୁଣନୀୟକଗୁଡ଼ିକୁ ମଧ୍ୟ ସ୍ଥିର କରାଯାଇପାରିବ ।

2. $(a+b+c)^2 = a^2 + b^2 + c^2 + 2ab + 2bc + 2ca$ ଅଭେଦର ଆବଶ୍ୟକସ୍ଥଳେ ପ୍ରୟୋଗ ମଧ୍ୟ କରାଯାଇପାରେ ।

ଉଦାହରଣ - 2 : $2x^2 + 6y^2 + 3z^2 + 7xy + 11yz + 7zx$ ପଲିନୋମିଆଲ୍‌ର ଉତ୍ପାଦକୀକରଣ ଦର୍ଶାଅ ।

ସମାଧାନ :

ସୋପାନ - 1 : ଦତ୍ତ ପଲିନୋମିଆଲ୍ (P) ରେ z =0 କୁ ପ୍ରୟୋଗ କରାଯାଇ, x ଓ y ରେ ମିଳୁଥିବା ଦ୍ୱିଘାତୀ ପଲିନୋମିଆଲ୍‌ଟି $(2x^2 + 7xy + 6y^2)$ ହେବ।

$$2x^2 + 7xy + 6y^2 = 2x^2 + 4xy + 3xy + 6y^2$$

'ଆଦ୍ୟମାଦ୍ୟେନ' ସୂତ୍ର ଉପଯୋଗରେ

$2x^2 + 7xy + 6y^2 = (x + 2y)(2x + 3y)$ ...(i)

ସୋପାନ - 2 : ସେହିପରି y = 0 ପ୍ରୟୋଗ କରାଯାଇ ମିଳୁଥିବା ପଲିନୋମିଆଲ୍‌ଟି $(2x^2 + 7xz + 3z^2)$ ହେବ।

ଆଦ୍ୟମାଦ୍ୟେନ ସୂତ୍ର ପ୍ରୟୋଗରେ

$2x^2 + 7xz + 3z^2 = 2x^2 + 6xz + xz + 3z^2$

$\Rightarrow 2x^2 + 7xz + 3z^2 = (x + 3z)(2x + z)$ ...(ii)

(i) ଓ (ii) ରୁ ଉଭବ ଗୁଣନୀୟକଗୁଡ଼ିକୁ ଅନୁଧାନ କରି P ର ଉତ୍ପାଦକୀକରଣ ସମ୍ଭବ ହେବ।

$\therefore P = (x + 2y + 3z)(2x + 3y + z)$

ଉଦାହରଣ - 3. $2x^2 + 2y^2 + 5xy + 2x - 5y - 12$ ପଲିନୋମିଆଲ୍‌ର ଉତ୍ପାଦକୀକରଣ ଦର୍ଶାଅ ।

ସମାଧାନ : ଦତ୍ତ ପଲିନୋମିଆଲ୍ କେବଳ ଦୁଇଗୋଟି ଚଳରାଶି x ଓ y ବିଶିଷ୍ଟ । ବର୍ତ୍ତମାନ y = 0 ନେଲେ, $(2x^2 + 2x - 12)$ ଦ୍ୱିଘାତୀ ପଲିନୋମିଆଲ୍ ମିଳିବ । $2x^2 + 2x - 12 = 2x^2 + 6x - 4x - 12$

'ଆଦ୍ୟମାଦ୍ୟେନ' ସୂତ୍ର ଉପଯୋଗରେ

$(2x^2 + 2x - 12) = (x + 3)(2x - 4)$ ...(i)

ସେହିପରି x = 0 ନେଲେ, $(2y^2-5y-12)$ ଦ୍ୱିଘାତୀ ପଲିନୋମିଆଲ୍ ମିଳିବ ।

$2y^2 - 5y - 12 = 2y^2 - 8y + 3y - 12$

$\therefore (2y^2 - 5y - 12) = (2y + 3)(y - 4)$ ...(ii)

('ଆଦ୍ୟମାଦ୍ୟେନ' ସୂତ୍ର ଉପଯୋଗରେ)

(i) ଓ (ii) ରୁ ପାଇବା -

$2x^2 + 2y^2 + 5xy + 2x - 5y - 12$

$= (x + 2y + 3)(2x + y - 4)$ ।

ଉଦାହରଣ - 4 : $3x^2 + 10y^2 + 3z^2 + 17xy + 11yz + 10xz$ ପଲିନୋମିଆଲ୍‌ର ଉତ୍ପାଦକୀକରଣ ଦର୍ଶାଅ ।

ସମାଧାନ : ଦତ୍ତ ପଲିନୋମିଆଲ୍‌ରେ $z = 0$ ନେଲେ $3x^2 + 17xy + 10y^2$ ଦ୍ୱିଘାତୀ ପଲିନୋମିଆଲ୍ ମିଳିବ।

$3x^2 + 17xy + 10y^2 = 3x^2 + 15xy + 2xy + 10y^2$ ପାଇବା ।

ଆଦ୍ୟମାଦ୍ୟେନ ସୂତ୍ର ପ୍ରୟୋଗରେ

$3x^2 + 17xy + 10y^2 = (x + 5y)(3x + 2y)$ ..(i)

ସେହିପରି $y= 0$ ପାଇଁ $(3x^2+10xz+3z^2)$ ଦ୍ୱିଘାତୀ ପଲିନୋମିଆଲ୍ ମିଳିବ।

$3x^2 + 10xz + 3z^2 = 3x^2 + 9xz + xz + 3z^2$ ।

ଆଦ୍ୟମାଦ୍ୟେନ ସୂତ୍ର ପ୍ରୟୋଗରେ

$(3x^2 + 10xz + 3z^2) = (x + 3z)(3x + z)$ ....(ii)

(i) ଓ (ii) ରୁ $3x^2 + 10y^2 + 3z^2 + 17xy + 11yz + 10xz$

$= (x+5y + 3z)(3x + 2y + z)$ ।

ଉଦାହରଣ-5: $x^2 - 6y^2 - 2z^2 - xy + xz + 7yz$ ର ଉତ୍ପାଦକୀକରଣ ଦର୍ଶାଅ।

ସମାଧାନ : ଦତ୍ତ ପଲିନୋମିଆଲ୍‌ରେ $z= 0$ ନେଲେ, $(x^2 - xy - 6y^2)$ ଦ୍ୱିଘାତୀ ପଲିନୋମିଆଲ୍ ମିଳିବ।

$x^2 - xy - 6y^2 = x^2 - 3xy + 2xy - 6y^2$

ଆଦ୍ୟମାଦ୍ୟେନ ସୂତ୍ର ଉପଯୋଗରେ

$x^2 - xy - 6y^2 = (x - 3y)(x + 2y)$ .....(i)

ସେହିପରି $y = 0$ ପାଇଁ $(x^2 + xz - 2z^2)$ ଦ୍ୱିଘାତୀ ପଲିନୋମିଆଲ୍ ମିଳିବ।

$x^2 + xz - 2z^2 = x^2 + 2xz - xz - 2z^2$

ଆଦ୍ୟମାଦ୍ୟେନ ସୂତ୍ର ପ୍ରୟୋଗରେ

$x^2 + xz - 2z^2 = (x + 2z)(x - z)$ .... (ii)

(i) ଓ (ii) ରୁ ଦତ୍ତ ପଲିନୋମିଆଲ୍‌ର ଗୁଣନୀୟକ ଦ୍ୱୟ

$(x - 3y + 2z)$ ଓ $(x + 2y - z)$ ହେବ।

$\therefore\ x^2 - 6y^2 - 2z^2 - xy + xz + 7yz = (x - 3y + 2z)(x + 2y - z)$।

ଉଦାହରଣ-6: $x^2 + y^2 + z^2 + 2xy - 2yz - 2xz$ ର ଉତ୍ପାଦକୀକରଣ ଦର୍ଶାଅ।

ସମାଧାନ : $x^2 + y^2 + z^2 + 2xy - 2yz - 2xz$

$= (x)^2 + (y)^2 + (-z)^2 + 2x.y + 2y(-z) + 2x(-z)$

$= (x + y - z)^2 = (x + y - z)(x + y - z)$

$\therefore\ x^2 + y^2 + z^2 + 2xy - 2yz - 2zx = (x + y - z)(x + y - z)$।

ପ୍ରଶ୍ନାବଳୀ

ଉତ୍ପାଦକୀକରଣ ଦର୍ଶାଅ ।

1. $2m^2 + 2n^2 - 5mn - 7m - n - 15$
2. $2x^2 - 3y^2 - 2z^2 + 5xy - 5yz + 3xz$
3. $3x^2 + 8xy + 4y^2 + 4y - 3$
4. $6x^2 - 8y^2 - 6z^2 + 2xy + 16yz + 5xz$
5. $3x^2 + y^2 - 2z^2 - 4xy - yz - zx$
6. $x^2 + xy - 2y^2 + 2xz - 5yz - 3z^2$
7. $2x^2 + 6y^2 + 3z^2 + 7xy + 11yz + 7zx$
8. $2x^2 - 9y^2 - z^2 + 3xy - 6yz + zx$

- 0 -

ଅଷ୍ଟମ ଅଧ୍ୟାୟ

ତ୍ରିଘାତୀ ପଲିନୋମିଆଲ୍‌ର ଉତ୍ପାଦକୀକରଣ ଏବଂ ସମାଧାନ

(FACTORING CUBIC POLYNOMIALS AND FINDING SOLUTIONS)

ପୂର୍ବରୁ ଆଲୋଚିତ **'ଭାଗଶେଷ ଉପପାଦ୍ୟ'**(Remainder Theorem) ସାହାଯ୍ୟରେ କୌଣସି ଏକ ପଲିନୋମିଆଲ୍‌କୁ ଅନ୍ୟ ଏକ ପଲିନୋମିଆଲ୍ (ଦ୍ୱିପଦୀ) ଦ୍ୱାରା ଭାଗ କଲେ, ଭାଗଫଳ ଓ ଭାଗଶେଷ ନିରୂପିତ ହୋଇଥାଏ। ଉକ୍ତ ଉପପାଦ୍ୟର ଏକ ଅନୁସିଦ୍ଧାନ୍ତ **"ଗୁଣନୀୟକ ନିରୂପଣ ଉପପାଦ୍ୟ"** (Factor Theorem) ର ପ୍ରୟୋଗ ଦ୍ୱାରା ଭାଜକ ପଲିନୋମିଆଲ୍, ଦତ୍ତ ପଲିନୋମିଆଲ୍‌ର ଏକ ଗୁଣନୀୟକ (Factor) କି ନୁହେଁ ଜଣାପଡ଼ିଥାଏ । ମୁଖ୍ୟତଃ କୌଣସି ପଲିନୋମିଆଲ୍‌ର ଉତ୍ପାଦକୀକରଣ ପାଇଁ "ଭାଗଶେଷ ଉପପାଦ୍ୟ" ଏବଂ "ଉତ୍ପାଦକ ନିରୂପଣ ଉପପାଦ୍ୟ" ଉପଯୋଗୀ ହୋଇଥାଏ । ଅବଶ୍ୟ ଭାଗଶେଷ ଉପପାଦ୍ୟ ଦ୍ୱାରା ଯେ କୌଣସି ପଲିନୋମିଆଲ୍‌ର ଶୂନ (Zeros). ମଧ୍ୟ ନିରୂପିତ ହୋଇଥାଏ ।

ବେଦ ଗଣିତରେ **'ନିଖିଳଂ'** **ଏବଂ** **'ପରାବର୍ତ୍ତ୍ୟ'** ସୂତ୍ର ମାଧ୍ୟମରେ ଭାଗକ୍ରିୟା ସହଜ ହୋଇଥାଏ । ଦ୍ୱିଘାତୀ ପଲିନୋମିଆଲ୍‌ର ଉତ୍ପାଦକ ନିର୍ଣ୍ଣୟ **'ଆଦ୍ୟମାଦ୍ୟେନ'** ସୂତ୍ର ପ୍ରୟୋଗରେ କିପରି ହୋଇଥାଏ, ସେ ସମ୍ବନ୍ଧରେ ମଧ୍ୟ ଅବଗତ ଥାଇପାର।

ବର୍ତ୍ତମାନ **ତ୍ରିଘାତୀ ପଲିନୋମିଆଲ୍** (ଉଚ୍ଚତମ ପଦର ସହଗ 1)**ର ଉତ୍ପାଦକୀକରଣ,** କିପରି ସମ୍ପାଦିତ ହୋଇପାରିବ ତାକୁ ପ୍ରଥମେ ଅନୁଧ୍ୟାନ କରିବା । ଏଥିପାଇଁ ବେଦଗଣିତ ର ନିମ୍ନସୂତ୍ରଗୁଡ଼ିକର ଆବଶ୍ୟକତା ପଡ଼ିଥାଏ ।

ସୂତ୍ର - (i) 'ଆଦ୍ୟମାଦ୍ୟେନାନ୍ତ୍ୟମନ୍ତ୍ୟେନ' (ପ୍ରଥମ ଏବଂ ଶେଷ ସହ)

(ii) 'ଆନୁରୂପ୍ୟେଣ' (ଆନୁପାତିକ ଭାବରେ)

(iii) 'ଗୁଣିତ-ସମୁଚ୍ଚୟଃ ସମୁଚ୍ଚୟଗୁଣିତଃ'(ଗୁଣନୀୟକ ଗୁଡ଼ିକର ସହଗ ସମ୍ବନ୍ଧୀୟ)

ପୂର୍ବରୁ ଉକ୍ତ ସୂତ୍ର ତ୍ରୟ ଦ୍ୱିଘାତୀ ପଲିନୋମିଆଲ୍‌ର ଉତ୍ପାଦକୀକରଣରେ ଉପଯୋଗ ହୋଇଥିବାର ଆଲୋଚିତ ହୋଇସାରିଛି।

ଉଦାହରଣ :- 1. ($x^3 + 6x^2 + 11x + 6$) ପଲିନୋମିଆଲ୍‌ର ଉତ୍ପାଦକୀକରଣ ଦର୍ଶାଅ ।

ସମାଧାନ : 'ଭାଗଶେଷ ଉପପାଦ୍ୟ'ର ପ୍ରୟୋଗ ଦ୍ୱାରା ଜାଣିବା ଯେ, $x = -1$ ପାଇଁ $p(x) = 0$ ହେବ । ଏହାକୁ ନିମ୍ନରେ ଦର୍ଶାଯାଇଛି ।

$$p(x) = x^3 + 6x^2 + 11x + 6$$

$$P(-1) = (-1)^3 + 6(-1)^2 + 11(-1) + 6$$

$$= -1 + 6 - 11 + 6 = 0$$

$\therefore$ $(x+1)$, $p(x)$ ର ଏକ ଗୁଣନୀୟକ ।

ବର୍ତ୍ତମାନ **ସଂଶ୍ଳେଷଣାତ୍ମକ ଭାଗପ୍ରକ୍ରିୟା** ମାଧ୍ୟମରେ ଅନ୍ୟ ଗୁଣନୀୟକଗୁଡ଼ିକୁ ସ୍ଥିର କରିବା । ଏଠାରେ $x+1 = 0 \Rightarrow x = (-1)$ ହେବ। ଅର୍ଥାତ୍ $(x+1)$ର Zero, (-1) ।

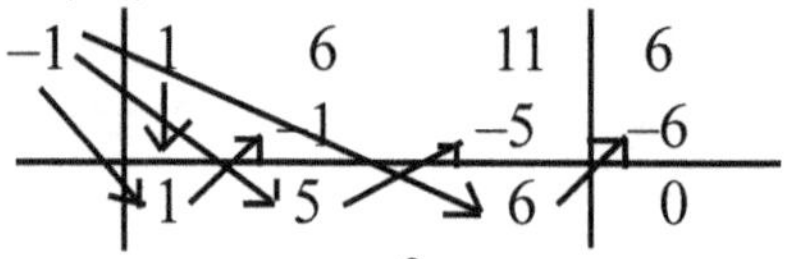

–1
1 6 11 6
–1 –5 –6
1 5 6 0

$\therefore$ ଭାଗଫଳ = $(x^2 + 5x + 6)$ ଏବଂ ଭାଗଶେଷ 0 ।

କିନ୍ତୁ $(x^2 + 5x + 6) = (x + 2)(x + 3)$

(ଦ୍ୱିଘାତୀ ପଲିନୋମିଆଲ୍‌ର ଉତ୍ପାଦକୀକରଣ ଦ୍ୱାରା)।

$\therefore$ $p(x) = (x + 1)(x + 2)(x + 3)$ ।

ଦ୍ରଷ୍ଟବ୍ୟ: 1. ସଂଶ୍ଳେଷଣାତ୍ମକ ଭାଗକ୍ରିୟା ପରିବର୍ତ୍ତେ ଦୀର୍ଘ ବିଭାଜନ ପ୍ରକ୍ରିୟା ମଧ୍ୟ ଉପଯୋଗ କରାଯାଇପାରିବ ।

2. ଉପରିସ୍ଥ ଉଦାହରଣରୁ ସ୍ପଷ୍ଟ ଯେ, $p(x)$ ର ଏକାନ୍ତର ପଦ ଦ୍ୱୟର ସହଗର ସମଷ୍ଟି, ଅନ୍ୟ ଏକାନ୍ତର ପଦଦ୍ୱୟର ସହଗର ସମଷ୍ଟି ସହ ସମାନ । ଅର୍ଥାତ୍

x^3 ର ସହଗ + x ର ସହଗ = x^2 ର ସହଗ + x^0 ର ସହଗ (ସ୍ଥିରାଙ୍କ)

ଏ କ୍ଷେତ୍ରରେ $(x+1)$, $p(x)$ ର ଗୋଟିଏ ଉତ୍ପାଦକ ହେବ। ଅର୍ଥାତ୍ $p(x)$ର ଏକ ଶୂନ (zero) = -1 ହେବ।

ବୈଦିକ ସୂତ୍ର 'ଗୁଣିତ-ସମୁଚ୍ଚୟଃ ସମୁଚ୍ଚୟଗୁଣିତଃ' (GunitahSammuccayh SammuccayaGunita) ମାଧ୍ୟମରେ ଦତ୍ତ ପଲିନୋମିଆଲ୍‌ର ଗୁଣନୀୟକ ନିରୂପଣର ସତ୍ୟତା ପରୀକ୍ଷଣ କରାଯାଇପାରେ।

ସୂତ୍ରର ଅର୍ଥ, ଗୁଣନୀୟକଗୁଡ଼ିକର ସହଗମାନଙ୍କର ସମଷ୍ଟିର ଗୁଣଫଳ, ସେମାନଙ୍କର ଗୁଣଫଳର ସହଗଗୁଡ଼ିକର ସମଷ୍ଟି ସହ ସମାନ ।

$\therefore$ ଗୁଣଫଳର ସହଗ ଗୁଡ଼ିକର ସମଷ୍ଟି = ଗୁଣନୀୟକ ଗୁଡ଼ିକର ସହଗ ଗୁଡ଼ିକର ସମଷ୍ଟିର ଗୁଣଫଳ। ଦତ୍ତ ଉଦାହରଣରେ ପ୍ରତ୍ୟେକ କ୍ଷେତ୍ରରେ 24 ସହ ସମାନ। ପରୀକ୍ଷା କରି ଦେଖ।

ବିକଳ୍ପ ସମାଧାନ :

$p(x) = x^3 + 6x^2 + 11x + 6$

ଶେଷ ପଦ 6 ର ଗୁଣନୀୟକ ମାନ: 1, 2, 3 ଏବଂ 6। ଆମର ଉଦ୍ଦେଶ୍ୟ ହେଲା, ଏପରି ସଂଖ୍ୟାତ୍ରୟ ସ୍ଥିର କରିବା ଯାହାର ଗୁଣଫଳ 6 ଏବଂ ଯୋଗଫଳ 6 ହେବ। ଅର୍ଥାତ୍ ନିଶ୍ଚିତ ସଂଖ୍ୟା = x^2 ର ସହଗ ହେବ।

ଦ୍ରଷ୍ଟବ୍ୟ : $(x + a)(x + b)(x + c)$

$= x^3+(a+b+c)x^2 + (ab + bc+ca)x + abc$

$\therefore$ ଦତ୍ତ ପଲିନୋମିଆଲ୍ p(x) ରେ $a \cdot b \cdot c = 6$ ଏବଂ $a + b + c = 6$ ହେବା ଆବଶ୍ୟକ। ଏଠାରେ ସଂଖ୍ୟାତ୍ରୟ 1, 2 ଏବଂ 3; ଯାହା ଉକ୍ତ ସର୍ତ୍ତକୁ ପୂରଣ କରିପାରୁଛି।

$\therefore\ p(x) = (x + 1)(x + 2)(x+ 3)$

ସତ୍ୟତା ନିରୂପଣର ଏକ ବିଧି :

ଯଦି $a = 1, b = 2$ ଏବଂ $c = 3$ ହୁଏ, ତେବେ 'x' ର ସହଗ

$(ab + bc + ca) = 11$ ହେବା ଆବଶ୍ୟକ ।

ବର୍ତ୍ତମାନ $ab + bc + ca = 1 \times 2 + 2 \times 3 + 3 \times 1$

$= 2 + 6 + 3 = 11$, x ର ସହଗ ସହ ସମାନ ହେଲା ।

ଏଥିରୁ ସ୍ପଷ୍ଟ ଯେ, $p(x) = (x + 1)(x + 2)(x + 3)$ ହେବ ।

ଉଦାହରଣ-2: $x^3 - 2x^2 - 23x + 60$ ପଲିନୋମିଆଲ୍‌ର ଉତ୍ପାଦକୀକରଣ ଦର୍ଶାଅ ।

ସମାଧାନ :

60ର ଗୁଣନୀୟକଗୁଡ଼ିକ ମାନ: ±1, ±2, ±3, ±4, ±5, ±6, ±10, ±12, ±15, ±20, ±30 ଏବଂ ±60 । ଉକ୍ତ ଗୁଣନୀୟକଗୁଡ଼ିକ ମଧ୍ୟରୁ ବାଛି ଦେଖିବା ଯେ, ଆବଶ୍ୟକ ସଂଖ୍ୟାତ୍ରୟ –3, –4 ଏବଂ 5 ହେବ। (ପରୀକ୍ଷା କରି ଦେଖ)

ଏଠାରେ ସଂଖ୍ୟାତ୍ରୟର ସମଷ୍ଟି = (–3) + (–4) + 5 = –2 (x^2 ର ସହଗ)

ଏବଂ ସଂଖ୍ୟାତ୍ରୟର ଗୁଣଫଳ = (–3) × (–4) × 5 = 60 (ସ୍ଥିରାଙ୍କ)

ତେଣୁ $x^3 - 2x^2 - 23x + 60 = (x - 3)(x - 4)(x + 5)$ ।

ପୁନଶ୍ଚ ଲକ୍ଷ୍ୟ କର : 'x' ର ସହଗ = ab + bc + ca

= (–3) (–4) + (–4) (5) + 5 (–3)= 12 – 20 – 15 = –23

ଏଥିରୁ ସ୍ପଷ୍ଟ ଯେ, $p(x) = (x - 3)(x - 4)(x + 5)$

ଦ୍ରଷ୍ଟବ୍ୟ : ଗୁଣନୀୟକମାନଙ୍କର ସହଗଗୁଡ଼ିକର ସମଷ୍ଟିର ଗୁଣଫଳ = 36

ଏବଂ P(x) ର ସହଗଗୁଡ଼ିକର ସମଷ୍ଟି = 36 ।

∴ ଉତ୍ପାଦକ ନିରୂପଣ ପ୍ରକ୍ରିୟା ଠିକ୍ ଅଛି ।

ଉଦାହରଣ-3: $x^3+13x^2+31x-45$ ପଲିନୋମିଆଲ୍‌ର ଉତ୍ପାଦକୀକରଣ ଦର୍ଶାଅ ।

ସମାଧାନ : ମନେକର $p(x) = x^3 + 13x^2 + 31x - 45$

ସ୍ଥିରାଙ୍କ (– 45)ର ଗୁଣନୀୟକମାନ : ±1, ±3, ±5, ±9, ±15 ଏବଂ ±45

ଉକ୍ତ ଗୁଣନୀୟକ ଗୁଡ଼ିକ ମଧ୍ୟରୁ ଆମକୁ ତିନୋଟି ଗୁଣନୀୟକ ବାଛିବାକୁ ପଡ଼ିବ, ଯାହାର ଯୋଗଫଳ 13 ଏବଂ ଗୁଣଫଳ (–45) ହେବ ।

ଲକ୍ଷ୍ୟକଲେ, ଜଣାପଡ଼ିବ ଯେ, ଏଠାରେ ସଂଖ୍ୟାତ୍ରୟ 9, 5 ଏବଂ –1 ।

କାରଣ, 9 + 5 + (–1)=13 ଏବଂ 9 × 5 × (–1) = (– 45)

∴ $x^3 + 13x^2 + 31x - 45 = (x + 9)(x + 5)(x - 1)$. ।

ବିକଳ୍ପ ସମାଧାନ :

$p(x) = x^3 + 13x^2 + 31x - 45$

$p(1) = (1)^3 + 13(1)^2 + 31(1) - 45$

= (1 + 13 + 31) – 45 = 0 (ସହଗଗୁଡ଼ିକର ସମଷ୍ଟି)

∴ p(x) ର (x – 1) ଏକ ଗୁଣନୀୟକ ହେବ ।

ଅନ୍ୟ ଅର୍ଥରେ, p(x) ର ଏକ zero 1 । ସଂଶ୍ଳେଷଣାତ୍ମକ ଭାଗକ୍ରିୟାକୁ ନିମ୍ନରେ ଦର୍ଶାଯାଇଛି ।

1	1	13	31	–45
		1	14	45
	1	14	45	0

∴ ଭାଗଫଳ = $x^2 + 14x + 45$ ଏବଂ ଭାଗଶେଷ = 0

କିନ୍ତୁ $x^2 + 14x + 45 = (x + 5)(x + 9)$

($\because$ ଗୁଣଫଳ 45 ଏବଂ ଯୋଗଫଳ 14)

$p(x) = (x - 1)(x^2 + 14x + 45) = (x-1)(x+5)(x+9)$

∴ $p(x) = (x - 1)(x + 5)(x + 9)$ ।

ଦ୍ରଷ୍ଟବ୍ୟ : ପଲିନୋମିଆଲ୍‌ର ସହଗଗୁଡ଼ିକର ସମଷ୍ଟି 0 ହେଲେ, $(x-1)$, $p(x)$ର ଏକ ଗୁଣନୀୟକ ହେବ ।

ଉଦାହରଣ - 4 : $(x^3 - 7x + 6)$ ପଲିନୋମିଆଲ୍‌ର ଉତ୍ପାଦକୀକରଣ ଦର୍ଶାଅ ।

ସମାଧାନ : $p(x) = x^3 - 7x + 6$ (ମନେକର)

∴ $p(x) = x^3 - 0.x^2 - 7x + 6$

ଏବଂ $p(x)$ ର ସହଗମାନଙ୍କର ସମଷ୍ଟି 0 ହେତୁ, $(x - 1)$, $p(x)$ ର ଏକ ଗୁଣନୀୟକ ହେବ । ଅର୍ଥାତ୍‌ $x - 1 = 0 \Rightarrow x = 1$ ।

ସଂଶ୍ଳେଷଣାତ୍ମକ ଭାଗକ୍ରିୟାକୁ ନିମ୍ନରେ ଦର୍ଶାଯାଇଛି ।

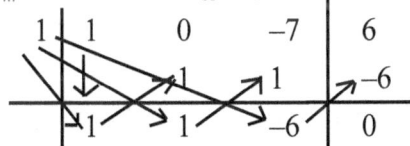

∴ ଭାଗଫଳ $(x^2 + x - 6)$ ଏବଂ ଭାଗଶେଷ 0 ।

$p(x) = (x - 1)(x^2 + x - 6)$

କିନ୍ତୁ $(x^2 + x - 6) = (x + 3)(x - 2)$

[$\because$ ଯୋଗଫଳ = 1 ଏବଂ ଗୁଣଫଳ = -6]

∴ $p(x) = (x - 1)(x + 3)(x - 2)$

ବିକଳ୍ପ ସମାଧାନ (1) : $p(x) = x^3 - 7x + 6$

ତେଣୁ $p(x) = x^3 + 0.x^2 - 7x + 6$

6 ର ଗୁଣନୀୟକ ମାନ : $\pm 1, \pm 2, \pm 3$ ଓ ± 6

ଏଠାରେ a, b ଓ c ସ୍ଥିର କରିବା, ଯାହାର ଗୁଣଫଳ 6 (ସ୍ଥିରାଙ୍କ) ଏବଂ ଯୋଗଫଳ 0 (x^2 ର ସହଗ) ହେବ ।

∴ ଲକ୍ଷ୍ୟ କଲେ ଜଣାପଡ଼ିବ ଯେ, $a = -1, b = -2$ ଏବଂ $c = 3$

($\because$ $a . b . c = 6$ ଏବଂ $a + b + c = 0$)

∴ $p(x) = (x - 1)(x - 2)(x + 3)$ ।

ବିକଳ୍ପ ସମାଧାନ (2) :

ବଣ୍ଟନ ନିୟମ ପ୍ରୟୋଗ କରାଯାଇ $(x^3 - 7x + 6)$ ର ଉତ୍ପାଦକ ନିରୂପଣ କରାଯାଇପାରେ ।

ଭାଗଶେଷ ଉପପାଦ୍ୟର ଉପଯୋଗରେ $x^3 - 7x + 6$ ର ଏକ ଗୁଣନୀୟକ $(x-1)$ ହେବ। କାରଣ ଦତ୍ତ ପଲିନୋମିଆଲ୍‌ର ସହଗ ଗୁଡ଼ିକର ସମଷ୍ଟି 0 ସହ ସମାନ ।

ତେଣୁ ଦତ୍ତ ପଲିନୋମିଆଲ୍‌କୁ ସଜାଇ ରଖିଲେ,

$$p(x) = x^3 - 1 - 7x + 7$$
$$= (x - 1)(x^2 + x + 1) - 7(x - 1)$$
$$= (x - 1)(x^2 + x + 1 - 7)$$
$$= (x - 1)(x^2 + x - 6)$$

କିନ୍ତୁ $x^2 + x - 6 = (x - 2)(x + 3)$

∴ $p(x) = (x - 1)(x - 2)(x + 3)$ ।

ଉଦାହରଣ - 5: $x^3 + 8x^2 + 19x + 12$ ର ଉତ୍ପାଦକୀକରଣ ଦର୍ଶାଅ ।

ସମାଧାନ : $p(x)$ ର x^3 ର ସହଗ + x ର ସହଗ = x^2 ର ସହଗ + ସ୍ଥିରାଙ୍କ

∴ $(x + 1)$, $p(x)$ ର ଏକ ଗୁଣନୀୟକ ହେବ ।

ବୈଦିକ ସୂତ୍ର **'ଆଦ୍ୟମାଦ୍ୟେନ'** ସୂତ୍ର ପ୍ରୟୋଗରେ ଉତ୍ପାଦକୀକରଣ ସମ୍ଭବ।

$p(x)$ ର ସମସ୍ତ ପଦମାନଙ୍କର ସହଗଗୁଡ଼ିକର ସମଷ୍ଟି = 40 ଏବଂ ଏହାର ଏକ ଗୁଣନୀୟକ $(x+1)$ ର ସହଗମାନଙ୍କର ସମଷ୍ଟି = 2 ।

∴ ଅପର ଦ୍ୱିଘାତୀ ପଲିନୋମିଆଲ୍‌ର ସଗହଗୁଡ଼ିକର ସମଷ୍ଟି = 20 ହେବା ଆବଶ୍ୟକ । ଆଦ୍ୟମାଦ୍ୟେନ ସୂତ୍ର ଅନୁଯାୟୀ ଦ୍ୱିଘାତୀ ପଲିନୋମିଆଲ୍‌ର ପ୍ରଥମ ପଦ $\frac{x^3}{x} = x^2$ ଏବଂ ଦ୍ୱିତୀୟ ପଦ = $\frac{12}{1} = 12$

∴ ମଧ୍ୟବର୍ତ୍ତୀ ପଦର ସହଗ = 7 $[\because 20 - (12+1)]$ ହେବ।

∴ ଆବଶ୍ୟକ ଦ୍ୱିଘାତୀ ପଲିନୋମିଆଲ୍ = $x^2 + 7x + 12$ ।

$p(x) = (x + 1)(x^2 + 7x + 12)$

କିନ୍ତୁ $x^2 + 7x + 12 = (x + 3)(x + 4)$

$\therefore\ p(x) = (x + 1)(x + 3)(x + 4)$ ।

ଉଦାହରଣ - 6: $(x^3 + 2x^2 - 5x - 10)$ ପଲିନୋମିଆଲ୍‌ର ଉତ୍ପାଦକୀକରଣ ଦର୍ଶାଅ ।

ସମାଧାନ : $p(x) = x^3 + 2x^2 - 5x - 10$

ଦତ୍ତ ପଲିନୋମିଆଲ୍ ର ପ୍ରଥମ ପଦଦ୍ୱୟର ଅନୁପାତ = 1 : 2 ଏବଂ

ଶେଷ ପଦଦ୍ୱୟର ଅନୁପାତ= $\frac{-5}{-10} = \frac{1}{2}$ । ଅର୍ଥାତ୍ ନିର୍ଣ୍ଣେୟ ଅନୁପାତ = 1 : 2

$\therefore$ 'ଆନୁରୂପ୍ୟେଣ' ସୂତ୍ରାନୁଯାୟୀ ପଲିନୋମିଆଲ୍‌ର ଏକ ଉତ୍ପାଦକ $(x + 2)$ ହେବ ।

'ଆଦ୍ୟମାଦ୍ୟେନ' ସୂତ୍ର ଅନୁଯାୟୀ $\frac{x^3}{x} = x^2$ ଏବଂ $\frac{-10}{2} = -5$

$\therefore$ ଦ୍ୱିତୀୟ ଉତ୍ପାଦକ = $(x^2 - 5)$

($\because$ ଦ୍ୱିଘାତୀ ପଲିନୋମିଆଲ୍‌ର ମଧ୍ୟପଦର ସହଗ 0 ସହ ସମାନ।)

$\therefore\ p(x) = (x + 2)(x^2 - 5)$

ଦ୍ରଷ୍ଟବ୍ୟ : ଏହାର ସତ୍ୟତା ମଧ୍ୟ ଅନୁରୂପ ଭାବରେ ପ୍ରତିପାଦନ କରାଯାଇପାରେ । ବର୍ଣ୍ଣନ ନିୟମର ପ୍ରୟୋଗ ଦ୍ୱାରା p(x)ର ଉତ୍ପାଦକୀକରଣ ମଧ୍ୟ ସମ୍ଭବ।

$p(x) = x^3 + 2x^2 - 5x - 10$

$= x^2(x + 2) - 5(x + 2) = (x + 2)(x^2 - 5)$

$\therefore\ p(x) = (x + 2)(x^2 - 5)$ ।

ଉଦାହରଣ-7:$(4x^3 - 8x^2 + 6x - 12)$ ପଲିନୋମିଆଲ୍‌ର ଉତ୍ପାଦକୀକରଣ ଦର୍ଶାଅ ।

ସମାଧାନ : $p(x) = 4x^3 - 8x^2 + 6x - 12$

ଏଠାରେ $4 : -8 = 1 : -2$ ଏବଂ $6 : -12 = 1 : -2$

$\therefore$ p(x)ର ଗୋଟିଏ ଉତ୍ପାଦକ $(x - 2)$ (ଆନୁରୂପ୍ୟେଣ ସୂତ୍ର)

'ଆଦ୍ୟମାଦ୍ୟେନ' ସୂତ୍ରାନୁଯାୟୀ ଅପର ଉତ୍ପାଦକ= $\frac{4x^3}{x} + \frac{-12}{-2}$ ।

$= 4x^2 + 6 = 2(2x^2 + 3)$

$\therefore\ p(x) = 2(x - 2)(2x^2 + 3)$ ।

ଉଦାହରଣ-8 : $(x^3 - 4x^2 + x + 6)$ ପଲିନୋମିଆଲ୍‌ର ଉତ୍ପାଦକୀକରଣ ଦର୍ଶାଅ ।

ସମାଧାନ : $p(x) = x^3 - 4x^2 + x + 6$

'6' ର ଗୁଣନୀୟକ ମାନ : $\pm 1, \pm 2, \pm 3$ ଏବଂ ± 6

ସଂଖ୍ୟାତ୍ରୟ ସ୍ଥିର କରିବା, ଯେଉଁଠାରେ ସଂଖ୍ୟାତ୍ରୟର ସମଷ୍ଟି (-4) ଏବଂ ଗୁଣଫଳ 6 ହେବ ।

ଏଠାରେ ସଂଖ୍ୟାତ୍ରୟ $a = 1, b = -2$ ଏବଂ $c = -3$ ହେବ ।

$\therefore\ p(x) = (x + 1)(x - 2)(x - 3)$ ।

ବିକଳ୍ପ ସମାଧାନ :

$p(x)$ ର ସହଗମାନଙ୍କୁ ଲକ୍ଷ୍ୟ କଲେ

x^3 ର ସହଗ + x ର ସହଗ = x^2 ର ସହଗ + ସ୍ଥିରାଙ୍କ ।

$\therefore\ (x+1)$, $p(x)$ ର ଏକ ଗୁଣନୀୟକ ।

ଅର୍ଥାତ୍ $x + 1 = 0 \Rightarrow x = -1$

ସଂଶ୍ଳେଷଣାତ୍ମକ ଭାଗକ୍ରିୟାର ପ୍ରୟୋଗ ଦ୍ୱାରା ଅନ୍ୟ ଦୁଇଗୋଟି ଗୁଣନୀୟକ ପାଇବା ।

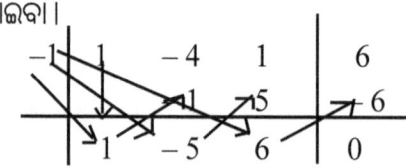

-1	1	-4	1	6
		-1	5	-6
	1	-5	6	0

$\therefore$ ଭାଗଫଳ $(x^2 - 5x + 6)$ ଏବଂ ଭାଗଶେଷ 0 ।

$\therefore\ p(x) = (x + 1)(x^2 - 5x + 6) = (x + 1)(x - 2)(x - 3)$

$(\because x^2 - 5x + 6 = (x - 2)(x - 3))$

ତ୍ରିଘାତୀ ପଲିନୋମିଆଲ୍ ସମୀକରଣର ସମାଧାନ

(Solutions of Cubic Polynomial Equations) :

ଏକ ତ୍ରିଘାତୀ ପଲିନୋମିଆଲ୍ ସମୀକରଣର ସାଧାରଣ ରୂପ

$ax^3 + bx^2 + cx + d = 0\ (a \neq 0)$ । ଉକ୍ତ ପଲିନୋମିଆଲ୍ ସମୀକରଣର ବୀଜ ବା ଶୂନ (Zeros) ସ୍ଥିର କରିବାକୁ ହେବ ।

ଗୋଟିଏ ତ୍ରିଘାତୀ ପଲିନୋମିଆଲ୍ ସମୀକରଣର ସର୍ବାଧିକ ତିନିଗୋଟି ମୂଳ ବା ବୀଜ ରହିବ (ବୀଜଗଣିତର ମୌଳିକ ଉପାଦାନ) ।

ଦ୍ରଷ୍ଟବ୍ୟ : କୌଣସି ପଲିନୋମିଆଲ୍‌ର ଘାତ 'n' ହେଲେ ଉକ୍ତ ପଲିନୋମିଆଲ୍ ସମୀକରଣର 'n' ସଂଖ୍ୟକ ବୀଜ (Roots) ରହିବ **(Fundamental Theorem of Algebra)** ।

ଗୋଟିଏ ଦ୍ୱିଘାତୀ ସମୀକରଣର ବୀଜ ନିରୂପଣ ନିମିତ୍ତ ବିଦ୍ୟାଳୟସ୍ତରରେ ପୂର୍ଣ୍ଣବର୍ଗରେ ପରିଣତି କରି (Completing the Square) ସମାଧାନ କରିବା ପ୍ରଣାଳୀ ଜଣାଅଛି ।

'ପରାବର୍ତ୍ତ୍ୟ ଯୋଜୟତ୍' ସୂତ୍ରର ସହାୟତାରେ ($ax^2 + bx + c = 0$) ପୂର୍ବରୁ ଦ୍ୱିଘାତୀ ସମୀକରଣର ସମାଧାନରୁ ସୂତ୍ର ନିରୂପଣ କରାଯାଇଛି ।

ସୂତ୍ର : $x = \dfrac{-b \pm \sqrt{b^2 - 4ac}}{2a}$ $(a \neq 0)$

ଉକ୍ତ ସୂତ୍ର 'ପୂର୍ଣ୍ଣବର୍ଗରେ ପରିଣତ କରି ସମାଧାନ' ପ୍ରଣାଳୀରୁ ଉଦ୍ଭବ ।

ପ୍ରକୃତପକ୍ଷେ ବୈଦିକ ଗଣିତରେ ଥିବା ନିମ୍ନ ସୂତଗୁଡ଼ିକ ସମୀକରଣର ବୀଜ ନିରୂପଣ ପାଇଁ ପ୍ରଯୁଜ୍ୟ । ସେଗୁଡ଼ିକ ହେଲା

(i) **ପରାବର୍ତ୍ତ୍ୟଯୋଜୟତ୍** (ସୂତ୍ର),

(ii) **ଲୋପନସ୍ଥାପନାଭ୍ୟାମ୍** (ସୂତ୍ର) ଏବଂ

(iii) **ପୂରଣପୂରଣାଭ୍ୟାମ୍** (ଉପ ସୂତ୍ର)

ତ୍ରିଘାତୀ ପଲିନୋମିଆଲ୍ ସମୀକରଣର ଏକ ଉଦାହରଣ ନେଇ **ପୂର୍ଣ୍ଣଘନରେ ପରିଣତ (Completing the cube)** କରି ସମାଧାନ ପ୍ରଣାଳୀକୁ ଜାଣିବା ।

ଉଦାହରଣ - 9 : $(x^3 - 6x^2 + 11x - 6) = 0$ ସମୀକରଣର ସମାଧାନ କର ।

ସମାଧାନ: ସମାଧାନ ନିମିତ୍ତ ନିମ୍ନ ଦୁଇଗୋଟି ଅଭେଦର ଆବଶ୍ୟକତା ଅଛି ।

$(a+b)^3 = a^3 + b^3 + 3a^2b + 3ab^2$ ....(i)

ଏବଂ $(a-b)^3 = a^3 - b^3 - 3a^2b + 3ab^2$ ....(ii)

ଉଦାହରଣସ୍ୱରୂପ, $x^3 - 6x^2 + 11x - 6 = 0$ ସମୀକରଣର ଉପରୋକ୍ତ ଅଭେଦ (ii)ର ସହାୟତାରେ ସମାଧାନ କରିବା ।

ଦତ୍ତ ସମୀକରଣ $x^3 - 6x^2 + 11x - 6 = 0$

$\Rightarrow x^3 - 6x^2 = -11x + 6$

$\Rightarrow x^3 - 6x^2 + 12x - 8 = -11x + 6 + 12x - 8$

ଉଭୟ ପାର୍ଶ୍ୱରେ $12x - 8$ ଯୋଗ କରାଗଲା ।

$$[\because (x-2)^3 = x^3 - 6x^2 + 12x - 8]$$

$\Rightarrow (x-2)^3 = x - 2$

ମନେକର $x - 2 = y$

$$\Rightarrow y^3 = y \Rightarrow y^3 - y = 0$$

$$\Rightarrow y(y^2 - 1) = 0 \Rightarrow y\ (y+1)(y-1) = 0$$

$\Rightarrow y = 0$ କିମ୍ବା -1 କିମ୍ବା 1

$\Rightarrow x - 2 = 0$ କିମ୍ବା -1 କିମ୍ବା 1

$\Rightarrow x = 2$ କିମ୍ବା 1 କିମ୍ବା 3

$\therefore$ ସମାଧାନ ସେଟ୍ = $\{2, 1, 3\}$ ।

ଦ୍ରଷ୍ଟବ୍ୟ : 1. ପ୍ରଥମେ ପୂର୍ବ ଉଦାହରଣ ଗୁଡ଼ିକରେ ବର୍ଣ୍ଣିତ ପ୍ରଣାଳୀ ଆଧାରରେ $x^3 - 6x^2 + 11x - 6$ ର ଉତ୍ପାଦକ ନିରୂପଣ କରାଯାଇ ଦତ୍ତ ସମୀକରଣର ସମାଧାନ ସେଟ୍ ମଧ୍ୟ ନିର୍ଣ୍ଣୟ କରାଯାଇପାରେ ।

$x^3 - 6x^2 + 11x - 6$

ସ୍ଥିରାଙ୍କ ସଂଖ୍ୟା (-6)ର ଗୁଣନୀୟକ ଗୁଡ଼ିକ: ± 1, ± 2, ± 3 ଏବଂ ± 6 ।

ଏଠାରେ ପଲିନୋମିଆଲ୍‌ର ଗୁଣନୀୟକ ନିରୂପଣ ନିମିତ୍ତ ଆବଶ୍ୟକ ସଂଖ୍ୟାତ୍ରୟ $-1, -2$ ଏବଂ -3 । ଯେହେତୁ ଗୁଣଫଳ $= (-1)(-2)(-3) = -6$ (ସ୍ଥିରାଙ୍କ)

ଏବଂ ଯୋଗଫଳ $= (-1) + (-2) + (-3) = -6$ (x^2ର ସହଗ) ।

$\therefore\ x^3 - 6x^2 + 11x - 6 = (x-1)(x-2)(x-3)$

ଦତ୍ତ ସମୀକରଣ : $x^3 - 6x^2 + 11x - 6 = 0$

$$\Rightarrow (x-1)(x-2)(x-3) = 0$$

$$\Rightarrow x = 1 \text{ ବା } 2 \text{ ବା } 3$$

$\therefore$ ସମାଧାନ ସେଟ୍ = $\{1, 2, 3\}$ ।

2. ବୈଦିକ ସୂତ୍ର (i) ଏବଂ ଉପସୂତ୍ର (iii)ର ଉପଯୋଗରେ ପୂର୍ବରୁ ଦତ୍ତ ତ୍ରିଘାତୀ ପଲିନୋମିଆଲ୍ ସମୀକରଣର ଦ୍ରଷ୍ଟବ୍ୟ -1ରେ ସମାଧାନକୁ ଦର୍ଶାଯାଇଛି ।

ଉଦାହରଣ - 10 : $(x^3 + 7x^2 + 14x + 8) = 0$ ପୂର୍ଣ୍ଣଘନରେ ପରିଣତ କରି ସମୀକରଣର ସମାଧାନ କର ।

ସମାଧାନ : $x^3 + 7x^2 + 14x + 8 = 0$

ଜଣାଅଛି ଯେ, $(x+3)^3 = x^3 + 9x^2 + 27x + 27$

ଉକ୍ତ ସୂତ୍ରକୁ ଲକ୍ଷ୍ୟକରି ଦତ୍ତ ପଲିନୋମିଆଲ୍‌କୁ ସଜାଇଲେ ଅର୍ଥାତ୍‌ ଉଭୟ ପାର୍ଶ୍ୱରେ $2x^2 + 13x + 19$ ଯୋଗ କଲେ,

∴ $x^3 + (7x^2 + 2x^2) + (14x + 13x) + (8+19) = 2x^2 + 13x + 19$

⇒ $x^3 + 9x^2 + 27x + 27 = 2x^2 + 13x + 19$

⇒ $(x+3)^3 = (2x^2 + 13x + 21) - 2$

⇒ $(x+3)^3 = (x+3)(2x+7) - 2$

⇒ $y^3 = y(2y+1) - 2$ 　　　 $[\because (x+3) = y]$

⇒ $y^3 - 2y^2 - y + 2 = 0$

⇒ $y^2(y-2) - 1(y-2) = 0$ 　(ବଣ୍ଟନ ନିୟମ ପ୍ରୟୋଗ ଦ୍ୱାରା)

⇒ $(y-2)(y^2-1) = 0$

⇒ $(y-2)(y+1)(y-1) = 0$ 　$(\because y^2-1 = (y+1)(y-1))$

⇒ $y = 2$ କିମ୍ୱା -1 କିମ୍ୱା 1

⇒ $x + 3 = 2$ କିମ୍ୱା (-1) କିମ୍ୱା 1

⇒ $x = (-1)$ କିମ୍ୱା (-4) କିମ୍ୱା (-2)

∴ ସମାଧାନ ସେଟ୍‌ = $\{(-1), (-4), (-2)\}$ ।

ସଂପୂର୍ଣ୍ଣ ଘନ ନିର୍ଣ୍ଣୟ କରିବା ବିଧିରେ ସମୀକରଣର ସମାଧାନ ଅପେକ୍ଷାକୃତ କଷ୍ଟକର ହୋଇପାରେ । ତେଣୁ ଅତି କମ୍‌ ସମୟରେ ତ୍ରିଘାତୀ ପଲିନୋମିଆଲ୍‌ ସମୀକରଣର ସମାଧାନ ପାଇଁ ନିମ୍ନ ବିକଳ୍ପ ସମାଧାନର ସାହାଯ୍ୟ ନେବା ଆବଶ୍ୟକ ।

ବିକଳ୍ପ ସମାଧାନ :

$x^3 + 7x^2 + 14x + 8 = 0$

8 ର ଗୁଣନୀୟକ ମାନ : ± 1, ± 2, ± 4 ଏବଂ ± 8

ଏଠାରେ ସଂଖ୍ୟାତ୍ରୟ 1, 2 ଓ 4 କୁ ନେବା ।

　　　(∵ ସଂଖ୍ୟାତ୍ରୟର ଗୁଣଫଳ 8 ଏବଂ ଯୋଗଫଳ 7)

$\therefore\ x^3 + 7x^2 + 14x + 8 = 0$

$\Rightarrow (x + 1)(x + 2)(x + 4) = 0$

$\Rightarrow x = (-1)$ ବା (-2) ବା (-4)

$\therefore$ ସମାଧାନ ସେଟ୍ $= \{(-1)(-2), (-4)\}$ ।

ଉଦାହରଣ - 11 : ଉତ୍ପାଦକ ନିର୍ଣ୍ଣୟ କରି ସମାଧାନ କର : $(x^3 - 7x + 6) = 0$

ସମାଧାନ : $x^3 - 7x + 6 = 0$

$\Rightarrow x^3 - 0.x^2 - 7x + 6 = 0$

'6' . ର ସମ୍ଭାବ୍ୟ ଗୁଣନୀୟକ ମାନ : ±1, ±2, ±3 ଏବଂ ±6 ।

ଏଠାରେ ସଂଖ୍ୟାତ୍ରୟର ଗୁଣଫଳ 6 ଏବଂ ଯୋଗଫଳ 0 ହେବା ଆବଶ୍ୟକ ।

$\therefore$ ସଂଖ୍ୟାତ୍ରୟ $-1, -2$ ଏବଂ 3 ଯାହା ଉପରୋକ୍ତ ସର୍ତ୍ତକୁ ପୂରଣ କରେ।

$\therefore\ x^3 - 7x + 6 = 0$

$\Rightarrow (x-1)(x-2)(x+3) = 0$

$\Rightarrow x = 1$ ବା 2 ବା -3

$\therefore$ ସମାଧାନ ସେଟ୍ $= \{1, 2, -3\}$ ।

ଉଦାହରଣ - 12 : ଉତ୍ପାଦକ ନିର୍ଣ୍ଣୟ କରି ସମାଧାନ କର :

$(x^3+11x^2-25x+13) = 0$

ସମାଧାନ :

13 ର ସମ୍ଭାବ୍ୟ ଗୁଣନୀୟକଗୁଡ଼ିକ ମାନ: ±1 ଏବଂ ±13 ।

ଏଠାରେ ସଂଖ୍ୟାତ୍ରୟର ଗୁଣଫଳ 13 ଏବଂ ଯୋଗଫଳ 11 ହେତୁ, ଆବଶ୍ୟକ ସଂଖ୍ୟାତ୍ରୟ (-1), (-1) ଓ 13 ହେବେ ।

$\therefore x^3 + 11x^2 - 25x + 13 = 0$

$\Rightarrow (x-1)(x-1)(x+13) = 0$

$\Rightarrow x = 1$ ବା 1 ବା -13

$\therefore$ ସମାଧାନ ସେଟ୍ $= \{1, 1, -13\}$ ।

ଦ୍ରଷ୍ଟବ୍ୟ : ଦତ୍ତ ପଲିନୋମିଆଲ୍‌ର ସହଗମାନଙ୍କର ସମଷ୍ଟି '0' ହେତୁ ଏହାର ଏକ ଗୁଣନୀୟକ $(x-1)$ ହେବ। ପରେ ସଂଶ୍ଳେଷଣାତ୍ମକ ଭାଗ ପଦ୍ଧତି ପ୍ରୟୋଗ କରିପାର।

ଉଦାହରଣ-13: ଉତ୍ପାଦକ ନିର୍ଣ୍ଣୟ କରି ସମାଧାନ କର: $x^3-4x^2+5x-2=0$।

ସମାଧାନ : '-2' ର ସମ୍ଭାବ୍ୟ ଗୁଣନୀୟକମାନ : ±1 ଏବଂ ±2 ।

ସଂଖ୍ୟାତ୍ରୟର ଗୁଣଫଳ (-2) ଏବଂ ସମଷ୍ଟି (-4) ହେବା ଆବଶ୍ୟକ।

$\therefore$ ଆବଶ୍ୟକ ସଂଖ୍ୟାତ୍ରୟ, (–1), (–1) ଏବଂ (–2) ।

ଦତ୍ତ ସମୀକରଣ : $x^3 - 4x^2 + 5x - 2 = 0$

$\Rightarrow (x-1)(x-1)(x-2) = 0 \Rightarrow x = 1$ ବା 1 ବା 2

$\therefore$ ସମାଧାନ ସେଟ୍ = {1, 1, 2} ।

ବିକଳ୍ପ ସମାଧାନ : $x^3 - 4x^2 + 5x - 2 = 0$ ସମୀକରଣ କ୍ଷେତ୍ରରେ

x^3 ର ସହଗ + x^2 ର ସହଗ + x ର ସହଗ + ନିଶ୍ଚିତ ସଂଖ୍ୟା = 0

$\therefore$ (x–1), $(x^3 - 4x^2 + 5x - 2)$ ପଲିନୋମିଆଲ୍‌ର ଏକ ଗୁଣନୀୟକ ।

ସଂଶ୍ଳେଷଣାତ୍ମକ ପଦ୍ଧତି ଅନୁସରଣରେ

$(x^3 - 4x^2 + 5x - 2) = (x-1)(x^2 - 3x + 2)$ ।

$(x^3 - 4x^2 + 5x - 2)$ର ଗୁଣନୀୟକ ମାନ: (x–1) (x–1) ଓ (x–2) ହେବ।

$[\because x^2 - 3x + 2 = (x-1)(x-2)]$

ଦତ୍ତ ସମୀକରଣ : $x^3 - 4x^2 + 5x - 2 = 0$

$\therefore (x-1)(x-1)(x-2) = 0 \Rightarrow x = 1$ ବା 1 ବା 2

$\therefore$ ସମାଧାନ ସେଟ୍ = {1, 1, 2} ।

ଦ୍ରଷ୍ଟବ୍ୟ : ଡେକାର୍ତ୍ତେଙ୍କ ଚିହ୍ନ ନିୟମ (Descartes' Rule of Signs) ପ୍ରୟୋଗରେ ପୂର୍ଣ୍ଣସଂଖ୍ୟା ସହଗ ବିଶିଷ୍ଟ ପଲିନୋମିଆଲ୍‌ର ଧନାତ୍ମକ ଏବଂ ଋଣାତ୍ମକ (ବାସ୍ତବ) ମୂଳସଂଖ୍ୟା ସ୍ଥିର କରିବା ସହଜ ହେବ।

ଉଦାହରଣ -12 କ୍ଷେତ୍ରରେ ଉକ୍ତ ନିୟମର ପ୍ରୟୋଗ କରି ଧନାତ୍ମକ ଏବଂ ଋଣାତ୍ମକ ବାସ୍ତବ ମୂଳ ସଂଖ୍ୟା ଜାଣିପାରିବା।

ମନେକର $P(x) = x^3 + \underbrace{11x^2 - 25x}_{(1)}\,\underbrace{\;+\;13}_{(1)}$

ଉକ୍ତ ପଲିନୋମିଆଲ୍‌ରେ ଧନାତ୍ମକ ଚିହ୍ନରୁ ଋଣାତ୍ମକ ଚିହ୍ନ ପରିବର୍ତ୍ତନ ଏବଂ ଋଣାତ୍ମକ ଚିହ୍ନରୁ ଧନାତ୍ମକ ଚିହ୍ନର ପରିବର୍ତ୍ତନ ସଂଖ୍ୟା 2 । ତେଣୁ ଉକ୍ତ ପଲିନୋମିଆଲ୍‌ର ସର୍ବାଧିକ ଦୁଇଟି ଧନାତ୍ମକ ବାସ୍ତବ ମୂଳ ରହିବ।

ପୁନଶ୍ଚ $P(-x) = (-x)^3 + 11(-x)^2 - 25(-x) + 13$

$= \underbrace{-x^3 + 11x^2}_{(1)} + 25x + 13$

$p(-x)$ରେ ସର୍ବାଧିକ ଚିହ୍ନ ପରିବର୍ତ୍ତନ ସଂଖ୍ୟା 1 ହେତୁ, ଋଣାତ୍ମକ ବାସ୍ତବ ମୂଳ ସଂଖ୍ୟା 1।

ଦତ୍ତ ପଲିନୋମିଆଲ୍ ସମୀକରଣର ଦୁଇଟି ଧନାତ୍ମକ ଏବଂ ଗୋଟିଏ ଋଣାତ୍ମକ ବାସ୍ତବ ମୂଳ ରହିବ। ସେହିପରି ଉଦାହରଣ-13 କ୍ଷେତ୍ରରେ $p(x)$ରେ ଚିହ୍ନ ପରିବର୍ତ୍ତନ ସଂଖ୍ୟା 3 ହେତୁ $p(x)$ର ସର୍ବାଧିକ ଧନାତ୍ମକ ମୂଳ ସଂଖ୍ୟା 3 । ପରୀକ୍ଷା କରି ଦେଖ ଯେ, $p(-x)$ରେ କୌଣସି ଚିହ୍ନ ପରିବର୍ତ୍ତନ ସମ୍ଭବ ହେଉନାହିଁ।

ବି.ଦ୍ର. : କେତେକ କ୍ଷେତ୍ରରେ ପଲିନୋମିଆଲ୍ ସମୀକରଣର ଅବାସ୍ତବ ମୂଳ ଥାଇପାରେ। ଉକ୍ତ ମୂଳ ନିର୍ଣ୍ଣୟର ତରିକା ଉଚ୍ଚମାଧ୍ୟମିକ ସ୍ତରରେ ଆଲୋଚିତ ହେବ।

ପ୍ରଶ୍ନାବଳୀ

1. ନିମ୍ନ ତ୍ରିଘାତୀ ପଲିନୋମିଆଲ୍ ଗୁଡ଼ିକର ଉତ୍ପାଦକୀକରଣ ଦର୍ଶାଅ। ଉପଯୁକ୍ତ ବୈଦିକ ସୂତ୍ର ପ୍ରୟୋଗରେ ଉତ୍ପାଦକ ନିର୍ଣ୍ଣୟର ସତ୍ୟତା ନିରୂପଣ କର।

(a) $x^3 + 13x^2 + 31x - 45$ (f) $x^3 + 9x^2 + 24x + 16$

(b) $x^3 - 2x^2 - x + 2$ (g) $x^3 + 12x^2 + 44x + 48$

(c) $x^3 - 3x^2 - 9x - 5$ (h) $x^3 + 8x^2 + 19x + 12$

(d) $x^2 - 10x^2 - 53x - 42$ (i) $x^3 - 13x - 12$

(e) $y^3 - 7y + 6$ (j) $x^3 + 2x^2 - 5x - 6$

2. ଉପଯୁକ୍ତ ବୈଦିକ ସୂତ୍ର ଅବଲମ୍ବନରେ ଉତ୍ପାଦକ ନିର୍ଣ୍ଣୟ କରି ନିମ୍ନ ସମୀକରଣ ଗୁଡ଼ିକର ସମାଧାନ କର ।

(a) $x^3 + 10x^2 + 27x + 18 = 0$ (f) $x^3 - 2x^2 - x + 2 = 0$

(b) $x^3 + 6x^2 - 37x + 30 = 0$ (g) $x^3 - 2x^2 - 5x + 6 = 0$

(c) $x^3 + 9x^2 + 23x + 15 = 0$ (h) $x^3+8x^2+19x+12 = 0$

(d) $x^3 - 2x^2 - 23x + 60 = 0$ (i) $x^3 - 4x^2 + x + 6 = 0$

(e) $x^3 + 6x^2 + 11x + 6 = 0$ (j) $x^3+3x^2-10x - 24 = 0$

3. 2 ନମ୍ବର ପ୍ରଶ୍ନରେ ଥିବା ଧନାତ୍ମକ ମୂଳ ଏବଂ ଋଣାତ୍ମକ ବାସ୍ତବ ମୂଳ ସଂଖ୍ୟା ଡେକାର୍ତ୍ତେଙ୍କ ଚିହ୍ନ ନିୟମ (Descartes' Rule of Signs)ର ପ୍ରୟୋଗରେ ସ୍ଥିର କରି ନିର୍ଣ୍ଣିତ ମୂଳଗୁଡ଼ିକୁ ଚିହ୍ନଟ କର।

-0-

ନବମ ଅଧ୍ୟାୟ

ଦୁଇ ଅଜ୍ଞାତ ରାଶିବିଶିଷ୍ଟ ଏକଘାତୀ ସହସମୀକରଣ

(LINEAR SIMULTANEOUS EQUATIONS WITH TWO VARIABLES)

ଏକଅଜ୍ଞାତ ରାଶିବିଶିଷ୍ଟ ସରଳ ଏକଘାତୀ ସମୀକରଣ (Linear Equation in one Variable) ର ସମାଧାନ ସମ୍ବନ୍ଧରେ ଆଗରୁ ବିଦ୍ୟାର୍ଥୀମାନେ ଅବଗତ ଅଛନ୍ତି । ଏ ସମ୍ବନ୍ଧୀୟ ପାଟୀଗାଣିତିକ ପ୍ରଶ୍ନର ସମାଧାନ କିପରି ହୁଏ, ବିଦ୍ୟାର୍ଥୀମାନେ ମଧ୍ୟ ଅବଗତ ଥାଇପାରନ୍ତି । କିନ୍ତୁ ଦୁଇ ଅଜ୍ଞାତ ରାଶି ବିଶିଷ୍ଟ (x, y) ସରଳ ସହସମୀକରଣର ସମାଧାନ ପାଇଁ ଦୁଇଟି ସମୀକରଣର ଆବଶ୍ୟକତା ଅଛି; କାରଣ ଏକ ଯୋଡ଼ା (x ଏବଂ y) ନିର୍ଦ୍ଦିଷ୍ଟ ମାନ ଦ୍ୱାରା ଉଭୟ ସମୀକରଣ ସିଦ୍ଧ ହେବା ଆବଶ୍ୟକ। ମାଧ୍ୟମିକସ୍ତରରେ ଉକ୍ତ ସହସମୀକରଣ ଦ୍ୱୟର ସମାଧାନ ଏବଂ ତତ୍ ସଂପୃକ୍ତ ପାଟୀଗାଣିତିକ ପ୍ରଶ୍ନର ସମାଧାନ ଉକ୍ତ ସ୍ତରର ପାଠ୍ୟକ୍ରମରେ ମଧ୍ୟ ଅନ୍ତର୍ଭୁକ୍ତ ।

x ଏବଂ y ଚଳରାଶି ବିଶିଷ୍ଟ ଏକ ଯୋଡ଼ା ସହସମୀକରଣଦ୍ୱୟର ସାଧାରଣ ରୂପ : $a_1x + b_1y = c_1$ ଏବଂ $a_2x + b_2y = c_2$ ।

ବିଦ୍ୟାଳୟସ୍ତରରେ ନିମ୍ନ ପ୍ରଣାଳୀଗୁଡ଼ିକର ଉପଯୋଗରେ ସାଧାରଣତଃ ସହସମୀକରଣ ଦ୍ୱୟର ସମାଧାନ କରାଯାଇଥାଏ ।

(a) ଅପସାରଣ (Elimination) ପ୍ରଣାଳୀ,

(b) ପ୍ରତିସ୍ଥାପନ (Substitution) ପ୍ରଣାଳୀ,

(c) ତୁଳନାତ୍ମକ (Comparision) ପ୍ରଣାଳୀ ଏବଂ

(d) ବଜ୍ରଗୁଣନ (Cross - Multiplication) ପ୍ରଣାଳୀ ।

ଉକ୍ତ ପ୍ରଣାଳୀଗୁଡ଼ିକ ଦ୍ୱାରା ସହସମୀକରଣ ଦ୍ୱୟର ସମାଧାନ ସମୟସାପେକ୍ଷ ଏବଂ କଷ୍ଟକର । ବିଦ୍ୟାର୍ଥୀମାନେ ଆବଶ୍ୟକ ସମୀକରଣଗୁଡ଼ିକର ଯୋଗ ଏବଂ ବିୟୋଗ କରିବା ସମୟରେ ସାଧାରଣତଃ ଅସୁବିଧାରେ ପଡ଼ିଥା'ନ୍ତି । କିନ୍ତୁ ବେଦ ଗଣିତରେ ଥିବା ସୂତ୍ର ଏବଂ କିଛି ଉପସୂତ୍ରର ପ୍ରୟୋଗ ଦ୍ୱାରା ଖୁବ୍ କମ୍ ସମୟରେ ଅତି ସୁବିଧାରେ ସମାଧାନ କରାଯାଇପାରେ ।

ବେଦଗଣିତର ସେ ସୂତ୍ର ସମୂହକୁ ମନେରଖିବା ଏବଂ ଏହାର ପ୍ରୟୋଗର ତରିକାକୁ ବୁଝିବା ଆବଶ୍ୟକ।

ସୂତ୍ରଗୁଡ଼ିକ ହେଲା-

(i) **'ପରାବର୍ତ୍ତ୍ୟ ଯୋଜୟତ୍'** (Paravartya Jojayet)

ଆବଶ୍ୟକ ପରିବର୍ତ୍ତନ ଏବଂ ତା'ର ପ୍ରତିସ୍ଥାପନ ।

(ii) **'ଆନୁରୂପ୍ୟେ ଶୂନ୍ୟଂ ଅନ୍ୟତ୍'** (Anurupye Sunyamanyat) ଯଦି ଏକ ଚଳରାଶିର ସହଗଦ୍ୱୟ ସମଅନୁପାତ ବିଶିଷ୍ଟ ହୋଇଥାନ୍ତି, ତେବେ ଅନ୍ୟ ଚଳରାଶିଟି 0 ସହ ସମାନ ହୋଇଥାଏ ।

(iii) **'ସଂକଳନବ୍ୟବକଳନାଭ୍ୟାମ୍'**

(Sankalana Vyavakalana-bhyam) ଯୋଗ ଏବଂ ବିୟୋଗ କ୍ରିୟା ଦ୍ୱାରା ।

ସହସମୀକରଣ ଦ୍ୱୟର ସାଧାରଣ ରୂପ ହେଲା -

$a_1x + b_1y = c_1$ ଏବଂ $a_2x + b_2y = c_2$ ।

ସମୀକରଣ ଦ୍ୱୟରେ a_1 ଓ a_2, x ର ସହଗ, b_1 ଓ b_2 , y ର ସହଗ ଏବଂ c_1 ଓ c_2 ସ୍ଥିରାଙ୍କ ।

ଉକ୍ତ ସମୀକରଣ ଦ୍ୱୟର ସାମାଧାନ ପୂର୍ବ ବର୍ଣ୍ଣିତ ପ୍ରଣାଳୀ ପ୍ରୟୋଗ କରିବାକୁ ହେଲେ, ସମୀକରଣ ଦ୍ୱୟରେ କେତେକ କ୍ଷେତ୍ରରେ ସହଗଗୁଡ଼ିକୁ ସମାନ କରାଯିବାର ଆବଶ୍ୟକତା ଥାଏ । ଯାହାଦ୍ୱାରା ଗୋଟିଏ ଚଳରାଶିକୁ ଅପସାରଣ କରାଯାଇ ଅନ୍ୟ ଚଳରାଶିର ମାନ ନିର୍ଣ୍ଣୟ ସମ୍ଭବପର ହୋଇଥାଏ ।

ଗୋଟିଏ ନିର୍ଦ୍ଦିଷ୍ଟ ଉଦାହରଣ ନେଇ **ଗତାନୁଗତିକ ପ୍ରଣାଳୀ** ଅବଲମ୍ବନରେ ସମାଧାନ କିପରି ହୁଏ ଜାଣିବା (ଅପସାରଣ ପ୍ରଣାଳୀ) ।

ମନେକର ସହସମୀକରଣ ଦ୍ୱୟ -

$2x + 4y = 10$ ...(i)

$3x + 2y = 11$ ...(ii)

ଅପସାରଣ ପ୍ରଣାଳୀକୁ ଏଠାରେ ଉପଯୋଗ କରିବା ।

ସମୀକରଣ (i) $\times 3 \Rightarrow 6x + 12y = 30$ ...(iii)

ସମୀକରଣ (ii) $\times 2 \Rightarrow 6x + 4y = 22$ ...(iv)

ସମୀକରଣ (iv) କୁ (iii) ରୁ ବିୟୋଗ କଲେ, $8y = 8$ ବା $y = 1$ ପାଇବା ।

'y' ର ମାନକୁ ସମୀକରଣ (i) ରେ ପ୍ରୟୋଗ କଲେ -

$2x + 4(1) = 10 \Rightarrow 2x + 4 = 10$

$\Rightarrow 2x = 6 \quad \Rightarrow x = 3$

$\therefore$ ସମାଧାନ : $x = 3$ ଏବଂ $y = 1$

ଗତାନୁଗତିକ ପ୍ରଣାଳୀର ପ୍ରୟୋଗରେ ଅଧିକ ନୂତନ ସମୀକରଣର ଆବଶ୍ୟକତା ପଡ଼ିପାରେ; ଯାହା ମାଧ୍ୟମରେ ସମୀକରଣଦ୍ୱୟର ସମାଧାନ ସମୟ ସାପେକ୍ଷ ହୋଇଥାଏ । କିନ୍ତୁ ବେଦ ଗଣିତରେ ଏ ସବୁ ନୂଆ ସମୀକରଣର ଆବଶ୍ୟକତା ପଡ଼ି ନଥାଏ । କେବଳ ସମୀକରଣରେ ଥିବା ଚଳରାଶି ଦ୍ୱୟର ସହଗ ଏବଂ ସ୍ଥିରାଙ୍କ ଗୁଡ଼ିକର ଆବଶ୍ୟକତା ଥାଏ । ଏଗୁଡ଼ିକର ସଫଳ ଉପସ୍ଥାପନାରେ (ବଜ୍ରଗୁଣନ ଦ୍ୱାରା) ସହସମୀକରଣଦ୍ୱୟର ସମାଧାନ ସମ୍ଭବପର ହୋଇଥାଏ ।

(A) 'ପରାବର୍ତ୍ତ୍ୟ' ସୂତ୍ରର ଉପଯୋଗ :

ଉଦାହରଣ : 1 : $2x + 4y = 10$ ଏବଂ $3x + 2y = 11$ ସହସମୀକରଣଦ୍ୱୟର ସମାଧାନ କର ।

ସମାଧାନ: ସମୀକରଣଦ୍ୱୟ $a_1x+b_1y=c_1$ ଏବଂ $a_2x + b_2y - c_2$ ସହ ତୁଳନୀୟ ।

$$x = \frac{b_1c_2 - c_1b_2}{b_1a_2 - a_1b_2}$$

$2x + 4y = 10$

$3x + 2y = 11$

$(b_1c_2 - c_1b_2)$ (ଲବ) $= (4 \times 11) - (10 \times 2) = 44 - 20 = 24$

$2x + 4y = 10$

$3x + 2y = 11$

$(b_1a_2 - a_1b_2)$ (ହର) $= (4 \times 3) - (2 \times 2) = 12 - 4 = 8$

$x = \frac{\text{ଲବ}}{\text{ହର}} = \frac{24}{8} = 3$

x ର ମାନକୁ ଯେକୌଣସି (ପ୍ରଥମ ବା ଦ୍ୱିତୀୟ)ସମୀକରଣରେ ପ୍ରୟୋଗ କଲେ-

$2x + 4y = 10$

$\Rightarrow 2 \times 3 + 4y = 10$

$\Rightarrow 6 + 4y = 10 \Rightarrow 4y = 10 - 6$
$\Rightarrow 4y = 4 \Rightarrow y = 1$
∴ ସମାଧାନ : $x = 3$ ଏବଂ $y = 1$ ।

ଉଦାହରଣ - 2 :

ସମାଧାନ କର : $2x + y = 5$ ...(i) ଏବଂ
$3x - 4y = 2$ ...(ii)

ସମାଧାନ: ସମୀକରଣଦ୍ୱୟ $a_1x + b_1y = c_1$ ଏବଂ $a_2x + b_2y = c_2$ ସହ ତୁଳନୀୟ ।

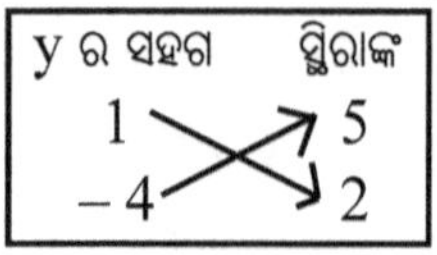

y ର ସହଗ	ସ୍ଥିରାଙ୍କ
1	5
-4	2

$x = \dfrac{b_1c_2 - b_2c_1}{b_1a_2 - a_1b_2}$

$b_1c_2 - b_2c_1 = 1 \times 2 - (-4) \times 5 = 2 + 20 = 22$

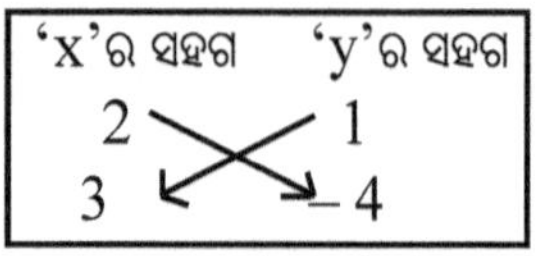

'x'ର ସହଗ	'y'ର ସହଗ
2	1
3	4

$b_1a_2 - a_1b_2 = 1 \times 3 - 2 \times (-4)$
$= 3 + 8 = 11$

∴ $x = \dfrac{22}{11} = 2$

∴ 'x' ର ମାନକୁ ସମୀକରଣ (i) ରେ ପ୍ରୟୋଗ କଲେ -

$2x + y = 5 \Rightarrow 2(2) + y = 5 \Rightarrow 4 + y = 5 \Rightarrow y = 1$

∴ ସମାଧାନ : $x = 2$ ଏବଂ $y = 1$ ।

ଉଦାହରଣ : 3 :

ସମାଧାନ କର : $2x + 3y = 7$ ...(i) ଏବଂ
$3x + 7y = 13$ ...(ii)

ସମାଧାନ: ସମୀକରଣଦ୍ୱୟ $a_1x + b_1y = c_1$ ଏବଂ $a_2x + b_2y = c_2$ ସହ ତୁଳନୀୟ ।

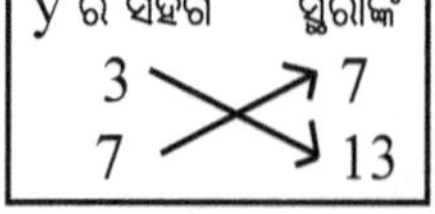

y ର ସହଗ	ସ୍ଥିରାଙ୍କ
3	7
7	13

$x = \dfrac{b_1c_2 - b_2c_1}{b_1a_2 - a_1b_2}$

$b_1c_2 - b_2c_1 = 3 \times 13 - 7 \times 7 = 39 - 49 = -10$

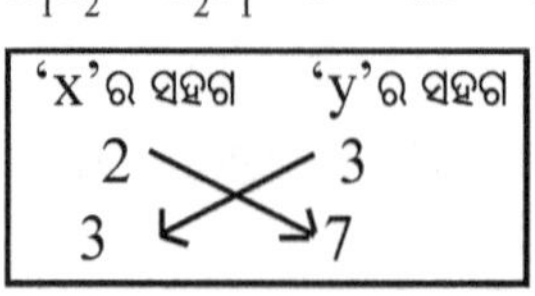

'x'ର ସହଗ	'y'ର ସହଗ
2	3
3	7

$b_1a_2 - a_1b_2 = 3 \times 3 - 2 \times 7 = 9 - 14 = -5$

$\therefore\ x = \dfrac{-10}{-5} = 2$ ।

∴ 'x' ର ମାନକୁ ସମୀକରଣ (i) କିମ୍ବା (ii) ରେ ପ୍ରୟୋଗ କଲେ -

$2x + 3y = 7 \Rightarrow 2(2) + 3y = 7 \Rightarrow 4 + 3y = 7$

$\Rightarrow 3y = 3 \Rightarrow y = 1$

∴ ସମାଧାନ : $x = 2$ ଏବଂ $y = 1$

ଦତ୍ତ ସମୀକରଣ ଦ୍ୱୟରୁ ପ୍ରଥମେ y ର ମାନ ସ୍ଥିର କରି ପରବର୍ତ୍ତୀ ସମୟରେ y ର ମାନକୁ, ଯେ କୌଣସି ସମୀକରଣରେ ପ୍ରୟୋଗ କରି x ର ମାନକୁ ମଧ୍ୟ ପାଇ ପାରିବା । ନିମ୍ନ ଉଦାହରଣକୁ ଅନୁଧ୍ୟାନ କର ।

ଉଦାହରଣ - 4 :

ସମାଧାନ କର : $5x + 4y = 3$ ...(i) ଏବଂ

$2x - 3y = -8$ ...(ii)

ସମାଧାନ: ସମୀକରଣଦ୍ୱୟ $a_1x+b_1y=c_1$ ଏବଂ $a_2x + b_2y = c_2$ ସହ ତୁଳନୀୟ ।

$$y = \frac{c_1a_2 - a_1c_2}{b_1a_2 - a_1b_2}$$

ସମାଧାନ :

ସହଗ 'x'	ସ୍ଥିରାଙ୍କ
5	3
2	–8

$c_1a_2 - a_1c_2 = 3 \times 2 - 5(-8) = 6 + 40 = 46$

'x'ର ସହଗ	'y'ର ସହଗ
5	4
2	–3

$b_1a_2 - a_1b_2 = 4 \times 2 - 5 \times (-3) = 8 + 15 = 23$

$\therefore y = \dfrac{46}{23} = 2$ ।

∴ 'y' ର ମାନକୁ ସମୀକରଣ (i) କିମ୍ବା (ii) ରେ ପ୍ରୟୋଗ କଲେ -

$5x + 4y = 3$

$\Rightarrow 5x + 4(2) = 3 \Rightarrow 5x + 8 = 3$

$\Rightarrow 5x = 3 - 8 = -5 \;\Rightarrow x = -1$

$\therefore$ ସମାଧାନ : $x = -1$ ଏବଂ $y = 2$ ।

ଉଦାହରଣ - 5 :

ସମାଧାନ କର : $11x + 6y = 21$ ଏବଂ $8x - 5y = 34$ ।

ସମାଧାନ: ସମୀକରଣଦ୍ୱୟ $a_1x+b_1y=c_1$ ଏବଂ $a_2x + b_2y = c_2$ ସହ ତୁଳନୀୟ।

ସମାଧାନ : $y = \dfrac{c_1a_2 - a_1c_2}{b_1a_2 - a_1b_2}$

ସ୍ଥିରାଙ୍କ	ସହଗ 'x'
21	11
34	8

$c_1a_2 - a_1c_2 = 21 \times 8 - 11 \times 34 = 168 - 374 = -206$

ସହଗ'x'	ସହଗ'y'
11	6
8	–5

$b_1a_2 - a_1b_2 = 6 \times 8 - 11(-5)$
$= 48 + 55 = 103$

$\therefore y = \dfrac{-206}{+103} = -2$

y ର ମାନକୁ ପ୍ରଥମ କିମ୍ବା ଦ୍ୱିତୀୟ ସମୀକରଣରେ ପ୍ରୟୋଗ କଲେ,

$11x + 6y = 21 \Rightarrow 11x + 6(-2) = 21$

$\Rightarrow 11x - 12 = 21 \Rightarrow 11x = 21 + 12 = 33$

$\Rightarrow x = \dfrac{33}{11} = 3$

$\therefore$ ସମାଧାନ : $x = 3$ ଏବଂ $y = -2$ ।

ଦ୍ରଷ୍ଟବ୍ୟ : ଏଠାରେ ପ୍ରୟୋଗ ହୋଇଥିବା 'ବଜ୍ର ଗୁଣନ ପଦ୍ଧତି' ବୈଦିକ ସୂତ୍ର 'ପରାବର୍ତ୍ତ୍ୟ' (ଆବଶ୍ୟକ ପରିବର୍ତ୍ତନ ଏବଂ ପ୍ରତିସ୍ଥାପନ)ର ଅନୁରୂପ ଏକ କାର୍ଯ୍ୟ ।

(B) 'ଆନୁରୂପ୍ୟେ - ଶୂନ୍ୟଂଆନ୍ୟତ୍‌" ସୂତ୍ରର ଉପଯୋଗ :

'ଆନୁରୂପ୍ୟେ - ଶୂନ୍ୟଂଆନ୍ୟତ୍‌" ସୂତ୍ରର ଅର୍ଥକୁ ନିମ୍ନ ପ୍ରକାରରେ ବୁଝିବାକୁ ହେବ ।

କୌଣସି ପ୍ରଶ୍ନରେ ଉଭୟ ସମୀକରଣରେ ଥିବା ଯଦି x ର ସହଗଗୁଡ଼ିକର ଅନୁପାତ ଯଥାକ୍ରମେ ଅନୁରୂପ ସ୍ଥିରାଙ୍କଦ୍ୱୟର ଅନୁପାତ ସହ ସମାନ ହୁଏ, ତେବେ y = 0 ହେବ । ସେହିପରି ଯଦି y ର ସହଗ ଗୁଡ଼ିକର ଅନୁପାତ ଯଥାକ୍ରମେ ଅନୁରୂପ ସ୍ଥିରାଙ୍କ ଦ୍ୱୟର ଅନୁପାତ ସହ ସମାନ ହୁଏ, ତେବେ x = 0 ହେବ ।

ଉଦାହରଣ - 6. ସମାଧାନ କର :

$5x + 8y = 40$ ଏବଂ $10x + 11y = 80$

ସମାଧାନ : ଉଭୟ ସମୀକରଣରେ x ର ସହଗ ଦ୍ୱୟର ଅନୁପାତ

= ସ୍ଥିରାଙ୍କ ଦ୍ୱୟର ଅନୁପାତ

$5 : 10 = 40 : 80 = 1 : 2$

$\therefore y = 0$

$\therefore$ y ର ମାନକୁ ଯେ କୌଣସି ସମୀକରଣରେ ପ୍ରୟୋଗ କଲେ,

$5x + 8y = 40$

$\Rightarrow 5x + 8 \times 0 = 40$

$\Rightarrow 5x = 40 \Rightarrow x = 8$

$\therefore$ ସମାଧାନ : $x = 8$ ଏବଂ $y = 0$ ।

ଉଦାହରଣ - 7. ସମାଧାନ କର : $67x + 302y = 1510$

ଏବଂ $466x + 906y = 4530$

ସମାଧାନ : ଉଭୟ ସମୀକରଣର y ର ସହଗ ଦ୍ୱୟର ଅନୁପାତ

= ସ୍ଥିରାଙ୍କ ଦ୍ୱୟର ଅନୁପାତ

$302 : 906 = 1510 : 4530 = 1 : 3$

$\therefore x = 0$

'x' ର ମାନକୁ ଯେ କୌଣସି ସମୀକରଣରେ ପ୍ରୟୋଗ କଲେ, .

$67x + 302y = 1510$

$\Rightarrow 67 \times 0 + 302y = 1510$

$\Rightarrow 302y = 1510 \Rightarrow y = 5$

$\therefore$ ସମାଧାନ : $x = 0$ ଏବଂ $y = 5$ ।

(C) 'ସଂକଳନ ଏବଂ ବ୍ୟବକଳନ' ସୂତ୍ରର ଉପଯୋଗ :

ଏକ ସ୍ୱତନ୍ତ୍ର ପ୍ରକାରର ଦୁଇ ଅଜ୍ଞାତ ରାଶିବିଶିଷ୍ଟ ସହସମୀକରଣ ଅଛି, ଯେଉଁଠାରେ x ଏବଂ y ର ସହଗମାନ ପରିବର୍ତ୍ତିତ ରୂପରେ (Interchanging) ଅଛନ୍ତି । ଅର୍ଥାତ୍ ପ୍ରଥମ ସମୀକରଣରେ x ର ସହଗ, ଦ୍ୱିତୀୟ ସମୀକରଣର y ର ସହଗ ସହ ସମାନ, ସେହିପରି ପ୍ରଥମ ସମୀକରଣରେ y ର ସହଗ, ଦ୍ୱିତୀୟ ସମୀକରଣର x ର ସହଗ ସହ ସମାନ । ସେ କ୍ଷେତ୍ରରେ ଉକ୍ତ ସୂତ୍ରର ପ୍ରୟୋଗ କରାଯାଇ ସହସମୀକରଣଦ୍ୱୟର ସମାଧାନ କରାଯାଇପାରେ । ପରବର୍ତ୍ତୀ ଉଦାହରଣକୁ ଅନୁଧ୍ୟାନ କର ।

ଉଦାହରଣ - 8. ସମାଧାନ କର :

$23x + 31y = 18$ ଏବଂ $31x + 23y = 90$

ସମାଧାନ : $23x + 31y = 18$ ...(i)

$31x + 23y = 90$ ...(ii)

ସମୀକରଣ ଦ୍ୱୟକୁ ଯୋଗକଲେ,

$54x + 54y = 108 \Rightarrow 54(x + y) = 108$

$\Rightarrow x + y = 2$ ...(iii)

ସମୀକରଣ (ii) ରୁ ସମୀକରଣ (i) ବିୟୋଗ କଲେ

$8x - 8y = 72 \Rightarrow x - y = 9$ ...(iv)

ପୁନଶ୍ଚ (iii) ସମୀକରଣ ସହ (iv) ସମୀକରଣକୁ ଯୋଗ କଲେ -

$2x = 11 \Rightarrow x = \dfrac{11}{2}$

x ର ମାନକୁ ସମୀକରଣ (iii) ରେ ପ୍ରୟୋଗ କଲେ,

$\therefore \dfrac{11}{2} + y = 2 \Rightarrow y = 2 - \dfrac{11}{2} = -\dfrac{7}{2}$

$\therefore$ ସମାଧାନ : $x = \dfrac{11}{2}$ ଏବଂ $y = -\dfrac{7}{2}$ ।

ଉଦାହରଣ - 9: ସମାଧାନ କର :

$699x + 845y = 5477$ ଏବଂ $845x + 699y = 5331$

ସମାଧାନ : $699x + 845y = 5477$ ...(i)

$845x + 699y = 5331$ ...(ii)

ସମୀକରଣ (i) ଏବଂ (ii) କୁ ଯୋଗ କଲେ

$1544x + 1544y = 10808$

$\Rightarrow 1544(x + y) = 10808 \Rightarrow (x + y) = 7$ ...(iii)

ସମୀକରଣ (ii) ରୁ (i) ବିୟୋଗ କଲେ

$146x - 146y = -146$

$\Rightarrow 146(x - y) = -146 \Rightarrow (x - y) = -1$ ...(iv)

ସମୀକରଣ (iii) ଓ (iv) କୁ ଯୋଗକଲେ, $2x = 7 - 1$

$\Rightarrow 2x = 6 \Rightarrow x = 3$

x ର ମାନକୁ ସମୀକରଣ (iii) ରେ ପ୍ରୟୋଗ କଲେ,

$\therefore 3 + y = 7 \Rightarrow y = 7 - 3 = 4$

$\therefore$ ସମାଧାନ : $x = 3$ ଏବଂ $y = 4$ ।

ପ୍ରଶ୍ନାବଳୀ

1. ସମାଧାନ କର : (ବେଦଗଣିତର ସୂତ୍ର ପ୍ରୟୋଗରେ)
   (i) $x - y = 7$ ଏବଂ $5x + 2y = 42$
   (ii) $2x + y = 5$ ଏବଂ $3x - 4y = 2$
   (iii) $5x - 3y = 11$ ଏବଂ $6x - 5y = 9$
   (iv) $11x + 6y = 28$ ଏବଂ $7x - 4y = 10$
2. 'ଆନୁରୂପ୍ୟେ-ଶୂନ୍ୟଂଆନତ୍' ସୂତ୍ର ଉପଯୋଗରେ ସମାଧାନ କର :
   (i) $6x + 7y = 8$ ଏବଂ $19x + 14y = 16$
   (ii) $3x + 2y = 6$ ଏବଂ $5x + 4y = 12$
   (iii) $12x + 8y = 7$ ଏବଂ $16x + 16y = 14$
   (iv) $12x + 78y = 12$ ଏବଂ $16x + 39y = 6$
   (v) $5x + 3y = 20$ ଏବଂ $10x + 8y = 40$
3. 'ସଂକଳନ ଏବଂ ବ୍ୟବକଳନ' ସୂତ୍ର ଉପଯୋଗରେ ସମାଧାନ କର :
   (i) $23x - 29y = 98$ ଏବଂ $29x - 23y = 110$
   (ii) $45x - 23y = 113$ ଏବଂ $23x - 45y = 91$
   (iii) $18x - 17y = 21$ ଏବଂ $17x - 18y = 14$

-0-

ଦଶମ ଅଧ୍ୟାୟ

ବିଭାଜ୍ୟତା

(DIVISIBILITY)

ଉଚ୍ଚପ୍ରାଥମିକ ଏବଂ ମାଧ୍ୟମିକସ୍ତରରେ ବିଭିନ୍ନ ମୌଳିକ ପ୍ରକ୍ରିୟା ସଂପାଦନ ଏବଂ ଗଣିତ ଭଳି ବିଷୟରେ ମୌଳିକ ପ୍ରକ୍ରିୟା ସମ୍ପାଦନରେ ଦକ୍ଷତା ହାସଲ ପାଇଁ ହିସାବ କୌଶଳର ବହୁଳ ଆବଶ୍ୟକତା ଅଛି। ମୌଳିକ ପ୍ରକ୍ରିୟା ଗୁଡ଼ିକ ହେଲା : ଯୋଗ, ବିୟୋଗ, ଗୁଣନ, ଭାଗ, ବର୍ଗ ଓ ବର୍ଗମୂଳ, ଘନ ଓ ଘନମୂଳ ଇତ୍ୟାଦି। ଏଠାରେ ଆମେ ଏକ ସଂଖ୍ୟାଦ୍ୱାରା କୌଣସି ଏକ ସଂଖ୍ୟାର ବିଭାଜ୍ୟତା ପରୀକ୍ଷଣ ସଂପର୍କରେ ଆଲୋଚନା କରିବା, ଯାହା ପରୋକ୍ଷରେ ଭାଗକ୍ରିୟା ତଥା ଅନ୍ୟାନ୍ୟ ପ୍ରକ୍ରିୟାଗୁଡ଼ିକ ସହ ସମ୍ବନ୍ଧିତ। ପ୍ରକାଶ ଥାଉକି, ପାଟୀଗଣିତରେ ବିଭାଜ୍ୟତା ପରୀକ୍ଷଣ ଏବଂ ଏହାର ପ୍ରୟୋଗର ଆବଶ୍ୟକତା ଅଭୂତପୂର୍ବ।

ବିଦ୍ୟାର୍ଥୀମାନେ ଉଚ୍ଚପ୍ରାଥମିକସ୍ତରରେ 2, 4, 3, 9 ଓ 5 ଆଦି ସଂଖ୍ୟା ଦ୍ୱାରା ବିଭାଜ୍ୟତା ପରୀକ୍ଷଣ ସମ୍ବନ୍ଧରେ ଅବଗତ ଅଛନ୍ତି।

(i) $2, 2^2, 2^3$ ... ଆଦି ସଂଖ୍ୟା ଦ୍ୱାରା ବିଭାଜ୍ୟତା ପରୀକ୍ଷଣ ପାଇଁ ଭାଜ୍ୟ ସଂଖ୍ୟାର ଯଥାକ୍ରମେ ଶେଷଅଙ୍କ, ଶେଷ ଦୁଇଅଙ୍କ, ଶେଷ ତିନିଅଙ୍କ ଇତ୍ୟାଦି ଦ୍ୱାରା ଗଠିତ ସଂଖ୍ୟା ଉପରେ ଦୃଷ୍ଟି ଦେବା ଆବଶ୍ୟକ ।

(ii) ସେହିପରି $3^1, 3^2, 3^3$ ... ଆଦି ଅର୍ଥାତ୍ 3, 9, 27 ଆଦି ସଂଖ୍ୟା ଦ୍ୱାରା ବିଭାଜ୍ୟତା ପରୀକ୍ଷଣ (ଭାଜ୍ୟ ସଂଖ୍ୟାର ଅଙ୍କମାନଙ୍କର ସମଷ୍ଟି ଦ୍ୱାରା) ସମ୍ବନ୍ଧରେ ବିଦ୍ୟାର୍ଥୀମାନେ ମଧ୍ୟ ଅବଗତ ଅଛନ୍ତି ।

(iii) $5^1, 5^2, 5^3$.... ଅର୍ଥାତ୍ 5, 25 ଓ 125... ଦ୍ୱାରା ବିଭାଜ୍ୟତା ପରୀକ୍ଷଣ ଯଥାକ୍ରମେ ଭାଜ୍ୟ ସଂଖ୍ୟାର ଶେଷ ଅଙ୍କ, ଶେଷ ଦୁଇଅଙ୍କ ଏବଂ ଶେଷ ତିନିଅଙ୍କ ଦ୍ୱାରା ଗଠିତ ସଂଖ୍ୟା ଉପରେ ଦୃଷ୍ଟି ଦେବା ଆବଶ୍ୟକ।

ମୌଳିକ ସଂଖ୍ୟା ମଧ୍ୟରୁ ପ୍ରଥମ ତିନୋଟି ସଂଖ୍ୟା 2, 3 ଓ 5 ଦ୍ୱାରା ବିଭାଜ୍ୟତା ପରୀକ୍ଷଣ ପରେ ଅନ୍ୟାନ୍ୟ ମୌଳିକ ସଂଖ୍ୟା 7, 11, 13, 17 ...... ଆଦି ଦ୍ୱାରା ବିଭାଜ୍ୟତା ପରୀକ୍ଷଣର ପଦ୍ଧତି ସଂପର୍କରେ ଆଲୋଚନା ଉକ୍ତ ଅଧ୍ୟାୟର ପ୍ରଧାନ ବିଷୟବସ୍ତୁ ।

ସବୁ ସମୟରେ ବିଭାଜ୍ୟତା ପରୀକ୍ଷଣ ପାଇଁ ଭାଗକ୍ରିୟାର ସାହାଯ୍ୟ ନେବାର ଆବଶ୍ୟକତା ନାହିଁ । କିଛି କୌଶଳ ବା ତରିକା ଅବଲମ୍ବନରେ ବିଭାଜ୍ୟତା ପରୀକ୍ଷଣ ସମ୍ଭବ। ବିଶେଷ କରି ବେଦଗଣିତରେ ଥବା **ବେଷ୍ଟନଂ (Osculation)** ସୂତ୍ର ପ୍ରୟୋଗରେ କୌଣସି ଏକ ମୌଳିକ ସଂଖ୍ୟା ଦ୍ୱାରା, ଯେକୌଣସି ସଂଖ୍ୟାର ବିଭାଜ୍ୟତା ପରୀକ୍ଷଣ ଅତି ସହଜରେ ହୋଇଥାଏ । ଏତଦ୍ ବ୍ୟତୀତ ବେଦଗଣିତର ଅନ୍ୟ ଏକ ସୂତ୍ର **ଲୋପନସ୍ଥାପନ** ଅଛି, ଯାହା ମାଧ୍ୟମରେ ବିଭାଜ୍ୟତା ପରୀକ୍ଷଣ ମଧ୍ୟ ସମ୍ଭବ ।

(1) **ମୌଳିକ ସଂଖ୍ୟା ଦ୍ୱାରା ବିଭାଜ୍ୟତା ପରୀକ୍ଷଣ :-**

(a) **ପ୍ରଥମ ପ୍ରଣାଳୀ :** କୌଣସି ଏକ ମୌଳିକ ସଂଖ୍ୟା (P) ଦ୍ୱାରା ଏକ ଭାଜ୍ୟ ସଂଖ୍ୟା (N) ପୂର୍ଣ୍ଣ ରୂପେ ବିଭାଜ୍ୟ କି ନୁହେଁ ପରୀକ୍ଷା କରିବା ନିମିତ୍ତ ନିମ୍ନ ସୋପାନଗୁଡ଼ିକୁ ଅନୁସରଣ କରିବା ଆବଶ୍ୟକ ।

ପ୍ରଥମ ସୋପାନ :

'N' ର ଏକକ ସ୍ଥାନୀୟ ଅଙ୍କକୁ ଦୃଷ୍ଟିରେ ରଖି 'P' ର ଏକ ଗୁଣିତକ ସ୍ଥିର କରାଯିବ, ଯାହାର ଯୋଗ ଓ ବିୟୋଗ ଦ୍ୱାରା ଉଦ୍ଭବ ଫଳାଫଳର ଏକକ ସ୍ଥାନୀୟ ଅଙ୍କ ଶୂନ (0) ହେଉଥିବ ଅଥବା ଏକକ ଏବଂ ଦଶକ ସ୍ଥାନୀୟ ଅଙ୍କ ଦ୍ୱୟ ପ୍ରତ୍ୟେକ 0 ହେଉଥିବେ ।

ଦ୍ୱିତୀୟ ସୋପାନ :-

ଉଦ୍ଭବ ଫଳାଫଳ ରୁ 0 କୁ ବାଦ୍ ଦେବାପରେ ଫଳାଫଳର ଅବଶିଷ୍ଟ ଅଙ୍କ ସମୂହ ଦ୍ୱାରା ଗଠିତ ସଂଖ୍ୟା ଯଦି P ଦ୍ୱାରା ବିଭାଜିତ ହୁଏ, ତେବେ ଦତ୍ତ ସଂଖ୍ୟାଟି ମଧ୍ୟ P ଦ୍ୱାରା ବିଭାଜିତ ହେବ ।

ଦ୍ରଷ୍ଟବ୍ୟ : ଉଦ୍ଭବ ଫଳାଫଳରୁ '0' କୁ ବାଦ୍ ଦେବାପରେ ଅବଶିଷ୍ଟ ଅଙ୍କ ଦ୍ୱାରା ଗଠିତ ସଂଖ୍ୟା, ସଂପୃକ୍ତ ମୌଳିକ ସଂଖ୍ୟା (P) ଦ୍ୱାରା ବିଭାଜ୍ୟତା ପରୀକ୍ଷଣର କୌଣସି ପ୍ରଭାବ ପଡ଼ିବ ନାହିଁ । ଉଦାହରଣ ସ୍ୱରୂପ, ଯଦି 150, 3 ଦ୍ୱାରା ବିଭାଜିତ, ତେବେ 15 ମଧ୍ୟ 3 ଦ୍ୱାରା ବିଭାଜିତ ହେବ ।

ତୃତୀୟ ସୋପାନ : ଯଦି ଉଦ୍ଭବ ଫଳାଫଳରୁ '0' ବା '00' କୁ ବାଦ୍‌ଦେବା ପରେ ଅବଶିଷ୍ଟ ଅଙ୍କ ଦ୍ୱାରା ଗଠିତ ସଂଖ୍ୟା, ଦତ୍ତ ମୌଳିକ ସଂଖ୍ୟା ଦ୍ୱାରା ବିଭାଜିତ କି ନୁହେଁ ଜାଣିବା ସମ୍ଭବପର ହେଉ ନାହିଁ ତେବେ, ପ୍ରଥମରୁ ଦିଆଯାଇଥିବା କୌଶଳର ପୁନଃ ଉପଯୋଗ ଆବଶ୍ୟକ ହୋଇପାରେ; ଯେତେ ପର୍ଯ୍ୟନ୍ତ ପରୀକ୍ଷଣଟି ସଂପୂର୍ଣ୍ଣ ନ ହୋଇଛି ।

ଉଦାହରଣ - 1: '7' ଦ୍ୱାରା 5292 ସଂଖ୍ୟାର ବିଭାଜ୍ୟତା ପରୀକ୍ଷଣ କର ।

ସମାଧାନ : ଭାଜ୍ୟସଂଖ୍ୟା N = 5292 ଏବଂ ମୌଳିକ ସଂଖ୍ୟା P = 7

(i) $7 \times 4 = 28$

(ii) $5292 + 28 = 5320$

(iii) '0' କୁ ବାଦ୍ ଦେଇ ଅବଶିଷ୍ଟ ଅଙ୍କ ଦ୍ୱାରା ଗଠିତ ସଂଖ୍ୟାରୁ (7×6) ବିୟୋଗ କଲେ ପାଇବା, $532 - 7 \times 6 = 490$

(iv) '0' କୁ ବାଦ୍ ଦେବା ପରେ ଅବଶିଷ୍ଟ ଅଙ୍କ ଦ୍ୱାରା ଗଠିତ ସଂଖ୍ୟା '49', 7 ଦ୍ୱାରା ବିଭାଜ୍ୟ ।

(v) ∴ 5292, 7 ଦ୍ୱାରା ବିଭାଜିତ ହେବ ।

```
     5 2 9 2
(+)    2 8
   ----------
   5 3 2 | 0
(–)  4 2 |
   ----------
     4 9 | 0
```

(49, 7 ଦ୍ୱାରା ବିଭାଜିତ)

ବିକଳ୍ପ ସମାଧାନ : (ପ୍ରଥମ ପ୍ରଣାଳୀର ଅନୁରୂପ)

```
     5 2 9 2
(–)      4 2        7 × 6 = 42
   -----------
     5 2 5 | 0
(–)    3 5 |        7 × 5 = 35
   -----------
       4 9 | 0
```

(49, 7 ଦ୍ୱାରା ବିଭାଜ୍ୟ)

∴ '5292', '7' ଦ୍ୱାରା ବିଭାଜିତ ହେବ ।

ଉଦାହରଣ - 2: '13' ଦ୍ୱାରା 8792 ସଂଖ୍ୟାର ବିଭାଜ୍ୟତା ପରୀକ୍ଷଣ କର ।

ସମାଧାନ : N = 8792 ଏବଂ P = 13

```
     8 7 9 2
(–)      5 2
   -----------
     8 7 4 | 0
(+)    2 6 |
   -----------
       8 9 | 0
```

(i) 8792 ରୁ 52 $(13 \times 4 = 52)$ କୁ ବିୟୋଗ କରାଗଲା ।

(ii) '0' କୁ ବାଦଦେଲା ପରେ, 26 $(13 \times 2 = 26)$ 874କୁ ସହ ଯୋଗକରାଗଲା ।

(iii) '0' କୁ ବାଦଦେଲା ପରେ, 89, 13 ଦ୍ୱାରା ବିଭାଜିତ ନୁହେଁ ।

∴ 8792, 13 ଦ୍ୱାରା ଅବିଭାଜ୍ୟ।

ଦ୍ରଷ୍ଟବ୍ୟ : ଉକ୍ତ ପ୍ରଣାଳୀରେ 'N' ସଂଖ୍ୟାର ଏକକ ସ୍ଥାନୀୟ ଅଙ୍କକୁ '0'ରେ ପରିଣତ କରାଯାଇ ପରିଶେଷରେ '0' କୁ ବାଦ୍‌ଦେବା ପରେ ବିଭାଜ୍ୟତା ପରୀକ୍ଷଣ ସଫଳ ହୋଇଥାଏ ।

ତେଣୁ ଉକ୍ତ ପ୍ରଣାଳୀକୁ **'0' ର ସୃଷ୍ଟି ଏବଂ '0' ର ବିଲୋପନ** (Create Zero and Kill Zero) ପ୍ରଣାଳୀ କୁହଯାଏ ।

ଉଦାହରଣ- 3: '17' ଦ୍ୱାରା '36227'ର ବିଭାଜ୍ୟତା ପରୀକ୍ଷଣ କର ।

ସମାଧାନ : N = 36227 ଏବଂ P = 17

```
      3 6 2 2 7
(–)         1 7      17 × 1 = 17
    -----------
      3 6 2 1|0
(–)       5 1|       17 × 3 = 51
    -----------
      3 5 7|0
(–)     1 7|         17 × 1 = 17
    -----------
      3 4|0
```

'0' କୁ ବାଦ୍ ଦେଇ ଦେଖିବା 34, 17 ଦ୍ୱାରା ବିଭାଜିତ ।

ତେଣୁ 3 6 2 2 7, 17 ଦ୍ୱାରା ବିଭାଜ୍ୟ ।

ଉଦାହରଣ - 4 : ଦର୍ଶାଅ ଯେ, 40508, 19 ଦ୍ୱାରା ବିଭାଜିତ ଏକ ସଂଖ୍ୟା ।

ସମାଧାନ : N = 40508 ଏବଂ P = 19

```
      4 0 5 0 8
(–)         3 8      19 × 2 = 38
    -----------
      4 0 4 7|0
(–)       5 7|       19 × 3 = 57
    -----------
      3 9 9|0
(–)     1 9|         19 × 1 = 19
    -----------
      3 8|0
```

∵ 38, 19 ଦ୍ୱାରା ବିଭାଜ୍ୟ, ତେଣୁ 40508, '19' ଦ୍ୱାରା ମଧ୍ୟ ବିଭାଜ୍ୟ ।

ଉଦାହରଣ - 5 : ଦର୍ଶାଅ ଯେ, 337433, 23 ଦ୍ୱାରା ବିଭାଜିତ ଏକ ସଂଖ୍ୟା ।

ସମାଧାନ : N = 337433 ଏବଂ P = 23

```
     3 3 7 4 3 3
(+)        2 0 7          23 × 9 = 207
    3 3 7 6 4 | 0
(–)     1 8 4 |           23 × 8 = 184
    3 3 5 8 | 0
(–)   1 3 8 |             23 × 6 = 138
     3 2 2 | 0
(–)    9 2 |              23 × 4 = 92
     2 3 | 0
```

∴ ଦତ୍ତ ସଂଖ୍ୟା, 23 ଦ୍ୱାରା ବିଭାଜିତ ।

ଦ୍ରଷ୍ଟବ୍ୟ : 'P' ର ଯେକୌଣସି ଗୁଣିତକକୁ ଦତ୍ତ ସଂଖ୍ୟା ବା ଉଦ୍ଭବ ସଂଖ୍ୟାର ଏକକ ସ୍ଥାନୀୟ ଅଙ୍କକୁ ଦୃଷ୍ଟିରେ ରଖି ଯୋଗ କିମ୍ବା ବିୟୋଗ କରାଯାଏ, ଯାହା ଦ୍ୱାରା ଶେଷ ଅଙ୍କଟି '0' ବା ଶେଷ ଦୁଇଅଙ୍କ ପ୍ରତ୍ୟେକ '0' ହୋଇପାରିବ ।

(b) ଦ୍ୱିତୀୟ ପ୍ରଣାଳୀ : 'ବେଦଗଣିତ'ର ଏକ ଉପସୂତ୍ର **'ବେଷ୍ଟନଂ (Vestanam)** ର ଉପଯୋଗରେ ବିଭାଜ୍ୟତା' ପରୀକ୍ଷଣ, ସୁବିଧା ଏବଂ ସହଜରେ ସଂପାଦିତ ହୋଇପାରିବ ।

ବେଷ୍ଟନଂ (Osculation) ର ଅର୍ଥ 'ଏକାଧିକ' ସୂତ୍ର ଦ୍ୱାରା ପ୍ରତିବନ୍ଧିତ **ଏକ ସଂଖ୍ୟା ଦ୍ୱାରା ପରୀକ୍ଷଣ।** ଉକ୍ତ ସଂଖ୍ୟାକୁ **ବେଷ୍ଟକ (Osculator)** କୁହାଯାଏ। ଯାହା ମାଧ୍ୟମରେ ବିଭାଜ୍ୟତା ପରୀକ୍ଷଣ କିପରି ହୁଏ ସେ ସମ୍ବନ୍ଧରେ ଆଲୋଚନା କରିବା । ବର୍ତ୍ତମାନ ବୁଝିବା **'ବେଷ୍ଟକ'** କ'ଣ ଏବଂ ଏହାର ପ୍ରୟୋଗ ବିଧି କ'ଣ ?

ବେଷ୍ଟକ ନିର୍ଣ୍ଣୟର ସୋପାନସମୂହ :

କୌଣସି ମୌଳିକ ସଂଖ୍ୟା (P), ଯାହା 10 ସହ ପରସ୍ପର ମୌଳିକତା ପ୍ରଦର୍ଶନ କରିଥାଏ; ସେ ସମସ୍ତ ସଂଖ୍ୟାର ବିଭାଜ୍ୟତା ପରୀକ୍ଷଣ ପାଇଁ ଉକ୍ତ ପ୍ରଣାଳୀଟି ପ୍ରଯୁଜ୍ୟ ହେବ ।

1. ଦତ୍ତ ଭାଜ୍ୟ ସଂଖ୍ୟା (N)ରୁ ଏକକ ଅଙ୍କଟିକୁ ଅନ୍ୟ ଅଙ୍କମାନଙ୍କ ଠାରୁ ପୃଥକ୍ କରିବା । ତପ୍ତରେ ଏକକ ସ୍ଥାନୀୟ ଅଙ୍କକୁ ଏକ ଧନାତ୍ମକ ପୂର୍ଣ୍ଣ ସଂଖ୍ୟା (n) ଦ୍ୱାରା ଗୁଣିବା ଯେଉଁଠାରେ, $n = \frac{KP+1}{10}$ .... (i)

('P' ଏକ ମୌଳିକ ସଂଖ୍ୟା, 'K' ଏକ କ୍ଷୁଦ୍ରତମ ପୂର୍ଣ୍ଣସଂଖ୍ୟା) ।

ପରବର୍ତ୍ତୀ ସମୟରେ ଉକ୍ତ ଗୁଣଫଳକୁ ଦତ୍ତ ସଂଖ୍ୟାର ଅବଶିଷ୍ଟ ଅଙ୍କ ଦ୍ୱାରା ଗଠିତ ସଂଖ୍ୟା ସହ ଯୋଗ କରିବା ।

ଯଦି ଉଦ୍ଭବ ଫଳାଫଳ 'P' ଦ୍ୱାରା ବିଭାଜିତ ହେବ ତେବେ, ଦତ୍ତ ସଂଖ୍ୟାଟି ମଧ୍ୟ P ଦ୍ୱାରା ବିଭାଜିତ ହେବ । ଅବଶ୍ୟ ଉକ୍ତ ପ୍ରକ୍ରିୟାଟିର ଆବଶ୍ୟକତା ଅନୁଯାୟୀ ପୁନଃ ଉପଯୋଗ ହୋଇପାରେ ।

ଉଦାହରଣସ୍ୱରୂପ, (i) ମନେକର ମୌଳିକ ସଂଖ୍ୟା P = 7

$$\therefore n = \frac{7 \times 7 + 1}{10} = 5 \qquad (K = 7)$$

ଅନ୍ୟପ୍ରକାରରେ 7 (P) ର କେତେ ଗୁଣ (K) ସହ 1 ଯୋଗ କଲେ, ତାହା '10'ର ଏକ ଗୁଣିତକ ହେବ ?

ଏଠାରେ 'n' = 5 ଏବଂ K = 7 ହେବ।

(ii) ସେହିପରି ଯଦି P = 13 ହୁଏ, ତେବେ $n = \frac{13 \times 3 + 1}{10} = 4$ ହେବ ।

ଉପରିସ୍ଥ ବିଶ୍ଳେଷଣରୁ ଜଣାପଡ଼େ 19, 29, 39, 49, 59 ...... ର 'n' ର ମାନ ଯଥାକ୍ରମେ 2, 3, 4, 5, 6 ..... ଇତ୍ୟାଦି ହେବ; କାରଣ '9' ର ପୂର୍ବ ଅଙ୍କରୁ 1 ଅଧିକ (ଏକାଧିକେନ ପୂର୍ବେଣ ସୂତ୍ର ଅନୁଯାୟୀ 'n'ର ମାନ ନିରୂପଣ ସମ୍ଭବ) ।

ଏଠାରେ 'n' କୁ **ଧନାତ୍ମକ ବେଷ୍ଟକ (Positive Osculator)** କୁହାଯାଏ।

2. ପୂର୍ବପରି ଦତ୍ତ ସଂଖ୍ୟାର ଏକକ ସ୍ଥାନୀୟ ଅଙ୍କକୁ 'm' ଦ୍ୱାରା ଗୁଣି ସଂଖ୍ୟାର ଅବଶିଷ୍ଟ ଅଂଶରୁ ଉକ୍ତ ଗୁଣଫଳକୁ ବାଦ୍ ଦେଇ ମୌଳିକ ସଂଖ୍ୟା 'P' ଦ୍ୱାରା ଭାଜ୍ୟସଂଖ୍ୟା 'N' ର ବିଭାଜ୍ୟତା ପରୀକ୍ଷଣ କରିପାରିବା।

ଯେଉଁଠାରେ, $m = \frac{KP - 1}{10}$ K କ୍ଷୁଦ୍ରତମ ପୂର୍ଣ୍ଣ ସଂଖ୍ୟା, P = ମୌଳିକ ସଂଖ୍ୟା ।

ଏଠାରେ (KP - 1), 10 ର ଏକ ଗୁଣିତକ ହେବ । ସଂଖ୍ୟାର ଏକକ ସ୍ଥାନୀୟ ଅଙ୍କକୁ 'm' ଦ୍ୱାରା ଗୁଣି ସଂଖ୍ୟାର ଅବଶିଷ୍ଟ ଅଂଶରୁ ଉକ୍ତ ଗୁଣଫଳକୁ ବିୟୋଗ କରିବା ଦ୍ୱାରା ଉତ୍ପନ୍ନ ବିୟୋଗଫଳ ଯଦି, P ଦ୍ୱାରା ବିଭାଜିତ ହେବ, ତେବେ ମୂଳ ସଂଖ୍ୟାଟି ମଧ୍ୟ 'P' ଦ୍ୱାରା ବିଭାଜିତ ହେବ ।

(i) ମୌଳିକ ସଂଖ୍ୟା 7 ପାଇଁ 'm' ନିରୂପଣ କରିବା।

$m = \frac{7 \times 3 - 1}{10} = 2 \quad \therefore m = 2$ ।

ଅର୍ଥାତ୍ 7 (P) ର କେତେ ଗୁଣ (K) ରୁ 1 ବିୟୋଗ କଲେ, ବିୟୋଗଫଳ 10 ର ଏକ ଗୁଣିତକ ହେବ ?

(ii) ସେହିପରି ଯଦି P = 13 ହୁଏ, ତେବେ $m = \frac{13 \times 7 - 1}{10} = 9$

$\therefore$ '7' ଏବଂ 13 କ୍ଷେତ୍ରରେ m ର ମାନ ଯଥାକ୍ରମେ '2' ଏବଂ 9 ହେବ । m କୁ **ଋଣାତ୍ମକ ବେଷ୍ଟକ (Negative Osculator)** କୁହାଯାଏ ।

ଦ୍ରଷ୍ଟବ୍ୟ : $m + n = P, \Rightarrow n = P - m$ ଏବଂ $m = P - n$

ଉଦାହରଣ - 6 : '7' ଦ୍ୱାରା 34034 ର ବିଭାଜ୍ୟତା ପରୀକ୍ଷଣ କର ।

ସମାଧାନ : (a) ଧନାତ୍ମକ ବେଷ୍ଟକ (Positive Osculator) 'n' ସହାୟତାରେ 34034 ର '7' ଦ୍ୱାରା ବିଭାଜ୍ୟତା ପରୀକ୍ଷଣ କରିବା ।

'7' ମୌଳିକ ସଂଖ୍ୟା ପାଇଁ ଧନାତ୍ମକ ବେଷ୍ଟକ 5 ।

34034 ର 4 କୁ ସଂଖ୍ୟାରୁ ପୃଥକ କରି 5 ଦ୍ୱାରା ଗୁଣି ଗୁଣଫଳକୁ ଅବଶିଷ୍ଟ ଅଙ୍କମାନଙ୍କ ଦ୍ୱାରା ଗଠିତ ସଂଖ୍ୟା ସହ ଯୋଗ କରିବା ।

(i) 3403 + (5)4 = 3423

(ii) 342 + (5)3 = 357

(iii) 35 + (5)7 = 70

$\because$ 70, 7 ଦ୍ୱାରା ବିଭାଜ୍ୟ, ତେଣୁ '34034', 7 ଦ୍ୱାରା ମଧ୍ୟ ବିଭାଜ୍ୟ ।

(b) ଋଣାତ୍ମକ ବେଷ୍ଟକ (Negative Osculator) 'm' ସହାୟତାରେ ଦତ୍ତ ସଂଖ୍ୟାର 7 ଦ୍ୱାରା ବିଭାଜ୍ୟତା ପରୀକ୍ଷଣ କରିବା ।

N = 34034, P = 7 ଏବଂ m = 2 $\quad (\because P - n = m)$

(i) 3403 - (2)4 = 3395,

(ii) 339 - (2)5 = 329,

(iii) 32 - (2)9 = 14

$\therefore$ 14, 7 ଦ୍ୱାରା ବିଭାଜ୍ୟ, ତେଣୁ 34034 '7' ଦ୍ୱାରା ମଧ୍ୟ ବିଭାଜ୍ୟ ।

ଦ୍ରଷ୍ଟବ୍ୟ : $n = \frac{7 \times 7 + 1}{10} = 5 \Rightarrow m = P - n = 7 - 5 = 2$ ।

ଉଦାହରଣ - 7 : ଦର୍ଶାଅ ଯେ, 27885, '13' ଦ୍ୱାରା ବିଭାଜ୍ୟ ।

ସମାଧାନ : $n = \frac{13 \times 3 + 1}{10} = 4 \Rightarrow m = P - n = 13 - 4 = 9$

ଏଠାରେ 13 ର ଧନାତ୍ମକ ବେଷ୍ଟକ, ଋଣାତ୍ମକ ବେଷ୍ଟକ ଠାରୁ ସାନ । ତେଣୁ ଧନାତ୍ମକ ବେଷ୍ଟକ 4 କୁ ନେଇ 13 ଦ୍ୱାରା ବିଭାଜ୍ୟତା ପରୀକ୍ଷଣ କରିବା ଶ୍ରେୟସ୍କର ।

N = 27885, P = 13 ଏବଂ n = 4

(i) 2788 + (4)5 = 2808
(ii) 280 + (4)8 = 312
(iii) 31 + (4)2 = 39

∵ 39, 13 ଦ୍ୱାରା ବିଭାଜ୍ୟ, ତେଣୁ 27885, 13 ଦ୍ୱାରା ମଧ୍ୟ ବିଭାଜ୍ୟ ।

ଉଦାହରଣ - 8 : ଦର୍ଶାଅ ଯେ, 24453, 19 ଦ୍ୱାରା ବିଭାଜିତ ଏକ ସଂଖ୍ୟା ।

ସମାଧାନ : $n = \frac{19 + 1}{10} = 2 \Rightarrow m = 19 - 2 = 17$ ।

19 ର ଧନାତ୍ମକ ବେଷ୍ଟକ = 2

N = 24453, P = 19 ଏବଂ n = 2

(i) 2445 + (2)3 = 2451
(ii) 245 + (2)1 = 247
(iii) 24 + (2)7 = 38

∵ 38, 19. ଦ୍ୱାରା ବିଭାଜ୍ୟ, ତେଣୁ 24453, 19 ଦ୍ୱାରା ବିଭାଜିତ ଏକ ସଂଖ୍ୟା ।

ଉଦାହରଣ - 9 : 23 ଦ୍ୱାରା 354949 ର ବିଭାଜ୍ୟତା ପରୀକ୍ଷଣ କର ।

ସମାଧାନ : 23 ର ଧନାତ୍ମକ ବେଷ୍ଟକ 'n' ।

$n = \frac{23 \times 3 + 1}{10} = 7$ ଏବଂ ଋଣାତ୍ମକ ବେଷ୍ଟକ (m) = P- n=23 - 7 = 16

ଏଠାରେ ଧନାତ୍ମକ ବେଷ୍ଟକ (n)7 କୁ ନେଇ ବିଭାଜ୍ୟତା ପରୀକ୍ଷଣ କରିବା ।

(i) 35494 + (7) 9 = 35557
(ii) 3555 + (7) 5 = 3590
(iii) 35 + (7)9 = 98 ('0' କୁ ବାଦ୍ ଦେବା ପରେ)

∵ '98', 23 ଦ୍ୱାରା ବିଭାଜ୍ୟ ନୁହେଁ, ତେଣୁ 354949, 23 ଦ୍ୱାରା ଅବିଭାଜ୍ୟ ।

ଉଦାହରଣ-10: 291973, 11 ଦ୍ୱାରା ବିଭାଜିତ କି ନୁହେଁ ପରୀକ୍ଷା କରି ଦେଖ ।

ସମାଧାନ : '11' ର ଧନାତ୍ମକ ବେଷ୍ଟକ (n) = $\frac{11\times 9+1}{10}$ = 10 ଏବଂ ଋଣାତ୍ମକ ବେଷ୍ଟକ m = 11 - 10 = 1 ।

N = 291973, P = 11, m = 1

(i) 29197 - (1)x 3 = 29194

(ii) 2919 - (1) x 4 = 2915

(iii) 291 - (1) x 5 = 286

(iv) 28 - (1) x 6 = 22

$\because$ 22, 11 ଦ୍ୱାରା ବିଭାଜ୍ୟ, ତେଣୁ 291973, 11 ଦ୍ୱାରା ବିଭାଜ୍ୟ ।

ବିକଳ୍ପ ପରୀକ୍ଷଣ (1) :

ଅଯୁଗ୍ମ ସ୍ଥାନୀୟ ଅଙ୍କମାନଙ୍କର ସମଷ୍ଟି ଏବଂ ଯୁଗ୍ମସ୍ଥାନୀୟ ଅଙ୍କ ମାନଙ୍କର ସମଷ୍ଟିର ଅନ୍ତରଫଳ= (3 + 9 + 9) – (7 + 1 + 2)

= 21 – 10 = 11 ଯାହା 11 ଦ୍ୱାରା ବିଭାଜ୍ୟ ।

$\therefore$ 291973, 11 ଦ୍ୱାରା ବିଭାଜ୍ୟ ।

ବିକଳ୍ପ ପରୀକ୍ଷଣ (2) :

291973 ର ଦକ୍ଷିଣପାର୍ଶ୍ୱରୁ ପ୍ରତ୍ୟେକ ଯୋଡ଼ା ସଂଖ୍ୟାର ସମଷ୍ଟି, ଯଦି 11 ଦ୍ୱାରା ବିଭାଜ୍ୟ, ତେବେ ସଂଖ୍ୟାଟି 11 ଦ୍ୱାରା ମଧ୍ୟ ବିଭାଜିତ ହେବ ।

ଯୋଡ଼ା ସଂଖ୍ୟା ଗୁଡ଼ିକ : 73, 19 ଏବଂ 29

$\therefore$ ସେମାନଙ୍କର ଯୋଗଫଳ : 73 + 19 + 29 = 121

ଏଠାରେ 121, 11 ଦ୍ୱାରା ବିଭାଜ୍ୟ। ତେଣୁ 291973 ମଧ୍ୟ 11 ଦ୍ୱାରା ବିଭାଜ୍ୟ ।

ବିକଳ୍ପ ପରୀକ୍ଷଣ (3) : ପ୍ରତ୍ୟେକ ଯୋଡ଼ା ସଂଖ୍ୟା, 11 ର କୌଣସି ଗୁଣିତକ ଠାରୁ ନିରୂପିତ ବିଚ୍ୟୁତିମାନଙ୍କର ଯୋଗଫଳ ଯଦି '11' ଦ୍ୱାରା ବିଭାଜିତ ହୁଏ, ତେବେ ସଂଖ୍ୟାଟି 11 ଦ୍ୱାରା ବିଭାଜିତ ହେବ ।

73, 66 (11 × 6) ଠାରୁ 7 ଅଧିକ। ଅର୍ଥାତ୍ 73 ବିଚ୍ୟୁତି (+7) ।

19 ର ବିଚ୍ୟୁତି (-3) [$\because$ 19 – 22 = –3]

29 ର ବିଚ୍ୟୁତି (+7) [$\because$ 29 – 22 = 7]

$\therefore$ ପ୍ରତ୍ୟେକ ଯୋଡ଼ା ସଂଖ୍ୟାର ବିଚ୍ୟୁତିମାନଙ୍କର ଯୋଗଫଳ =7 – 3 + 7 = 11

11, 11 ଦ୍ୱାରା ବିଭାଜ୍ୟ, ତେଣୁ ସଂଖ୍ୟା 291973, 11 ଦ୍ୱାରା ବିଭାଜ୍ୟ ।

7, 11 ଏବଂ 13 ଦ୍ୱାରା ବିଭାଜ୍ୟତା ପରୀକ୍ଷଣ :

ମୌଳିକ ସଂଖ୍ୟା 7, 11 ଏବଂ 13 ଦ୍ୱାରା କୌଣସି ସଂଖ୍ୟାର ବିଭାଜ୍ୟତା ପରୀକ୍ଷଣ ଏକ ସ୍ୱତନ୍ତ୍ର ପରିସ୍ଥିତିରେ ମଧ୍ୟ ନିରୂପିତ ହୋଇଥାଏ । ଆମକୁ 7, 11 ଏବଂ 13 ଦ୍ୱାରା କୌଣସି ସଂଖ୍ୟାର ବିଭାଜ୍ୟତା ପରୀକ୍ଷଣ କରିବାକୁ ହେବ ।

ମନେକର N = 291973, P = 7 କିମ୍ୱା 11 କିମ୍ୱା 13 ।

ପରୀକ୍ଷଣ ପ୍ରଣାଳୀ :

N = 291973

ସଂଖ୍ୟାର ଦକ୍ଷିଣପାର୍ଶ୍ୱରୁ ତିନିତିନୋଟି ସଂଖ୍ୟାକୁ ନେଇ ଗୋଟିଏ ଲେଖାଏଁ ଗୋଷ୍ଠୀ ପ୍ରସ୍ତୁତ କର ।

ଏଠାରେ ଗୋଷ୍ଠୀଦ୍ୱୟ 973 ଏବଂ 291 ।

ସେମାନଙ୍କର ଅନ୍ତରଫଳ = 972 – 291 = 682

ପର୍ଯ୍ୟବେକ୍ଷଣ :

(i) ଅନ୍ତରଫଳ ଯଦି '7' ଦ୍ୱାରା ବିଭାଜିତ ହୁଏ, ତେବେ ସଂଖ୍ୟାଟି 7 ଦ୍ୱାରା ବିଭାଜିତ ହେବ ।

(ii) ଅନ୍ତରଫଳ ଯଦି '11' ଦ୍ୱାରା ବିଭାଜିତ ହୁଏ, ତେବେ ସଂଖ୍ୟାଟି 11 ଦ୍ୱାରା ବିଭାଜିତ ହେବ ।

(iii) ଅନ୍ତରଫଳ ଯଦି '13' ଦ୍ୱାରା ବିଭାଜିତ ହୁଏ, ତେବେ ସଂଖ୍ୟାଟି 13 ଦ୍ୱାରା ବିଭାଜିତ ହେବ ।

ବର୍ତ୍ତମାନ ପରୀକ୍ଷାକରି ଦେଖ ଯେ; ଦତ୍ତ ସଂଖ୍ୟାଟି କେବଳ 11 ଦ୍ୱାରା ବିଭାଜ୍ୟ; କିନ୍ତୁ 7 କିମ୍ୱା 13 ଦ୍ୱାରା ବିଭାଜିତ ନୁହେଁ ।

ଉଦାହରଣ-11: 7, 11 ଓ 13 ସଂଖ୍ୟାଦ୍ୱାରା 95711ର ବିଭାଜ୍ୟତା ପରୀକ୍ଷଣ କର ।

ସମାଧାନ : ସଂଖ୍ୟାର ଦକ୍ଷିଣପାର୍ଶ୍ୱରୁ ତିନିଟି ଲେଖାଏଁ ଅଙ୍କକୁ ନେଇ ପ୍ରସ୍ତୁତ ଦୁଇଟି ଗୋଷ୍ଠୀ ହେଲେ - 711 ଏବଂ 095 ।

ସେମାନଙ୍କର ଅନ୍ତର ଫଳ = 711 – 095 = 616

616, 7 ଓ 11 ଦ୍ୱାରା ବିଭାଜିତ ହେଲାବେଳେ, 13 ଦ୍ୱାରା ବିଭାଜିତ ନୁହେଁ ।

ତେଣୁ ସଂଖ୍ୟାଟି କେବଳ 7 ଏବଂ 11 ଦ୍ୱାରା ବିଭାଜ୍ୟ; କିନ୍ତୁ 13 ଦ୍ୱାରା ବିଭାଜିତ ନୁହେଁ ।

ଉଦାହରଣ-12: 7, 11 ଏବଂ 13 ଦ୍ୱାରା 70889ର ବିଭାଜ୍ୟତା ପରୀକ୍ଷଣ କର ।

ସମାଧାନ : ସଂଖ୍ୟାର ଦକ୍ଷିଣପାର୍ଶ୍ୱରୁ ତିନିଟି ଲେଖାଏଁ ଅଙ୍କ ନେଇ ଦୁଇଟି ଗୋଷ୍ଠୀ ପ୍ରସ୍ତୁତ କଲେ ପାଇବା : 889 ଏବଂ 070

ଦୁଇଟି ଗୋଷ୍ଠୀର ଅନ୍ତରଫଳ = 889 – 070 = 819

ପରୀକ୍ଷା କରି ଦେଖ ଯେ, ସଂଖ୍ୟାଟି 7 ଏବଂ 13 ଦ୍ୱାରା ବିଭାଜ୍ୟ, କିନ୍ତୁ 11 ଦ୍ୱାରା ବିଭାଜିତ ନୁହେଁ ।

ଉଦାହରଣ – 13 : 7, 11 ଓ 13 ଦ୍ୱାରା 352352 ସଂଖ୍ୟାର ବିଭାଜ୍ୟତା ପରୀକ୍ଷଣ କର ।

ସମାଧାନ : 352352 ସଂଖ୍ୟାଟିର ତିନୋଟି ଅଙ୍କ ବିଶିଷ୍ଟ ଦୁଇଟି ଗୋଷ୍ଠୀ ହେଲେ, 352 ଏବଂ 352 ।

ସେମାନଙ୍କର ଅନ୍ତର ଫଳ = 352 – 352 = 0

0, ପ୍ରତ୍ୟେକ ସଂଖ୍ୟା (7, 11 ଏବଂ 13) ଦ୍ୱାରା ବିଭାଜ୍ୟ । ତେଣୁ ସଂଖ୍ୟାଟି 7, 11 ଏବଂ 13 ଦ୍ୱାରା ବିଭାଜ୍ୟ ।

ଦ୍ରଷ୍ଟବ୍ୟ : (a) $352352 = 1001 \times 352$

ବିଶ୍ଳେଷଣ : $352\,352 = 352000 + 352$
$$= 352(1000 + 1)$$
$$= 352 \times 1001$$

(b) ମନେରଖ ଯେ, $1001 = 7 \times 11 \times 13$

ତେଣୁ ଏ କ୍ଷେତ୍ରରେ ସଂଖ୍ୟାଟି 7, 11 ଏବଂ 13 ଦ୍ୱାରା ବିଭାଜ୍ୟ ।

(2) ଯୌଗିକ ସଂଖ୍ୟା ଦ୍ୱାରା ବିଭାଜ୍ୟତା ପରୀକ୍ଷଣ :

ଉଦାହରଣ – 14 : 77 ଦ୍ୱାରା 111804 ସଂଖ୍ୟାର ବିଭାଜ୍ୟତା ପରୀକ୍ଷଣ କର ।

ସମାଧାନ : 77 ଏକ ଯୌଗିକ ସଂଖ୍ୟା । ଯେହେତୁ $77 = 11 \times 7$ ।

ତେଣୁ ଏଠାରେ 111804 ର ବିଭାଜ୍ୟତା ପରୀକ୍ଷଣ 11 ଏବଂ 7 ଉଭୟ ଦ୍ୱାରା ପରୀକ୍ଷା କରିବା ଆବଶ୍ୟକ ।

ଆମେ ଜାଣିଛେ, 7 ଓ 11 ଦ୍ୱାରା ବିଭାଜ୍ୟତା ପରୀକ୍ଷଣର ପ୍ରକ୍ରିୟା ଏକ ପ୍ରକାରର । ଦକ୍ଷିଣପାର୍ଶ୍ୱରୁ ତିନି ତିନୋଟି କରି ଦୁଇଗୋଟି ଗୋଷ୍ଠୀ ହେଲେ 804 ଏବଂ 111 ।

∴ ଅନ୍ତରଫଳ = 804 – 111 = 693

ପରୀକ୍ଷା କରି ଦେଖ ଯେ, 693, 7 ଏବଂ 11 ଉଭୟ ଦ୍ୱାରା ବିଭାଜ୍ୟ ।

∴ 111804, 77 ଦ୍ୱାରା ବିଭାଜ୍ୟ ।

ଉଦାହରଣ - 15 : ଦର୍ଶାଅ ଯେ, 91 ଦ୍ୱାରା 43225 ସଂଖ୍ୟା ବିଭାଜ୍ୟ ।

ସମାଧାନ : 91 ଏକ ଯୌଗିକ ସଂଖ୍ୟା । କାରଣ $91 = 13 \times 7$ ।

ଆମକୁ ଦର୍ଶାଇବାକୁ ପଡ଼ିବ ଯେ, 43225, 13 ଏବଂ 7 ଉଭୟ ଦ୍ୱାରା ବିଭାଜ୍ୟ ।

ପୂର୍ବବର୍ଣ୍ଣିତ ପ୍ରଣାଳୀ ଅନୁଯାୟୀ ଦୁଇଟି ଗୋଷ୍ଠୀ ହେଲେ 225 ଏବଂ 043

ଅନ୍ତରଫଳ = $225 - 043 = 182$

ପରୀକ୍ଷା କରି ଦେଖ ଯେ, 182 ସଂଖ୍ୟାଟି ଉଭୟ 7 ଏବଂ 13 ଉଭୟ ଦ୍ୱାରା ବିଭାଜ୍ୟ । ଅତଏବ 43225, 91 ଦ୍ୱାରା ବିଭାଜ୍ୟ ।

ଦ୍ରଷ୍ଟବ୍ୟ : ବେଷ୍ଟକ ଦ୍ୱାରା ଅଲଗା ଅଲଗା ଭାବରେ 7 ଏବଂ 13 ମୌଳିକ ସଂଖ୍ୟା ଦ୍ୱାରା ଦତ୍ତ ସଂଖ୍ୟାର ବିଭାଜ୍ୟତା ପରୀକ୍ଷଣ କରାଯାଇପାରେ ।

ଉଦାହରଣ - 16 : 'x' ର କେଉଁ ମାନ ପାଇଁ 34x, 12 ଦ୍ୱାରା ବିଭାଜିତ ହେବ ?

ସମାଧାନ : 'x' ର ସମ୍ଭାବ୍ୟ କେଉଁ ମାନ ପାଇଁ ଦତ୍ତ ସଂଖ୍ୟାଟି 4 ଏବଂ 3 ଉଭୟ ଦ୍ୱାରା ବିଭାଜିତ ହେବ ସ୍ଥିର କରିବା ।

ପ୍ରଥମେ 'x' କେଉଁ ମାନ ପାଇଁ ଶେଷ ଦୁଇଅଙ୍କ '4' ଦ୍ୱାରା ବିଭାଜିତ ହେବ ? ଏଠାରେ ସମ୍ଭାବ୍ୟ ମାନ 0, 4 କିମ୍ବା 8 ହୋଇପାରେ । x ର ମାନ 0 କିମ୍ବା 4 ହେଲେ, ସଂଖ୍ୟାଟି '3' ଦ୍ୱାରା ବିଭାଜିତ ହେବ ନାହିଁ । କାରଣ ସଂଖ୍ୟାର ଅଙ୍କଗୁଡ଼ିକର ସମଷ୍ଟି 3 ଦ୍ୱାରା ବିଭାଜିତ ନୁହେଁ । କିନ୍ତୁ 'x' ର ମାନ 8 ପାଇଁ ସଂଖ୍ୟା 348, 3 ଏବଂ 4 ଉଭୟ ଦ୍ୱାରା ବିଭାଜିତ ହେବ ।

ଉଦାହରଣ - 17 : 'x' ର କେଉଁ ମାନ ପାଇଁ 5824x ସଂଖ୍ୟାଟି 55 ଦ୍ୱାରା ବିଭାଜିତ ହେବ ?

ସମାଧାନ : ସଂଖ୍ୟାଟି 5 ଏବଂ 11 ଦ୍ୱାରା ବିଭାଜିତ ହେବା ଆବଶ୍ୟକ ।

'5824x' ସଂଖ୍ୟାର ଅଯୁଗ୍ମ ସ୍ଥାନୀୟ ଅଙ୍କମାନଙ୍କର ସମଷ୍ଟି

$= (x + 2 + 5) = 7 + x$ ଏବଂ

ଯୁଗ୍ମ ସ୍ଥାନୀୟ ଅଙ୍କମାନଙ୍କର ସମଷ୍ଟି $= 4 + 8 = 12$

∴ ଅନ୍ତର ଫଳ ଅତିକମ୍‌ରେ '0' ସହ ସମାନ ହେବା ଦରକାର ।

ଅର୍ଥାତ୍ $(7 + x) - 12 = 0$

$\Rightarrow -5 + x = 0 \Rightarrow x = 5$

ଏଠାରେ ଲକ୍ଷ୍ୟ କର ଯଦି 'x' ର ମାନ '5' ହେବ, ତେବେ ସଂଖ୍ୟାଟି 11 ଏବଂ 5 ଉଭୟ ଦ୍ୱାରା ବିଭାଜିତ ହେବ । ଅର୍ଥାତ୍ ସଂଖ୍ୟାଟି 55 ଦ୍ୱାରା ବିଭାଜ୍ୟ।

ପ୍ରଶ୍ନାବଳୀ

1. ନିମ୍ନରେ ଦିଆଯାଇଥିବା କେଉଁ ସଂଖ୍ୟାଟି '15' ଦ୍ୱାରା ବିଭାଜ୍ୟ ?
   (a) 2365 (b) 1375 (c) 4365
   (d) 2275 (e) 3275 (f) 1475
2. ନିମ୍ନରେ ଦିଆଯାଇଥିବା କେଉଁ ସଂଖ୍ୟାଟି '12' ଦ୍ୱାରା ବିଭାଜ୍ୟ ?
   (a) 3244 (b) 5140 (c) 2632
   (d) 1616 (e) 4212 (f) 6056
3. ନିମ୍ନରେ ଦିଆଯାଇଥିବା କେଉଁ ସଂଖ୍ୟାଟି '21' ଦ୍ୱାରା ବିଭାଜ୍ୟ ?
   (a) 2717 (b) 2583 (c) 2852
   (d) 1638 (e) 2244 (f) 4158
4. 'x' ର କେଉଁମାନ ପାଇଁ 34x, 11 ଦ୍ୱାରା ବିଭାଜ୍ୟ ?
5. 'P' ର ସର୍ବନିମ୍ନ କେଉଁମାନ ପାଇଁ 5824P, 8 ଦ୍ୱାରା ବିଭାଜ୍ୟ ?
6. 'x' ର କେଉଁମାନ ପାଇଁ 6x2904, 88 ଦ୍ୱାରା ବିଭାଜ୍ୟ ?
7. '1729' କେଉଁ କେଉଁ ମୌଳିକ ସଂଖ୍ୟା ଦ୍ୱାରା ବିଭାଜ୍ୟ ?
8. 1001, କେଉଁ କେଉଁ ମୌଳିକ ସଂଖ୍ୟା ଦ୍ୱାରା ବିଭାଜ୍ୟ ?
9. 3434 ର ବୃହତ୍ତମ ମୌଳିକ ଗୁଣନୀୟକଟି କେତେ ?
10. ଯଦି 3 4 7 x y, 80 ଦ୍ୱାରା ବିଭାଜିତ ହୁଏ, ତେବେ x + y ର ସର୍ବନିମ୍ନ ମାନ କେତେ ହେବ ?
11. 3718, 193336, 732050, 16289 ଏବଂ 718515 ଗୁଡ଼ିକର 7, 11 ଏବଂ 13 ଦ୍ୱାରା ବିଭାଜ୍ୟତା ପରୀକ୍ଷଣ କର।
12. 2869, 2907, 3077 ଓ 3097 ମଧ୍ୟରୁ କେଉଁ ସଂଖ୍ୟାମାନ 19 ଦ୍ୱାରା ବିଭାଜ୍ୟ ?
13. 53 ଦ୍ୱାରା 22006 ର ବିଭାଜ୍ୟତା ପରୀକ୍ଷଣ କର।
14. 17 ଦ୍ୱାରା 24687 ର ବିଭାଜ୍ୟତା ପରୀକ୍ଷଣ କର।
15. 43 ଦ୍ୱାରା 14061 ର ବିଭାଜ୍ୟତା ପରୀକ୍ଷଣ କର।

-୦-

ଏକାଦଶ ଅଧ୍ୟାୟ

ରୈଖିକ ଭାଗକ୍ରିୟା

(STRAIGHT DIVISIONS)

ସାଧାରଣତଃ କେତେକ ସ୍ୱତନ୍ତ୍ର ପରିସ୍ଥିତିରେ ବେଦଗଣିତର ଦୁଇଗୋଟି ଭାଗକ୍ରିୟା ପଦ୍ଧତି 'ନିଖିଳଂ' ଏବଂ 'ପରାବର୍ତ୍ତ୍ୟ' ପଦ୍ଧତିକୁ ବ୍ୟବହାର କରାଯାଇଥାଏ; ଯାହା ଦ୍ୱାରା ପାରମ୍ପାରିକ ପଦ୍ଧତିରେ ଅନୁସୃତ ଭାଗକ୍ରିୟା ପଦ୍ଧତିକୁ ଏଡ଼ାଇ ଦିଆଯାଇପାରିଛି ।

ବୈଦିକ ଗଣିତରେ ସ୍ୱତନ୍ତ୍ର ପଦ୍ଧତିଗୁଡ଼ିକ ହେଲା -

(i) 'ନିଖିଳଂ ପଦ୍ଧତି' ('ନିଖିଳଂ ନବତଃ ଚରମଂ ଦଶତଃ') ଏବଂ

(ii) 'ପରାବର୍ତ୍ତ୍ୟ ପଦ୍ଧତି ('ପରାବର୍ତ୍ତ୍ୟ ଯୋଜୟତ୍')

ଉଦାହରଣ ମାଧ୍ୟମରେ ଉକ୍ତ ପଦ୍ଧତିଦ୍ୱୟର ସଫଳ ଉପସ୍ଥାପନା କରାଯାଇପାରେ । ଉଭୟ ପଦ୍ଧତିରେ ଦତ୍ତ ଭାଜକ ସଂଖ୍ୟା, ସଂପୃକ୍ତ ଆଧାରର ନିକଟବର୍ତ୍ତୀ ହେବା ଆବଶ୍ୟକ । ଭାଜକ ସଂଖ୍ୟା, ସଂପୃକ୍ତ ଆଧାର ନିକଟବର୍ତ୍ତୀ ଅର୍ଥାତ୍ ଆଧାରଠାରୁ କ୍ଷୁଦ୍ରତର ହୋଇପାରେ ଅଥବା ଆଧାର ଠାରୁ ବୃହତ୍ତର ହୋଇପାରେ ।

ଉଭୟ କ୍ଷେତ୍ରରେ ଏ ପ୍ରକାରର ଭାଗକ୍ରିୟାକୁ ପ୍ରଥମେ ବୁଝିବା ।

ଉଦାହରଣ-1 : 1031 କୁ 83 ଦ୍ୱାରା ଭାଗ କରି ଭାଗଫଳ ଓ ଭାଗଶେଷ ନିରୂପଣ କର ।

(a) ନିଖିଳଂ ପଦ୍ଧତି :

ସମାଧାନ: ଭାଜକ, ଆଧାର 100ର ନିକଟବର୍ତ୍ତୀ ଏବଂ ଆଧାର ଠାରୁ କ୍ଷୁଦ୍ରତର ।

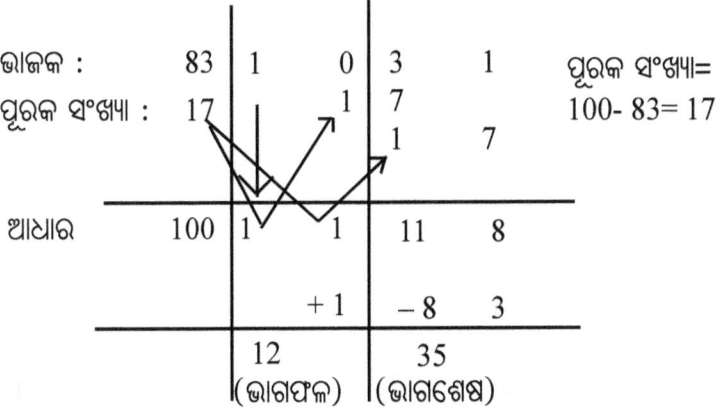

118, 83 ରୁ ବୃହତ୍ତର ହେତୁ,

ପରିବର୍ତ୍ତିତ ଭାଗଶେଷ $= 118 - 83 = 35$

ଏବଂ ପରିବର୍ତ୍ତିତ ଭାଗଫଳ $= 11 + 1 = 12$ ହେବ।

$\therefore$ ନିର୍ଣ୍ଣେୟ ଭାଗଫଳ ଓ ଭାଗଶେଷ ଯଥାକ୍ରମେ 12 ଏବଂ 35।

(b) ପରାବର୍ତ୍ତ୍ୟ ପଦ୍ଧତି :

ଭାଜ୍ୟ : 1031 , ଭାଜକ : $83 = 1\bar{2}3$ $(\because 83 = 103 - 20)$

ପୂରକ ସଂଖ୍ୟା $= 1\bar{2}3 - 100 = \bar{2}3$

ପରିବର୍ତ୍ତିତ ଚିହ୍ନଯୁକ୍ତ ପୂରକ ସଂଖ୍ୟା $= 2\bar{3}$

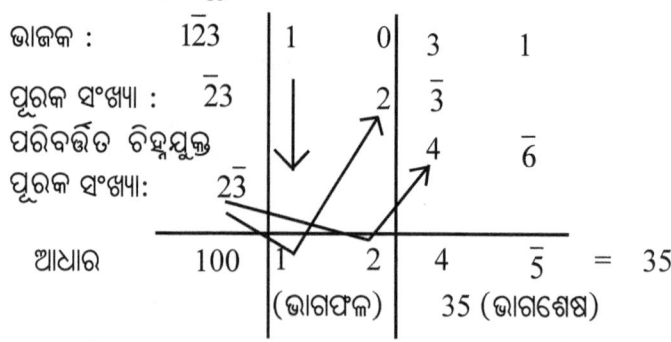

ଭାଜକ :	$1\bar{2}3$	1	0	3	1
ପୂରକ ସଂଖ୍ୟା :	$\bar{2}3$	↓	2	$\bar{3}$	
ପରିବର୍ତ୍ତିତ ଚିହ୍ନଯୁକ୍ତ ପୂରକ ସଂଖ୍ୟା:	$2\bar{3}$			4	$\bar{6}$
ଆଧାର	100	1	2	4	$\bar{5}$ = 35
		(ଭାଗଫଳ)		35 (ଭାଗଶେଷ)	

$\therefore$ ନିର୍ଣ୍ଣେୟ ଭାଗଫଳ ଏବଂ ଭାଗଶେଷ ଯଥାକ୍ରମେ 12 ଏବଂ 35 ।

ଦ୍ରଷ୍ଟବ୍ୟ : (i) 'ନିଖିଳଂ' ଏବଂ 'ପରାବର୍ତ୍ତ୍ୟ' ପଦ୍ଧତି ପାଇଁ ଆଧାରର ନିକଟବର୍ତ୍ତୀ ସଂଖ୍ୟାର ପୂରକ ସଂଖ୍ୟା (Complement Number) ନିର୍ଣ୍ଣୟର ଆବଶ୍ୟକତା ପଡ଼ିଥାଏ ।

(ii) 'ନିଖିଳଂ ପଦ୍ଧତି' ରେ କେବଳ ଭାଜକ ସଂଖ୍ୟାର ପୂରକ ସଂଖ୍ୟା ଆବଶ୍ୟକ ଥିଲାବେଳେ, 'ପରାବର୍ତ୍ତ୍ୟ' ପଦ୍ଧତି ପାଇଁ ପରିବର୍ତ୍ତିତ ଚିହ୍ନଯୁକ୍ତ ପୂରକସଂଖ୍ୟାର ଆବଶ୍ୟକତା ପଡ଼ିଥାଏ ।

(iii) ଉଭୟ ପଦ୍ଧତିର କାର୍ଯ୍ୟକାରିତା ସମାନ। ଉଭୟ ପଦ୍ଧତି ଏକ ଏକ ସ୍ୱତନ୍ତ୍ର ପରିସ୍ଥିତିରେ ଭାଗକ୍ରିୟା ପାଇଁ ଉପଯୋଗୀ ହୋଇଥାନ୍ତି ।

(iv) ଉଭୟ ପଦ୍ଧତିରେ ପ୍ରତ୍ୟେକ ଭାଜକସଂଖ୍ୟା; ସଂପୃକ୍ତ ଆଧାରର ନିକଟବର୍ତ୍ତୀ ହୋଇଥିବା ଆବଶ୍ୟକ । ନିଖିଳଂ ପଦ୍ଧତିରେ ଭାଜକ ସଂଖ୍ୟା, ସଂପୃକ୍ତ ଆଧାର ଠାରୁ କ୍ଷୁଦ୍ରତର ହୋଇଥିବା ବେଳେ, ପରାବର୍ତ୍ତ୍ୟ ପଦ୍ଧତିରେ ଭାଜକ ସଂଖ୍ୟା ସଂପୃକ୍ତ ଆଧାର ଠାରୁ ବୃହତ୍ତର ହୋଇଥାଏ ।

ଭାଗ ପ୍ରକ୍ରିୟା ପାଇଁ ପୂର୍ବବର୍ଣ୍ଣିତ ପଦ୍ଧତିଗୁଡ଼ିକର ବ୍ୟବହାର ସୀମିତ ଥିଲା । ଅର୍ଥାତ୍ ଆଧାର ନିକଟବର୍ତ୍ତୀ ଭାଜକ ସଂଖ୍ୟାଗୁଡ଼ିକ ପାଇଁ କେବଳ ଉପରୋକ୍ତ ପଦ୍ଧତିଗୁଡ଼ିକର ଆବଶ୍ୟକତା ପଡ଼ିଥାଏ ।

କିନ୍ତୁ ରୈଖିକ ଭାଗପ୍ରକ୍ରିୟାର ପ୍ରୟୋଗ ଏକ ସାଧାରଣ ଭାଗପ୍ରକ୍ରିୟା - ଯାହା ସବୁପ୍ରକାରର ଭାଗ କ୍ରିୟା ପାଇଁ ଉପଯୋଗୀ ହୋଇଥାଏ। ଉକ୍ତ ଭାଗପ୍ରକ୍ରିୟାକୁ ବୈଦିକ ପଦ୍ଧତିରେ **'ଧ୍ୱଜାଙ୍କ ବିଧି' ବା ପଦ୍ଧତି (Flag-Digit Method)** କୁହାଯାଏ ।

ଉକ୍ତ ଭାଗପ୍ରକ୍ରିୟା ସମ୍ବନ୍ଧିତ 'ସାଧାରଣ ଭାଗକ୍ରିୟା ପଦ୍ଧତି' ମୁଖ୍ୟତଃ ଦୁଇ ପ୍ରକାରରେ ସଂପାଦିତ ହୋଇପାରେ ।

(1) ଧ୍ୱଜାଙ୍କ ପଦ୍ଧତି (Flag Method) ଏବଂ

(2) ଆର୍ଥର ବେନ୍‌ଜାମିନ୍‌ଙ୍କ ଭାଗ ପଦ୍ଧତି

(Arthur Benjamin's Division Method)

1. ଧ୍ୱଜାଙ୍କ ପଦ୍ଧତି :

(a) ଧ୍ୱଜାଙ୍କ ପଦ୍ଧତିର ସମ୍ପାଦନରେ ଭାଜକ ସଂଖ୍ୟା ଦୁଇଟି ଭାଗରେ ବିଭକ୍ତ ହୋଇଥାଏ। ଯଥା:**ବ୍ୟାବହାରିକ ଭାଜକ(Operator)**ଏବଂ **ଧ୍ୱଜାଙ୍କ (Flag)**।

(b) ଭାଗକ୍ରିୟା ସଂପାଦନ ସମୟରେ ସମଗ୍ର ଭାଜକ ବ୍ୟବହାର ନହୋଇ କେବଳ ବ୍ୟାବହାରିକ ଭାଜକ ଦ୍ୱାରା ଭାଜ୍ୟ ସଂଖ୍ୟାକୁ ଭାଗ କରାଯାଏ ।

(c) ବ୍ୟାବହାରିକ ଭାଜକ ମାଧ୍ୟମରେ ଭାଜ୍ୟକୁ **ମୋଟ ଭାଜ୍ୟ ଏବଂ ପ୍ରକୃତ ଭାଜ୍ୟ** (Gross Dividend and Net Dividend)ରେ ପରିଣତ କରାଯାଏ, ଯେଉଁଥିରେ ସଂପୃକ୍ତ ଭାଗଫଳ ଏବଂ ଧ୍ୱଜାଙ୍କର ପୂର୍ଣ୍ଣ ଆବଶ୍ୟକତା ପଡ଼ିଥାଏ ।

(d) ଧ୍ୱଜାଙ୍କରେ ଯେତେଗୋଟି ଅଙ୍କ ଥାଏ, ଡାହାଣ ଆଡୁ ସେତିକିଟି ଅଙ୍କକୁ ଗୋଟିଏ ଉଲ୍ଲମ୍ବରେଖା ଦ୍ୱାରା ଭାଜ୍ୟ ସଂଖ୍ୟାରୁ ପୃଥକ୍ କରାଯାଏ ।

ପ୍ରବାହ ଚିତ୍ର (Flow Chart)

<table>
<tr><td>ଭାଜକ (Divisor)</td><td colspan="2">ଭାଜ୍ୟ (Dividend)</td></tr>
<tr><td rowspan="2">ଧ୍ୱଜାଙ୍କ (Flag)
ବ୍ୟାବହାରିକ ଭାଜକ
(Operator)</td><td>ଭାଜ୍ୟର ଅବଶିଷ୍ଟ
ଅଙ୍କ ସଂଖ୍ୟା</td><td>ଭାଜ୍ୟର ଦକ୍ଷିଣ
ପାର୍ଶ୍ୱସ୍ଥ ଅଙ୍କ ସଂଖ୍ୟା
(ଧ୍ୱଜାଙ୍କର ଅଙ୍କ ସଂଖ୍ୟା ସହ ସମାନ)</td></tr>
<tr><td>ଭାଗଫଳ
(Quotient)</td><td>ଭାଗଶେଷ
(Remainder)</td></tr>
</table>

ପ୍ରଣାଳୀ (Procedure) :

(i) ବାମପାର୍ଶ୍ୱରୁ ଆରମ୍ଭ କରି ଭାଜ୍ୟର ଆବଶ୍ୟକ ସଂଖ୍ୟକ ଅଙ୍କମାନଙ୍କୁ ନେଇ ବ୍ୟାବହାରିକ ଭାଜକ ଦ୍ୱାରା ଭାଗ କରି ସଂପୃକ୍ତ ଭାଗଫଳ ଓ ଉତ୍ପନ୍ନ ଭାଗଶେଷକୁ ଉଦ୍ଦିଷ୍ଟ ସ୍ଥାନମାନଙ୍କର ଲେଖ । ଭାଗଶେଷ ଓ ଭାଜ୍ୟର ପରବର୍ତ୍ତୀ ଅଙ୍କ ଦ୍ୱାରା ଗଠିତ ସଂଖ୍ୟାକୁ **ମୋଟ ଭାଜ୍ୟ (Gross Dividend)** କୁହାଯିବ ।

(ii) ମୋଟ ଭାଜ୍ୟରୁ, ଧ୍ୱଜାଙ୍କ ଏବଂ ସଂପୃକ୍ତ ଭାଗଫଳର ଗୁଣଫଳକୁ ବିୟୋଗ କରି **ପ୍ରକୃତ ଭାଜ୍ୟ (Net Dividend)** ନିର୍ଣ୍ଣୟ କରିବାକୁ ହେବ ।

(iii) ପୁନଶ୍ଚ ପ୍ରକୃତ ଭାଜ୍ୟକୁ ବ୍ୟାବହାରିକ ଭାଜକ ଦ୍ୱାରା ଭାଗ କରି ଭାଗଫଳର ପରବର୍ତ୍ତୀ ଅଙ୍କ ନିର୍ଣ୍ଣୟ କର ଏବଂ ଏହାକୁ ପୂର୍ବ ଭାଗଫଳର ଦକ୍ଷିଣପାର୍ଶ୍ୱରେ ଲେଖ ।

(iv) ଭାଜ୍ୟର ସମସ୍ତ ଅଙ୍କର ସମାପ୍ତି ଘଟିଲେ ଭାଗଶେଷକୁ ଠିକ୍ ସ୍ଥାନରେ ଲେଖ । ଏଠାରେ ଭାଗକ୍ରିୟାର ପରିସମାପ୍ତି ଘଟିଛି ବୋଲି ଧରିନେବାକୁ ହେବ ।

ଉଦାହରଣ- 2 : ଧ୍ୱଜାଙ୍କ ବିଧିରେ 1031 କୁ 83 ଦ୍ୱାରା ଭାଗ କରି ଭାଗଫଳ ଓ ଭାଗଶେଷ ନିରୂପଣ କର ।

ସମାଧାନ : 83 ଭାଜକକୁ 8^3 ରୂପରେ ଲେଖିବା, ଯେଉଁଠାରେ 8 ବ୍ୟାବହାରିକ ଭାଜକ ଏବଂ 3 ଧ୍ୱଜାଙ୍କ । ଭାଜ୍ୟ : 1031 ଏବଂ ଭାଜକ : 83

ଧ୍ୱଜାଙ୍କ : 3 (8^3)	1 0 $_2$3	$_4$1
ବ୍ୟାବହାରିକ ଭାଜକ:8	8	
	1 2	3 5
	(ଭାଗଫଳ)	(ଭାଗଶେଷ)

(ଧ୍ୱଜାଙ୍କ ଏକ ଅଙ୍କ ବିଶିଷ୍ଟ ହୋଇଥିବାରୁ ଭାଜ୍ୟ ସଂଖ୍ୟାର ଏକକସ୍ଥାନୀୟ ଅଙ୍କକୁ ଉଲ୍ଲମ୍ବ ରେଖାର ଦକ୍ଷିଣପାର୍ଶ୍ୱରେ ରଖାଯାଇଛି ।)

ବିଶ୍ଳେଷଣ: (i) $10 \div 8 = 1$ ଭାଗଫଳ ଏବଂ 2 ଭାଗଶେଷ ।

(ii) ମୋଟ ଭାଜ୍ୟ − ଭାଗଫଳ × ଧ୍ୱଜାଙ୍କ = ପ୍ରକୃତ ଭାଜ୍ୟ

∴ ପ୍ରକୃତ ଭାଜ୍ୟ = $23 - 1 \times 3 = 23 - 3 = 20$

(iii) $20 \div 8 = 2$ ଭାଗଫଳ ଏବଂ 4 ଭାଗଶେଷ ।

(iv) ମୋଟ ଭାଜ୍ୟ = 41 ଏବଂ

ପ୍ରକୃତ ଭାଜ୍ୟ = $41 - 3 \times 2 = 35$ (ଭାଗଶେଷ)

∴ ନିର୍ଣ୍ଣେୟ ଭାଗଫଳ 12 ଏବଂ ଭାଗଶେଷ 35 ।

ଉଦାହରଣ - 3 : ଧ୍ୱଜାଙ୍କ ବିଧିରେ 1764 କୁ 42 ଦ୍ୱାରା ଭାଗକରି ଭାଗଫଳ ଓ ଭାଗଶେଷ ନିରୂପଣ କର ।

ସମାଧାନ : ଭାଜ୍ୟ : 1 7 6 4, ଭାଜକ : 42

ବ୍ୟାବହାରିକ ଭାଜକ = 4 ଏବଂ ଧ୍ୱଜାଙ୍କ = 2

ପ୍ରବାହ ଚିତ୍ର ଅନୁଯାୟୀ

ଧ୍ୱଜାଙ୍କ : 2 (4^2)	ଭାଜ୍ୟ	
ବ୍ୟାବହାରିକ ଭାଜକ: 4	1 7 $_1$6	$_0$4
	16	
	4 2	0
	(ଭାଗଫଳ)	(ଭାଗଶେଷ)

ବିଶ୍ଳେଷଣ:(i) $17 \div 4 =$ ଭାଗଫଳ 4 ଓ 1 ଭାଗଶେଷ ।

ମୋଟ ଭାଜ୍ୟ = 16

(ii) ପ୍ରକୃତ ଭାଜ୍ୟ = ମୋଟ ଭାଜ୍ୟ – ଭାଗଫଳ × ଧ୍ୱଜାଙ୍କ
 $= 16 - 4 \times 2 = 8$

(iii) ପୁନଶ୍ଚ $8 \div 4 = 2$ ଭାଗଫଳ ଓ ଭାଗଶେଷ 0 ।

ମୋଟ ଭାଜ୍ୟ = 04 ଏବଂ ପ୍ରକୃତ ଭାଜ୍ୟ = $4 - 2 \times 2 = 0$

∴ ନିର୍ଣ୍ଣେୟ ଭାଗଫଳ = 42 ଏବଂ ଭାଗଶେଷ = 0 ।

ଉଦାହରଣ - 4 : 38982 କୁ 73 ଦ୍ୱାରା ଭାଗକରି ଭାଗଫଳ ଓ ଭାଗଶେଷ ସ୍ଥିର କର ।

ସମାଧାନ : ଭାଜ୍ୟ : 38982 ଏବଂ ଭାଜକ : 73

ବ୍ୟାବହାରିକ ଭାଜକ = 7 ଏବଂ ଧ୍ୱଜାଙ୍କ = 3

7^3	3 8 $_3$9 $_3$8	$_1$2
	3 5	
	5 3 4	0
	(ଭାଗଫଳ)	(ଭାଗଶେଷ)

ବିଶ୍ଳେଷଣ : (i) 38 ÷ 7 = ଭାଗଫଳ 5 ଏବଂ ଭାଗଶେଷ 3 ।

ଏଠାରେ ମୋଟ ଭାଜ୍ୟ = 39

∴ ପ୍ରକୃତ ଭାଜ୍ୟ = 39 – 5 × 3 = 24

(ii) ପୁନଶ୍ଚ 24 ÷ 7 = ଭାଗଫଳ 3 ଓ ଭାଗଶେଷ 3 ।

ମୋଟ ଭାଜ୍ୟ = 38 ଏବଂ ପ୍ରକୃତ ଭାଜ୍ୟ = 38 – 3 × 3 = 29

(iii) 29 ÷ 7 = 4 ଭାଗଫଳ ଓ 1 ଭାଗଶେଷ ।

ମୋଟ ଭାଜ୍ୟ = 12 ଏବଂ ପ୍ରକୃତ ଭାଜ୍ୟ = 12 – 4 × 3 = 0

ଏଠାରେ ଲକ୍ଷ୍ୟ କର, ଆମେ ଶେଷ ସୋପାନରେ ପହଞ୍ଚିସାରିଛେ ।

∴ ନିର୍ଣ୍ଣେୟ ଭାଗଫଳ = 534 ଏବଂ ଭାଗଶେଷ = 0 ।

ଉଦାହରଣ - 5 : 16384 କୁ 128 ଦ୍ୱାରା ଭାଗକରି ଭାଗଫଳ ଓ ଭାଗଶେଷ ସ୍ଥିର କର ।

ସମାଧାନ : ଭାଜ୍ୟ : 16384 ଏବଂ ଭାଜକ : 128

ବ୍ୟାବହାରିକ ଭାଜକ : 12 ଏବଂ ଧ୍ୱଜାଙ୍କ : 8

$_{12}8$	1	6	$_{4}3$	$_{11}8$	$_{6}4$
		12			
		1	2	8 (ଭାଗଫଳ)	0 (ଭାଗଶେଷ)

ବିଶ୍ଳେଷଣ : (i) 16 ÷ 12 = ଭାଗଫଳ 1 ଏବଂ ଭାଗଶେଷ 4 ।

ମୋଟ ଭାଜ୍ୟ = 43

∴ ପ୍ରକୃତ ଭାଜ୍ୟ = 43 – 1 × 8 = 35

(ii) 35 ÷ 12 = ଭାଗଫଳ 2 ଓ ଭାଗଶେଷ 11 ।

ମୋଟ ଭାଜ୍ୟ = 118 ଏବଂ ପ୍ରକୃତ ଭାଜ୍ୟ = 118 –2 × 8 = 102

(iii) ପୁନଶ୍ଚ 102 ÷ 12 = 8 ଭାଗଫଳ ଓ 6 ଭାଗଶେଷ ।

(iv) ମୋଟ ଭାଜ୍ୟ = 64 ଏବଂ ପ୍ରକୃତ ଭାଜ୍ୟ = 64 – 8 × 8 = 0

∴ ନିର୍ଣ୍ଣେୟ ଭାଗଫଳ 128 ଏବଂ ଭାଗଶେଷ 0 ।

ଉଦାହରଣ - 6 : 115501 କୁ 137 ଦ୍ୱାରା ଭାଗକରି ଭାଗଫଳ ଓ ଭାଗଶେଷ ସ୍ଥିର କର ।

ସମାଧାନ : ଭାଜକ : 137 , ଭାଜ୍ୟ : 115501

ବ୍ୟାବହାରିକ ଭାଜକ : 13 ଏବଂ ଧ୍ୱଜାଙ୍କ : 7

$$13^7 \mid 1\ 1\ 5\ _{11}5\ _{7}0\ \mid\ _{3}1$$
$$\ \ 1\ 0\ 4$$
$$\ \ \ \ 8\ 4\ 3\ \ \ \ \mid\ 10$$
$$\ \ (\text{ଭାଗଫଳ})\ \ (\text{ଭାଗଶେଷ})$$

ବିଶ୍ଳେଷଣ : (i) $115 \div 13 =$ ଭାଗଫଳ 8 ଏବଂ ଭାଗଶେଷ 11 ।

ମୋଟ ଭାଜ୍ୟ : 115 ଏବଂ ପ୍ରକୃତ ଭାଜ୍ୟ $= 115 - 8 \times 7 = 59$

(ii) ପୁନଶ୍ଚ $59 \div 13 = 4$ ଭାଗଫଳ ଓ 7 ଭାଗଶେଷ ।

ମୋଟ ଭାଜ୍ୟ : 70 ଏବଂ ପ୍ରକୃତ ଭାଜ୍ୟ : $70 - 4 \times 7 = 42$

(iii) $42 \div 13 = 3$ ଭାଗଫଳ ଓ 3 ଭାଗଶେଷ ।

ମୋଟ ଭାଜ୍ୟ $= 31$ ଏବଂ

ପ୍ରକୃତ ଭାଜ୍ୟ $= 31 - 3 \times 7 = 10$ (ଭାଗଶେଷ)

$\therefore$ ନିର୍ଣ୍ଣେୟ ଭାଗଫଳ $= 843$ ଏବଂ ଭାଗଶେଷ $= 10$ ।

ଉଦାହରଣ- 7 : 220 କୁ 52 ଦ୍ୱାରା ଭାଗକରି ଦଶମିକ ତିନିସ୍ଥାନ ପର୍ଯ୍ୟନ୍ତ ଭାଗଫଳ ନିର୍ଣ୍ଣୟ କର ।

ସମାଧାନ : ଭାଜ୍ୟ : 220.000... ଏବଂ ଭାଜକ : 52

ବ୍ୟାବହାରିକ ଭାଜକ $= 5$ ଏବଂ ଧ୍ୱଜାଙ୍କ $= 2$

$$5^2\ \mid\ 2\ 2\ \mid\ _{2}0._{2}0_{1}0_{4}0$$
$$\ \ 2\ 0$$
$$\ \ \ 4.\ \mid\ 2\ 3\ 0\ 8$$

ବିଶ୍ଳେଷଣ : (i) $22 \div 5 = 4$ ଭାଗଫଳ ଓ ଭାଗଶେଷ 2 ।

ମୋଟ ଭାଜ୍ୟ : 20 ଏବଂ

ପ୍ରକୃତ ଭାଜ୍ୟ : $20 - 4 \times 2 = 12$ ।

(ii) $12 \div 5 = 2$ ଭାଗଫଳ ଓ 2 ଭାଗଶେଷ।

ମୋଟ ଭାଜ୍ୟ : 20 ଏବଂ ପ୍ରକୃତ ଭାଜ୍ୟ : $20 - 2 \times 2 = 16$

(iii) $16 \div 5 = 3$ ଭାଗଫଳ ଓ 1 ଭାଗଶେଷ ।

ମୋଟ ଭାଜ୍ୟ : 10 ଏବଂ ପ୍ରକୃତଭାଜ୍ୟ : $10 - 3 \times 2 = 4$ ।

(iv) $4 \div 5 = 0$ ଭାଗଫଳ ଓ 4 ଭାଗଶେଷ।

∴ ମୋଟ ଭାଜ୍ୟ : 40 ଏବଂ ପ୍ରକୃତ ଭାଜ୍ୟ : $40 - 0 \times 2 = 40$ ।

(v) $40 \div 5 = 8$ ଭାଗଫଳ ଏବଂ ଭାଗଶେଷ = 0 ।

∴ ନିର୍ଣ୍ଣେୟ ଭାଗଫଳ = 4.2308

∴ ଦଶମିକ ତିନି ସ୍ଥାନ ପର୍ଯ୍ୟନ୍ତ ଭାଗଫଳ = 4.231 ।

ଉଦାହରଣ - 8 : 83893 କୁ 32 ଦ୍ୱାରା ଭାଗକରି ଭାଗଫଳ ଏବଂ ଭାଗଶେଷ ନିରୂପଣ କର ।

ସମାଧାନ : ଭାଜ୍ୟ : 83893 ଏବଂ ଭାଜକ : 32

ବ୍ୟାବହାରିକ ଭାଜକ = 3 ଏବଂ ଧ୍ୱଜାଙ୍କ = 2 ।

3^2	$8 \; {}_{2}3 \; {}_{1}8 \; {}_{0}9$ 6	${}_{2}3$
	2 6 2 1	21

ବିଶ୍ଳେଷଣ :

(i) $8 \div 3 = 2$ ଭାଗଫଳ ଓ 2 ଭାଗଶେଷ।

∴ ମୋଟ ଭାଜ୍ୟ = 23 ଏବଂ ପ୍ରକୃତ ଭାଜ୍ୟ = $23 - 2 \times 2 = 19$

(ii) $19 \div 3 = 6$ ଭାଗଫଳ ଓ 1 ଭାଗଶେଷ ।

∴ ମୋଟ ଭାଜ୍ୟ = 18 ଏବଂ ପ୍ରକୃତ ଭାଜ୍ୟ = $18 - 2 \times 2 = 6$

(iii) $6 \div 3 = 2$ ଭାଗଫଳ ଓ 0 ଭାଗଶେଷ ।

∴ ମୋଟ ଭାଜ୍ୟ = 9 ଏବଂ ପ୍ରକୃତ ଭାଜ୍ୟ = $9 - 2 \times 2 = 5$

(iv) $5 \div 3 = 1$ ଭାଗଫଳ ଓ 2 ଭାଗଶେଷ ।

∴ ମୋଟ ଭାଜ୍ୟ = 23 ଏବଂ ପ୍ରକୃତ ଭାଜ୍ୟ= $23 - 1 \times 2 = 21$

∴ ନିର୍ଣ୍ଣେୟ ଭାଗଫଳ = 2621 ଏବଂ ଭାଗଶେଷ = 21 ।

ବ୍ୟାବହାରିକ ବୈଦିକ ଗଣିତ-(୨) 115

ଉଦାହରଣ - 9 : 41970 କୁ 64 ଦ୍ୱାରା ଭାଗ କରି ଭାଗଫଳ ଦଶମିକ ଦୁଇସ୍ଥାନ ପର୍ଯ୍ୟନ୍ତ ନିରୂପଣ କର ।

ସମାଧାନ : ଭାଜକ : 64, ଭାଜ୍ୟ : 41970 ବା 41970.000

ବ୍ୟାବହାରିକ ଭାଜକ = 6 ଏବଂ ଧ୍ୱଜାଙ୍କ = 4

6^4	4 1 $_5$9 $_5$7	$_7$0 $_8$0 $_4$0 $_2$0
	3 6	
	6 5 5.	7 8 1

ବିଶ୍ଳେଷଣ : (i) 41 ÷ 6 = 6 ଭାଗଫଳ ଏବଂ ଭାଗଶେଷ 5 ।

∴ ମୋଟ ଭାଜ୍ୟ = 59 ଏବଂ ପ୍ରକୃତ ଭାଜ୍ୟ = 59 – 6 × 4 = 35

(ii) 35 ÷ 6 = 5 ଭାଗଫଳ ଓ 5 ଭାଗଶେଷ ।

∴ ମୋଟ ଭାଜ୍ୟ = 57 ଏବଂ ପ୍ରକୃତ ଭାଜ୍ୟ = 57 – 5 × 4 = 37

(iii) 37 ÷ 6 = 5 ଭାଗଫଳ ଓ 7 ଭାଗଶେଷ ।

(∵ ଭାଗଫଳ 6 ନେଲେ ପ୍ରକୃତ ଭାଜ୍ୟ ଋଣାତ୍ମକ ହେବ; ତେଣୁ ଭାଗଫଳ 6 ପରିବର୍ତ୍ତେ 5 ନିଆଗଲା ।)

∴ ମୋଟ ଭାଜ୍ୟ = 70 ଏବଂ ପ୍ରକୃତ ଭାଜ୍ୟ = 70 – 5 × 4 = 50

(iv) 50 ÷ 6 = 7 ଭାଗଫଳ ଓ 8 ଭାଗଶେଷ ।

(ପୂର୍ବ ବର୍ଣ୍ଣିତ କାରଣରୁ ଭାଗଫଳ 8 ପରିବର୍ତ୍ତେ 7 ନିଆଗଲା)

∴ ମୋଟ ଭାଜ୍ୟ = 80 ଏବଂ ପ୍ରକୃତ ଭାଜ୍ୟ = 80 – 7 × 4 = 52 ।

(v) 52 ÷ 6 = 8 ଭାଗଫଳ ଓ ଭାଗଶେଷ 4 ।

(vi) ମୋଟ ଭାଜ୍ୟ = 40 ଏବଂ ପ୍ରକୃତ ଭାଜ୍ୟ = 40 – 8×4 = 8

ପୁନଶ୍ଚ 8 ÷ 6 = 1 ଭାଗଫଳ ଓ 2 ଭାଗଶେଷ ।

∴ ନିର୍ଣ୍ଣେୟ ଭାଗଫଳ = 655.781 ବା 655.78 ।

ଉଦାହରଣ - 10 : 3517 କୁ 127 ଦ୍ୱାରା ଭାଗ କରି ଭାଗଫଳ ଦଶମିକ ତିନିସ୍ଥାନ ପର୍ଯ୍ୟନ୍ତ ନିରୂପଣ କର ।

ସମାଧାନ : ଭାଜକ : 127 ଏବଂ ଭାଜ୍ୟ : 3517

ଭାଗଫଳ ଦଶମିକ ତିନିସ୍ଥାନ ପର୍ଯ୍ୟନ୍ତ ନିରୂପଣ କରିବା ପାଇଁ ଭାଜ୍ୟକୁ 3517.0000 ରୂପେ ଲେଖିବା ଆବଶ୍ୟକ ।

ବ୍ୟାବହାରିକ ଭାଜକ : 12 ଏବଂ ଧ୍ୱଜାଙ୍କ = 7 ।

12^{7}	$3\ 5\ {}_{11}1$	${}_{13}7\ {}_{16}0\ {}_{10}0\ {}_{13}0\ {}_{8}0$
	$2\ 4$	
	$2\ 7\ .$	$6\,9\,2\,9$

ବିଶ୍ଳେଷଣ : (i) $35 \div 12 = 2$ ଭାଗଫଳ ଓ ଭାଗଶେଷ 11 ।

ମୋଟ ଭାଜ୍ୟ : 111 ଏବଂ ପ୍ରକୃତ ଭାଜ୍ୟ : $111 - 2 \times 7 = 97$

(ii) $97 \div 12 = 7$ ଭାଗଫଳ ଓ 13 ଭାଗଶେଷ।

(ଭାଗଫଳ '8' ପରିବର୍ତ୍ତେ '7' ନିଆଗଲା)

ମୋଟ ଭାଜ୍ୟ : 137 ଏବଂ ପ୍ରକୃତ ଭାଜ୍ୟ = $137 - 7 \times 7 = 88$

(iii) $88 \div 12 = 6$ ଭାଗଫଳ ଓ 16 ଭାଗଶେଷ।

(ଭାଗଫଳ '7' ପରିବର୍ତ୍ତେ '6' ନିଆଗଲା)

ମୋଟ ଭାଜ୍ୟ = 160 ଏବଂ ପ୍ରକୃତ ଭାଜ୍ୟ = $160 - 6 \times 7 = 118$

(iv) $118 \div 12 = 9$ ଭାଗଫଳ ଓ ଭାଗଶେଷ 10 ।

ମୋଟ ଭାଜ୍ୟ = 100 ଏବଂ ପ୍ରକୃତ ଭାଜ୍ୟ = $100 - 9 \times 7 = 37$

(v) $37 \div 12 = 2$ ଭାଗଫଳ ଓ 13 ଭାଗଶେଷ।

(ଭାଗଫଳ 3 ପରିବର୍ତ୍ତେ 2 ନିଆଗଲା)

ମୋଟ ଭାଜ୍ୟ = 130 ଏବଂ ପ୍ରକୃତ ଭାଜ୍ୟ = $130 - 2 \times 7 = 116$

(vi) $116 \div 12 = 9$ ଭାଗଫଳ, 8 ଭାଗଶେଷ ।

$\therefore$ ନିର୍ଣ୍ଣେୟ ଭାଗଫଳ = 27.6929 ବା 27.693 ।

ଉଦାହରଣ - 11 : 1234 କୁ 29 ଦ୍ୱାରା ଭାଗକରି ଭାଗଫଳ ଓ ଭାଗଶେଷ ନିରୂପଣ କର ।

ସମାଧାନ : ଭାଜକ : 29 ଏବଂ ଭାଜ୍ୟ : 1234

ଭାଜକ = $29 = 3\bar{1}$

$\therefore$ ବ୍ୟାବହାରିକ ଭାଜକ 3 ଏବଂ ଧ୍ୱଜାଙ୍କ = -1 ବା $\bar{1}$ ।

3^{-1}	$1\ 2\ {}_{0}3$	${}_{1}4$
	$1\ 2$	
	$4\ 2$	16 (ଭାଗଶେଷ)
	(ଭାଗଫଳ)	

ବିଶ୍ଲେଷଣ :

(i) $12 \div 3 = 4$ ଭାଗଫଳ ଓ 0 ଭାଗଶେଷ ।

∴ ମୋଟ ଭାଜ୍ୟ = 3 ଏବଂ

ପ୍ରକୃତ ଭାଜ୍ୟ $= 3 - [4(-1)] = 3 + 4 = 7$

(ii) $7 \div 3 = 2$ ଭାଗଫଳ ଓ 1 ଭାଗଶେଷ ।

∴ ମୋଟ ଭାଜ୍ୟ = 14 ଏବଂ

ପ୍ରକୃତ ଭାଜ୍ୟ $= 14 - [2 \times (-1)] = 14 + 2 = 16$ (ଭାଗଶେଷ)

∴ ନିର୍ଣ୍ଣେୟ ଭାଗଫଳ 42 ଏବଂ ଭାଗଶେଷ = 16 ।

ଆଲୋଚ୍ୟ ଉଦାହରଣଗୁଡ଼ିକରେ ଦୁଇ ବା ତିନିଅଙ୍କ ବିଶିଷ୍ଟ ଭାଜକ ଦ୍ୱାରା ରୈଖିକ ଭାଗକ୍ରିୟା ସମ୍ପାଦିତ ହୋଇଛି । ଏଠାରେ କେବଳ ଏକ ଅଙ୍କ ବିଶିଷ୍ଟ ଧ୍ୱଜାଙ୍କ (Flag Digit) ଥାଇ ରୈଖିକ ଭାଗକ୍ରିୟା (Straight Division) ସମ୍ପାଦିତ ହୋଇଛି । ଏକାଧିକ ଧ୍ୱଜାଙ୍କ ବିଶିଷ୍ଟ ଭାଗକ୍ରିୟା ପାଇଁ ଉର୍ଦ୍ଧ୍ୱତୀର୍ଯ୍ୟକ ସୂତ୍ରର ଅବତାରଣା କରାଯିବାର ଆବଶ୍ୟକତା ପଡ଼ିଥାଏ; ଯାହା ଦ୍ୱାରା ଭାଗ ପ୍ରକ୍ରିୟାଟି ଦୀର୍ଘ ଏବଂ ସମାଧାନ ସମୟସାପେକ୍ଷ ହେବାର ସମ୍ଭାବନା ଥାଏ । ଏ ପରିପ୍ରେକ୍ଷୀରେ ଅନ୍ୟ ଏକ ପ୍ରକାରର ରୈଖିକ ଭାଗକ୍ରିୟା (Straight Division)ର ଆଲୋଚନାର ଆବଶ୍ୟକତା ପଡ଼ିଥାଏ ।

2. Arthur Benjaminଙ୍କ ଭାଗକ୍ରିୟା ପ୍ରଣାଳୀ : ଭାଗକ୍ରିୟାଟି ଏକ ସାଧାରଣ ପ୍ରକ୍ରିୟା, ଯେଉଁଠାରେ ଭାଜକ ସଂଖ୍ୟାର ନିକଟବର୍ତ୍ତୀ ଆଧାର (10 ର ଗୁଣିତକ)କୁ ନିଆଯାଇ ତତ୍ପରେ ଦତ୍ତ ସଂଖ୍ୟାର ପୂରକ ସଂଖ୍ୟା ନିର୍ଣ୍ଣୟ କରି ପୂର୍ବ ଆଲୋଚିତ ଧ୍ୱଜାଙ୍କ ପ୍ରଣାଳୀକୁ ଅନୁସରଣ କରାଯାଇଥାଏ । ନିମ୍ନ କେତେକ ଉଦାହରଣ ମାଧ୍ୟମରେ ଉକ୍ତ ଭାଗପ୍ରଣାଳୀକୁ ବୁଝିବା ।

ଉଦାହରଣ- 12 : 5324 କୁ 29 ଦ୍ୱାରା ଭାଗ କରି ଦଶମିକ ଦୁଇ ସ୍ଥାନ ପର୍ଯ୍ୟନ୍ତ ଭାଗଫଳ ସ୍ଥିର କର ।

ସମାଧାନ : '29' ଭାଜକ ସଂଖ୍ୟାର ନିକଟତମ ଆଧାର ('10' ର ଗୁଣିତକ) 30

ଏଠାରେ $29 + 1 = 30$, ଯେଉଁଠାରେ 1 ପୂରକ ସଂଖ୍ୟା (ଗୁଣକ) ।

'3' ମୁଖ୍ୟଭାଜକ, କାରଣ $30 = 10 \times 3$

ଏଠାରେ ଭାଜ୍ୟ = 5324.000...

```
+ 1 (ଗୁଣକ)      | 5 ₂3 ₀2 | ₁4 ₂0 ₁0
ମୁଖ୍ୟଭାଜକ : 3  | 3       |
                ----------|--------
                | 1  8  3 | 5  8  6
              (ଭାଗଫଳ)    (ଭାଗଶେଷ)
```

ବିଶ୍ଳେଷଣ :

(i) $5 \div 3 = 1$ ଭାଗଫଳ 2 ଭାଗଶେଷ ।
    ମୋଟ ଭାଜ୍ୟ = 23 ଏବଂ ପ୍ରକୃତ ଭାଜ୍ୟ = $23 + 1 \times 1 = 24$ ।

(ii) $24 \div 3 = 8$ ଭାଗଫଳ ଓ 0 ଭାଗଶେଷ ।
    ମୋଟ ଭାଜ୍ୟ = 2 ଏବଂ ପ୍ରକୃତ ଭାଜ୍ୟ = $2 + 8 \times 1 = 10$ ।

(iii) $10 \div 3 = 3$ ଭାଗଫଳ ଏବଂ 1 ଭାଗଶେଷ ।
    ମୋଟ ଭାଜ୍ୟ = 14 ଏବଂ ପ୍ରକୃତ ଭାଜ୍ୟ = $14 + 3 \times 1 = 17$ ।

(iv) $17 \div 3 = 5$ ଭାଗଫଳ ଏବଂ 2 ଭାଗଶେଷ ।
    ମୋଟ ଭାଜ୍ୟ = 20 ଏବଂ ପ୍ରକୃତ ଭାଜ୍ୟ = $20 + 5 \times 1 = 25$

(v) $25 \div 3 = 8$ ଭାଗଫଳ ଏବଂ 1 ଭାଗଶେଷ ।
    ମୋଟ ଭାଜ୍ୟ = 10 ଏବଂ ପ୍ରକୃତ ଭାଜ୍ୟ = $10 + 8 \times 1 = 18$

(vi) $18 \div 3 = 6$ ଭାଗଫଳ ଏବଂ '0' ଭାଗଶେଷ ।

∴ ଦଶମିକ ତିନିସ୍ଥାନ ପର୍ଯ୍ୟନ୍ତ ଭାଗଫଳ = 183.586
∴ ଦଶମିକ ଦୁଇସ୍ଥାନ ପର୍ଯ୍ୟନ୍ତ ଭାଗଫଳ = 183.59

ଦ୍ରଷ୍ଟବ୍ୟ : ବେଦଗଣିତ ର 'ଧ୍ୱଜାଙ୍କ ସୂତ୍ର' ଆଧାରିତ ଭାଗପ୍ରକ୍ରିୟାର ଉକ୍ତ ଭାଗକ୍ରିୟା ପଦ୍ଧତି ଏକ ଅନୁରୂପ ଅବତାରଣା ମାତ୍ର ।

ଉଦାହରଣ - 13 : 75432 କୁ 88 ଦ୍ୱାରା ଭାଗକରି ଭାଗଫଳ ଏବଂ ଭାଗଶେଷ ସ୍ଥିର କର ।

ସମାଧାନ: 88 ଭାଜକ ସଂଖ୍ୟାର ନିକଟତମ ଆଧାର('10'ର ଗୁଣିତକ) 90 ।

ଏଠାରେ $88 + 2 = 90$ ଯେଉଁଠାରେ (+2) ପୂରକ ସଂଖ୍ୟା (ଗୁଣକ) ଏବଂ '9' ମୁଖ୍ୟଭାଜକ କାରଣ, $90 = 10 \times 9$ ।

ଏଠାରେ ଭାଜ୍ୟ = 75432

(ଗୁଣକ): (+2)	7 5 $_{3}4$ $_{5}3$	$_{0}2$
(ମୁଖ୍ୟଭାଜକ) : 9	72	16
	8 5 7	16 (ଭାଗଶେଷ)
	(ଭାଗଫଳ)	

(i) $75 \div 9 = 8$ ଭାଗଫଳ ଏବଂ 3 ଭାଗଶେଷ ।

ମୋଟ ଭାଜ୍ୟ = 34 ଏବଂ ପ୍ରକୃତ ଭାଜ୍ୟ = $34 + 8 \times 2 = 50$

(ii) $50 \div 9 = 5$ ଭାଗଫଳ ଏବଂ 5 ଭାଗଶେଷ।

ମୋଟ ଭାଜ୍ୟ = 53 ଏବଂ ପ୍ରକୃତ ଭାଜ୍ୟ = $53 + 5 \times 2 = 63$

(iii) $63 \div 9 = 7$ ଭାଗଫଳ ଏବଂ 0 ଭାଗଶେଷ।

ମୋଟ ଭାଜ୍ୟ = 2 ଏବଂ ପ୍ରକୃତ ଭାଜ୍ୟ = $2 + 7 \times 2 = 16$

$\therefore$ ନିର୍ଣ୍ଣେୟ ଭାଗଫଳ 857 ଏବଂ ଭାଗଶେଷ 16 ।

ଦ୍ରଷ୍ଟବ୍ୟ : ଯଦି ନିର୍ଦ୍ଦିଷ୍ଟ ଭାବରେ ଦଶମିକ ଦୁଇସ୍ଥାନ କିମ୍ବା ତିନିସ୍ଥାନ ପର୍ଯ୍ୟନ୍ତ ଭାଗଫଳ ନିର୍ଣ୍ଣୟ କରିବାକୁ ପଡ଼େ, ତେବେ ଭାଜ୍ୟର ଦକ୍ଷିଣପାର୍ଶ୍ୱରେ ଆବଶ୍ୟକ ସଂଖ୍ୟକ 0 ନେଇ ପୂର୍ବ ଉଦାହରଣରେ ବର୍ଣ୍ଣିତ ସୋପାନଗୁଡ଼ିକର ପୁନରାବୃତ୍ତି କରାଯାଇପାରେ ।

ଉଦାହରଣ- 14 : 53423 କୁ 41 ଦ୍ୱାରା ଭାଗକରି ଭାଗଫଳ ଓ ଭାଗଶେଷ ସ୍ଥିର କର ।

ସମାଧାନ : ଭାଜ୍ୟ = 53423 ଏବଂ ଭାଜକ ସଂଖ୍ୟା = 41 ।

ଭାଜକ ସଂଖ୍ୟାର ନିକଟତମ ଆଧାର (10 ର ଗୁଣିତକ) 40 ।

ଏଠାରେ 40– 41=(–1) ପୂରକ ସଂଖ୍ୟା (ଗୁଣକ) ଏବଂ ମୁଖ୍ୟଭାଜକ= 4, କାରଣ $40 = 4 \times 10$ ।

ଗୁଣକ : (–1)	5 $_{1}3$ $_{0}4$ $_{1}2$	$_{0}3$
ମୁଖ୍ୟଭାଜକ : 4		
	4	
	1 3 0 3	0 (ଭାଗଶେଷ)
	(ଭାଗଫଳ)	

(i) 5 ÷ 4 = 1 ଭାଗଫଳ ଏବଂ 1 ଭାଗଶେଷ ।
ମୋଟ ଭାଜ୍ୟ = 13 ଏବଂ ପ୍ରକୃତ ଭାଜ୍ୟ = 13 + 1 × (−1) = 12

(ii) 12 ÷ 4 = 3 ଭାଗଫଳ ଏବଂ 0 ଭାଗଶେଷ ।
ମୋଟ ଭାଜ୍ୟ = 4 ଏବଂ ପ୍ରକୃତ ଭାଜ୍ୟ = 4 + 1 × 3 (−1) = 1

(iii) 1 ÷ 4 = 0 ଭାଗଫଳ ଏବଂ 1 ଭାଗଶେଷ ।
∴ ମୋଟ ଭାଜ୍ୟ = 12 ଏବଂ ପ୍ରକୃତ ଭାଜ୍ୟ = 12 + 0 × (−1) = 12

(iv) 12 ÷ 4 = 3 ଭାଗଫଳ ଏବଂ ଭାଗଶେଷ 0 ।
ମୋଟ ଭାଜ୍ୟ = 3 ଏବଂ ପ୍ରକୃତ ଭାଜ୍ୟ = 3 + 3 × (−1) = 0 (ଭାଗଶେଷ)।
∴ ନିର୍ଣ୍ଣେୟ ଭାଗଫଳ = 1303 ଏବଂ ଭାଗଶେଷ = 0 ।

ଉଦାହରଣ - 15 : 64821 କୁ 38 ଦ୍ୱାରା ଭାଗକରି ଭାଗଫଳ ଓ ଭାଗଶେଷ ସ୍ଥିର କର ।

ସମାଧାନ: ଭାଜକ ସଂଖ୍ୟା 38ର ନିକଟବର୍ତ୍ତୀ ଆଧାର (10 ର ଗୁଣିତକ) = 40
ମୁଖ୍ୟ ଭାଜକ = 4   (∵ 4 × 10 = 40)

ଗୁଣକ : (+2) | 6 $_2$4 $_2$8 $_0$2 | $_2$1
ମୁଖ୍ୟ ଭାଜକ : 4 | 4 |
                    | 1 6 10 5 | 31 (ଭାଗଶେଷ)
                    | (ଭାଗଫଳ) |

ବିଶ୍ଳେଷଣ : (i) 6 ÷ 4 = 1 ଭାଗଫଳ ଓ 2 ଭାଗଶେଷ ।
∴ ମୋଟ ଭାଜ୍ୟ = 24 ଏବଂ ପ୍ରକୃତ ଭାଜ୍ୟ = 24 + 1 × 2 = 26

(ii) 26 ÷ 4 = 6 ଭାଗଫଳ ଓ 2 ଭାଗଶେଷ ।
∴ ମୋଟ ଭାଜ୍ୟ = 28 ଏବଂ ପ୍ରକୃତ ଭାଜ୍ୟ = 28 + 6 × 2 = 40

(iii) 40 ÷ 4 = 10 ଭାଗଫଳ ଓ 0 ଭାଗଶେଷ ।
∴ ମୋଟ ଭାଜ୍ୟ = 2 ଏବଂ ପ୍ରକୃତ ଭାଜ୍ୟ (ଭାଗଶେଷ) = 2 + 10 × 2 = 22

(iv) 22 ÷ 4 = 5 ଭାଗଫଳ ଓ 2 ଭାଗଶେଷ ।
ମୋଟ ଭାଜ୍ୟ = 21 ଏବଂ ପ୍ରକୃତ ଭାଜ୍ୟ = 21 + 5 × 2 = 31 (ଭାଗଶେଷ)
∴ ନିର୍ଣ୍ଣେୟ ଭାଗଫଳ 1705 ଏବଂ ଭାଗଶେଷ 31 ।

ଉଦାହରଣ - 16 : 27819 କୁ 44 ଭାଗକରି ଭାଗଫଳ ଓ ଭାଗଶେଷ ନିରୂପଣ କର ।

ସମାଧାନ : ଭାଜ୍ୟ : 27819 ଏବଂ ଭାଜକ : 44

44 ନିକଟବର୍ତ୍ତୀ ଆଧାର (10 ର ଗୁଣିତକ) 40 ।

ପୂରକ ସଂଖ୍ୟା = – 4 ଏବଂ ମୁଖ୍ୟ ଭାଜକ 4 ।

(ଗୁଣକ): (– 4)	$2\ 7\ {}_{3}8\ {}_{2}1$	${}_{1}9$
ମୁଖ୍ୟ ଭାଜକ : 4	2 4	
	6 3 2	11 (ଭାଗଶେଷ)
	(ଭାଗଫଳ)	

ବିଶ୍ଳେଷଣ : (i) $27 \div 4 = 6$ ଭାଗଫଳ ଏବଂ 3 ଭାଗଶେଷ।

ମୋଟ ଭାଜ୍ୟ = 38 ଏବଂ ପ୍ରକୃତ ଭାଜ୍ୟ $= 38 + 6 \times (-4) = 14$

(ii) $14 \div 4 = 3$ ଭାଗଫଳ ଓ 2 ଭାଗଶେଷ ।

ମୋଟ ଭାଜ୍ୟ = 21 ଏବଂ ପ୍ରକୃତ ଭାଜ୍ୟ $= 21 + 3 \times (-4) = 9$

(iii) $9 \div 4 = 2$ ଭାଗଫଳ ଏବଂ 1 ଭାଗଶେଷ।

ମୋଟ ଭାଜ୍ୟ =19 ଏବଂ ପ୍ରକୃତ ଭାଜ୍ୟ(ଭାଗଶେଷ)$=19+2\times(-4) = 11$।

$\therefore$ ନିର୍ଣ୍ଣେୟ ଭାଗଫଳ = 632 ଏବଂ ଭାଗଶେଷ = 11

ଉକ୍ତ ବିଭାଜନ ପ୍ରକ୍ରିୟା ବା ଭାଗପ୍ରକ୍ରିୟା (ଧ୍ୱଜାଙ୍କ ବିଧି ଏବଂ ଆର୍ଥର୍ ବେନ୍‌ଜାମିନ୍‌ଙ୍କ କୌଶଳ) ଏକ ସାର୍ବଜନୀନ ଏବଂ ସାଧାରଣ ପ୍ରକ୍ରିୟା; ଯାହା ଯେକୌଣସି ଭାଜକ ନେଇ ଭାଜ୍ୟସଂଖ୍ୟାକୁ ଭାଗ କରାଯାଇପାରେ । ଉପରୋକ୍ତ ଉଦାହରଣଗୁଡ଼ିକ ମାଧମରେ ପ୍ରଯୁକ୍ତ ପ୍ରକ୍ରିୟାଗୁଡ଼ିକ ଦ୍ୱାରା ନିର୍ଣ୍ଣିତ ଭାଗଫଳକୁ ଧନାତ୍ମକ ଦଶମିକ ସଂଖ୍ୟାରେ ମଧ୍ୟ ପ୍ରକାଶ କରାଯାଇପାରେ। ଭାଗକ୍ରିୟାରେ ଭାଗଫଳ ଏବଂ ଭାଗଶେଷ ନିର୍ଣ୍ଣୟ ପ୍ରକ୍ରିୟା ବା କୌଶଳକୁ ଅଭ୍ୟାସ ଦ୍ୱାରା ଆୟତ କରାଯାଇପାରେ ।

ପ୍ରଶ୍ନାବଳୀ

1. 'ନିଖିଳଂ' ପଦ୍ଧତି ଅବଲମ୍ବନରେ ଭାଗଫଳ ଏବଂ ଭାଗଶେଷ ନିରୂପଣ କର ।

(a) $225 \div 9$ (f) $198 \div 88$
(b) $101164 \div 9$ (g) $1011 \div 73$
(c) $111 \div 73$ (h) $2352 \div 89$
(d) $111 \div 89$ (i) $1347 \div 87$
(e) $1234 \div 888$ (j) $1356 \div 86$

2. 'ପରାବର୍ତ୍ତ୍ୟ' ପଦ୍ଧତି ଉପଯୋଗରେ ଭାଗଫଳ ଓ ଭାଗଶେଷ ନିରୂପଣ କର ।

(a) $1234 \div 112$ (d) $13905 \div 106$
(b) $3145 \div 12$ (e) $1235 \div 121$
(c) $13456 \div 113$ (f) $12357 \div 103$

3. 'ଧ୍ୱଜାଙ୍କ' ପଦ୍ଧତି ଉପଯୋଗରେ ଭାଗଫଳ ଓ ଭାଗଶେଷ ନିରୂପଣ କର ।

(a) $1351 \div 23$ (d) $2112 \div 32$
(b) $1721 \div 42$ (e) $25131 \div 54$
(c) $2025 \div 52$ (f) $3781 \div 24$

4. Arthur Benjamin ଙ୍କ କୌଶଳ ବା ପଦ୍ଧତି ଉପଯୋଗରେ ଭାଗଫଳ ଓ ଭାଗଶେଷ ନିରୂପଣ କର ।

(a) $1234 \div 43$ (e) $57321 \div 48$
(b) $3251 \div 23$ (f) $31201 \div 29$
(c) $32567 \div 52$ (g) $7318 \div 59$
(d) $21263 \div 61$ (h) $26132 \div 38$

-0-

ଦ୍ୱାଦଶ ଅଧ୍ୟାୟ

କୁହୁକବର୍ଗ

(MAGIC SQUARES)

ବର୍ଗଚିତ୍ରକୁ ସମାନ ସଂଖ୍ୟକ କ୍ଷୁଦ୍ରବର୍ଗଚିତ୍ରରେ ପରିଣତ କରିବା ଦ୍ୱାରା ଏକ ବର୍ଗଜାଲି (Square-grid) ସୃଷ୍ଟି ହୁଏ । ବର୍ଗଚିତ୍ରର ବାହୁକୁ ଉଲ୍ଲମ୍ବ ଏବଂ ଆନୁଭୂମିକ ରେଖାଖଣ୍ଡ ଦ୍ୱାରା ସମାନ ସଂଖ୍ୟକ 3, 4 ଏବଂ 5 ସଂଖ୍ୟକ ଖଣ୍ଡରେ ବିଭକ୍ତ କରି ଯଥାକ୍ରମେ 9, 16 ଏବଂ 25 ସଂଖ୍ୟକ କ୍ଷୁଦ୍ର ବର୍ଗଚିତ୍ର ପାଇହେବ । ବର୍ତ୍ତମାନ ସୃଷ୍ଟି ହୋଇଥିବା ଚିତ୍ରକୁ 3 × 3, 4 × 4 ବା 5 × 5 ... ଇତ୍ୟାଦି ବର୍ଗଜାଲି କୁହାଯିବ ।

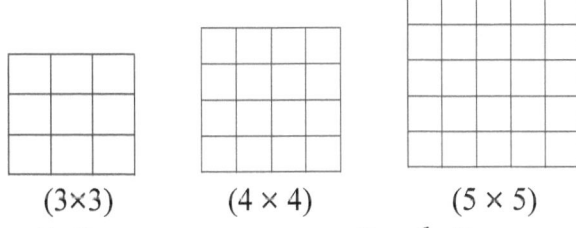

(3×3) (4 × 4) (5 × 5)

ସେହିପରି (6×6), (7×7)... ଇତ୍ୟାଦି ବର୍ଗଜାଲି (Square-grid) ମଧ୍ୟ ପ୍ରସ୍ତୁତ କରିହେବ ।

ବର୍ତ୍ତମାନ (3×3) ବର୍ଗଜାଲିରେ ସଂପୃକ୍ତ କୁହୁକ (Magic in 3×3 square-gird) କୁ ଆମେ ପ୍ରଦର୍ଶନ କରିବା କିପରି ?

ଦ୍ରଷ୍ଟବ୍ୟ : ଚୀନ୍‌ରେ ପ୍ରାୟ ଖ୍ରୀଷ୍ଟପୂର୍ବ 2200ରେ ପ୍ରଥମ କରି କୁହୁକବର୍ଗ ପରିଦୃଷ୍ଟ ହୋଇଥିବାର ଜଣାଯାଏ। କୁହୁକବର୍ଗକୁ **Lo-Shu** ମଧ୍ୟ କୁହାଯାଏ।

ଆବଶ୍ୟକ ସଂଖ୍ୟା (କ୍ରମିକ ପୂର୍ଣ୍ଣସଂଖ୍ୟା)ଗୁଡ଼ିକୁ ଯେକୌଣସି ବର୍ଗ ଜାଲିରେ ଏପରି ସଜାଇ ରଖିବା ଯେପରି ପ୍ରତ୍ୟେକ ଧାଡ଼ି (Row), ପ୍ରତ୍ୟେକ ସ୍ତମ୍ଭ (Column) ଏବଂ ପ୍ରତ୍ୟେକ କର୍ଣ୍ଣ (Diagonal) ଉପରେ ରହୁଥିବା ସଂଖ୍ୟାଗୁଡ଼ିକର ସମଷ୍ଟି ଏକ ନିର୍ଦ୍ଦିଷ୍ଟ ସଂଖ୍ୟା ସହ ସମାନ ହେବ । ଉକ୍ତ ସମଷ୍ଟିକୁ ପ୍ରସ୍ତୁତ ହେବାକୁ ଥିବା କୁହୁକବର୍ଗର କୁହୁକ ସଂଖ୍ୟା (Magic Sum) କୁହାଯାଏ ।

ମନେକର ସଂଖ୍ୟାଗୁଡ଼ିକ 1, 2, 3, 4, 5, 6, 7, 8 ଏବଂ 9 ଯାହାକୁ ନେଇ (3×3) କୁହୁକବର୍ଗ (Magic Square) ସୃଷ୍ଟି କରିବାକୁ ହେବ ।

ଉକ୍ତ କୁହୁକବର୍ଗ ପାଇଁ କୁହୁକ ସଂଖ୍ୟା (Magic sum ବା Number) ସ୍ଥିର କରିବାକୁ ହେବ । (3 × 3) କୁହୁକବର୍ଗ ସଂପୃକ୍ତ ବିଭିନ୍ନ ତଥ୍ୟ ଗୁଡ଼ିକର ବିଶ୍ଳେଷଣ କରିବା ଆବଶ୍ୟକ ।

ତଥ୍ୟ - 1. (3 × 3) କୁହୁକବର୍ଗ ପାଇଁ ଆବଶ୍ୟକ କୁହୁକ ସଂଖ୍ୟା ନିର୍ଣ୍ଣୟ ।

ତଥ୍ୟ - 2. (3 × 3) କୁହୁକବର୍ଗର ଠିକ୍ ମଧ୍ୟ ଭାଗରେ ଥିବା କୋଠରିରେ ପୂର୍ଣ୍ଣହେବାକୁ ଥିବା ସଂଖ୍ୟା ନିର୍ଣ୍ଣୟ ।

ତଥ୍ୟ - 3. (3 × 3) କୁହୁକବର୍ଗ ପ୍ରସ୍ତୁତିର ଗୋଟିଏ ମାତ୍ର (One and only one Possibility) ରୂପ ସମ୍ଭବ । ଅର୍ଥାତ୍ ଏହାର ଗୋଟିଏ ମାତ୍ର ସଜ୍ଜିକରଣ ସମ୍ଭବ ।

ବିଶ୍ଳେଷଣ :   ତଥ୍ୟ - 1.

a	b	c	→ M
d	e	f	→ M
g	h	i	→ M

a, b, c, d, e, f, g, h ଏବଂ i କ୍ରମିକ ପୂର୍ଣ୍ଣ ସଂଖ୍ୟା ଅଟନ୍ତି ।

M, କୁହୁକ ସଂଖ୍ୟା (Magic Sum)

$a + b + c + d + e + f + g + h + i = 3M$ ... (i)

$\Rightarrow$ ଦତ୍ତ ସଂଖ୍ୟାଗୁଡ଼ିକର ସମଷ୍ଟି = 3M   ... (ii)

$\Rightarrow \dfrac{1}{3}$ (ଦତ୍ତ ସଂଖ୍ୟାଗୁଡ଼ିକର ସମଷ୍ଟି (S)) = M (କୁହୁକ ସଂଖ୍ୟା)

ତଥ୍ୟ - 2 :

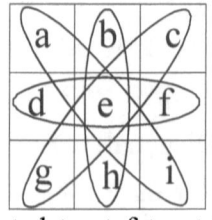

$a + e + i = M$
$b + e + h = M$
$c + e + g = M$
$d + e + f = M$

$(a + b + c + d + e + f + g + h + i) + 3e = 4M$

$\Rightarrow S + 3e = 4M$ $\Rightarrow 3M + 3e = 4M$ (ii ରୁ)

$\Rightarrow 3e = M \Rightarrow e = \dfrac{1}{3} M$ ... (iii)

ବର୍ତ୍ତମାନ ତଥ୍ୟ - 1 ଏବଂ ତଥ୍ୟ - 2 ର ଉତ୍ତର ଖୋଜିବା ।

ସଂଖ୍ୟାଗୁଡ଼ିକ 1, 2, 3, 4, 5, 6, 7, 8 ଏବଂ 9 ହେଲେ, $S = \frac{9(1+9)}{2} = 45$

$\therefore$ M (କୁହୁକ ସଂଖ୍ୟା) $= \frac{1}{3} \times 45 = 15$ (ii) ରୁ

ଏବଂ $e = \frac{1}{3} M = 5$ (iii ରୁ)

1, 2, 3, 4, 5, 6, 7, 8 ଏବଂ 9 ସଂଖ୍ୟାଗୁଡ଼ିକୁ (3×3) କୁହୁକବର୍ଗରେ ସଜାଇ ରଖିବା, ଯେପରି ପ୍ରତ୍ୟେକ ସ୍ତମ୍ଭ, ଧାଡ଼ି ଏବଂ ପ୍ରତ୍ୟେକ କର୍ଣ୍ଣ ଉପରିସ୍ଥ ସଂଖ୍ୟାଗୁଡ଼ିକର ସମଷ୍ଟି 15 ସହ ସମାନ ହେଉଥିବ । ଯେଉଁଠାରେ ମଧ୍ୟଭାଗରେ ଥିବା କୋଠରିସ୍ଥ ସଂଖ୍ୟା 5 ହେବ ।

ତଥ୍ୟ- 3 :

8	1	6
3	5	7
4	9	2

(3×3) କୁହୁକବର୍ଗ

ଦର୍ଶାଇବାକୁ ହେବ ଯେ, ପ୍ରସ୍ତୁତ (3×3) କୁହୁକବର୍ଗର ଏହା ଏକ ମାତ୍ର ସଜ୍ଜିକରଣ । କିନ୍ତୁ **ଘୂର୍ଣ୍ଣନ (Rotation)** ଏବଂ କର୍ଣ୍ଣ ଆଧାରିତ **ପ୍ରତିଫଳନ (Reflection)** ଦ୍ୱାରା ନିମ୍ନ ପ୍ରକାରର ସଜ୍ଜିକରଣର ରୂପ ନେଇପାରେ ।

ନିମ୍ନ କୁହୁକବର୍ଗଗୁଡ଼ିକର ଭିନ୍ନ ରୂପଗୁଡ଼ିକୁ ଅନୁଧ୍ୟାନ କର ।

8	1	6
3	5	7
4	9	2

(1)

6	1	8
7	5	3
2	9	4

(2)

4	9	2
3	5	7
8	1	6

(3)

2	9	4
7	5	3
6	1	8

(4)

8	3	4
1	5	9
6	7	2

(5)

2	7	6
9	5	1
4	3	8

(6)

6	7	2
1	5	9
8	3	4

(7)

4	3	8
9	5	1
2	7	6

(8)

ପର୍ଯ୍ୟବେକ୍ଷଣ (Observations) :

1. ଗୃହିତ କ୍ରମିକ ପୂର୍ଣ୍ଣ ସଂଖ୍ୟାମାନଙ୍କ ମଧ୍ୟରୁ ପ୍ରଥମ ସଂଖ୍ୟା (1) ଏବଂ ଶେଷ ସଂଖ୍ୟା (9), କୁହୁକବର୍ଗର ଗୋଟିଏ ଧାଡ଼ି ବା ସ୍ତମ୍ଭର ବିପରୀତ ସଂଖ୍ୟା ହେବେ ।

କୁହୁକବର୍ଗର ଭିନ୍ନ ରୂପ ଗୁଡ଼ିକୁ ଅନୁଧ୍ୟାନ କଲେ ଜଣାପଡ଼ିବ ଯେ, ପ୍ରଥମ ଏବଂ ଶେଷ ସଂଖ୍ୟା ଦ୍ୱୟ ଏକ ଧାଡ଼ି ବା ଏକ ସ୍ତମ୍ଭରେ ସଜ୍ଜିତ ହୋଇ ରହିଛନ୍ତି ।

2. ଏ ପ୍ରକାରର କୁହୁକବର୍ଗର କୌଣିକ ବିନ୍ଦୁରେ ଥିବା କୋଠରିରେ କେବଳ ଯୁଗ୍ମ ସଂଖ୍ୟାଗୁଡ଼ିକ (2, 4, 6 ଏବଂ 8) ସଜ୍ଜିତ ହୋଇଛନ୍ତି ।

3. ଦୁଇ କର୍ଣ୍ଣ ମଧ୍ୟରୁ ଯେ କୌଣସି ଗୋଟିଏ କର୍ଣ୍ଣ ଉପରିସ୍ଥ ସଂଖ୍ୟାତ୍ରୟ (4,5 ଓ 6) ଅବସ୍ଥାନ କରୁଥିବାର ଦେଖିବ। ଅର୍ଥାତ୍ ଦ୍ୱିତୀୟ ସଂଖ୍ୟାତ୍ରୟୀ (4,5,6) ଅବସ୍ଥାନ କରୁଥିବ।

4. ତଥ୍ୟ - 2 ଚିତ୍ରରୁ **ସ୍ପଷ୍ଟ** ହେବ ଯେ, (a, i), (b, h), (c, g) ଏବଂ (d,f) ପ୍ରତ୍ୟେକ କ୍ଷେତ୍ରରେ ସଂଖ୍ୟା ଦ୍ୱୟର ହାରିହାରି 'e' ସହ ସମାନ । ଆଲୋଚିତ ଉଦାହରଣରେ (8,2) (1,9), (6,4) ଏବଂ (3,7) ସଂଖ୍ୟା ଯୋଡ଼ିର ହାରହାରି 5 ହେବାର ଦେଖିବ। ଅର୍ଥାତ୍ ସଂଖ୍ୟାଯୋଡ଼ିର ସମଷ୍ଟି, 2e ସହ ସମାନ ହେବ।

5. (3×3) କୁହୁକବର୍ଗର

$$\text{କୁହୁକ ସଂଖ୍ୟା } (M) = \frac{n(n^2+1)}{2} = \frac{3(9+1)}{2} = 15$$

$$\text{ସେହିପରି } (5\times5) \text{ କୁହୁକବର୍ଗର କୁହୁକ ସଂଖ୍ୟା } = \frac{5(5^2+1)}{2} = 65 \text{ ।}$$

6. (3×3) ବା (5×5) ବା (7×7) ଇତ୍ୟାଦି **ଅଯୁଗ୍ମ କୁହୁକବର୍ଗ** ହିସାବରେ ପରିଗଣିତ ହୋଇଥାଏ । କାରଣ, ଏଥିରେ ସମାନ ସଂଖ୍ୟକ ଅଯୁଗ୍ମ ସ୍ତମ୍ଭ ଏବଂ ଅଯୁଗ୍ମ ସଂଖ୍ୟକ ଧାଡ଼ି ଥାଏ ।

7. ଧନାତ୍ମକ, କ୍ରମିକ ଧନାତ୍ମକ ପୂର୍ଣ୍ଣ ସଂଖ୍ୟା ବ୍ୟତୀତ, ଋଣାତ୍ମକ କ୍ରମିକ ପୂର୍ଣ୍ଣ ସଂଖ୍ୟାଗୁଡ଼ିକୁ ନେଇ ମଧ୍ୟ କୁହୁକବର୍ଗ ଗଠିତ ହୋଇପାରିବ ।

8. ତଥ୍ୟ - 2 ରେ ଥିବା ଚିତ୍ର କୁ ଦେଖ । ପରୀକ୍ଷା କରି ଦେଖ ଯେ,

$$(a^2 + b^2 + c^2) + (d^2 + e^2 + f^2) + (g^2 + h^2 + i^2)$$
$$= (a^2 + d^2 + g^2) + (b^2 + e^2 + h^2) + (c^2 + f^2 + i^2)$$

ଅର୍ଥାତ୍ (3×3) କୁହୁକବର୍ଗର ଧାଡ଼ିଗୁଡ଼ିକରେ ଥିବା ଅଙ୍କମାନଙ୍କର ବର୍ଗର ସମଷ୍ଟି, ସ୍ତମ୍ଭଗୁଡ଼ିକରେ ଥିବା ଅଙ୍କମାନଙ୍କର ବର୍ଗର ସମଷ୍ଟି ସହ ସମାନ ।

9. ପ୍ରସ୍ତୁତ କୁହୁକବର୍ଗର ପ୍ରତ୍ୟେକ ଧାଡ଼ିରେ ଥିବା ସଂଖ୍ୟାମାନଙ୍କର ଗୁଣଫଳର ସମଷ୍ଟି, ପ୍ରତ୍ୟେକ ସ୍ତମ୍ଭରେ ଥିବା ସଂଖ୍ୟାମାନଙ୍କର ଗୁଣଫଳର ସମଷ୍ଟି ସହ ସମାନ। ପ୍ରତ୍ୟେକ ପ୍ରସ୍ତୁତ (3×3) କୁହୁକବର୍ଗ କ୍ଷେତ୍ରରେ 225 ସହ ସମାନ ହେବାର ଦେଖିବ।

10. ପ୍ରସ୍ତୁତ କୁହୁକବର୍ଗ (ଚିତ୍ର-2)ରେ ପରୀକ୍ଷା କରି ଦେଖ ଯେ,

$$492^2 + 357^2 + 816^2 = 294^2 + 753^2 + 618^2$$

ଏବଂ $438^2 + 951^2 + 276^2 = 834^2 + 159^2 + 672^2$

ଏହାକୁ କୁହୁକବର୍ଗର **'Square-Palindromic Property'** କୁହାଯାଏ।

(3×3) ବା (5×5) ଇତ୍ୟାଦି କାହିଁକି 'କୁହୁକବର୍ଗ' ହିସାବରେ ପରିଗଣିତ ହୁଏ ? ସମ୍ଭାବିତ କାରଣଗୁଡ଼ିକ -

(i) କୁହୁକବର୍ଗ ପାଇଁ ଆବଶ୍ୟକ ସଂଖ୍ୟା ଗୁଡ଼ିକରେ ସମାନ ସମାନ ସଂଖ୍ୟା ଯୋଗ ବା ବିୟୋଗ କଲେ ସୃଷ୍ଟି ହେଉଥିବା ସଂଖ୍ୟାଗୁଡ଼ିକ ସଂପୃକ୍ତ କୁହୁକବର୍ଗରେ ମଧ୍ୟ ସଜ୍ଜିତ ହୋଇ ରହିପାରିବେ ।

(ii) ସେହିପରି ସଂଖ୍ୟାଗୁଡ଼ିକୁ '0' ବ୍ୟତୀତ ଯେକୌଣସି ପୂର୍ଣ୍ଣସଂଖ୍ୟା ଦ୍ୱାରା ଗୁଣିଲେ ଯେଉଁ ସଂଖ୍ୟାମାନ ସୃଷ୍ଟି ହେବେ ସେସବୁ ମଧ୍ୟ କୁହୁକବର୍ଗ ସୃଷ୍ଟି କରିପାରିବେ ।

ଦ୍ରଷ୍ଟବ୍ୟ : କୁହୁକବର୍ଗରେ ନିଆଯିବାକୁ ଥିବା ସଂଖ୍ୟାଗୁଡ଼ିକ ପୂର୍ଣ୍ଣସଂଖ୍ୟା (କ୍ରମିକ) ହୋଇଥିବେ ଏବଂ ସମାନ୍ତର ଅନୁକ୍ରମରେ ରହିଥିବା ଆବଶ୍ୟକ। ଅବଶ୍ୟ ଅନ୍ୟକିଛି ପରିସ୍ଥିତିରେ ସାମୟିକ ପରିବର୍ତ୍ତନ ଦେଖାଯାଇପାରେ।

ବେଦଗଣିତରେ ସୂତ୍ର **"ପରାବର୍ତ୍ତ୍ୟ ଯୋଜୟତ୍"**ର ଉପଯୋଗରେ କୁହୁକ ବର୍ଗ ପ୍ରସ୍ତୁତ ସମ୍ଭବପର ହୋଇଥାଏ ।

ଉକ୍ତ ସୂତ୍ରର ଅର୍ଥ ହେଲା - "ପରିବର୍ତ୍ତିତ (ସଂଖ୍ୟା) ରୂପର ପ୍ରତିସ୍ଥାପନ" (Transpose and Apply) । ଉକ୍ତ ପରିବର୍ତ୍ତିତ ରୂପ ମଧ୍ୟରେ -

ପାର୍ଶ୍ୱର ପରିବର୍ତ୍ତନ, ଚିହ୍ନର ପରିବର୍ତ୍ତନ ଅଥବା ସ୍ଥାନର ପରିବର୍ତ୍ତନ ମଧ୍ୟ ହୋଇପାରେ । ଉକ୍ତ ସୂତ୍ରର ଅବତାରଣାରେ ଗୋଟିଏ (3×3) ଏବଂ (5×5) ଅଯୁଗ୍ମ କୁହୁକବର୍ଗ କିପରି ଗଠିତ ହେବ ତା'କୁ ବୁଝିବାକୁ ଚେଷ୍ଟା କରିବା ।

ପ୍ରଣାଳୀ - 1.

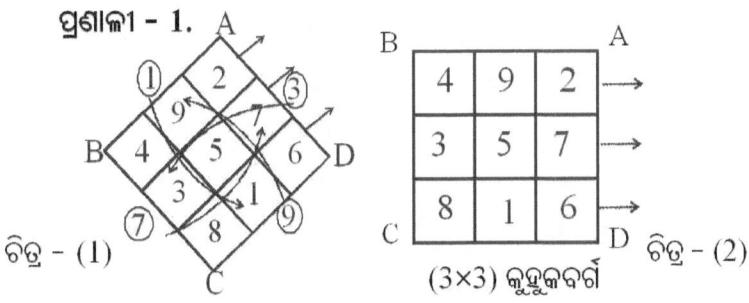

ଚିତ୍ର - (1)

B, A, C, D

4	9	2
3	5	7
8	1	6

(3×3) କୁହୁକବର୍ଗ

ଚିତ୍ର - (2)

ପ୍ରଣାଳୀ :

(1) ପ୍ରଥମେ 1, 2, 3, 4, 5, 6, 7, 8 ଓ 9 କୁ ତିନୋଟି ଧାଡ଼ିରେ ତିନି ତିନୋଟି କରି ତଳକୁ ତଳ କରି ଲେଖ । (ଚିତ୍ର -1 ଦେଖ)

(2) ଚିତ୍ରରେ ପ୍ରଦର୍ଶିତ ABCD ଏକ ବର୍ଗଚିତ୍ର ଅଙ୍କନ କର, ଯେପରି 1, 3, 9 ଏବଂ 7 ବର୍ଗଚିତ୍ରର ବାହାରେ ରହିବ ।

(3) ଅଙ୍କିତ ବର୍ଗଚିତ୍ରକୁ ରେଖାଖଣ୍ଡ ଦ୍ୱାରା ନଅଗୋଟି କ୍ଷୁଦ୍ର ବର୍ଗଚିତ୍ରରେ ପରିଣତ କରିବାକୁ ଚେଷ୍ଟା କର ।

(4) 3 ଓ 7 କୁ ବିପରୀତ ଧାର ସହ ଜଡ଼ିତ ଶୂନ୍ୟ କୋଠରିରେ ଅଦଳ ବଦଳ କରି ପ୍ରତିସ୍ଥାପନ କର । ସେହିପରି 1 ଓ 9 କୁ ମଧ୍ୟ ପୂର୍ବପରି ଅଦଳବଦଳ କରି ବିପରୀତ ଧାର ସହ ଜଡ଼ିତ ଶୂନ୍ୟ କୋଠରିରେ ପ୍ରତିସ୍ଥାପନ କର (ପରାବର୍ତ୍ତ୍ୟ ସୂତ୍ର) ।

(5) ବର୍ଗଚିତ୍ରର ସମସ୍ତ କୋଠରି ଅଙ୍କମାନଙ୍କ ଦ୍ୱାରା ପୂର୍ଣ୍ଣ ହୋଇ ସରିଲା ପରେ ଚିତ୍ର - 2 ରେ ପ୍ରଦର୍ଶିତ କୁହୁକବର୍ଗ ସଂପୂର୍ଣ୍ଣ କର ।

(6) ଲକ୍ଷ୍ୟ କର ଯେ, ପ୍ରତ୍ୟେକ ସ୍ତମ୍ଭ ଏବଂ ପ୍ରତ୍ୟେକ ଧାଡ଼ିରେ ଥିବା ଅଙ୍କମାନଙ୍କର ଯୋଗଫଳ 15 ହେବ । ପରିଶେଷରେ ଦୁଇ କର୍ଣ୍ଣ ଉପରେ ଥିବା ଅଙ୍କମାନଙ୍କୁ ଯୋଗକରି ଦେଖ ଯେ, ପ୍ରତ୍ୟେକ କ୍ଷେତ୍ରରେ ଯୋଗଫଳ ମଧ୍ୟ 15 ସହ ସମାନ ହେବ ।

ପ୍ରଣାଳୀ - 2 (ପିରାମିଡ୍ ଗଠନ ପ୍ରଣାଳୀ)

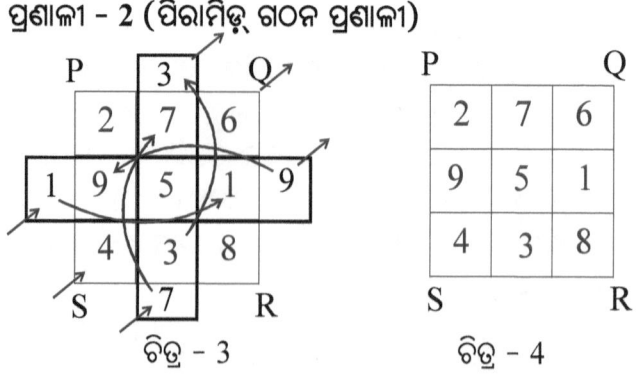

ଚିତ୍ର - 3

P Q

2	7	6
9	5	1
4	3	8

S R

ଚିତ୍ର - 4

ବୈଦିକ ସୂତ୍ର : **'ପରାବର୍ତ୍ତ୍ୟ ଯୋଜୟତ୍'** ଯାହାର ଅର୍ଥ - ପରିବର୍ତ୍ତନ ଏବଂ ପ୍ରତିସ୍ଥାପନ । ଉକ୍ତ ସୂତ୍ରର ଉପଯୋଗ ଅନୁଯାୟୀ 'ଉପରୁ ତଳକୁ' ଓ 'ତଳୁ ଉପରକୁ' ଏବଂ 'ବାମରୁ ଦକ୍ଷିଣକୁ' ଓ 'ଦକ୍ଷିଣରୁ ବାମକୁ' ସଂଖ୍ୟା ପ୍ରତିସ୍ଥାପନ କରି କୁହୁକବର୍ଗ ପ୍ରସ୍ତୁତ କରାଯାଏ । (ଚିତ୍ର - 3 ଦେଖ) ।

ବ୍ୟାବହାରିକ ବୈଦିକ ଗଣିତ-(୨)   129

1 ଓ 9 ଏବଂ 3 ଓ 7 କୁ ଅଦଳବଦଳ କରାଯାଇ ପ୍ରଦର୍ଶିତ ଚିତ୍ରରେ ପରିଦୃଷ୍ଟ ଶୂନ୍ୟଥିବା କୋଠରିକୁ ପୂରଣ କରାଯାଇଛି ।

(ଚିତ୍ର -4 ରେ ପ୍ରଦର୍ଶିତ କୁହୁକବର୍ଗକୁ ଦେଖ ।)

ଉଦାହରଣ - 1. ପ୍ରଥମ ନଅ ଗୋଟି ଅଯୁଗ୍ମ ସଂଖ୍ୟାକୁ ବ୍ୟବହାର କରି ଏକ (3 × 3) କୁହୁକବର୍ଗ ପ୍ରସ୍ତୁତ କର ଯେପରି ପ୍ରତ୍ୟେକ ସ୍ତମ୍ଭ, ପ୍ରତ୍ୟେକ ଧାଡ଼ି ଓ ପ୍ରତ୍ୟେକ କର୍ଣ୍ଣ ଉପରେ ଥିବା ସଂଖ୍ୟାମାନଙ୍କର ସମଷ୍ଟି ଏକ ନିର୍ଦ୍ଦିଷ୍ଟ ସଂଖ୍ୟା ସହ ସମାନ ହେବ ।

ସମାଧାନ: ପ୍ରଥମ ନଅଗୋଟି ଅଯୁଗ୍ମ ସଂଖ୍ୟା: 1, 3, 5, 7, 9, 11, 13, 15 ଓ 17 ।

ସଂଖ୍ୟାମାନଙ୍କର ଯୋଗଫଳ (S) = $\dfrac{9(1+17)}{2}$ = 81, କୁହୁକ ସଂଖ୍ୟା(M) = $\dfrac{81}{3}$ = 27

କୁହୁକବର୍ଗର ଠିକ୍ ମଧ୍ୟବର୍ତ୍ତୀ କୋଠରୀସ୍ଥ ଆବଶ୍ୟକ ସଂଖ୍ୟା = $\dfrac{1}{3}$ × 27 = 9

କୁହୁକବର୍ଗ ପ୍ରସ୍ତୁତିର ଦ୍ୱିତୀୟ ପ୍ରଣାଳୀ ଦେଖ -

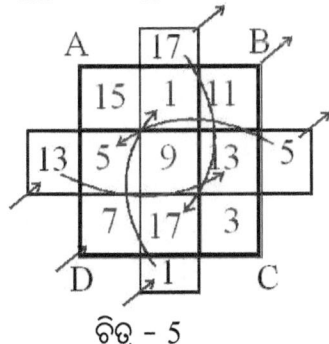

ଚିତ୍ର - 5   ଚିତ୍ର - 6

(i) ଦ୍ୱିତୀୟ ସ୍ତମ୍ଭରେ 17 ଓ 1 କୁ ଅଦଳବଦଳ କରି ବିପରୀତ ଧାର ସହ ସଂଯୁକ୍ତ ଶୂନ୍ୟ କୋଠରିରେ ପ୍ରତିସ୍ଥାପନ କରାଯାଇଛି ।

(ii) ଦ୍ୱିତୀୟ ଧାଡ଼ି 5 ଓ 13 କୁ ଅଦଳବଦଳ କରି ବିପରୀତ ଧାର ସହ ସଂଯୁକ୍ତ ଶୂନ୍ୟ କୋଠରିରେ ପ୍ରତିସ୍ଥାପନ କରାଯାଇଛି ।

ଏଠାରେ ଲକ୍ଷ୍ୟ କର ଯେ, ପ୍ରତ୍ୟେକ ଧାଡ଼ି, ପ୍ରତ୍ୟେକ ସ୍ତମ୍ଭ ଏବଂ ଉଭୟ କର୍ଣ୍ଣ ଉପରିସ୍ଥ ସଂଖ୍ୟାମାନଙ୍କର ଯୋଗଫଳ 27 ଅର୍ଥାତ୍ କୁହୁକ ସଂଖ୍ୟା (9 × 3) ହେବ ।

ଉଦାହରଣ - 2 : (–3) ରୁ ଆରମ୍ଭ କରି 5 ପର୍ଯ୍ୟନ୍ତ ନଅ ଗୋଟି କ୍ରମିକ ପୂର୍ଣ୍ଣ ସଂଖ୍ୟାକୁ ନେଇ ଏକ (3 × 3) କୁହୁକବର୍ଗ ପ୍ରସ୍ତୁତ କର ।

ସମାଧାନ : ଦତ୍ତ କ୍ରମିକ ପୂର୍ଣ୍ଣ ସଂଖ୍ୟାଗୁଡ଼ିକ: (–3), (–2), (–1), 0, 1, 2, 3, 4 ଓ 5 ସଂଖ୍ୟାମାନଙ୍କର ଯୋଗଫଳ ନିର୍ଣ୍ଣୟ ପାଇଁ ନିମ୍ନ ପ୍ରଣାଳୀକୁ ଦେଖ ।

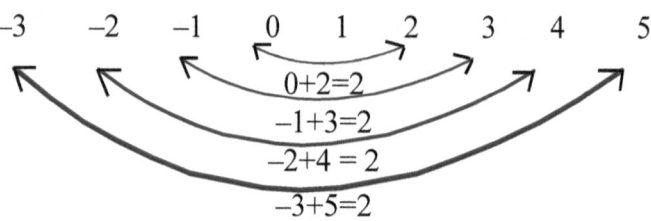

∴ ଯୋଗଫଳ = ଚାରିଯୋଡ଼ା ସଂଖ୍ୟା (2) ଏବଂ 1ର ଯୋଗଫଳ = 2×4+1= 9

$$\text{ଅଥବା } S = \frac{9(-3+5)}{2} = 9$$

$$\therefore \text{ କୁହୁକ ସଂଖ୍ୟା } = \frac{1}{3} \times S = \frac{1}{3} \times 9 = 3$$

ଦ୍ୱିତୀୟ ସ୍ତମ୍ଭ ଏବଂ ଦ୍ୱିତୀୟ ଧାଡ଼ି ସଂପୃକ୍ତ ସାଧାରଣ ସଂଖ୍ୟା = 1

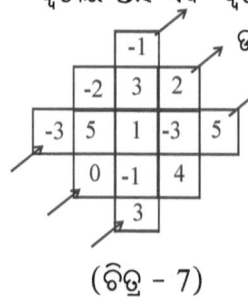

-1
-2 3 2
0 -1 4
3

(ଚିତ୍ର - 7)

ଉଦାହରଣ-1 ଅନୁସାରେ ସଂଖ୍ୟାଗୁଡ଼ିକ ସଜାଇ ରଖ। ପରାବର୍ତ୍ତ୍ୟ ସୂତ୍ର ଉପଯୋଗରେ –1 ଓ 3 ଏବଂ –3 ଓ 5 ସଂଖ୍ୟାଗୁଡ଼ିକର ଅଦଳବଦଳ କରି ବିପରୀତ ଧାର ସହ ସଂଯୁକ୍ତ ଶୂନ୍ୟ କୋଠରିରେ ପ୍ରତିସ୍ଥାପନ କଲେ ଏକ କୁହୁକବର୍ଗ (ଚିତ୍ର-8) ପ୍ରସ୍ତୁତ ହୋଇପାରିବ ।

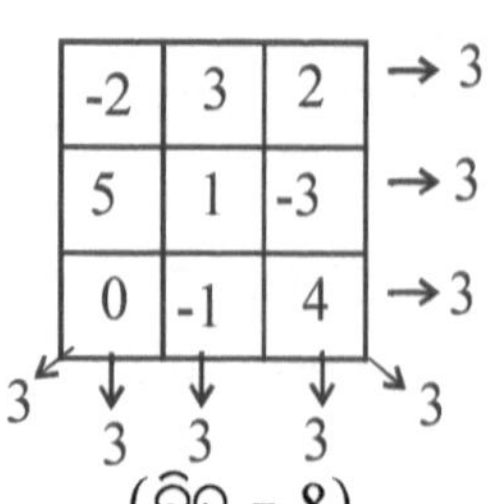

-2 3 2 → 3
5 1 -3 → 3
0 -1 4 → 3
3 3 3 3 3

(ଚିତ୍ର - 8)

ପ୍ରସ୍ତୁତ କୁହୁକବର୍ଗରୁ ସ୍ପଷ୍ଟ ପ୍ରତ୍ୟେକ ଧାଡ଼ି, ପ୍ରତ୍ୟେକ ସ୍ତମ୍ଭ ଏବଂ ଉଭୟ କର୍ଣ୍ଣ ଉପରିସ୍ଥ ସଂଖ୍ୟା ଗୁଡ଼ିକର ସମଷ୍ଟି 3 ସହ ସମାନ ହେବାର ଦେଖିବ । କାରଣ କୁହୁକ ସଂଖ୍ୟା = 3 । ପ୍ରସ୍ତୁତ କୁହୁକବର୍ଗ ମଧ୍ୟସ୍ଥ କୋଠରି ‘1 ସଂଖ୍ୟା’ ଦ୍ୱାରା ପୂରଣ ହୋଇଛି ।

ଉଦାହରଣ -3 : ନଅଗୋଟି ଧନାତ୍ମକ ପୂର୍ଣ୍ଣସଂଖ୍ୟା, ଯାହାର ପ୍ରଥମ ସଂଖ୍ୟା 3 ଏବଂ ସାଧାରଣ ଅନ୍ତର 4 କୁ ନେଇ ଏକ କୁହୁକବର୍ଗ ପ୍ରସ୍ତୁତ କର ।

ସମାଧାନ : ପ୍ରଥମ ସଂଖ୍ୟା 3 ଏବଂ ସାଧାରଣ ଅନ୍ତର 4 ହେଲେ, ନଅଗୋଟି ପୂର୍ଣ୍ଣ ସଂଖ୍ୟା ହେବ: 3, 7, 11, 15, 19, 23, 27, 31 ଓ 35 ।

ପୂର୍ଣ୍ଣସଂଖ୍ୟାମାନଙ୍କର ସମଷ୍ଟି
= (3+35) + (7+31) + (11+27) + (15+23) + 19
= 38 × 4 + 19 = 152 + 19 = 171

ଅଥବା ସମଷ୍ଟି = $\frac{9(3+35)}{2}$ = 9 × 19 = 171

∴ କୁହୁକ ସଂଖ୍ୟା = $\frac{1}{3}$ × 171 = 57

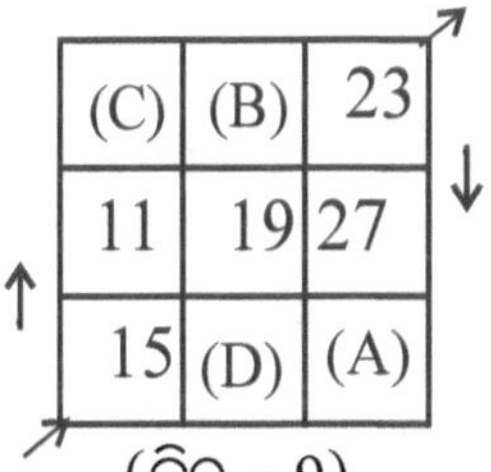

ମଝିକୋଠରି ଉପରିସ୍ଥ ସଂଖ୍ୟା = 19

(∵ $\frac{1}{3}$ × 57 = 19)

(C)	(B)	23
11	19	27
15	(D)	(A)

(ଚିତ୍ର - 9)

1. ନଅଗୋଟି ସଂଖ୍ୟା ମଧ୍ୟରୁ ଦ୍ୱିତୀୟ ସଂଖ୍ୟାତ୍ରୟୀ (15, 19, 23)କୁ ଗୋଟିଏ କର୍ଣ୍ଣ ଉପରିସ୍ଥ ସଂଖ୍ୟା ରୂପେ ନିଆଯାଉ ।

2. 23 ର ପରବର୍ତ୍ତୀ ସଂଖ୍ୟା 27 ଏବଂ 15 ର ପୂର୍ବବର୍ତ୍ତୀ ସଂଖ୍ୟା 11 କୁ ଦ୍ୱିତୀୟ ଧାଡ଼ିର ଯଥାକ୍ରମେ ଶେଷ ଏବଂ ପ୍ରଥମ ଖାଲି କୋଠରିରେ ରଖ ।

3. ବର୍ତ୍ତମାନ ଦ୍ୱିତୀୟ ଧାଡ଼ିର ସଂଖ୍ୟା ଗୁଡ଼ିକର ସମଷ୍ଟି (11+19+27)=57 ହେବ ଏବଂ ଏକ କର୍ଣ୍ଣ ଉପରିସ୍ଥ ସଂଖ୍ୟାଗୁଡ଼ିକର ସମଷ୍ଟି (15+19+23) =57 ହେବ ।

4. (i) ବର୍ତ୍ତମାନ A ଚିହ୍ନିତ କୋଠରି ଉପରିସ୍ଥ ସଂଖ୍ୟା
= 57– (23 + 27) = 7 ।
(ii) C ଚିହ୍ନିତ କୋଠରି ଉପରିସ୍ଥ ସଂଖ୍ୟା (କର୍ଣ୍ଣଉପରିସ୍ଥ)=57– (7+19) = 31
(iii) B ଚିହ୍ନିତ କୋଠରି ଉପରିସ୍ଥ ସଂଖ୍ୟା = 57– (23 + 31) = 3

(iv) D ଚିହ୍ନିତ କୋଠରି ଉପରିସ୍ଥ ସଂଖ୍ୟା $= 57 - (15 + 7) = 35$

31	3	23
11	19	27
15	35	7

ପ୍ରସ୍ତୁତ କୁହୁକ ବର୍ଗ ।

(ଚିତ୍ର - 10)

ଦ୍ରଷ୍ଟବ୍ୟ :

1. ପରୀକ୍ଷା କରି ଦେଖ ଯେ, ପ୍ରତ୍ୟେକ ଧାଡ଼ି, ସ୍ତମ୍ଭ ଏବଂ ଉଭୟ କର୍ଣ୍ଣ ଉପରିସ୍ଥ ସଂଖ୍ୟାଗୁଡ଼ିକର ସମଷ୍ଟି ପ୍ରତ୍ୟେକ କ୍ଷେତ୍ରରେ 57 ହେବ ।

2. ଉଦାହରଣ - 3 ର ସମାଧାନ ଏକ ପ୍ରକାରର କୁହୁକବର୍ଗର ସମାଧାନ ଅଟେ । ଏଥିପାଇଁ ସଂଖ୍ୟାଗୁଡ଼ିକର ସମଷ୍ଟି ଏବଂ ମଝି କୋଠରି ଉପରିସ୍ଥ ସଂଖ୍ୟାକୁ ଜାଣିବାର ଆବଶ୍ୟକତା ଅଛି ।

ଉଦାହରଣ - 4 : ଦତ୍ତ (3×3) କୁହୁକବର୍ଗର ଶୂନ୍ୟ କୋଠରି (A,B,C,D,E ଓ F ଚିହ୍ନିତ) ଗୁଡ଼ିକୁ ଉପଯୁକ୍ତ ସଂଖ୍ୟା ଦ୍ୱାରା ପୂରଣ କରି କୁହୁକବର୍ଗର ସମାଧାନ କର ।

B	C	D
A	10	14
8	F	E

(ଚିତ୍ର - 11)

ସମାଧାନ : କୁହୁକବର୍ଗର ମଧ୍ୟସ୍ଥ କୋଠରିରେ ଥିବା ସଂଖ୍ୟା = 10

$\therefore$ କୁହୁକ ସଂଖ୍ୟା $= 3 \times 10 = 30$

$A = 30 - (10+14) = 6$

$B = 30 - (6+8) = 16$

$E = 30 - (16+10) = 4$

$D = 30 - (10+8) = 12$

$C = 30 - (16+12) = 2$

$F = 30 - (10+2) = 18$

16	2	12
6	10	14
8	18	4

ପ୍ରସ୍ତୁତ କୁହୁକ ବର୍ଗ

(ଚିତ୍ର - 12)

ଏକ ସ୍ୱତନ୍ତ୍ର (3 × 3) କୁହୁକ ବର୍ଗ :
0, 1, 1, 2, 3, 5, 8, 13, 21, 34, 55, 89, 144, 233, 377... ଅନୁକ୍ରମଟିକୁ ଫିବୋନାକି (Fibonacci) ଅନୁକ୍ରମ କୁହାଯାଏ ।
ପ୍ରଥମ ନଅଗୋଟି ଗଣନ ସଂଖ୍ୟାକୁ ନେଇ ଗଠିତ (3 × 3) କୁହୁକବର୍ଗକୁ ପାର୍ଶ୍ୱରେ ଦେଖାଯାଇଛି ।

8	1	6
3	5	7
4	9	2

(ଚିତ୍ର - 13)

ବର୍ତ୍ତମାନ ଫିବୋନାକି ଅନୁକ୍ରମର ପଞ୍ଚମ ପଦରୁ ତ୍ରୟୋଦଶ ପଦ ପର୍ଯ୍ୟନ୍ତ ସଂଖ୍ୟାମାନଙ୍କୁ (3, 5, 8, 13, 21, 34, 55, 89 ଏବଂ 144) ଯଥାକ୍ରମେ 1, 2, 3, 4, 5, 6, 7, 8 ଏବଂ 9 ପରିବର୍ତ୍ତେ କୁହୁକବର୍ଗରେ ପ୍ରତିସ୍ଥାପନ କଲେ ଏକ ନୂତନ କୁହୁକବର୍ଗ ସୃଷ୍ଟି ହେବ ।

89	3	34
8	21	55
13	144	5

(ଚିତ୍ର - 14)

ପରିବର୍ତ୍ତିତ କୁହୁକବର୍ଗର ବିଶେଷତ୍ୱ ହେଲା : ଧାଡ଼ିଗୁଡ଼ିକରେ ଥିବା ସଂଖ୍ୟାମାନଙ୍କର ଗୁଣଫଳର ସମଷ୍ଟି, ସ୍ତମ୍ଭଗୁଡ଼ିକରେ ଥିବା ସଂଖ୍ୟାମାନଙ୍କର ଗୁଣଫଳର ସମଷ୍ଟି (27678) ସହ ସମାନ ହେବ ।

ପ୍ରତ୍ୟେକ ଧାଡ଼ି : 9078+9240+9360 = 27678 ଏବଂ
ପ୍ରତ୍ୟେକ ସ୍ତମ୍ଭ : 9256+9072+9350 = 27678 ।

ଅନୁକ୍ରମର (ପ୍ରଥମ ଚାରୋଟି ପଦ ବ୍ୟତୀତ) ଅନ୍ୟ ଯେକୌଣସି କ୍ରମିକ ନଅଗୋଟି ପଦକୁ ନିଆଯାଇ କୁହୁକବର୍ଗ ପ୍ରସ୍ତୁତ କରାଯାଇପାରେ ।

ଦ୍ରଷ୍ଟବ୍ୟ : କୁହୁକ ସଂଖ୍ୟା (Magic Number) = $\dfrac{n(n^2+1)}{2}$

ଗୃହୀତ ସଂଖ୍ୟାମାନଙ୍କର ସମଷ୍ଟି (Sum of the Numbers) = $\dfrac{n^2(n^2+1)}{2}$

(5 × 5) କୁହୁକବର୍ଗ (Magic Square):

(3 × 3) କୁହୁକବର୍ଗ ଭଳି ଅଯୁଗ୍ମ (5 × 5) କୁହୁକବର୍ଗ ମଧ୍ୟ ପ୍ରସ୍ତୁତ କରିହେବ । ଉକ୍ତ କୁହୁକବର୍ଗ, 25 ଗୋଟି କ୍ଷୁଦ୍ର ବର୍ଗଚିତ୍ର ବିଶିଷ୍ଟ ସୃଷ୍ଟି ହେଉଥିବା ବର୍ଗଜାଲିରେ 1 ଠାରୁ 25 ପର୍ଯ୍ୟନ୍ତ କ୍ରମିକ ପୂର୍ଣ୍ଣସଂଖ୍ୟାଗୁଡ଼ିକ ବର୍ଗଜାଲିରେ ସଜ୍ଜିତ ହୋଇ ରହିପାରିବେ ।

ପ୍ରଥମ 25 ଗୋଟି ଗଣନ ସଂଖ୍ୟାର ସମଷ୍ଟି = $\dfrac{25(1+25)}{2}$ = 325

∴ କୁହୁକ ସଂଖ୍ୟା = $\dfrac{1}{5}$ × 325 = 65

(5 × 5) ବର୍ଗ ଜାଲିର ଠିକ୍ ମଝି କୋଠରି ମଧ୍ୟସ୍ଥ ସଂଖ୍ୟା = 13

(∵ 13 × 5 = 65)

(3 × 3) କୁହୁକ ବର୍ଗ ଗଠନର ପ୍ରଥମ ପ୍ରଣାଳୀ ଅନୁସରଣରେ (5 × 5) କୁହୁକବର୍ଗକୁ ପ୍ରସ୍ତୁତ କରିବା ।

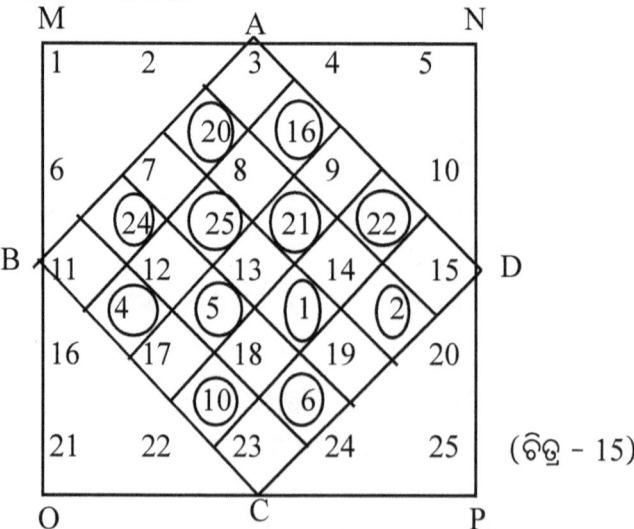

(ଚିତ୍ର - 15)

(i) 1 ଠାରୁ 25 ପର୍ଯ୍ୟନ୍ତ ସଂଖ୍ୟାକୁ 5 ଗୋଟି ଧାଡ଼ିରେ ବାମରୁ ଦକ୍ଷିଣକୁ କ୍ରମ ଅନୁସାରେ ଲେଖାଯାଉ ।

(ii) ABCD ବର୍ଗଚିତ୍ର ଅଙ୍କନ କରିବା ଯେପରି ପ୍ରତ୍ୟେକ ପାର୍ଶ୍ୱର ବାହାରେ ତିନିତିନୋଟି କରି ସଂଖ୍ୟା ରହିବାର ଦେଖିବ ।

(iii) ପରବର୍ତ୍ତୀ ସମୟରେ ଏହାକୁ ଚିତ୍ର-16ରେ ପ୍ରଦର୍ଶିତ ହେଲା ଭଳି କ୍ଷୁଦ୍ର 25 ଗୋଟି ବର୍ଗଚିତ୍ର ସୃଷ୍ଟି କର ଯେପରି ବର୍ଗଚିତ୍ରର ବହିଃସ୍ଥ ସଂଖ୍ୟାଗୁଡ଼ିକ ପ୍ରତ୍ୟେକ ଧାଡ଼ି ବା ସ୍ତମ୍ଭର ସମ୍ମୁଖରେ ଥିବା ଖାଲି କୋଠରି ମଧ୍ୟରେ ରହିବ ।

ABCD ପ୍ରସ୍ତୁତ
(5 × 5) କୁହୁକବର୍ଗ

	B				A	
	11	24	7	20	3	→ 65
	4	12	25	8	16	→ 65
	17	5	13	21	9	→ 65
	10	18	1	14	22	→ 65
C	23	6	19	2	15	→ 65
65	↓	↓	↓	↓	↓ D	65
	65	65	65	65	65	

(ଚିତ୍ର - 16)

(iv) ଲକ୍ଷ୍ୟକର, ପ୍ରତ୍ୟେକ ଧାଡ଼ି ପ୍ରତ୍ୟେକ ସ୍ତମ୍ଭ ଏବଂ ଉଭୟ କର୍ଣ୍ଣ ଉପରିସ୍ଥ ସଂଖ୍ୟାମାନଙ୍କର ସମଷ୍ଟି 65 ସହ ସମାନ; ଯାହା 13 ର 5 ଗୁଣ ସହ ସମାନ ।

(v) ଲକ୍ଷ୍ୟ କର, ଦୁଇ ସଂଖ୍ୟାଗୁଡ଼ିକର ପ୍ରଥମ ଓ ଶେଷ ସଂଖ୍ୟା ଦ୍ୱୟ ଗୋଟିଏ ସ୍ତମ୍ଭ (ତୃତୀୟ) ଉପରେ ଅବସ୍ଥାପିତ ।

(vi) ଲକ୍ଷ୍ୟକର ତୃତୀୟ ଧାଡ଼ି ଏବଂ ତୃତୀୟ ସ୍ତମ୍ଭ ଉପରିସ୍ଥ ଏବଂ ଉଭୟ କର୍ଣ୍ଣ ଉପରିସ୍ଥ ଠିକ୍ ବିପରୀତ ସଂଖ୍ୟାମାନଙ୍କର ହାରାହାରି, ମଧ୍ୟସ୍ଥ କୋଠରି ଉପରିସ୍ଥ ସଂଖ୍ୟା 13 ସହ ସମାନ ।

ଯଥା, $\frac{17+9}{2}=13$ ଓ $\frac{5+21}{2}=13$

ସେହିପରି $\frac{11+15}{2}=13$ ଏବଂ $\frac{12+14}{2}=13$ ଇତ୍ୟାଦି ।

(vii) ସମାନ ଅନ୍ତର କିମ୍ବା ସମାନ ସଂଖ୍ୟାର ଗୁଣଫଳ (0 ବ୍ୟତୀତ) ବିଶିଷ୍ଟ 25 ସଂଖ୍ୟକ କ୍ରମିକ ପୂର୍ଣ୍ଣ ସଂଖ୍ୟାକୁ ନେଇ (5 × 5) କୁହୁକବର୍ଗ ମଧ୍ୟ ପ୍ରସ୍ତୁତ କରାଯାଇପାରିବ ।

(viii) ଦୁଇ ସଂଖ୍ୟାଗୁଡ଼ିକର ସମଷ୍ଟି ନିର୍ଣ୍ଣୟ ପାଇଁ ଆରମ୍ଭରୁ ଏବଂ ଶେଷରୁ ସମାନ ଦୂରତାରେ ଥିବା ସଂଖ୍ୟାମାନଙ୍କର (12 ଯୋଡ଼ି) ଏବଂ ତତ୍ ସହିତ ମଝି ସଂଖ୍ୟାର ସମଷ୍ଟି ନିଆଯାଇପାରେ । ପ୍ରଥମ 25 ଗୋଟି କ୍ରମିକ ଗଣନ ସଂଖ୍ୟାର ସମଷ୍ଟି ସ୍ଥିର କରିବା ।

ଅର୍ଥାତ୍ (1+25) + (2+24) + (3+23) + (4+22) + (5 + 21) + (6+20)+(7+19)+(8+18)+(9+17)+(10+16)+(11+15)+(12+14) + 13 = 12 × 26 + 13 = 325

ଅଥବା ସୂତ୍ର ଅନୁଯାୟୀ ସଂଖ୍ୟାଗୁଡ଼ିକର ସମଷ୍ଟି = $\frac{5^2(1+25)}{2}$ = 325 ହେବ।

ସେହିପରି ଅନ୍ୟ ଯେକୌଣସି କ୍ରମିକ 25 ଗୋଟି ପୂର୍ଣ୍ଣ ସଂଖ୍ୟାର ଯୋଗଫଳ ମଧ୍ୟ ନିର୍ଣ୍ଣୟ କରାଯାଇପାରେ ।

(ix) କୁହୁକ ସଂଖ୍ୟା = $\frac{1}{5}$ (ସଂଖ୍ୟାଗୁଡ଼ିକର ସମଷ୍ଟି) ଏବଂ

ମଧ୍ୟସ୍ଥ କୋଠରି ଉପରିସ୍ଥ ସଂଖ୍ୟା = $\frac{1}{5}$ × କୁହୁକ ସଂଖ୍ୟା

(x) 'ପରାବର୍ତ୍ତ୍ୟ' ବୈଦିକ ସୂତ୍ର ଅବଲମ୍ବନରେ ସୃଷ୍ଟି ହୋଇଥିବା ବର୍ଗଚିତ୍ର ମଧ୍ୟରେ ଉପରୁ ତଳକୁ, ତଳୁ ଉପରକୁ, ବାମରୁ ଦକ୍ଷିଣକୁ ଏବଂ ଦକ୍ଷିଣରୁ ବାମକୁ ନେଇ ସଂପୃକ୍ତ କୋଠରିରେ ପୂର୍ଣ୍ଣସଂଖ୍ୟାମାନଙ୍କୁ ପ୍ରତିସ୍ଥାପିତ କରିବାକୁ ପଡ଼େ ।

ଦ୍ୱିତୀୟ ପ୍ରଣାଳୀ: ପିରାମିଡ଼ ଗଠନ ପ୍ରଣାଳୀ:

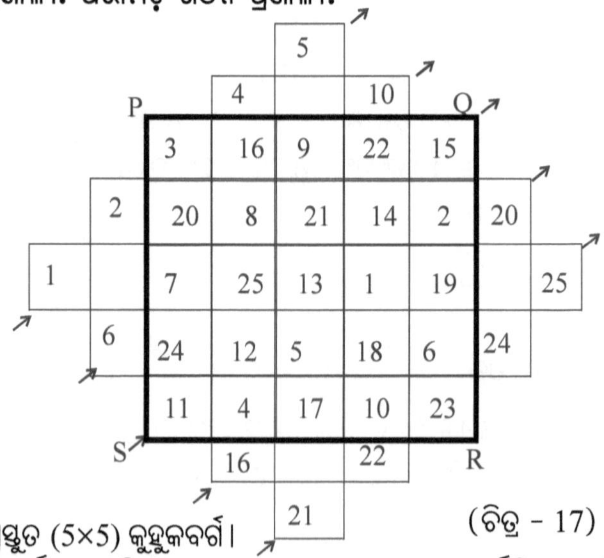

(ଚିତ୍ର - 17)

PQRS ପ୍ରସ୍ତୁତ (5×5) କୁହୁକବର୍ଗ।

'ପରାବର୍ତ୍ତ୍ୟ' ବୈଦିକ ସୂତ୍ରର ଉପଯୋଗରେ PQRS ବର୍ଗଚିତ୍ରର ବହିଃସ୍ଥ ସଂଖ୍ୟାଗୁଡ଼ିକୁ ଅଦଳ ବଦଳ କରି ଅନୁରୂପ ବିପରୀତ ବାହୁ ସହ ଜଡ଼ିତ ଶୂନ୍ୟ କୋଠରିରେ ପ୍ରତିସ୍ଥାପନ କରାଯାଇଛି ।

ବ୍ୟାବହାରିକ ବୈଦିକ ଗଣିତ-(୨) 137

P			Q		
3	16	9	22	15	→ 65
20	8	21	14	2	→ 65
7	25	⑬	1	19	→ 65
24	12	5	18	6	→ 65
11	4	17	10	23	→ 65

S ↙ 65   ↓65 ↓65 ↓65 ↓65 ↓65 R ↘ 65   (ଚିତ୍ର - 18)

ପ୍ରଥମ ପ୍ରଣାଳୀରେ ଉଭୟ ପର୍ଯ୍ୟବେକ୍ଷଣ ସମୂହକୁ ଗ୍ରହଣ କରି ଉପରିସ୍ଥ (5×5) କୁହୁକବର୍ଗ କ୍ଷେତ୍ରରେ ସେସବୁର ପ୍ରୟୋଗକୁ ଅନୁଧ୍ୟାନ କର ।

ଉଦାହରଣ - 5 : ପ୍ରଥମ 3 ର ଗୁଣିତକ 25 ସଂଖ୍ୟକ ଗଣନ ସଂଖ୍ୟା ନେଇ ଏକ (5×5) କୁହୁକବର୍ଗ ପ୍ରସ୍ତୁତ କର ।

ସମାଧାନ : ସଂଖ୍ୟା ସମୂହ : 3, 6, 9, 12 ..... 69, 72, 75 (25 ସଂଖ୍ୟକ)

ସମଷ୍ଟି = 3 + 6 + 9 + ... + 69 + 72 + 75
       = 3 (1 + 2 + 3 + ... + 23 + 24 + 25)
       = $\frac{3 \times 25(1+25)}{2} = \frac{3 \times 25 \times 26}{2} = 975$

ଅଥବା ସମଷ୍ଟି = $\frac{25}{2}(3+75) = 975$

∴ କୁହୁକ ସଂଖ୍ୟା = $\frac{975}{5} = 195$ ଏବଂ

କୁହୁକବର୍ଗ ମଧ୍ୟସ୍ଥ (କୋଠରି ଉପରିସ୍ଥ) ସଂଖ୍ୟା = $\frac{195}{5} = 39$

'ପରାବର୍ତ୍ତ୍ୟ' ବୈଦିକ ସୂତ୍ରର ଉପଯୋଗରେ (5×5) କୁହୁକବର୍ଗ ପ୍ରସ୍ତୁତ କରିବା । ଦ୍ୱିତୀୟ ପ୍ରଣାଳୀକୁ ଅନୁସରଣ କର ।

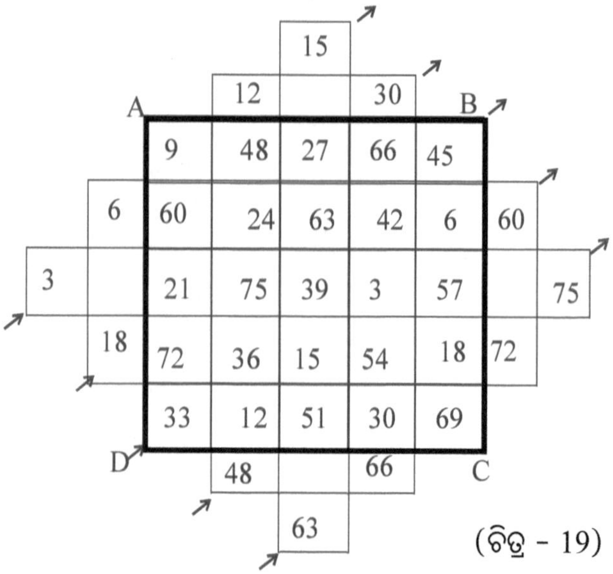

ବ୍ୟାବହାରିକ ବୈଦିକ ଗଣିତ -(୨)

```
                15
           12        30
        A ┌──────────────────┐ B
          │  9  48  27  66  45 │
       6  │ 60  24  63  42   6 │ 60
    3     │ 21  75  39   3  57 │    75
       18 │ 72  36  15  54  18 │ 72
          │ 33  12  51  30  69 │
        D └──────────────────┘ C
                48        66
                   63
```

(ଚିତ୍ର - 19)

ABCD ବର୍ଗଚିତ୍ରରେ ଥିବା ସଂପୃକ୍ତ ଧାଡ଼ି ବା ସ୍ତମ୍ଭର ବାହାରେ ଥିବା ସଂଖ୍ୟାଗୁଡ଼ିକୁ ବାମରୁ ଦକ୍ଷିଣକୁ ଓ ଦକ୍ଷିଣରୁ ବାମକୁ ବା ଉପରୁ ତଳକୁ, ଓ ତଳୁ ଉପରକୁ ଖାଲିଥିବା କୋଠରିରେ ଅଦଳ ବଦଳ ସୂତ୍ରରେ ପ୍ରତିସ୍ଥାପନ କରାଯାଇଛି । ଅନୁଧ୍ୟାନ କର ।

```
   A                      B
   ┌──────────────────┐
   │  9  48  27  66  45 │
   │ 60  24  63  42   6 │     କୁହୁକ ସଂଖ୍ୟା =195
   │ 21  75 (39)  3  57 │
   │ 72  36  15  54  18 │
   │ 33  12  51  30  69 │
   └──────────────────┘
   D   (5 × 5) କୁହୁକ ବର୍ଗ   C
```

(ଚିତ୍ର - 20)

ଲକ୍ଷ୍ୟକର, ପ୍ରତ୍ୟେକ ଧାଡ଼ି, ପ୍ରତ୍ୟେକ ସ୍ତମ୍ଭ ଏବଂ ଉଭୟ କର୍ଣ୍ଣ ଉପରେ ଅବସ୍ଥାପିତ ସଂଖ୍ୟାମାନଙ୍କର ସମଷ୍ଟି ପ୍ରତ୍ୟେକ କ୍ଷେତ୍ରରେ 195 ହେବ । ଅର୍ଥାତ୍ କୁହୁକ ସଂଖ୍ୟା (39 × 5) ଅଥବା 195 ସହ ସମାନ ହେବ ।

କେତେକ ସ୍ୱତନ୍ତ୍ର ବିଧି ଅନୁଯାୟୀ ଯୁଗ୍ମ କୁହୁକବର୍ଗ ମାନ ଯଥା : (4×4), (6×6).... ମଧ୍ୟ ପ୍ରସ୍ତୁତ କରାଯାଇପାରେ। ଉକ୍ତ କୁହୁକବର୍ଗ ମାନଙ୍କରେ ଅନ୍ତର୍ଭୁକ୍ତ ସଂଖ୍ୟାଗୁଡ଼ିକର ଭିନ୍ନ ଭିନ୍ନ ଧର୍ମ ମଧ୍ୟ ପରିଲକ୍ଷିତ ହେବାର ଦେଖିବ।

ପ୍ରଶ୍ନାବଳୀ

1. 1,5, 9, 13, 17, 21, 25, 29 ଓ 33 ସଂଖ୍ୟାମାନଙ୍କୁ ନେଇ ଏକ (3 × 3) କୁହୁକବର୍ଗ ପ୍ରସ୍ତୁତ କର ।
2. ପ୍ରଥମ ନଅଗୋଟି ଯୁଗ୍ମସଂଖ୍ୟାଗୁଡ଼ିକୁ ନେଇ ଏକ (3 × 3) କୁହୁକବର୍ଗ ପ୍ରସ୍ତୁତ କର ।
3. 5 ରୁ ଆରମ୍ଭ କରି 13 ପର୍ଯ୍ୟନ୍ତ କ୍ରମିକ ଗଣନ ସଂଖ୍ୟାମାନଙ୍କୁ ନେଇ ଏକ (3 × 3) କୁହୁକବର୍ଗ ପ୍ରସ୍ତୁତ କର ।
4. 4 ରୁ ଆରମ୍ଭ କରି ପରବର୍ତ୍ତୀ ଆଠଗୋଟି କ୍ରମିକ ଯୁଗ୍ମ ସଂଖ୍ୟା ନେଇ ଏକ (3 × 3) କୁହୁକବର୍ଗ ପ୍ରସ୍ତୁତ କର ।
5. (5×5) କୁହୁକବର୍ଗର କୁହୁକ ସଂଖ୍ୟା 165 ଏବଂ ପ୍ରଥମ ଧାଡ଼ି ଏବଂ ତୃତୀୟ ସ୍ତମ୍ଭର ସାଧାରଣ ସଂଖ୍ୟା 21 ହେଲେ, (5 × 5) କୁହୁକବର୍ଗର ସମାଧାନ କର । (କୁହୁକବର୍ଗ ଅନ୍ତର୍ଭୁକ୍ତ ସମସ୍ତ ସଂଖ୍ୟା କ୍ରମିକ)
6. ପ୍ରଥମ 25 ସଂଖ୍ୟକ ଅଯୁଗ୍ମ ସଂଖ୍ୟା ନେଇ ଏକ (5 × 5) କୁହୁକବର୍ଗ ପ୍ରସ୍ତୁତ କର ।
7. ପ୍ରଥମ 25 ସଂଖ୍ୟକ ଯୁଗ୍ମ ସଂଖ୍ୟା ନେଇ ଏକ (5 × 5) କୁହୁକବର୍ଗ ପ୍ରସ୍ତୁତ କର ।
8. ଦତ୍ତ କୁହୁକବର୍ଗଗୁଡ଼ିକର ସମାଧାନ କର ।

(a)

		16
	15	
14		

(b)

13		
	11	
		9

ସୂଚନା : (a) ସଂଖ୍ୟାସମୂହ : 11, 12,13, **14, 15, 16,** 17,18 ଓ 19

(b) ସଂଖ୍ୟାସମୂହ : 3, 5, 7, **9, 11, 13**, 15, 17 ଓ 19

9. ଦତ୍ତ କୁହୁକବର୍ଗର ସମାଧାନ କର :

22		
		21
14		

10.

1	2	4
3	6	9
9	18	36

ଦତ୍ତ ବର୍ଗଜାଲିରେ ଥିବା ସଂଖ୍ୟାଗୁଡ଼ିକୁ ନେଇ ଗୋଟିଏ (3×3) କୁହୁକବର୍ଗ ପ୍ରସ୍ତୁତ କରି ପ୍ରସ୍ତୁତ କୁହୁକବର୍ଗରେ ଧାଡ଼ି ଏବଂ ସ୍ତମ୍ଭରେ ଥିବା ସଂଖ୍ୟା ସମ୍ପର୍କକୁ ସ୍ଥିର କର।

-୦-

ତ୍ରୟୋଦଶ ଅଧ୍ୟାୟ

ପିଥାଗୋରୀୟତ୍ରୟୀ

(PYTHAGOREAN TRIPLE(S))

ଏକ ମୌଳିକ ପିଥାଗୋରୀୟତ୍ରୟୀ (Primitive Pythagorean Triple) (a,b,c) ଯେଉଁଠାରେ a, b ଏବଂ c ପରସ୍ପର ମୌଳିକ (ଧନାତ୍ମକ ପୂର୍ଣ୍ଣସଂଖ୍ୟା) ସଂଖ୍ୟା ଅଟନ୍ତି। ଉଦାହରଣ ସ୍ୱରୂପ, (3,4,5) (5,12,13) (7,24,25) ... ଆଦି ମୌଳିକ ପିଥାଗୋରୀୟତ୍ରୟୀ । କାରଣ, ପ୍ରତ୍ୟେକ ତ୍ରୟୀରେ ନିଆଯାଇଥିବା ସଂଖ୍ୟାମାନ ପରସ୍ପର ମୌଳିକ ଧନାତ୍ମକ ପୂର୍ଣ୍ଣସଂଖ୍ୟା।

ଯଦି କୌଣସି ସଂଖ୍ୟାତ୍ରୟ (a,b,c), $a^2+b^2=c^2$ର ଏକ ସମାଧାନ ହୁଏ, ତେବେ ସେ ତ୍ରୟୀକୁ **ପିଥାଗୋରୀୟତ୍ରୟୀ** କୁହାଯାଏ। ପିଥାଗୋରୀୟତ୍ରୟୀର ଉଦ୍ଭବ ବେଦଗଣିତର **'ସଂକଳନ ବ୍ୟବକଳନ'** ସୂତ୍ର ପ୍ରୟୋଗ ଦ୍ୱାରା ସମ୍ଭବ ହୋଇଥାଏ।

ଦ୍ରଷ୍ଟବ୍ୟ : 100 ମଧ୍ୟରେ ଥିବା 16 ଗୋଟି ମୌଳିକ ପିଥାଗୋରୀୟତ୍ରୟୀକୁ ନିମ୍ନରେ ଦର୍ଶାଯାଇଛି।

(3,4,5),	(5,12,13),	(8,15,17),	(7,24,25),
(20,21,29),	(12,35,37),	(9,40,41),	(28,45,53),
(11,60,61),	(16,63,65),	(33,56,65),	(48,55,73),
(13,84,85),	(36,77,85),	(39,80,89),	(65,72,97)

ମୌଳିକ ପିଥାଗୋରୀୟତ୍ରୟୀର ଉଦ୍ଭବ :

'ଇଉକ୍ଲିଡ୍‌ଙ୍କ ସୂତ୍ର' ଦ୍ୱାରା ମୌଳିକ ପିଥାଗୋରୀୟତ୍ରୟୀର ସୃଷ୍ଟି ବା ଉଦ୍ଭବ ହେଉଛି ସର୍ବ ପୁରାତନ। ଇଉକ୍ଲିଡ୍‌ଙ୍କ ସୂତ୍ରଟି ହେଲା -

m ଓ n ପରସ୍ପର ମୌଳିକ ସଂଖ୍ୟା ଏବଂ m ଓ n ମଧ୍ୟରୁ ଗୋଟିଏ ଯୁଗ୍ମ ଓ ଅନ୍ୟଟି ଅଯୁଗ୍ମ ସଂଖ୍ୟା ($m>n>0$) ହୋଇଥିଲେ, ସୂତ୍ରଟି ହେବ :

$a = m^2 - n^2,\ b = 2mn,\ c = m^2 + n^2$

ଅର୍ଥାତ୍ $(a,b,c) = (m^2-n^2, 2mn, m^2+n^2)$ ।

ଉକ୍ତ ସୂତ୍ର ଦ୍ୱାରା ମୌଳିକ ପିଥାଗୋରୀୟତ୍ରୟୀ ସୃଷ୍ଟି କରାଯାଇପାରିବ; ଯଦି ଏବଂ କେବଳ ଯଦି m,n ପରସ୍ପର ମୌଳିକ ଏବଂ m ଓ n ମଧ୍ୟରୁ ଗୋଟିଏ ଯୁଗ୍ମ ସଂଖ୍ୟା ହୋଇଥିବ।

ଦ୍ରଷ୍ଟବ୍ୟ : ଯଦି m ଏବଂ n ଉଭୟ ଯୁଗ୍ମ ବା ଉଭୟ ଅଯୁଗ୍ମ ସଂଖ୍ୟା ହୋଇଥାନ୍ତି, ତେବେ ଉକ୍ତ ସୂତ୍ରଦ୍ୱାରା ଉଦ୍ଭବ ପିଥାଗୋରୀୟତ୍ରୟୀ ମୌଳିକ ତ୍ରୟୀ ନ ହୋଇପାରନ୍ତି ।

ପିଥାଗୋରୀୟତ୍ରୟୀର ଉତ୍ପତ୍ତି :

ପିଥାଗୋରୀୟତ୍ରୟୀର ସଂଖ୍ୟା ଅସଂଖ୍ୟ। ପ୍ରଥମେ ଜଣା ଥିବା ମୌଳିକ ପିଥାଗୋରୀୟତ୍ରୟୀ (3,4,5)କୁ ନେବା। ଦତ୍ତ ତ୍ରୟୀରୁ ଅସଂଖ୍ୟ ତ୍ରୟୀ ନିମ୍ନ ପ୍ରକାରରେ ଉତ୍ପନ୍ନ ସମ୍ଭବ। ଉତ୍ପନ୍ନ ତ୍ରୟୀଗୁଡ଼ିକ ଦତ୍ତ ମୌଳିକତ୍ରୟୀର ଗୁଣିତକ ହେବ ବୋଲି ଧରି ନିଆଯାଏ।

n	(3n,4n,5n)
2	(6,8,10)
3	(9,12,15)
4	(12,16,20)

ଇତ୍ୟାଦି।

ଅନ୍ୟାନ୍ୟ ପିଥାଗୋରୀୟତ୍ରୟୀ ଉଦ୍ଭବର ପ୍ରଣାଳୀ / କୌଶଳ :

1. ଗୋଟିଏ ପିଥାଗୋରୀୟତ୍ରୟୀର ତିନୋଟି ପୂର୍ଣ୍ଣ ସଂଖ୍ୟା ମଧ୍ୟରୁ ଯଦି ଗୋଟିଏ ସଂଖ୍ୟା ଜଣାଥାଏ, ତେବେ ଅପର ସଂଖ୍ୟା ଦ୍ୱୟକୁ ମଧ୍ୟ ଜାଣିହେବ।

(i) ଯଦି ସଂଖ୍ୟା (n) ଗୋଟିଏ ଅଯୁଗ୍ମ ସଂଖ୍ୟା ହୋଇଥାଏ, ତେବେ ଅନ୍ୟ ସଂଖ୍ୟା ଦ୍ୱୟ ଯଥାକ୍ରମେ $\frac{n^2-1}{2}$ ଏବଂ $\frac{n^2+1}{2}$ ହେବ।

ଅର୍ଥାତ୍ ପିଥାଗୋରୀୟତ୍ରୟୀ : $\left(n, \frac{n^2-1}{2}, \frac{n^2+1}{2}\right)$

ଉଦାହରଣ ସ୍ୱରୂପ, ଯଦି n = 5 ହୁଏ, ତେବେ ଅପର ସଂଖ୍ୟାଦ୍ୱୟ

$\frac{5^2-1}{2}=12$ ଓ $\frac{5^2+1}{2}=13$ ହେବ। ଅର୍ଥାତ୍ ପିଥାଗୋରୀୟତ୍ରୟୀ: (5,12,13) । ସେହିପରି n = 7 ହେଲେ ଅପର ସଂଖ୍ୟାଦ୍ୱୟ 24 ଏବଂ 25 ହେବ। ଅର୍ଥାତ ପିଥାଗୋରୀୟତ୍ରୟୀ : (7, 24, 25) ।

(ii) ଦାର୍ଶନିକ ପ୍ଲାଟୋଙ୍କ ଅନୁଯାୟୀ ଯଦି ସଂଖ୍ୟା n ଗୋଟିଏ ଯୁଗ୍ମ ସଂଖ୍ୟା ହୋଇଥାଏ, ତେବେ ଅପର ସଂଖ୍ୟାଦ୍ୱୟ ଯଥାକ୍ରମେ

$\left(\left(\frac{n}{2}\right)^2-1\right)$ ଏବଂ $\left(\left(\frac{n}{2}\right)^2+1\right)$ ହେବ।

ଅର୍ଥାତ ପିଥାଗୋରୀୟତ୍ରୟୀ $\left(n, \left(\frac{n}{2}\right)^2 - 1, \left(\frac{n}{2}\right)^2 + 1\right)$ ହେବ।

ଉଦାହରଣ ସ୍ୱରୂପ, ଯଦି $n = 6$ ହୁଏ, ତେବେ ଅପର ସଂଖ୍ୟାଦ୍ୱୟ $\left(\frac{6}{2}\right)^2 - 1$ ଏବଂ $\left(\frac{6}{2}\right)^2 + 1$ ହେବ । ଅର୍ଥାତ୍ 8 ଏବଂ 10 ହେବ ।

$\therefore$ ପିଥାଗୋରୀୟତ୍ରୟୀ: (6,8,10) (ମୌଳିକ ପିଥାଗୋରୀୟତ୍ରୟୀ ନୁହଁନ୍ତି)।

2. ଗଣନ ସଂଖ୍ୟା ସେଟ୍ ଏବଂ ପିଥାଗୋରୀୟତ୍ରୟୀ :

ଗଣନସଂଖ୍ୟା ସେଟ୍‌ର ଉପସେଟ୍‌ଦ୍ୱୟ ଯୁଗ୍ମ ସଂଖ୍ୟା ସେଟ୍ $= \{2,4,6,8,10,...\}$ ଏବଂ ଅଯୁଗ୍ମ ସଂଖ୍ୟା ସେଟ୍ $= \{1,3,5,7,9,...\}$ ।

ଯୁଗ୍ମ ବା ଅଯୁଗ୍ମ ସଂଖ୍ୟା ସେଟ୍‌ରୁ ଯେକୌଣସି ଦୁଇଟି କ୍ରମିକ ଯୁଗ୍ମ ବା ଅଯୁଗ୍ମ ସଂଖ୍ୟାର ବ୍ୟୁତ୍କ୍ରମର ସମଷ୍ଟିରୁ ଅନେକ ପିଥାଗୋରୀୟତ୍ରୟୀର ଉଦ୍ଭବ ବା ଉତ୍ପନ୍ନ ହେବାର ତରିକାଗୁଡ଼ିକୁ ନିମ୍ନ ବିଶ୍ଳେଷଣରୁ ଜାଣିହେବ।

ବିଶ୍ଳେଷଣ :

(i) $\{2,4,6,8,..........\}$ ସେଟ୍‌ରୁ ଯେକୌଣସି ଦୁଇଗୋଟି କ୍ରମିକ ଯୁଗ୍ମ ସଂଖ୍ୟା ନେଇ, ସେମାନଙ୍କର ବ୍ୟୁତ୍କ୍ରମର ସମଷ୍ଟି ସ୍ଥିର କରିବାକୁ ହେବ।

ମନେକର କ୍ରମିକ ଯୁଗ୍ମ ସଂଖ୍ୟା ଦ୍ୱୟ 4 ଓ 6 ।

$\therefore$ ଦତ୍ତ ତଥ୍ୟାନୁଯାୟୀ $\frac{1}{4} + \frac{1}{6} = \frac{5}{12}$ (ସଂଖ୍ୟାଦ୍ୱୟର ବ୍ୟୁତ୍କ୍ରମର ସମଷ୍ଟି)

ଏଠାରେ ପିଥାଗୋରୀୟତ୍ରୟୀ ମଧ୍ୟରୁ 5 ଏବଂ 12 ଦୁଇଟି ପୂର୍ଣ୍ଣ ସଂଖ୍ୟା ଏବଂ ହର 12ରୁ 1 ଅଧିକ ଅର୍ଥାତ୍ 13, ତ୍ରୟୀର ଅପର ପୂର୍ଣ୍ଣ ସଂଖ୍ୟା ହେବ।

ଏଠାରେ $5^2 + 12^2 = 13^2$ ।

$\therefore$ ପିଥାଗୋରୀୟତ୍ରୟୀ : (5,12,13) ।

(ii) $\{1,3,5,7,.....\}$ ସେଟ୍‌ରୁ ଯେକୌଣସି ଦୁଇଟି କ୍ରମିକ ଅଯୁଗ୍ମ ସଂଖ୍ୟା ନେଇ ସେମାନଙ୍କର ବ୍ୟୁତ୍କ୍ରମର ସମଷ୍ଟି ସ୍ଥିର କରିବାକୁ ହେବ । ମନେକର କ୍ରମିକ ଅଯୁଗ୍ମ ସଂଖ୍ୟା ଦ୍ୱୟ 3 ଏବଂ 5. ।

$\therefore \frac{1}{3} + \frac{1}{5} = \frac{8}{15}$ (ସଂଖ୍ୟାଦ୍ୱୟର ବ୍ୟୁତ୍କ୍ରମର ସମଷ୍ଟି)

ପିଥାଗୋରୀୟତ୍ରୟୀର ଦୁଇଟି ପୂର୍ଣ୍ଣ ସଂଖ୍ୟା 8 ଏବଂ 15 ହେବ ଏବଂ ତୃତୀୟ ପୂର୍ଣ୍ଣ ସଂଖ୍ୟାଟି, ହର 15 ଠାରୁ 2 ଅଧିକ, 17 ହେବ।

ଏଠାରେ $8^2 + 15^2 = 17^2$ ।

$\therefore$ ପିଥାଗୋରୀୟତ୍ରୟୀ : (8,15,17)।

ଗଣନସଂଖ୍ୟା ସେଟ୍‌ର ଅନ୍ତର୍ଭୁକ୍ତ ସଂଖ୍ୟାଗୁଡ଼ିକ ଆଧାରରେ ଉପରୋକ୍ତ ତଥ୍ୟାନୁଯାୟୀ ଅସଂଖ୍ୟ ପିଥାଗୋରୀୟତ୍ରୟୀର ସୃଷ୍ଟି ସମ୍ଭବପର ହେବ।

ଦ୍ରଷ୍ଟବ୍ୟ: ଉଭବ ତ୍ରୟୀ (a,b,c) ମଧ୍ୟରୁ ପ୍ରଥମ ଉଦାହରଣ କ୍ଷେତ୍ରରେ $c - b = 1$ ହୋଇଥିଲା ବେଳେ, ଦ୍ୱିତୀୟ ଉଦାହରଣ କ୍ଷେତ୍ରରେ $c - b = 2$ ହେଉଛି। କେତେକ କ୍ଷେତ୍ରରେ c ଓ b ମଧ୍ୟରେ ଅନ୍ତର ମଧ୍ଯ ଭିନ୍ନ ଭିନ୍ନ ସଂଖ୍ୟା ହୋଇପାରେ। ଏସବୁର ଆଲୋଚନା **ପିଥାଗୋରୀୟତ୍ରୟୀର ପ୍ରତିରୂପରୁ ସ୍ପଷ୍ଟ** ହେବ।

3. ମିଶ୍ରଭଗ୍ନାଂଶ ଏବଂ ପିଥାଗୋରୀୟତ୍ରୟୀ :

ନିମ୍ନ ମିଶ୍ରଭଗ୍ନାଂଶର ଏକ ଅନୁକ୍ରମକୁ ଲକ୍ଷ୍ୟ କର ।

$$1\frac{1}{3}, 2\frac{2}{5}, 3\frac{3}{7}, 4\frac{4}{9}, 5\frac{5}{11}, \ldots\ldots, n\frac{n}{2n+1}$$

(a) ଉପରିସ୍ଥ ଅନୁକ୍ରମରେ ପ୍ରତ୍ୟେକ ପୂର୍ଣ୍ଣ ସଂଖ୍ୟା ଏବଂ ଭଗ୍ନାଂଶର ଲବ ଗୁଡ଼ିକ କେବଳ **ଗଣନ ସଂଖ୍ୟର କ୍ରମ** ସୃଷ୍ଟି କରୁଛନ୍ତି ।

(b) ଭଗ୍ନାଂଶର ହର ଗୁଡ଼ିକ 3 ରୁ ଆରମ୍ଭ କରି ଗୋଟିଏ **ଅଯୁଗ୍ମ ସଂଖ୍ୟାର କ୍ରମ** ସୃଷ୍ଟି କରୁଛନ୍ତି।

ବର୍ତ୍ତମାନ ଦତ୍ତ ମିଶ୍ରଭଗ୍ନାଂଶ ଗୁଡ଼ିକୁ ଅପ୍ରକୃତଭଗ୍ନାଂଶରେ ପରିଣତ କଲେ -

$$\frac{4}{3}, \frac{12}{5}, \frac{24}{7}, \frac{40}{9}, \frac{60}{11}, \ldots\ldots, \frac{2n(n+1)}{2n+1}$$ ପାଇବା।

ପ୍ରତ୍ୟେକ ଅପ୍ରକୃତଭଗ୍ନାଂଶର ଲବରୁ 1 ଅଧିକ ସଂଖ୍ୟା ନେବା; ଯାହାଦ୍ୱାରା ପ୍ରତ୍ୟେକ କ୍ଷେତ୍ରରେ ଗୋଟିଏ ଗୋଟିଏ ତ୍ରୟୀ ମିଳିବାର ଦେଖିବା।

ଅର୍ଥାତ୍ (3,4,5), (5,12,13), (7, 24, 25), (9, 40, 41), (11, 60, 61) ଇତ୍ୟାଦି ।

ଲକ୍ଷ୍ୟକର, ପ୍ରତ୍ୟେକ ତ୍ରୟୀ ଗୋଟିଏ ଲେଖାଏଁ ମୌଳିକ ପିଥାଗୋରୀୟତ୍ରୟୀ ଅଟନ୍ତି। ଉକ୍ତ କ୍ରମର n-ତମ ପଦରୁ $\{(2n+1), 2n(n+1), 2n(n+1)+1\}$ ଏକ ପିଥାଗୋରୀୟତ୍ରୟୀ ହେବ। ଦତ୍ତ ଅନୁକ୍ରମରେ ଅପ୍ରକୃତଭଗ୍ନାଂଶ ଆଧାରରେ

(ହର)^2 + (ଲବ)^2= (ଲବ +1)^2

4. କୌଣସି ଏକ ମୌଳିକ ପିଥାଗୋରୀୟତ୍ରୟୀ (a,b,c)ରୁ ନିମ୍ନ ସୂତ୍ରତ୍ରୟ ପ୍ରୟୋଗରେ ଅନେକ ମୌଳିକ ପିଥାଗୋରୀୟତ୍ରୟୀ (x, y, z) ମଧ୍ୟ ନିରୂପିତ ହୋଇପାରିବ।

ସୂତ୍ର	x	y	z
1	$a-2b+2c$	$2a-b+2c$	$2a-2b+3c$
2.	$a+2b+2c$	$2a+b+2c$	$2a+2b+3c$
3	$-a+2b+2c$	$-2a+b+2c$	$-2a+2b+3c$

ମନେକର (a, b, c) = (5, 12,13)। ସୂତ୍ର 1, 2 ଏବଂ 3 ରୁ (x, y, z) ଯଥାକ୍ରମେ (7, 24, 25), (55, 48, 73) ଏବଂ (45, 28, 53) ମୌଳିକ ପିଥାଗୋରୀୟତ୍ରୟୀମାନ ମିଳିପାରିବ। ସେହିପରି ଅନ୍ୟ ଏକ ମୌଳିକ ପିଥାଗୋରୀୟତ୍ରୟୀ ନେଇ ଅନ୍ୟାନ୍ୟ ପିଥାଗୋରୀୟତ୍ରୟୀଗୁଡ଼ିକ ମଧ୍ୟ ସୃଷ୍ଟି କରାଯାଇପାରେ। ଅବଶ୍ୟ ସୃଷ୍ଟି ହେଉଥିବା ପିଥାଗୋରୀୟତ୍ରୟୀ ମୌଳିକ ନହୋଇପାରନ୍ତି।

5. Euclidଙ୍କ ସୂତ୍ର ଆଧାରିତ ପିଥାଗୋରୀୟତ୍ରୟୀ :

Euclidଙ୍କ ସୂତ୍ରାନୁଯାୟୀ $\left((m^2-n^2), 2mn, (m^2+n^2)\right)$ ଏକ ମୌଳିକ ପିଥାଗୋରୀୟତ୍ରୟୀ, ଯେଉଁଠାରେ m,n ପରସ୍ପର ମୌଳିକ ଧନାତ୍ମକ ପୂର୍ଣ୍ଣସଂଖ୍ୟା $(m>n>0)$ ଏବଂ m ଓ n ମଧ୍ୟରୁ କୌଣସି ଏକ ସଂଖ୍ୟା ଯୁଗ୍ମ ହେବା ଆବଶ୍ୟକ।

ଉକ୍ତ ତ୍ରୟୀ ମଧ୍ୟରୁ $a = m^2-n^2$, $b = 2mn$ ଏବଂ $c = m^2+n^2$ ହେବ।

$\therefore$ ପିଥାଗୋରୀୟତ୍ରୟୀ : $(a,b,c) = \left(m^2-n^2, 2mn, m^2+n^2\right)$

ପ୍ରମାଣ : $a^2+b^2 = (m^2-n^2)^2 + 4m^2n^2$

$$= (m^2+n^2)^2 = c^2$$

$\therefore \left(m^2-n^2, 2mn, m^2+n^2\right)$ ଏକ ମୌଳିକ ପିଥାଗୋରୀୟତ୍ରୟୀ; ଯାହା $a^2+b^2 = c^2$ ର ଏକ ସମାଧାନ ।

ମୌଳିକ ପିଥାଗୋରୀୟତ୍ରୟୀର ମୌଳିକତା :

ପିଥାଗୋରୀୟତ୍ରୟୀ ପାଇଁ ପରିଦୃଷ୍ଟ କିଛି ମୌଳିକ ଧର୍ମଗୁଡ଼ିକୁ ନିମ୍ନରେ ଦର୍ଶାଯାଇଛି ।

(i) (a,b,c) କ୍ଷେତ୍ରରେ a, b ଓ c କୁ ଦୈର୍ଘ୍ୟ ରୂପେ ନେଇ ଏକ ସମକୋଣୀ ତ୍ରିଭୁଜ ଅଙ୍କନ କରାଯାଇପାରିବ । ଅଙ୍କିତ ତ୍ରିଭୁଜଗୁଡ଼ିକୁ **ପିଥାଗୋରୀୟ ତ୍ରିଭୁଜ** (Pythagorean Triangle) କୁହାଯାଏ ।

(ii) ଅତିବେଶିରେ (a,b,c) ପିଥାଗୋରୀୟତ୍ରୟୀ ମଧ୍ୟରୁ ଗୋଟିଏ ବର୍ଗସଂଖ୍ୟା ହୋଇଥିବ ।

(iii) ପିଥାଗୋରୀୟ ତ୍ରିଭୁଜର କ୍ଷେତ୍ରଫଳ କେବେ ବି ଗୋଟିଏ ବର୍ଗ ସଂଖ୍ୟା ହେବ ନାହିଁ ।

(iv) (a, b , c) କ୍ଷେତ୍ରରେ a,b ମଧ୍ୟରୁ ଗୋଟିଏ ଯୁଗ୍ମ ସଂଖ୍ୟା ହୋଇଥିବ ଏବଂ c ଅଯୁଗ୍ମ ସଂଖ୍ୟା ହୋଇଥିବ ।

(v) (a, b , c) କ୍ଷେତ୍ରରେ a,b ମଧ୍ୟରୁ କୌଣସି ଏକ ସଂଖ୍ୟା '3' ଦ୍ୱାରା ବିଭାଜିତ ହୋଇଥିବ । କିନ୍ତୁ c, 3 ଦ୍ୱାରା ବିଭାଜିତ ହେଉନଥିବ ।

(vi) (a, b , c) କ୍ଷେତ୍ରରେ a,b,c ମଧ୍ୟରୁ କୌଣସି ଏକ ସଂଖ୍ୟା 5 ଦ୍ୱାରା ବିଭାଜିତ ହୋଇଥିବ ।

(vii) ଏକ ମୌଳିକ ପିଥାଗୋରୀୟତ୍ରୟୀ (a, b , c) କ୍ଷେତ୍ରରେ $\frac{(c-a)(c-b)}{2}$ ଏକ ବର୍ଗସଂଖ୍ୟା ହେବ । କିନ୍ତୁ ଏହାର ବିପରୀତ ଉକ୍ତି ସତ୍ୟ ହୋଇନପାରେ ।

ଦ୍ରଷ୍ଟବ୍ୟ : (1) (a,b,c) ପିଥାଗୋରୀୟତ୍ରୟୀ ମଧ୍ୟରୁ ($a \times b \times c$), ସବୁଠାରୁ ବଡ଼ ସଂଖ୍ୟା 60 ଦ୍ୱାରା ବିଭାଜିତ ହେବ ।

(2) (a,b,c) ପିଥାଗୋରୀୟତ୍ରୟୀ ମଧ୍ୟରୁ ଯଦି a<b<c ହୁଏ, ତେବେ $ab(b^2-a^2)$, 84 ଦ୍ୱାରା ବିଭାଜିତ ହେବ ।

ଉପରୋକ୍ତ ତଥ୍ୟଦ୍ୱୟ ପ୍ରମାଣଯୋଗ୍ୟ ଅଟେ । ନିଜେ ପ୍ରମାଣ କରିବାକୁ ଚେଷ୍ଟା କର ।

ଦ୍ରଷ୍ଟବ୍ୟ : 1 ଫିବୋନାକି (Fibonacci) ଅନୁକ୍ରମ ଏବଂ ପିଥାଗୋରୀୟତ୍ରୟୀ:

ଫିବୋନାକି ଅନୁକ୍ରମ : 0, 1, 1, 2, 3, **5**, 8, **13**, 21, **34**, 55, **89**....

ଅନୁକ୍ରମର 5 ରୁ ଆରମ୍ଭ କରି ପ୍ରତ୍ୟେକ ଦ୍ୱିତୀୟ ସଂଖ୍ୟା ଏକ ପିଥାଗୋରୀୟ ତ୍ରିଭୁଜର କର୍ଣ୍ଣର ଦୈର୍ଘ୍ୟ ହେବ । ଉଦାହରଣ ସ୍ୱରୂପ, ପିଥାଗୋରୀୟତ୍ରୟୀମାନ ହେଲେ, (3, 4, 5), (5, 12, 13), (16, 30, 34), (39, 80, 89) ଇତ୍ୟାଦି। ଏଠାରେ ଲକ୍ଷ୍ୟ କର ଉଭବ କୌଣସି ଏକ ପିଥାଗୋରୀୟ ତ୍ରିଭୁଜର ପରିସୀମା, ପରବର୍ତ୍ତୀ ତ୍ରୟୀର ମଧ୍ୟବର୍ତ୍ତୀ ସଂଖ୍ୟା ସହ ସମାନ ହେବ । ଅର୍ଥାତ୍ (3+4+5)=12, (5+12+13)=30, (16+30+34) = 80 ଇତ୍ୟାଦି।

2. ପରୀକ୍ଷା କରି ଦେଖ ଯେ ନିମ୍ନ କ୍ଷେତ୍ରରେ ଚାରିଗୋଟି ଭିନ୍ନ ପିଥାଗୋରୀୟ ତ୍ରିଭୁଜର କର୍ଣ୍ଣର ଦୈର୍ଘ୍ୟ ଏକ ନିର୍ଦ୍ଦିଷ୍ଟ ସଂଖ୍ୟା 65 ହେବ।

ଯେହେତୁ $65^2= 16^2+63^2=25^2+60^2=33^2+56^2=39^2+52^2$ ।

ପିଥାଗୋରୀୟତ୍ରୟୀ ମଧ୍ୟରେ ଥିବା ପ୍ରତିରୂପ

(Patterns in Pythagorean Triples) :

ପିଥାଗୋରୀୟତ୍ରୟୀ ମଧ୍ୟରୁ କେତେକ ତ୍ରୟୀର ଉଦାହରଣ ନେବା । ସେଥିରେ ଥିବା ପ୍ରତିରୂପ (Pattern) ଗୁଡ଼ିକୁ ଅନୁଧ୍ୟାନ କରିବା ।

(i) (a,b,c) ରେ (c = b + 1)

ଉଦାହରଣସ୍ୱରୂପ :- (3,4,5),(5,12,13),(7,24,25),(9,40,41)... ଇତ୍ୟାଦି । ପ୍ରକାଶଥାଉକି, ପ୍ରତ୍ୟେକ ଅଯୁଗ୍ମ ସଂଖ୍ୟାରୁ ଏକ ପିଥାଗୋରୀୟତ୍ରୟୀର ସୃଷ୍ଟି ହୋଇପାରିବ।

(ii) (a,b,c) ରେ (c = b + 2)

ଉଦାହରଣସ୍ୱରୂପ: (8,15,17),(12,35,37),(16,63,65),(20,99,101) .. ଇତ୍ୟାଦି ।

(iii) (a,b,c) ରେ (c = b + 8)

ଉଦାହରଣସ୍ୱରୂପ : (20,21,29),(28,45,53),(36,77,85), (44,117,125), (52,165,173) .... ଇତ୍ୟାଦି ।

(iv) (a,b,c) ରେ (c = b + 9)

ଉଦାହରଣସ୍ୱରୂପ : (33,56,65),(39,80,89),(51,140,149), (57,176,185), (69,260,269),(75,308,317) .... ଇତ୍ୟାଦି।

(v) (a,b,c) ରେ (c = b+18)

ଉଦାହରଣସ୍ୱରୂପ : (48,55,73), (60,91,109), (84,187,205), (96,247,265) ... ଇତ୍ୟାଦି ।

ବର୍ତ୍ତମାନ ପ୍ରଶ୍ନ ଉଠେ, ଉପରିସ୍ଥ ପ୍ରତ୍ୟେକ ପରିସ୍ଥିତିରେ ମୌଳିକ ପିଥାଗୋରୀୟତ୍ରୟୀର ସୃଷ୍ଟି (Generation of Pythagorean Triples) କେଉଁ ସୂତ୍ର ଆଧାରିତ ?

ଆବଶ୍ୟକ ସୂତ୍ର : $\left(x, \left(\frac{1}{2z}x^2 - \frac{1}{2}z\right), \left(\frac{1}{2z}x^2 + \frac{1}{2}z\right)\right)$

ଏକ ପୂର୍ଣ୍ଣସଂଖ୍ୟା 'x' ପାଇଁ ଏବଂ ପ୍ରତ୍ୟେକ କ୍ଷେତ୍ରରେ 'c' ର ମାନ b ଠାରୁ ଯେତେ ଅଧିକ ତା'କୁ 'z' ନେଇ ପିଥାଗୋରୀୟତ୍ରୟୀ ସୃଷ୍ଟି ପାଇଁ ଉପରୋକ୍ତ ସୂତ୍ର ପ୍ରଯୁକ୍ତ ହୋଇପାରିବ ।

(i) $c = b + 1$ ପାଇଁ ପିଥାଗୋରୀୟତ୍ରୟୀ :

$\left(x, \left(\frac{1}{2}x^2 - \frac{1}{2}\right), \left(\frac{1}{2}x^2 + \frac{1}{2}\right)\right)$ ଯେଉଁଠାରେ $z = 1$ ।

(ii) $c = b + 2$ ପାଇଁ ପିଥାଗୋରୀୟତ୍ରୟୀ :

$\left(x, \left(\frac{1}{4}x^2 - 1\right), \left(\frac{1}{4}x^2 + 1\right)\right)$ ଯେଉଁଠାରେ $z = 2$ ।

(iii) $c = b + 8$ ପାଇଁ ପିଥାଗୋରୀୟତ୍ରୟୀ :

$\left(x, \left(\frac{1}{16}x^2 - 4\right), \left(\frac{1}{16}x^2 + 4\right)\right)$ ଯେଉଁଠାରେ $z = 8$ ।

(iv) $c = b + 9$ ପାଇଁ ପିଥାଗୋରୀୟତ୍ରୟୀ :

$\left(x, \left(\frac{1}{18}x^2 - \frac{9}{2}\right), \left(\frac{1}{18}x^2 + \frac{9}{2}\right)\right)$ ଯେଉଁଠାରେ $z = 9$ ।

(v) $c = b + 18$ ପାଇଁ ପିଥାଗୋରୀୟତ୍ରୟୀ :

$\left(x, \left(\frac{1}{36}x^2 - 9\right), \left(\frac{1}{36}x^2 + 9\right)\right)$ ଯେଉଁଠାରେ $z = 18$ ।

ଏହିପରି ‘z’ ର ଭିନ୍ନ ଭିନ୍ନ ମାନ ପାଇଁ ମଧ୍ୟ ମୌଳିକ ପିଥାଗୋରୀୟତ୍ରୟୀମାନ ସୃଷ୍ଟି କରାଯାଇପାରେ । z ର ମାନ 25 ପାଇଁ ମୌଳିକ ପିଥାଗୋରୀୟତ୍ରୟୀ ମଧ୍ୟ ନିର୍ଣ୍ଣୟ କରିପାର; ଯାହାର ପ୍ରଥମ ସଂଖ୍ୟା ‘x’ ।

‘z’ର ମାନ 25 ପାଇଁ ପିଥାଗୋରୀୟତ୍ରୟୀ $\left\{x, \left(\frac{1}{50}x^2 - \frac{25}{2}\right), \left(\frac{1}{50}x^2 + \frac{25}{2}\right)\right\}$ ହେବ।

(a) ପ୍ରଥମ ଏବଂ ଚତୁର୍ଥ କ୍ଷେତ୍ରରେ ଦତ୍ତ ଉଦାହରଣରେ x ର ମାନ ଏକ ଅଯୁଗ୍ମ ସଂଖ୍ୟା ହୋଇଥିବା ବେଳେ ଦ୍ୱିତୀୟ, ତୃତୀୟ ଏବଂ ପଞ୍ଚମ କ୍ଷେତ୍ରରେ ‘x’ର ମାନ ଗୋଟିଏ ଗୋଟିଏ ଯୁଗ୍ମ ସଂଖ୍ୟା ହୋଇଥିବା ଆବଶ୍ୟକ ।

(b) ଉପରୋକ୍ତ ସୂତ୍ରାନୁଯାୟୀ ଉଦ୍ଭବ ପିଥାଗୋରୀୟତ୍ରୟୀ ସମସ୍ତ ମୌଳିକତ୍ରୟୀ ଅଟନ୍ତି । କିନ୍ତୁ କେତେକ କ୍ଷେତ୍ରରେ ପୂର୍ବରୁ ନିର୍ଣ୍ଣିତ ମୌଳିକତ୍ରୟୀର ଗୁଣିତକ ମଧ୍ୟ ହୋଇପାରେ। ଉଦାହରଣ ସ୍ୱରୂପ, (3,4,5) ମୌଳିକତ୍ରୟୀର ଅନ୍ୟ ରୂପ ମାନ (6, 8, 10), (9, 12, 15) ଇତ୍ୟାଦି ହୋଇପାରେ।

ବିଦ୍ୟାଳୟସ୍ତରରେ **ପିଥାଗୋରାସ୍‌ଙ୍କ ଉପପାଦ୍ୟ (Pythagoras Theorem)** ଏକ ଗୁରୁତ୍ୱପୂର୍ଣ୍ଣ ଉପପାଦ୍ୟ । ଉକ୍ତ ଉପପାଦ୍ୟର ବହୁଳ ପ୍ରୟୋଗ ବିଦ୍ୟାଳୟସ୍ତରରେ ପ୍ରାୟତଃ ଦେଖାଯାଇଥାଏ । ଜ୍ୟାମିତିରେ ଉକ୍ତ ଉପପାଦ୍ୟର ପ୍ରୟୋଗ ସାଧାରଣତଃ ପରିମିତି (Mensuration) ରେ ପରିଦୃଷ୍ଟ ହୋଇଥାଏ । ଏଠାରେ ଆଲୋଚିତ ସମସ୍ତ ଦିଗକୁ ଲକ୍ଷ୍ୟ କରି ବିଦ୍ୟାଳୟସ୍ତରର ସମସ୍ତ ବିଦ୍ୟାର୍ଥୀ ଏବଂ ଶିକ୍ଷକ ଉତ୍ସାହିତ ହୋଇ ଜ୍ୟାମିତିର ପ୍ରୟୋଗାତ୍ମକ ଦିଗର ଅଭିବୃଦ୍ଧି ଘଟାଇବେ ।

ପ୍ରଶ୍ନାବଳୀ

1. ପିଥାଗୋରୀୟତ୍ରୟୀ ସ୍ଥିର କର, ଯେଉଁଠାରେ କ୍ଷୁଦ୍ରତମ ସଂଖ୍ୟା ହେଉଛି -

(i) 16 (ii) 12 (iii) 8 (iv) 20

2. ପିଥାଗୋରୀୟତ୍ରୟୀ ସ୍ଥିର କର, ଯେଉଁଠାରେ କ୍ଷୁଦ୍ରତମ ସଂଖ୍ୟା ହେଉଛି -

(i) 7 (ii) 9 (iii) 13 (iv) 17

3. ଗୋଟିଏ ସମକୋଣୀ ତ୍ରିଭୁଜର ବୃହତ୍ତମ ବାହୁର ଦୈର୍ଘ୍ୟ 85 ଏକକ । ପିଥାଗୋରୀୟତ୍ରୟୀ ସ୍ଥିର କର ।

4. ଗୋଟିଏ ପିଥାଗୋରୀୟତ୍ରୟୀ (a,b,c) ର b ଏବଂ c ଯଥାକ୍ରମେ 40 ଓ 41 ହେଲେ 'a' ର ମାନ ସ୍ଥିର କର ।

5. ଗୋଟିଏ ପିଥାଗୋରୀୟତ୍ରୟୀ (a,b,c) ର $c = b + 1$ ଦୁଇଗୋଟି ଭିନ୍ନ ଉଦାହରଣ ଦିଅ ।

6. ଗୋଟିଏ ପିଥାଗୋରୀୟତ୍ରୟୀ (a,b,c) ର a ଓ b ଦୁଇଟି କ୍ରମିକ ସଂଖ୍ୟା ଏବଂ $c = 29$ । a ଓ b ର ମାନ ସ୍ଥିର କର ।

7. ଗୋଟିଏ ପିଥାଗୋରୀୟତ୍ରୟୀ (a,b,c) ର $c–a = b–a = 2$ ହେଲେ ଅନ୍ତତଃ ଦୁଇଗୋଟି ତ୍ରୟୀ (a,b,c) ସ୍ଥିର କର ।

8. ଗୋଟିଏ ପିଥାଗୋରୀୟତ୍ରୟୀ (a,b,c) ର $c = 85$ ହେଲେ $(a + b)$ କେତେ ହେବାର ସମ୍ଭାବନା ଅଛି ?

9. Euclidଙ୍କ ସୂତ୍ରଟିକୁ ଲେଖ । ସୂତ୍ରାନୁଯାୟୀ ଅନ୍ତତଃ ଦୁଇଗୋଟି ମୌଳିକ ପିଥାଗୋରୀୟତ୍ରୟୀକୁ ସ୍ଥିର କର ।

10. ଗୋଟିଏ ପିଥାଗୋରୀୟତ୍ରୟୀ (a,b,c) ରେ $c = b + 8$ । ଦତ୍ତ ତଥ୍ୟ ଆଧାରରେ ଅନ୍ତତଃ ଦୁଇଗୋଟି ପିଥାଗୋରୀୟତ୍ରୟୀ ସ୍ଥିର କର ।

11. ଗୋଟିଏ ପିଥାଗୋରୀୟତ୍ରୟୀ (a,b,c) ରେ $c = 65$ ହେଲେ a ଓ b ର ଅନ୍ତର ଫଳ କେତେ ହେବାର ସମ୍ଭାବନା ଅଛି ?

12. ଗୋଟିଏ ସମକୋଣୀ ତ୍ରିଭୁଜର କର୍ଣ୍ଣର ଦୈର୍ଘ୍ୟ 41 ଏକକ । ସମକୋଣସଂଲଗ୍ନ ଗୋଟିଏ ବାହୁର ଦୈର୍ଘ୍ୟ 40 ଏକକ ହେଲେ ଅନ୍ୟ ବାହୁର ଦୈର୍ଘ୍ୟ କେତେ ଏକକ ?

13. ଗୋଟିଏ ମୌଳିକ ପିଥାଗୋରୀୟତ୍ରୟୀ (a,b,c) ରେ $a = m^2–1, b = 2m$ ହେଲେ c ର ମାନ 'm' ମାଧ୍ୟମରେ କେତେ ହେବ ?

14. (20,48,52) ରୁ ପିଥାଗୋରୀୟତ୍ରୟୀ ସହ ସଂପୃକ୍ତ ମୌଳିକ ପିଥାଗୋରୀୟତ୍ରୟୀଟିକୁ ଲେଖ ।

15. (44,240,244) ପିଥାଗୋରୀୟତ୍ରୟୀ ସହ ସଂପୃକ୍ତ ମୌଳିକ ପିଥାଗୋରୀୟତ୍ରୟୀଟିକୁ ଲେଖ ।

–o–

ଚତୁର୍ଦ୍ଦଶ ଅଧ୍ୟାୟ
ପୌନଃପୁନିକ ଦଶମିକ ଭଗ୍ନାଂଶ
(RECURRING DECIMAL FRACTIONS)

ପ୍ରତ୍ୟେକ ଦଶମିକ ଭଗ୍ନାଂଶ (Decimal Fractions) ମଧ୍ୟରୁ ସମସ୍ତ ସରନ୍ତି ଦଶମିକ ଭଗ୍ନାଂଶ ସଂଖ୍ୟା ବା ସରନ୍ତି ଦଶମିକ ଭଗ୍ନାଂଶ (Terminating Decimal Fractions) ଏବଂ ତତ୍ ସହିତ ଅସରନ୍ତି ପୌନଃପୁନିକ ଦଶମିକ ଭଗ୍ନାଂଶ (Non terminating Recurring Decimal Fractions) ସମୂହ ପରିମେୟ ସଂଖ୍ୟା ଅଟନ୍ତି। କିନ୍ତୁ ଅସରନ୍ତି ଅଣ-ପୌନଃପୁନିକ ଦଶମିକ ଭଗ୍ନାଂଶ ପରିମେୟ ସଂଖ୍ୟା ନୁହଁନ୍ତି। ଏଠାରେ ଦଶମିକ ଭଗ୍ନସଂଖ୍ୟାର ବିଭାଗୀକରଣକୁ ଆଲୋଚନା ପରିସରକୁ ଆଣିବା ଆବଶ୍ୟକ।

ଭଗ୍ନସଂଖ୍ୟା (Vulgar Fractional Numbers) ର ଦଶମିକ ରୂପକୁ ମୁଖ୍ୟତଃ ଦୁଇଟି ଭାଗରେ ବିଭକ୍ତ କରାଯାଏ। ଯଥା :

1. ସରନ୍ତି ଦଶମିକ ଭଗ୍ନାଂଶ (Terminating Decimal Fractions) ଏବଂ
2. ଅସରନ୍ତି ଦଶମିକ ଭଗ୍ନାଂଶ (Non-Terminating Decimal Fractions)
   (a) ଅସରନ୍ତି ପୌନଃପୁନିକ ଦଶମିକ ଭଗ୍ନାଂଶ
      (Non-Terminating and Recurring Decimal Fractions)
   (b) ଅସରନ୍ତି ଅଣପୌନଃପୁନିକ ଦଶମିକ ଭଗ୍ନାଂଶ
      (Non-Terminating and Non-Recurring Decimal Fractions)

ଦ୍ରଷ୍ଟବ୍ୟ: ଦଶମିକ ଭଗ୍ନାଂଶ ସଂଖ୍ୟାକୁ କେବଳ ଦଶମିକ ଭଗ୍ନାଂଶ ଏବଂ ଭଗ୍ନାଂଶ ସଂଖ୍ୟାକୁ କେବଳ ଭଗ୍ନାଂଶ ରୂପେ ମଧ୍ୟ ନାମିତ କରାଯାଇପାରେ।

1. ସରନ୍ତି ଦଶମିକ ଭଗ୍ନାଂଶ :

କୌଣସି ଭଗ୍ନାଂଶର ହର 2 କିମ୍ବା 5 ବା 2 ଓ 5 ର ଗୁଣିତକ ହୋଇଥାଏ, ତେବେ ଏହାର ଦଶମିକ ରୂପ ଦଶମିକ ବିନ୍ଦୁର ଏକ ନିର୍ଦ୍ଦିଷ୍ଟ ସ୍ଥାନ ପର୍ଯ୍ୟନ୍ତ ନିରୂପିତ ହୋଇଥାଏ। ଉକ୍ତ ଭଗ୍ନାଂଶକୁ **ସରନ୍ତି ଦଶମିକ ଭଗ୍ନାଂଶ** କୁହାଯାଏ। ଉଦାହରଣ ସ୍ୱରୂପ,

$$\frac{1}{2} = 0.5, \ \frac{1}{4} = 0.25, \ \frac{1}{8} = 0.125, \ \frac{1}{5} = 0.2, \frac{1}{25} = 0.04 \ \text{ଇତ୍ୟାଦି}।$$

2. ଅସରନ୍ତି ଦଶମିକ ଭଗ୍ନାଂଶ :

(a) ପୌନଃପୁନିକ ଦଶମିକ ଭଗ୍ନାଂଶ : କୌଣସି ଭଗ୍ନାଂଶର ହର ଯଦି କେବଳ 3, 7, 11 କିମ୍ବା ଉକ୍ତ ସଂଖ୍ୟାର କୌଣସି ଏକ ଗୁଣିତକ କିମ୍ବା ଅନ୍ୟ କୌଣସି ମୌଳିକ ସଂଖ୍ୟା (2 କିମ୍ବା 5 ବ୍ୟତୀତ) ହୋଇଥାଏ, ତେବେ ଉକ୍ତ ଭଗ୍ନାଂଶ **ପୌନଃପୁନିକ ଦଶମିକ ଭଗ୍ନାଂଶ**ର ରୂପ ନେଇଥାଏ। ଉଦାହରଣ ସ୍ୱରୂପ,

$\frac{1}{3} = 0.\dot{3}$, $\frac{1}{7} = 0.\dot{1}4285\dot{7}$, $\frac{1}{11} = 0.\dot{0}\dot{9}$, $\frac{1}{13} = 0.\dot{0}7692\dot{3}$ ଇତ୍ୟାଦି।

(b) ଅଣ-ପୌନଃପୁନିକ ଦଶମିକ ଭଗ୍ନାଂଶ : ଉକ୍ତ ଭଗ୍ନାଂଶ ସଂଖ୍ୟାଗୁଡ଼ିକ ଅସରନ୍ତି ଏବଂ ପୌନଃପୁନିକ ଦଶମିକ ସଂଖ୍ୟାର ରୂପ ନେଇ ନ'ଥାନ୍ତି। ଉକ୍ତ ଭଗ୍ନାଂଶକୁ ଅଣପୌନଃପୁନିକ ଦଶମିକ ଭଗ୍ନାଂଶ କୁହାଯାଏ। ଉଦାହରଣସ୍ୱରୂପ,

0.1010010001....., 0.112111211112...... ଇତ୍ୟାଦି।

ଦ୍ରଷ୍ଟବ୍ୟ : (i) କୌଣସି ଏକ ଭଗ୍ନାଂଶର ହର 2 କିମ୍ବା 5 ଏବଂ 3, 7, 11 ଇତ୍ୟାଦି ମୌଳିକ ସଂଖ୍ୟାର ଗୁଣିତକ ହୋଇଥାଏ, ତେବେ ଉକ୍ତ ଭଗ୍ନାଂଶର ଦଶମିକ ସଂଖ୍ୟାର ରୂପ ଆଂଶିକ ଭାବେ ସରନ୍ତି ଏବଂ ଆଂଶିକଭାବେ ପୌନଃପୁନିକ ରୂପ ଗ୍ରହଣ କରିଥାଏ। ଏହାକୁ **ମିଶ୍ରିତ ଦଶମିକ ଭଗ୍ନାଂଶ** କୁହାଯାଏ। ଉଦାହରଣ ସ୍ୱରୂପ,

$\frac{1}{6} = \frac{1}{2 \times 3} = 0.16666 \ldots = 0.1\dot{6}$, $\frac{1}{15} = \frac{1}{3 \times 5} = 0.0\dot{6}$,

$\frac{1}{22} = \frac{1}{2 \times 11} = 0.0\dot{4}\dot{5}$, $\frac{1}{24} = \frac{1}{2^3 \times 3} = 0.041\dot{6}$ ଇତ୍ୟାଦି।

(ii) କୌଣସି ଭଗ୍ନାଂଶର ହରରେ 3 କିମ୍ବା 9 ଥାଏ, ତେବେ ଗୋଟିଏ ମାତ୍ର ଅଙ୍କ ପୌନଃପୁନିକତା ପ୍ରଦର୍ଶନ କରିଥାଏ। ସେହିପରି ଭଗ୍ନାଂଶର ହରରେ ଯଦି 11 ଓ 7 ଥାଏ, ତେବେ ଦଶମିକ ସଂଖ୍ୟାରେ ଯଥାକ୍ରମେ 2 ଗୋଟି ଓ 6 ଗୋଟି ଅଙ୍କ ପୌନଃପୁନିକତା ପ୍ରଦର୍ଶନ କରିଥାନ୍ତି। ଉଦାହରଣ ସ୍ୱରୂପ,

$\frac{1}{3} = 0.\dot{3}$, $\frac{1}{22} = \frac{1}{2 \times 11} = 0.0\dot{4}\dot{5}$, $\frac{1}{7} = 0.\dot{1}4285\dot{7}$

(iii) ଯଦି 1 ଲବ ବିଶିଷ୍ଟ କୌଣସି ଭଗ୍ନସଂଖ୍ୟାର ହରର ଏକକ ସ୍ଥାନୀୟ ଅଙ୍କ ଏବଂ ଏହାର ସମତୁଲ୍ୟ ଦଶମିକ ଭଗ୍ନାଂଶର ଶେଷ ଅଙ୍କର ଗୁଣଫଳର, ଶେଷ ଅଙ୍କ

0 ହୋଇଥାଏ, ତେବେ ଭଗ୍ନସଂଖ୍ୟାର ଦଶମିକ ଭଗ୍ନାଂଶ, ଅଣ-ପୌନଃପୁନିକ ହୋଇଥାଏ । ଉଦାହରଣ ସ୍ୱରୂପ, $\frac{1}{8} = 0.125$, $\frac{1}{16} = 0.0625$, $\frac{1}{50} = 0.02$ ଇତ୍ୟାଦି ।

(iv) ଯଦି 1 ଲବ ବିଶିଷ୍ଟ ଏକ ଭଗ୍ନାଂଶ, ଯାହାର ସମତୁଲ୍ୟ ଦଶମିକ ସଂଖ୍ୟା ପୌନଃପୁନିକ ହୋଇଥାଏ, ତେବେ ହରର ଏକକ ସ୍ଥାନୀୟ ଅଙ୍କ ଏବଂ ପୌନଃପୁନିକ ଦଶମିକ ଭଗ୍ନାଂଶର ଶେଷଅଙ୍କର ଗୁଣଫଳର ଶେଷଅଙ୍କ ସର୍ବଦା 9 ହେବ ।

ଉଦାହରଣ ସ୍ୱରୂପ, $\frac{1}{3} = 0.\dot{3}$, $\frac{1}{7} = 0.\dot{1}4285\dot{7}$,

$\frac{1}{11} = 0.\dot{0}\dot{9}$, $\frac{1}{13} = 0.\dot{0}7692\dot{3}$ ... ଇତ୍ୟାଦି । ପରୀକ୍ଷା କରି ଦେଖ ।

(v) ତଥ୍ୟ (iv) ର ଦଶମିକ ସଂଖ୍ୟାର ରୂପାନ୍ତରଣରେ ଭଗ୍ନସଂଖ୍ୟାର ହର ଏବଂ ଏହାର ସମତୁଲ୍ୟ ପୌନଃପୁନିକ ଦଶମିକ ସଂଖ୍ୟାର ଗୁଣଫଳର ସମସ୍ତ ଅଙ୍କ 9 ହୋଇଥାଏ । ଯଥା : $\frac{1}{7} = 0.\dot{1}4285\dot{7}$ $\Rightarrow 7 \times 142857 = 9999999$

ସେହିପରି $\frac{1}{11} = 0.\dot{0}\dot{9}$ $\Rightarrow 11 \times 09 = 99$ ଇତ୍ୟାଦି ।

ଉଦାହରଣ - 1 : $\frac{1}{7}$ ଭଗ୍ନାଂଶ ର (ଗତାନୁଗତିକ ପ୍ରଣାଳୀ ଅବଲମ୍ବନରେ) ଦଶମିକ ଭଗ୍ନସଂଖ୍ୟା ରୂପ ଦର୍ଶାଅ ।

ସମାଧାନ : ଦୀର୍ଘକାୟ ଭାଗକ୍ରିୟା ପଦ୍ଧତି (Long Division Method) :

```
7 ) 1.000000... ( .142857....
    7
    ───
    30
 (−) 28
    ───
    20
 (−) 14
    ───
    60
 (−) 56
    ───
    40
 (−) 35
    ───
    50
 (−) 49
    ───
    10....
```

ପରବର୍ତ୍ତୀ ସମୟରେ ଉକ୍ତ ଭାଗକ୍ରିୟାରୁ ସ୍ପଷ୍ଟ ଜଣାପଡ଼େ ଯେ, 1, 4, 2, 8, 5 ଓ 7 ଅଙ୍କଗୁଡ଼ିକର ପୁନରାବୃତ୍ତି ଘଟିବ ।

$\therefore \frac{1}{7} = 0.\dot{1}4285\dot{7}$ ଅଥବା $0.\overline{142857}$

ଦ୍ରଷ୍ଟବ୍ୟ : (a) $\frac{1}{7}$ ଭଗ୍ନାଂଶର ଦଶମିକ ଭଗ୍ନାଂଶରେ ପରିପ୍ରକାଶ ଏକ ଅସରନ୍ତି ପୌନଃପୁନିକ ଦଶମିକ ଭଗ୍ନାଂଶ ।

(b) $\frac{1}{7}$ ର ହର ଓ ଲବର ବିୟୋଗ 6 ହେତୁ, ଏହାର ଦଶମିକ ଭଗ୍ନାଂଶରେ 6 ଗୋଟି ଅଙ୍କର ପୁନରାବୃତ୍ତି ଘଟିବ ।

(c) ଲକ୍ଷ୍ୟ କର ଯେ, ଉକ୍ତ ଛଅଗୋଟି ଅଙ୍କର ପ୍ରଥମ ତିନୋଟି ଅଙ୍କ 1, 4, 2 ର '9'ର ପୂରକ ଅଙ୍କମାନ ଯଥାକ୍ରମେ 8, 5, 7 ହେଉଛି । ଅର୍ଥାତ୍ ପୌନଃପୁନିକତା ପ୍ରଦର୍ଶନ କରୁଥିବା ଦ୍ୱିତୀୟ ଅର୍ଦ୍ଧେକ ଅଙ୍କସମୂହ, ପ୍ରଥମ ଅର୍ଦ୍ଧେକ ଅଙ୍କସମୂହର '9'ର ପୂରକ ଅଙ୍କ (Nines' Complement) ଅଟନ୍ତି ।

ଉଦାହରଣ-2 : $\frac{1}{13}$ ଭଗ୍ନସଂଖ୍ୟାର ଦଶମିକ ପୌନଃପୁନିକ ଭଗ୍ନାଂଶ ସଂଖ୍ୟା ରୂପକୁ ଦର୍ଶାଅ ।

ସମାଧାନ: 13) 1.000000 (.07692307... (ଗତାନୁଗତିକ ଭାଗକ୍ରିୟା)

```
            91
            ──
            90
         (−) 78
         ──────
           120
        (−) 117
        ───────
            30
         (−) 26
         ──────
            40
         (−) 39
         ──────
           100
        (−) 91
        ──────
            9.....
```

$\therefore \frac{1}{13} = 0.\dot{0}7692\dot{3}$ ବା $0.\overline{076923}$

ଭାଗକ୍ରିୟାରୁ ସ୍ପଷ୍ଟ ଜଣାପଡ଼େ ଯେ, ପରବର୍ତ୍ତୀ ସମୟରେ 0, 7, 6, 9, 2 ଓ 3 ଅଙ୍କଗୁଡ଼ିକର ପୁନରାବୃତ୍ତି ଘଟୁଛି । ଏଠାରେ ଲକ୍ଷ୍ୟ କର $0.\overline{076923}$ ସଂଖ୍ୟାରେ ପ୍ରଥମ ଅର୍ଦ୍ଧେକ ଅଙ୍କସମୂହ ଏବଂ ଦ୍ୱିତୀୟ ଅର୍ଦ୍ଧେକ ଅଙ୍କସମୂହର ସଂପର୍କ ହେଉଛି : $076 + 923 = 999$ । ଅର୍ଥାତ୍ 0, 7 ଓ 6 ର, '9'ର ପୂରକ ଅଙ୍କତ୍ରୟ ଯଥାକ୍ରମେ 9, 2 ଓ 3 ।

ପୂର୍ବବର୍ତ୍ତୀ ଉଦାହରଣଦ୍ୱୟରେ ଗତାନୁଗତିକ ପ୍ରଣାଳୀରେ $\frac{1}{7}$ ଓ $\frac{1}{13}$ ର ଅସରନ୍ତି ପୌନଃପୁନିକ ଦଶମିକ ଭଗ୍ନାଂଶରେ ପ୍ରକାଶ କରିବାର ପ୍ରଣାଳୀ ଦିଆଯାଇଛି । କିନ୍ତୁ ବୈଦିକଗଣିତର ସୂତ୍ର **'ଏକାଧିକେନ ପୂର୍ବେଣ'**ର ଉପଯୋଗରେ $\frac{1}{7}$ ଓ $\frac{1}{13}$ ର ଦଶମିକ ଭଗ୍ନାଂଶ ସଂଖ୍ୟାକୁ ପରିବର୍ତ୍ତନ ଅତି ସହଜରେ କରାଯାଇପାରେ ।

1. ଭଗ୍ନସଂଖ୍ୟାର ହରର ଶେଷଅଙ୍କ '9' ଥାଇ ସମତୁଲ୍ୟ ଦଶମିକ ଭଗ୍ନସଂଖ୍ୟାର ରୂପ ନିର୍ଣ୍ଣୟ :

ପୂର୍ବ ଦ୍ରଷ୍ଟବ୍ୟରୁ ଜଣାପଡ଼େ ଯେ, ଭଗ୍ନସଂଖ୍ୟାର ଲବ 1 ଏବଂ ହରର ଶେଷ ଅଙ୍କ 9 ହୋଇଥିଲେ ସମତୁଲ୍ୟ ଦଶମିକ ସଂଖ୍ୟାର ଷେଷଅଙ୍କ 1 ହେବ ।

ଉକ୍ତ ଭଗ୍ନସଂଖ୍ୟାଗୁଡ଼ିକ ହେଲେ –

$\frac{1}{19}, \frac{1}{29}, \frac{1}{39}, \frac{1}{49}, \frac{1}{59}$...... ; ଯାହାର ସମତୁଲ୍ୟ ଦଶମିକ ସଂଖ୍ୟର ଶେଷଅଙ୍କ 1 ହେବ ।

ଉଦାହରଣ -3 : ବୈଦିକ ସୂତ୍ର **'ଏକାଧିକେନ ପୂର୍ବେଣ'**ର ଉପଯୋଗରେ $\frac{1}{19}$ ର ଦଶମିକ ଭଗ୍ନସଂଖ୍ୟା ରୂପ ନିରୂପଣ କର ।

ସମାଧାନ : ଗତାନୁଗତିକ ପଦ୍ଧତି :-

ପ୍ରଥମେ 1 କୁ ଭାଜ୍ୟ ଏବଂ 19 କୁ ଭାଜକ ନେଇ ଭାଗକ୍ରିୟା ସମ୍ପାଦନ ପ୍ରଣାଳୀକୁ ଅନୁଧ୍ୟାନ କର ।

19) 1.000000 (.05263157894... (ଗତାନୁଗତିକ ଭାଗକ୍ରିୟା ପଦ୍ଧତି)

```
95
 50
(–) 38
 120
(–) 114
  60
(–) 57
  30
(–) 19
  110
(–) 95
  150
(–) 133
  170
(–) 152
  180
(–) 171
  90
(–) 76
  140.....
```

ଗତାନୁଗତିକ ଭାଗକ୍ରିୟା ପଦ୍ଧତିରେ ଏକ ଭଗ୍ନସଂଖ୍ୟାର ଦଶମିକ ଭଗ୍ନସଂଖ୍ୟା ରୂପ ସ୍ଥିର କରିବା ସମୟସାପେକ୍ଷ ଏବଂ କଷ୍ଟସାଧ୍ୟ। ତେଣୁ ଏ କ୍ଷେତ୍ରରେ **ବୈଦିକ ପଦ୍ଧତି** ଉପଯୋଗର ଆବଶ୍ୟକତା ଅଛି।

(A) ବୈଦିକ ପଦ୍ଧତି (ଭାଗ ପଦ୍ଧତି) : ବୈଦିକ ସୂତ୍ର 'ଏକାଧିକେନ ପୂର୍ବେଣ'ର ଅର୍ଥ ହେଲା- ପୂର୍ବଠାରୁ ଏକ(1) ଅଧିକ।(One more than the previous one)

ବର୍ତ୍ତମାନ ବୈଦିକ ଭାଗପଦ୍ଧତି ଅବଲମ୍ବନରେ ଭଗ୍ନସଂଖ୍ୟାର ଦଶମିକ ଭଗ୍ନାଂଶ ରୂପ ନିରୂପଣ କରିବା।

$\frac{1}{19} = \frac{1}{20} = \frac{0.1}{2}$ (ସହାୟକ ଭଗ୍ନାଂଶ)

(ଏକାଧିକେନ ପୂର୍ବେଣ ସୂତ୍ର ଅନୁଯାୟୀ $\frac{1}{19}$ କ୍ଷେତ୍ରରେ ହରରେ ଥିବା ଶେଷ ଅଙ୍କର ପୂର୍ବ ସଂଖ୍ୟାରୁ 1 ଅଧିକ ହେଉଛି 2 । ଭାଗକ୍ଷେତ୍ରରେ 2 ଭାଜକ ହେବ।

କ୍ରମଭାଗ ଦ୍ୱାରା $\frac{0.1}{2} = 0.\ {}_{1}0\ {}_{0}5\ {}_{1}2\ 6\ 3\ {}_{1}1\ {}_{1}5\ {}_{1}7\ {}_{1}8$ - ପ୍ରଥମ ଧାଡ଼ି

$9\ {}_{1}4\ 7\ {}_{1}3\ {}_{1}6\ 8\ 4\ 2\ 1$ - ଦ୍ୱିତୀୟ ଧାଡ଼ି ।

$\therefore\ \frac{1}{19} = 0.052631578 / 947368421$ ।

ଦଶମିକ ଭଗ୍ନାଂଶରେ ସମୁଦାୟ ଅଙ୍କ ସଂଖ୍ୟା = 18 ।

ଲକ୍ଷ୍ୟ କର, ଏଠାରେ $\frac{1}{19}$ ର ଦଶମିକ ରୂପର ଶେଷ ଅଙ୍କ 1 ଏବଂ

052631578+947368421 = 999999999 ।

ପର୍ଯ୍ୟବେକ୍ଷଣ :

(i) ଭାଗକ୍ରିୟାର ଶେଷ ଭାଗରେ 1 ଭାଜ୍ୟ ଏବଂ 2 ଭାଜକ ହେଲେ ଭାଗ ଦ୍ୱାରା ଭାଗଫଳ 0 ଏବଂ ଭାଗଶେଷ 1 ପାଇବା। ଏଠାରେ ଅଙ୍କମାନଙ୍କର ପୁନରାବୃତ୍ତି ଘଟିବ।

(ii) ଦଶମିକ ଭଗ୍ନାଂଶର ରୂପ 18 ଅଙ୍କ ବିଶିଷ୍ଟ ହେବ, କାରଣ $\frac{1}{19}$ ଭଗ୍ନସଂଖ୍ୟାର ହର ଓ ଲବର ବିୟୋଗ 18 (ପ୍ରଥମ ଏବଂ ଦ୍ୱିତୀୟ ପ୍ରତ୍ୟେକ ଧାଡ଼ିର ଅଙ୍କ ସଂଖ୍ୟା 9) ।

(iii) ଲକ୍ଷ୍ୟ କର, ଦଶମିକ ଭଗ୍ନାଂଶର କୌଣସି ଏକ ଅଙ୍କକୁ 2 ଦ୍ୱାରା କ୍ରମଶଃ ଭାଗ କରି ଚାଲିଲେ, ଉଦ୍ଭବ ଫଳାଫଳର ଭାଗଶେଷକୁ ଭାଗଫଳର ଠିକ୍ ବାମ ପାର୍ଶ୍ୱର ତଳକୁ ଲେଖାଯାଏ। ପୁନଃ ଉକ୍ତ ଭାଗଶେଷ ସହ ଭାଗଫଳକୁ ନେଇ ଯେଉଁ ରାଜ୍ୟ ସୃଷ୍ଟି ହୁଏ, ତା'କୁ ପୁଣି 2 (ଭାଜକ) ଦ୍ୱାରା ଭାଗ କରାଯାଏ।

(iv) ଏପରି କ୍ରମ ଭାଗ ଦ୍ୱାରା ପାଇବା, $\frac{1}{19} = 0.\overline{052631578947368421}$

ଅର୍ଥାତ୍ $\frac{1}{19}$ ର ଦଶମିକ ଭଗ୍ନସଂଖ୍ୟା ଏକ ଅସରନ୍ତି ପୌନଃପୁନିକ ଦଶମିକ ଭଗ୍ନ ସଂଖ୍ୟା।

(v) ଲକ୍ଷ୍ୟକର : 052631578 (ପ୍ରଥମ ଅର୍ଦ୍ଧେକ) 947368421 (ଦ୍ୱିତୀୟ ଅର୍ଦ୍ଧେକ)ର ଅଙ୍କମାନ ଯଥାକ୍ରମେ ପରସ୍ପରର '9' ର ପୂରକ ଅଙ୍କ ଅଟନ୍ତି ।

(vi) ତେଣୁ ପୁନଃ କ୍ରମଭାଗ ପରିବର୍ତ୍ତେ ଦଶମିକ ଭଗ୍ନସଂଖ୍ୟାର ପ୍ରଥମ ଅର୍ଦ୍ଧେକ '9' ଗୋଟି ଅଙ୍କ ନିର୍ଣ୍ଣୟ ପରେ ପରବର୍ତ୍ତୀ ନଅଗୋଟି ଅଙ୍କ ସ୍ଥିର କରିବା ଅପେକ୍ଷାକୃତ ସହଜ ହେବ ।

(vii) ଯେହେତୁ $\frac{1}{19}$ ର ହରର ଏକକ ସ୍ଥାନୀୟ ଅଙ୍କ 9, ତେଣୁ ସମତୁଲ୍ୟ ଦଶମିକ ଭଗ୍ନସଂଖ୍ୟାର ଶେଷ ଅଙ୍କ 1 ହେବ ।

ସୋପାନ ସମୂହ :

1. 1 କୁ 2 ଦ୍ୱାରା ଭାଗକର । ଭାଗ ଦ୍ୱାରା ଭାଗଶେଷ 1 ଏବଂ ଭାଗଫଳ '0' ହେବ । ଭାଗଶେଷ 1 କୁ 0 ର ବାମପାର୍ଶ୍ୱର ଠିକ୍ ତଳକୁ ଲେଖ ।

2. ବର୍ତ୍ତମାନ 10 କୁ 2 ଦ୍ୱାରା ଭାଗକଲେ ଭାଗଫଳ 5 ଏବଂ ଭାଗଶେଷ 0 ହେବ । '0' କୁ 5 ର ବାମ ପାର୍ଶ୍ୱର ଠିକ୍ ତଳକୁ ଲେଖ ।

3. ବର୍ତ୍ତମାନ 05 ବା 5 କୁ 2 ଦ୍ୱାରା ଭାଗକଲେ ଭାଗଫଳ ଓ ଭାଗଶେଷ ଯଥାକ୍ରମେ 2 ଏବଂ 1 ହେବ । ଭାଗଶେଷ 1 କୁ 2 ର ବାମପାର୍ଶ୍ୱର ଠିକ୍ ତଳକୁ ଲେଖ ।

4. ସେହିପରି ପରବର୍ତ୍ତୀ ଭାଗ ଦ୍ୱାରା ଭାଗଫଳ ଓ ଭାଗଶେଷ ସ୍ଥିର କରି ସଂପୃକ୍ତ ସ୍ଥାନରେ ରଖ ଏବଂ ଏହାକୁ ଚାଲୁରଖ ଯେତେ ପର୍ଯ୍ୟନ୍ତ ସମାନ ଭାଗଫଳ ଓ ଭାଗଶେଷ ନ ଆସିଛି ।

5. ସର୍ବଶେଷରେ ଆମେ ପାଇଛେ, ଭାଜ୍ୟ (01) ଏବଂ ଭାଜକ 2 । 01 କୁ 2 ଦ୍ୱାରା ଭାଗକଲେ ଭାଗଫଳ '0' ଏବଂ ଭାଗଶେଷ 1 ହେବ । ଏହା ଦ୍ୱାରା ପୂର୍ବ ଅଙ୍କଗୁଡ଼ିକର ପୁନରାବୃତ୍ତି ଘଟିବ ।

6. ଉପରୋକ୍ତ କ୍ରମଭାଗ $\frac{1}{19}$ ର (18 ଅଙ୍କ ବିଶିଷ୍ଟ) ସମତୁଲ୍ୟ ଦଶମିକ ଭଗ୍ନାଂଶ ପାଇ ପାରିଲେ ।

ଏକାଧିକେନ ପୂର୍ବେଣ ସୂତ୍ର ଦ୍ୱାରା ଏକ ଭଗ୍ନସଂଖ୍ୟାର ହରର ଏକକ ସ୍ଥାନୀୟ ଅଙ୍କ 1, 3 ବା 7 ଥିଲେ ଭଗ୍ନସଂଖ୍ୟାର ଦଶମିକ ଭଗ୍ନସଂଖ୍ୟା ରୂପକୁ କ୍ରମ ଭାଗକ୍ରିୟା ଦ୍ୱାରା ମଧ୍ୟ ସ୍ଥିର କରାଯାଇପାରେ । ପରବର୍ତ୍ତୀ ଉଦାହରଣଗୁଡ଼ିକୁ ଅନୁଧ୍ୟାନ କର ।

ଉଦାହରଣ - 4 : $\frac{3}{13}$ ଭଗ୍ନସଂଖ୍ୟାର ଦଶମିକ ଭଗ୍ନାଂଶ ରୂପକୁ ବୈଦିକ ସୂତ୍ର **'ଏକାଧିକେନପୂର୍ବେଣ'** ଅବଲମ୍ବନରେ ସ୍ଥିର କର।

ସମାଧାନ : $\frac{1}{13}$ ଭଗ୍ନସଂଖ୍ୟାର ଦଶମିକ ଭଗ୍ନାଂଶରେ ରୂପାନ୍ତରଣ ଉଦାହରଣ - 2 ରେ ଦିଆଯାଇଛି।

ଗତାନୁଗତିକ ପ୍ରଣାଳୀ ଅବଲମ୍ବନରେ $\frac{1}{13} = 0.\overline{076923}$ ସ୍ଥିର କରାଯାଇଛି। ବର୍ତ୍ତମାନ $\frac{3}{13}$ ର ଦଶମିକ ଭଗ୍ନସଂଖ୍ୟା ରୂପକୁ ନିମ୍ନ ଦୁଇଗୋଟି ପ୍ରଣାଳୀ ମାଧ୍ୟମରେ ସ୍ଥିର କରାଯାଇପାରେ।

ପ୍ରଥମ ପ୍ରଣାଳୀ : ଉଦାହରଣ -2 ରୁ ପାଇଛେ : $\frac{1}{13} = 0.\overline{076923}$

$$\therefore \frac{3}{13} = 3 \times (0.\overline{076923}) = 0.\overline{230769}$$

ଦ୍ୱିତୀୟ ପ୍ରଣାଳୀ :

$\frac{3}{13}$ ଭଗ୍ନସଂଖ୍ୟାର ହର କୁ 39 ରେ ପରିବର୍ତ୍ତନ କରି ବୈଦିକ ସୂତ୍ର 'ଏକାଧିକେନ ପୂର୍ବେଣ' ଅବଲମ୍ବନରେ $\frac{9}{39}$ ର ଦଶମିକ ଭଗ୍ନସଂଖ୍ୟାରେ ପ୍ରକାଶ କରିବା ସହଜ ହେବ।

$$\frac{3}{13} = \frac{3\times3}{13\times3} = \frac{9}{39}$$

ପୁନଶ୍ଚ $\frac{9}{40} = \frac{0.9}{4}$ (ଏକାଧିକେନ ପୂର୍ବେଣ ସୂତ୍ର ଦ୍ୱାରା)

$$\frac{0.9}{4} = 0.\textcircled{{}_1 2}\ {}_0 3\ {}_3 0\ {}_2 7\ {}_3 6\ {}_0 9\ \textcircled{{}_1 2}\ .....$$

(i) ଲକ୍ଷ୍ୟକର, ସମାନ ଭାଗଫଳ ଓ ଭାଗଶେଷ ଯଥାକ୍ରମେ 2 ଓ 1 ଦୃଶ୍ୟମାନ ହେବାରୁ ସେଠାରେ ପୁନଃ ଭାଗ ସମ୍ଭବ ହେଲେ ମଧ୍ୟ ଭାଗଫଳରେ ଅଙ୍କମାନଙ୍କର ପୁନରାବୃତ୍ତି ଘଟିବାର ଦେଖିବା।

$$\therefore \frac{3}{13} = 0.\overline{230769}$$

(ii) $\frac{3}{13}$ ର ଦଶମିକ ଭଗ୍ନାଂଶରେ ଦଶମିକ ବିନ୍ଦୁର ଠିକ୍ ପରବର୍ତ୍ତୀ ତିନୋଟି ଅଙ୍କ 2, 3, 0 ର '9' ପୂରକ ଅଙ୍କମାନ ଯଥାକ୍ରମେ 7, 6, 9 ($\because$ 230+769=999)।

ତେଣୁ ବାମରୁ ପ୍ରଥମ ତିନୋଟି ଅଙ୍କ ସ୍ଥିର କରି ପରବର୍ତ୍ତୀ ଅଙ୍କତ୍ରୟକୁ ସ୍ଥିର କରାଯାଇପାରିବ।

(iii) $\frac{3}{13}$ ଭଗ୍ନସଂଖ୍ୟା ଏକ ଅସରନ୍ତି ପୌନଃପୁନିକ ଦଶମିକ ଭଗ୍ନ ସଂଖ୍ୟା।

ଉଦାହରଣ - 5 : $\frac{1}{7}$ ଭଗ୍ନସଂଖ୍ୟାର ସମତୁଲ୍ୟ ଦଶମିକ ଭଗ୍ନସଂଖ୍ୟା ନିରୂପଣ କର। (ବୈଦିକ ସୂତ୍ର ଏକାଧିକେନ ପୂର୍ବେଣ ଅବଲମ୍ବନରେ)।

ସମାଧାନ : $\frac{1}{7} = \frac{7}{49} = \frac{7}{50} = \frac{0.7}{5}$ (ସହାୟକ ଭଗ୍ନାଂଶ)

$$\frac{0.7}{5} = 0._2 1_1 4_4 2_2 8_3 5_0 7_2 1 \ldots.$$

$$\frac{1}{7} = 0.\overline{142857}$$

(i) ଲକ୍ଷ୍ୟକର, ଭାଗଫଳ 7 ଓ ଭାଗଶେଷ 0 ଥାଇ ପୁନଃ ଏହାକୁ 7 ଦ୍ୱାରା ଭାଗକଲେ ଭାଗଫଳ 1 ଓ ଭାଗଶେଷ 2 ରହିବ। ଯାହାଦ୍ୱାରା ଦଶମିକ ବିନ୍ଦୁର ପରବର୍ତ୍ତୀ ଅଙ୍କମାନଙ୍କର ପୁନରାବୃତ୍ତି ଘଟିବ।

(ii) $\therefore \frac{1}{7} = 0.\overline{142857}$

ଲକ୍ଷ୍ୟକର, ଉକ୍ତ ଦଶମିକ ଭଗ୍ନାଂଶରେ 142 + 857 = 999 କାରଣରୁ ଦଶମିକ ଭଗ୍ନାଂଶର ବାମରୁ ପ୍ରଥମ ତିନୋଟି ଅଙ୍କ ଏବଂ ପରବର୍ତ୍ତୀ ତିନୋଟି ଅଙ୍କମାନ ଯଥାକ୍ରମେ ପରସ୍ପରର '9' ର ପୂରକ ଅଟନ୍ତି। ଅର୍ଥାତ୍ ପ୍ରଥମ ଅଙ୍କତ୍ରୟ ନିରୂପଣ ପରେ ପୂରକ ନିୟମାନୁସାରେ ପରବର୍ତ୍ତୀ ଅଙ୍କତ୍ରୟକୁ ନିରୂପଣ କରି ପାରିବା।

ଉଦାହରଣ - 6 : $\frac{73}{29}$ ଭଗ୍ନସଂଖ୍ୟାର ଦଶମିକ ଭଗ୍ନାଂଶ ରୂପ ସ୍ଥିର କର।

ସମାଧାନ : $\frac{73}{29} = \frac{73}{30} = \frac{7.3}{3}$ (ସହାୟକ ଭଗ୍ନାଂଶ)

ଭାଗକ୍ରିୟା ପଦ୍ଧତିର ପ୍ରୟୋଗରେ

$$\frac{7.3}{3} = {}_1 2._0 5_2 1_0 7_1 2_0 4_1 1_2 3\ldots \quad \therefore \frac{73}{29} = 2.5172413\ldots.$$

ସୋପାନ ସମୂହ :

(i) 7 କୁ 3 ଦ୍ୱାରା ଭାଗକଲେ ଭାଗଫଳ 2 ଏବଂ ଭାଗଶେଷ 1 ।

(ii) ନୂତନ ଭାଜ୍ୟ = 12+3 = 15 ।

(iii) 15 କୁ 3 ଦ୍ୱାରା ଭାଗକଲେ, ଭାଗଫଳ 5 ଓ ଭାଗଶେଷ 0 ହେବ।

(iv) ପୁନଶ୍ଚ ନୂତନ ଭାଜ୍ୟ 5 ଏବଂ ଭାଜକ 3 ହେତୁ ଭାଗଫଳ 1 ଓ ଭାଗଶେଷ 2 ହେବ।

(v) ସେହିପରି ପ୍ରତ୍ୟେକ କ୍ଷେତ୍ରରେ ଭାଜ୍ୟ ସ୍ଥିର କରି ଏହାକୁ ଭାଜକ 3 ଦ୍ୱାରା ଭାଗକରି ସଂପୃକ୍ତ ଭାଗଫଳ ଓ ଭାଗଶେଷକୁ ସଂପୃକ୍ତ ସ୍ଥାନରେ ଲେଖିବା।

(vi) ବର୍ତ୍ତମାନ $\frac{73}{29}$ ର ମାନ ଏକ ଅସରନ୍ତି ଦଶମିକ ସଂଖ୍ୟା ହେବ।

$$\therefore \frac{73}{29} = 2.5172413.....$$

ବିକଳ୍ପ ସମାଧାନ :

$$\frac{73}{29} = 2\frac{15}{29} = 2+\frac{15}{29} \quad .... (i)$$

ବର୍ତ୍ତମାନ ବୈଦିକ ପଦ୍ଧତିରେ $\frac{15}{29}$ ର ସହାୟକ ଭଗ୍ନାଂଶ ସ୍ଥିର କଲେ ପାଇବା:

$$\frac{15}{29} = \frac{15}{30} = \frac{1.5}{3} \text{ (ସହାୟକ ଭଗ୍ନାଂଶ)}$$

$$\frac{1.5}{3} = 0._0 5_2 1_0 7_1 2_0 4_1 1_2 3...$$

$$\therefore \frac{73}{29} = 2 + 0.5172413... \quad ((i) \text{ ରୁ})$$

$$\therefore \frac{73}{29} = 2.5172413... \text{ ।}$$

ଉଦାହରଣ-7. : $\frac{1.23}{19}$ ଭଗ୍ନସଂଖ୍ୟା ଦଶମିକ ଭଗ୍ନାଂଶରେ ପ୍ରକାଶ କର।

ସମାଧାନ : $\frac{1.23}{19} = \frac{1.23}{20} = \frac{0.123}{2} = 0._1 0_0 6_1 4_0 7_1 3_1 6...$

ସୋପାନ: (i) $1 \div 2 = {}_{1}0$

(ii) $10 + 2 = 12,\ 12 \div 2 = {}_{0}6$

(iii) $6 + 3 = 9,\ 9 \div 2 = {}_{1}4$

(iv) $14 \div 2 = {}_{0}7$

(v) $7 \div 2 = {}_{1}3$

(vi) $13 \div 2 = {}_{1}6$ ଇତ୍ୟାଦି ।

$$\therefore \quad \frac{1.23}{19} = 0.{}_{1}0_{0}6_{1}4_{0}7_{1}3_{1}6.... = 0.064736....$$

ଉଦାହରଣ- 8 : $\frac{7}{48}$ ଭଗ୍ନସଂଖ୍ୟାକୁ ଦଶମିକ ଭଗ୍ନାଂଶ ରୂପରେ ପ୍ରକାଶ କର ।

ସମାଧାନ : $\frac{7}{48} = \frac{7}{50} = \frac{0.7}{5}$ (ସହାୟକ ଭଗ୍ନାଂଶ)

(i) $7 \div 5 = {}_{2}1$

(ii) $22 \div 5 = {}_{2}4$, (ପୂର୍ବ ଭାଗଫଳ, 1 ର ଦୁଇଗୁଣ ନିଆଗଲା)

(iii) $28 \div 5 = {}_{3}5$ (ପୂର୍ବ ଭାଗଫଳ, 4 ର ଦୁଇଗୁଣ ନିଆଗଲା)

(iv) $40 \div 5 = {}_{0}8$ (5 ର ଦୁଇଗୁଣକୁ 30 ସହ ଯୋଗ କରାଗଲା)

(v) $16 \div 5 = {}_{1}3$ (8 ର ଦୁଇଗୁଣ ନିଆଗଲା)

$\therefore \frac{7}{48} = 0.{}_{2}1_{2}4_{3}5_{0}8_{1}3....$ $\therefore \frac{7}{48} = 0.14583... = 0.1458\dot{3}$ (ମିଶ୍ରିତଭଗ୍ନାଂଶ)

(B) ବୈଦିକ ପଦ୍ଧତି (ଗୁଣନ ପଦ୍ଧତି) :-

ଏକାଧିକେନ ପୂର୍ବେଣ ସୂତ୍ର ଅବଲମ୍ବନରେ ଭାଗ ପଦ୍ଧତିରେ ଭାଜକ ନିର୍ଣ୍ଣୟ କରାଯାଏ, କିନ୍ତୁ ଗୁଣନପଦ୍ଧତିରେ ଠିକ୍ ପୂର୍ବ ପରି ସହାୟକ ଭଗ୍ନାଂଶ ଜରିଆରେ ଗୁଣକ ନିର୍ଣ୍ଣୟ କରାଯାଏ । ନିମ୍ନ ଉଦାହାରଣକୁ ଅନୁଧ୍ୟାନ କର ।

$\frac{1}{19}$ ର ସହାୟକ ଭଗ୍ନାଂଶ = $\frac{0.1}{2}\left(\because \frac{1}{19} = \frac{1}{20} = \frac{0.1}{2}\right)$

ଭାଗପଦ୍ଧତିର ଉପଯୋଗ ପାଇଁ '2' ଭାଜକ (Divisor) ରୂପେ କାର୍ଯ୍ୟ କରିଥାଏ । କିନ୍ତୁ ଗୁଣନପଦ୍ଧତିର ଉପଯୋଗ ପାଇଁ '2' ଗୁଣକ (Multiplier) ରୂପେ କାର୍ଯ୍ୟ କରିବ ।

ଅନ୍ୟ ଗୋଟିଏ ମୁଖ୍ୟ ତଫାତ ହେଲା - ଭାଗପଦ୍ଧତିର କାର୍ଯ୍ୟ, ବାମରୁ ଦକ୍ଷିଣକୁ (Left to Right)କୁ ସମ୍ପାଦିତ ହେଲାବେଳେ, ଗୁଣନପଦ୍ଧତିର କାର୍ଯ୍ୟ, ଦକ୍ଷିଣରୁ ବାମ (Right to Left) କୁ ସମ୍ପାଦିତ ହୋଇଥାଏ ।

ବର୍ତ୍ତମାନ 'ଗୁଣନପଦ୍ଧତି'ର ପ୍ରୟୋଗରେ ଭଗ୍ନସଂଖ୍ୟା (Vulgar Fraction) କୁ ଦଶମିକ ଭଗ୍ନାଂଶ ସଂଖ୍ୟା (Decimal Fractional Number) କୁ ପରିବର୍ତ୍ତନ କରିବା ।

ଉଦାହରଣ - 9 : ଗୁଣନବିଧି ବା ଗୁଣନପଦ୍ଧତିର ଉପଯୋଗରେ $\frac{1}{19}$ ଭଗ୍ନସଂଖ୍ୟାର ଦଶମିକ ଭଗ୍ନାଂଶ ସଂଖ୍ୟା ରୂପକୁ ଦର୍ଶାଅ ।

ସମାଧାନ : (i) $\frac{1}{19}$ ର ସହାୟକ ଭଗ୍ନାଂଶ (Auxiliary Fraction) = $\frac{0.1}{2}$

(ii) ଦକ୍ଷିଣପାର୍ଶ୍ୱସ୍ଥ ଅଙ୍କ 1 ହେବ, କାରଣ ଦତ୍ତ ଭଗ୍ନାଂଶର ହରର ଏକକ ସ୍ଥାନୀୟ ଅଙ୍କ 9 ।

(iii) ଦକ୍ଷିଣପାର୍ଶ୍ୱସ୍ଥ ଅଙ୍କ '1' ଏବଂ ଗୁଣକ '2' ନେଇ ଦକ୍ଷିଣପାର୍ଶ୍ୱରୁ ବାମକୁ ଲେଖିବା ଆରମ୍ଭ କଲେ -

0 5 $_1$2 6 3 $_1$1 $_1$5 $_1$7 $_1$8 / 9 $_1$4 7 $_1$3 $_1$6 8 4 2 1

∴ $\frac{1}{19}$ = 0.$\dot{0}$ 5 2 6 3 1 5 7 8 9 4 7 3 6 8 4 2 $\dot{1}$

ସୋପାନ ସମୂହ :

(i) ଦକ୍ଷିଣପାର୍ଶ୍ୱରେ (Right most) ପ୍ରଥମେ 1 ଲେଖିବା । ତତ୍ପରେ 1 କୁ 2 ଦ୍ୱାରା ଗୁଣି 2 ଲେଖିବା । ପୁନଶ୍ଚ 2 କୁ 2 ଦ୍ୱାରା ଗୁଣି 4 ପାଇବା । (ବାମପାର୍ଶ୍ୱକୁ ଲେଖି ଚାଲିବା)

(ii) 4 କୁ 2 ଦ୍ୱାରା ଗୁଣି ଗୁଣଫଳ 8 କୁ 4 ର ବାମପାର୍ଶ୍ୱରେ ଲେଖିବା । ପୁନଶ୍ଚ 8 କୁ 2 ଦ୍ୱାରା ଗୁଣି ଗୁଣଫଳ (16) ର ଏକକ ସ୍ଥାନୀୟ ଅଙ୍କ 6 କୁ 8 ର ବାମପାର୍ଶ୍ୱରେ ଲେଖି 1 କୁ 6 ର ବାମପାର୍ଶ୍ୱର ଠିକ୍ ତଳକୁ ଲେଖିବା । ପୁନଶ୍ଚ 6 କୁ 2 ଦ୍ୱାରା ଗୁଣି ଗୁଣଫଳ (12) କୁ 1 ସହ ମିଶାଇ 13 ପାଇବା ।

(iii) 13 ର ଏକକ ସ୍ଥାନୀୟ ଅଙ୍କ 3 କୁ 6 ର ବାମପାର୍ଶ୍ୱରେ ଲେଖି 3 ର ବାମପାର୍ଶ୍ୱର ଠିକ୍ ତଳକୁ 1 କୁ ଲେଖିବା ।

(iv) ସେହିପରି 2 ଦ୍ୱାରା ଗୁଣି ଗୁଣି ଚାଲିବା ଏବଂ ସଂପୃକ୍ତ ସଂଖ୍ୟାକୁ ବହନ କରି 'Carry'କୁ ଗୁଣଫଳର ଠିକ୍ ବାମ ପାର୍ଶ୍ୱର ତଳକୁ ଲେଖି ଚାଲିବା।

ଦ୍ରଷ୍ଟବ୍ୟ :

(i) $\frac{1}{19}$ ର ଦଶମିକ ଭଗ୍ନସଂଖ୍ୟା 18 ଅଙ୍କ ବିଶିଷ୍ଟ କାରଣ,

ଭଗ୍ନାଂଶର ହର – ଲବ = $(19 - 1) = 18$ ।

(ii) ଦକ୍ଷିଣପାର୍ଶ୍ୱରୁ 1 ରୁ 9 ପର୍ଯ୍ୟନ୍ତ ଲେଖିସାରିଲା ପରେ, ପରବର୍ତ୍ତୀ ନଅଗୋଟି ଅଙ୍କକୁ ଆମେ ଲେଖିପାରିବା। ପ୍ରଥମ ନଅ ଗୋଟି ଅଙ୍କର 'ନଅ ର ପୂରକ' ଅଙ୍କକୁ ଦକ୍ଷିଣପାର୍ଶ୍ୱରୁ ବାମପାର୍ଶ୍ୱକୁ ଲେଖିଚାଲିବା।

ପ୍ରଥମ ନଅଗୋଟି ଅଙ୍କ : (9 4 7 3 6 8 4 2 1) ଏବଂ ପରବର୍ତ୍ତୀ ନଅଗୋଟି ଅଙ୍କ (0 5 2 6 3 1 5 7 8) ସମୂହକୁ ବାମପାର୍ଶ୍ୱକୁ ଲେଖିଚାଲିବା।

(iii) ଅସରନ୍ତି ପୌନଃପୁନିକ ଦଶମିକ ଭଗ୍ନାଂଶର ପ୍ରଥମ ଅର୍ଦ୍ଧେକ ଅଙ୍କ ସମୂହ, ଯଥାକ୍ରମେ ଦ୍ୱିତୀୟ ଅର୍ଦ୍ଧେକ ଅଙ୍କସମୂହ ପରସ୍ପରର 'ନଅ ର ପୂରକ' ଅଟନ୍ତି।

ଉଦାହରଣ- 10 : $\frac{1}{13}$ ଭଗ୍ନାଂଶକୁ 'ଗୁଣନ ବିଧି' ଅନୁଯାୟୀ 'ଏକାଧିକେନ ପୂର୍ବେଣ' ସୂତ୍ରର ଉପଯୋଗରେ ପୌନଃପୁନିକ ଦଶମିକ ଭଗ୍ନାଂଶ ସଂଖ୍ୟାରେ ପରିଣତ କର।

ସମାଧାନ : $\frac{1}{13} = \frac{3}{39} = \frac{3}{40} = \frac{0.3}{4}$

$\therefore \frac{1}{13}$ ର ସହାୟକ ଭଗ୍ନାଂଶ $\frac{0.3}{4}$ ।

(i) ସମତୁଲ୍ୟ ଦଶମିକ ଭଗ୍ନାଂଶର ଶେଷ ଅଙ୍କ ଅର୍ଥାତ୍ ଦକ୍ଷିଣପାର୍ଶ୍ୱସ୍ଥ ଅଙ୍କ 3ହେବ, କାରଣ $\frac{1}{13}$ ର ହରର ଏକକସ୍ଥାନୀୟ ଅଙ୍କ 3।

(ii) 3 କୁ ଗୁଣ୍ୟ ଏବଂ 4କୁ ଗୁଣକ ନେଇ 'ଗୁଣନ ବିଧି' ର ଉପଯୋଗ କର।

ଗୁଣନବିଧି ଅନୁଯାୟୀ $\frac{1}{13}$ ର ଦଶମିକ ରୂପ, $0._{3}0_{2}7_{3}69_{1}230...$ ହେବ।

$\therefore \frac{1}{13} = 0.\overline{076923}$ (ଅସରନ୍ତି ପୌନଃପୁନିକ ଦଶମିକ ଭଗ୍ନାଂଶ)

ଦ୍ରଷ୍ଟବ୍ୟ :

(i) '0' ପରେ ପୁଣିଥରେ '0' କୁ 4 ଦ୍ୱାରା ଗୁଣି Carry 3 କୁ ମଶାଇଲେ '3' ର ପୁନରାବୃତ୍ତି ଘଟିବ ।

(ii) ତତ୍ପରେ '0' ପରେ ଦଶମିକ ବିନ୍ଦୁ ଦେଇ $\frac{1}{13}$ ର ସମତୁଲ୍ୟ ଦଶମିକ ଭଗ୍ନାଂଶ ସଂଖ୍ୟାକୁ ଲେଖ, ଯାହା ଏକ ଅସରନ୍ତି ପୌନଃପୁନିକ ଦଶମିକ ସଂଖ୍ୟା ହେବ।

(iii) ଲକ୍ଷ୍ୟ କର, ଦଶମିକ ବିନ୍ଦୁ ପରେ ପ୍ରଥମ ତିନୋଟି ଅଙ୍କ ଓ ପରବର୍ତ୍ତୀ ତିନୋଟି ଅଙ୍କ ପରସ୍ପରର 'ନଅ ର ପୂରକ' ଅଟନ୍ତି।

କାରଣ, $076 + 923 = 999$

(iv) ସେହିପରି ପରୀକ୍ଷା କରି ଦର୍ଶାଅ ଯେ, $\frac{1}{39} = 0.\overline{025641}$ ହେବ ।

ଏଠାରେ 39, 3 ଏବଂ 13 ଉଭୟର ଗୁଣିତକ।

$\because$ 3 ଏବଂ 13 ର ଦଶମିକ ଭଗ୍ନାଂଶ ଯଥାକ୍ରମେ ଗୋଟିଏ ଏବଂ ଛଅଗୋଟି ଅଙ୍କ ବିଶିଷ୍ଟ ତେଣୁ, $\frac{1}{39}$ ର ଦଶମିକ ଭଗ୍ନାଂଶ ରୂପ ଛଅ ଅଙ୍କ ବିଶିଷ୍ଟ ହେବ; ଯାହା ଏକ ଅସରନ୍ତି ପୌନଃପୁନିକ ଦଶମିକ ସଂଖ୍ୟା ହେବ।

ଉଦାହରଣ - 11 : ଗୁଣନବିଧିର ପ୍ରୟୋଗରେ $\frac{1}{17}$ ର ଦଶମିକ ଭଗ୍ନାଂଶ ରୂପ ଦର୍ଶାଅ।

ସମାଧାନ : $\frac{1}{17} = \frac{7}{119} = \frac{0.7}{12}$ (ସହାୟକ ଭଗ୍ନାଂଶ)

ଏଠାରେ ଏକାଧିକ (ଗୁଣକ) ହେଉଛି 12 ଏବଂ ଉତ୍ତରର ଶେଷ ଅଙ୍କ 7।

(ପୂର୍ବ ଉଦାହରଣର ସମାଧାନର ସୋପାନଗୁଡ଼ିକୁ ଅନୁସରଣ କର)

ବର୍ତ୍ତମାନ ଗୁଣନ ବିଧିରେ ପାଇବା :

$$\frac{1}{17} = \frac{0.7}{12} = 0.\dot{0}5882352 / 9411764\dot{7}$$

ଦ୍ରଷ୍ଟବ୍ୟ: ଏଠାରେ ଲକ୍ଷ୍ୟ କର : $05882352 + 94117647 = 99999999$

$\frac{1}{17}$ ର ସମତୁଲ୍ୟ ଦଶମିକ ଭଗ୍ନାଂଶ ଅର୍ଥାତ୍ 16 ଅଙ୍କ ବିଶିଷ୍ଟ । ଦଶମିକ ସଂଖ୍ୟାର ଦ୍ୱିତୀୟ ଅର୍ଦ୍ଧେକର, ପ୍ରଥମ ଅର୍ଦ୍ଧେକ ଅଙ୍କମାନ ଯଥାକ୍ରମେ ପରସ୍ପର 9 ର ପୂରକ ଅଟନ୍ତି ।

ଏଠାରେ ମନେରଖିବାକୁ ହେବ ଯେ, ଦଶମିକ ଭଗ୍ନ ସଂଖ୍ୟା ଦଶମିକ ଭଗ୍ନାଂଶ 16 ଅଙ୍କ ବିଶିଷ୍ଟ କାରଣ, ଦତ୍ତ ଭଗ୍ନାଂଶର ହର ଓ ଲବର ବିୟୋଗଫଳ 16 ।

ଦଶମିକ ଭଗ୍ନସଂଖ୍ୟା (Decimal Fractional Number)କୁ ଭଗ୍ନସଂଖ୍ୟା (Vulgar Fractional Number) ରେ ପରିବର୍ତ୍ତନ :

ପୂର୍ବ ଆଲୋଚନାରେ ଆମେ କେବଳ ଭଗ୍ନ ସଂଖ୍ୟାକୁ ସରନ୍ତି ବା ଅସରନ୍ତି ପୌନଃପୁନିକ ଦଶମିକ ଭଗ୍ନସଂଖ୍ୟାରେ ପରିଣତ କରିବା ପ୍ରଣାଳୀ ସହ ସଂପୃକ୍ତ ଥିଲେ । ବୈଦିକ ସୂତ୍ର **'ଏକାଧିକେନ ପୂର୍ବେଣ'**ର ଉପଯୋଗରେ ଦତ୍ତ ଭଗ୍ନସଂଖ୍ୟାର ସହାୟକ ଭଗ୍ନାଂଶ (Auxiliary Fractions) କୁ ଭିତ୍ତି କରି ତଦନୁଯାୟୀ ଭାଜକ (Divisor) ଏବଂ ଗୁଣକ (Multiplier) ସ୍ଥିର କରାଯାଏ ଏବଂ ଆବଶ୍ୟକତା ଅନୁଯାୟୀ ଭାଗ ବା ଗୁଣନ ପଦ୍ଧତିକୁ ଅନୁସରଣ କରି ଦତ୍ତ ଭଗ୍ନସଂଖ୍ୟର ସମତୁଲ୍ୟ ଦଶମିକ ଭଗ୍ନସଂଖ୍ୟା ସ୍ଥିର କରାଯାଏ ।

ଦଶମିକ ଭଗ୍ନସଂଖ୍ୟାକୁ ସାଧାରଣ ଭଗ୍ନସଂଖ୍ୟାରେ ପରିଣତ କରିବା ପ୍ରଣାଳୀ ଏକ ନିର୍ଦ୍ଦିଷ୍ଟ ନିୟମକୁ ଭିତ୍ତି କରି ସ୍ଥିର କରାଯାଇପାରେ ।

ସେଗୁଡ଼ିକ ହେଲା -

$$0.\overline{9} = \frac{9}{9} = 1,\ \overline{99} = \frac{99}{99} = 1,\ 0.\overline{999} = \frac{999}{999} = 1$$ ଇତ୍ୟାଦି ।

ଦ୍ରଷ୍ଟବ୍ୟ : ଆମେ ଜାଣିଛେ, $\frac{1}{3} = 0.\dot{3} \Rightarrow \frac{1}{3} \times 3 = 0.\dot{3} \times 3$

$\Rightarrow 1 = 0.\dot{9}$ ବା $0.\dot{9} = 1$

ଅର୍ଥାତ୍ ଯେଉଁ ପୌନଃପୁନିକ ଦଶମିକ ଭଗ୍ନାଂଶର ପ୍ରତ୍ୟେକ ଅଙ୍କ 9 ହୋଇଥାଏ, ତାହା '1' ସହ ସମାନ ହୋଇଥାଏ ।

ପ୍ରୟୋଗ ବିଧି :

(i) କୌଣସି ଏକ ପୌନଃପୁନିକ ଦଶମିକ ଭଗ୍ନସଂଖ୍ୟାକୁ ଏପରି ଏକ ଗୁଣକ (Multiplier) ଦ୍ୱାରା ଗୁଣିବା, ଯେପରି ଗୁଣଫଳର ପ୍ରତ୍ୟେକ ଅଙ୍କ '9' ହେବ ।

(ii) ଦତ୍ତ ଦଶମିକ ଭଗ୍ନସଂଖ୍ୟା × ଗୁଣକ = ଗୁଣଫଳ (ପ୍ରତ୍ୟେକ ଅଙ୍କ 9)

(iii) ଦତ୍ତ ଦଶମିକ ଭଗ୍ନସଂଖ୍ୟା = $\frac{1}{\text{ଗୁଣକ}}$ ହେବ । (ଗୁଣକର ବ୍ୟୁତ୍କ୍ରମ)

ଉଦାହରଣ - 1. $0.\dot{0}7692\dot{3}$ ର ଭଗ୍ନସଂଖ୍ୟା ରୂପ ସ୍ଥିର କର।

ସମାଧାନ : $0.\dot{0}7692\dot{3} \times 13 = 0.\dot{9}9999\dot{9}$

$\Rightarrow 0.\dot{0}7692\dot{3} = \dfrac{1}{13}$ ($\because 0.\dot{9}9999\dot{9} = 1$)

$\therefore$ ନିର୍ଣ୍ଣେୟ ଭଗ୍ନସଂଖ୍ୟା $\dfrac{1}{13}$ ।

ଉଦାହରଣ - 2. $0.\dot{0}3\dot{7}$ ର ଭଗ୍ନସଂଖ୍ୟା ରୂପ ସ୍ଥିର କର।

ସମାଧାନ : $0.\dot{0}3\dot{7} \times 27 = 0.\dot{9}9\dot{9}$

$\Rightarrow 0.\dot{0}3\dot{7} = \dfrac{1}{27}$ ($\because 0.\dot{9}9\dot{9} = 1$)

$\therefore$ ନିର୍ଣ୍ଣେୟ ଭଗ୍ନସଂଖ୍ୟା $\dfrac{1}{27}$ ।

ଉଦାହରଣ - 3 : $0.\dot{1}4285\dot{7}$ ର ଭଗ୍ନସଂଖ୍ୟା ରୂପ ସ୍ଥିର କର।

ସମାଧାନ : $0.\dot{1}4285\dot{7} \times 7 = 0.\dot{9}9999\dot{9}$

$\Rightarrow 0.\dot{1}4285\dot{7} = \dfrac{1}{7}$ ($\because 0.\dot{9}9999\dot{9} = 1$)

$\therefore$ ନିର୍ଣ୍ଣେୟ ଭଗ୍ନସଂଖ୍ୟା $\dfrac{1}{7}$ ।

ଉଦାହରଣ - 4. $0.\dot{2}8571\dot{4}$ ର ଭଗ୍ନସଂଖ୍ୟା ରୂପ ସ୍ଥିର କର।

ସମାଧାନ : ମନେକର $x = 0.\dot{2}8571\dot{4}$

$\Rightarrow \dfrac{x}{2} = 0.\dot{1}4285\dot{7} \Rightarrow \dfrac{x}{2} \times 7 = 0.\dot{1}4285\dot{7} \times 7$

$\Rightarrow \dfrac{x}{2} \times 7 = 0.\dot{9}9999\dot{9}$

$\Rightarrow \dfrac{x}{2} \times 7 = 1$ ($\because 0.\dot{9}9999\dot{9} = 1$)

$\Rightarrow x = \dfrac{2}{7} \Rightarrow 0.\dot{2}8571\dot{4} = \dfrac{2}{7}$

$\therefore 0.\dot{2}8571\dot{4} = \dfrac{2}{7}$ (ନିର୍ଣ୍ଣେୟ ଭଗ୍ନସଂଖ୍ୟା)

ସୂଚନା : $0.\dot{2}8571\dot{4}$ ର କୌଣସି ଏକ ଗୁଣିତକର ଶେଷ ଅଙ୍କ '9' ହେଉ ନ ଥିବାରୁ ଦତ୍ତ ଦଶମିକ ଭଗ୍ନସଂଖ୍ୟାର ଅର୍ଦ୍ଧେକକୁ ପ୍ରଥମେ ବିଚାରକୁ ନିଆଯାଇଛି ।

ବିକଳ୍ପ ପ୍ରୟୋଗ ବିଧି :

ଛାତ୍ରୀ ଓ ଛାତ୍ରମାନେ ବୈଦିକ ସୂତ୍ର **'ଏକ ନ୍ୟୁନେନ୍ ପୂର୍ବେଣ'** ସୂତ୍ରର ଉପଯୋଗରେ ଦଶମିକ ଭଗ୍ନସଂଖ୍ୟାକୁ ସାଧାରଣ ଭଗ୍ନସଂଖ୍ୟାରେ ପରିବର୍ତ୍ତନ କରିପାରିବେ। ଏଠାରେ ସରଳୀକରଣ ଭଳି ସମସ୍ୟା ସହଜରେ ଦୂରୀଭୂତ ହୋଇପାରିବ।

ନିମ୍ନ ଉଦାହରଣଗୁଡ଼ିକୁ ଅନୁଧାନ କର ।

ଉଦାହରଣ - 5. $0.\dot{1}4285\dot{7}$ ର ଭଗ୍ନସଂଖ୍ୟା ରୂପ ସ୍ଥିର କର।

ସମାଧାନ : $142857 = 143 \times 999$ (ଏକ ନ୍ୟୁନେନ ପୂର୍ବେଣ)

$$0.\dot{1}4285\dot{7} = \frac{142857}{999999} = \frac{143 \times 999}{999999}$$ (ପରବର୍ତ୍ତୀ ସୂଚନା ଦେଖ)

$$= \frac{143 \times 999}{1001 \times 999} = \frac{11 \times 13}{11 \times 13 \times 7} = \frac{1}{7}$$

$\therefore\ 0.\dot{1}4285\dot{7} = \frac{1}{7}$ (ନିର୍ଣ୍ଣେୟ ଭଗ୍ନସଂଖ୍ୟା) ।

(**ସୂଚନା :** ମନେକର $x = 0.\dot{1}4285\dot{7}$ ....(i)

$\Rightarrow 1000000x = 142857.\dot{1}4285\dot{7}$ .... (ii)

$\Rightarrow 999999x = 142857$ (ii) ରୁ (i) ବିୟୋଗ କରାଗଲା।

$$\Rightarrow x = \frac{142857}{999999} \Rightarrow 0.\dot{1}4285\dot{7} = \frac{142857}{999999}$$

ଉଦାହରଣ - 6 : $0.\dot{0}7692\dot{3}$ ର ଭଗ୍ନସଂଖ୍ୟା ରୂପ ସ୍ଥିର କର।

ସମାଧାନ : $076923 = 77 \times 999$ (ଏକ ନ୍ୟୁନେନ ପୂର୍ବେଣ)

$$\Rightarrow 0.\dot{0}7692\dot{3} = \frac{76923}{999999} = \frac{77 \times 999}{999999}$$

$$\Rightarrow 0.\dot{0}7692\dot{3} = \frac{77 \times 999}{1001 \times 999}$$

$$\Rightarrow 0.\dot{0}7692\dot{3} = \frac{7 \times 11}{7 \times 11 \times 13} = \frac{1}{13}$$

$$\Rightarrow 0.\dot{0}7692\dot{3} = \frac{1}{13}$$ (ନିର୍ଣ୍ଣେୟ ଭଗ୍ନସଂଖ୍ୟା)

ଉଦାହରଣ - 7 : $0.2\bar{3}$ ର ପରିମେୟ ରୂପ ସ୍ଥିର କର।

ସମାଧାନ : ମନେକର $x = 0.2\bar{3} \Rightarrow 10x = 2.\bar{3}$

$\Rightarrow 100x = 23.\bar{3}$

$\therefore 100x - 10x = 23.\bar{3} - 2.\bar{3}$

$\Rightarrow 90x = 21 \Rightarrow x = \dfrac{21}{90} = \dfrac{7}{30}$

$\therefore 0.2\bar{3} = \dfrac{7}{30}$ (ନିର୍ଣ୍ଣେୟ ପରିମେୟ ରୂପ)

ଉଦାହରଣ - 8 : $0.\overline{32}$ ର ପରିମେୟ ରୂପ ସ୍ଥିର କର।

ସମାଧାନ : $x = 0.\overline{32} \Rightarrow 100x = 32.\overline{32}$

$\Rightarrow 100x - x = 32.\overline{32} - 0.\overline{32} \Rightarrow 99x = 32$

$\Rightarrow x = \dfrac{32}{99}$ ଅଥବା $0.\overline{32} = \dfrac{32}{99}$ (ନିର୍ଣ୍ଣେୟ ପରିମେୟ ରୂପ)

ଉଦାହରଣ - 9 : $1.3\bar{4}$ ର ପରିମେୟ ରୂପ ସ୍ଥିର କର।

ସମାଧାନ : ମନେକର $x = 1.3\bar{4}$

$\Rightarrow 10x = 13.\bar{4} \Rightarrow 100x = 134.\bar{4}$

$\therefore 100x - 10x = 134.\bar{4} - 13.\bar{4} = 121$

$\Rightarrow 90x = 121 \Rightarrow x = \dfrac{121}{90}$

$\therefore 1.3\bar{4} = \dfrac{121}{90}$ (ନିର୍ଣ୍ଣେୟ ପରିମେୟ ରୂପ)

ସମୀକରଣ - 10 : $0.0\bar{6}$ ର ପରିମେୟ ରୂପ ସ୍ଥିର କର।

ମନେକର $x = 0.0\bar{6} \Rightarrow 10x = 0.\bar{6}$

$\Rightarrow 100x = 6.\bar{6}$

$\therefore 100x - 10x = 6.\bar{6} - 0.\bar{6} = 6$

$$\Rightarrow 90x = 6 \Rightarrow x = \frac{6}{90} = \frac{1}{15}$$

$\therefore\ 0.0\bar{6} = \frac{1}{15}$ (ନିର୍ଣ୍ଣେୟ ପରିମେୟ ରୂପ)।

ବାସ୍ତବ ସଂଖ୍ୟା ଜଗତରେ ପରିମେୟ ଓ ଅପରିମେୟ ସଂଖ୍ୟାର ଉଦ୍ରେକ ବିଶେଷ ଗୁରୁତ୍ୱପୂର୍ଣ୍ଣ। ପୌନଃପୁନିକ ଦଶମିକ ସଂଖ୍ୟାକୁ ସାଧାରଣ ଭଗ୍ନାଂଶରେ ରୂପାନ୍ତରୀକରଣ ଏବଂ ବେଦଗଣିତର ସୂତ୍ର ଆଧାରରେ ଯେକୌଣସି ସାଧାରଣ ଭଗ୍ନାଂଶକୁ ସମତୁଲ୍ୟ ଦଶମିକ ସଂଖ୍ୟାରେ ପରିବର୍ତ୍ତନ, ପରିମେୟ ସଂଖ୍ୟାକ୍ଷେତ୍ରରେ ଏକ ନିର୍ଦ୍ଦିଷ୍ଟ ଭାବରେ ଗୁରୁତ୍ୱପୂର୍ଣ୍ଣ ସ୍ଥାନ ବହନ କରିଥାଏ। ତେଣୁ ବିଦ୍ୟାଳୟସ୍ତରରେ ଏହାର ବହୁଳ ଚର୍ଚ୍ଚାକୁ ଶିକ୍ଷକମାନେ ଆଗେଇ ନେବା ଆବଶ୍ୟକ।

ପ୍ରଶ୍ନାବଳୀ

1. $\frac{2}{7}$ ଏବଂ $\frac{3}{21}$ ଭଗ୍ନସଂଖ୍ୟାକୁ ଅସରନ୍ତି ପୌନଃପୁନିକ ଦଶମିକ ଭଗ୍ନସଂଖ୍ୟାରେ ପରିଣତ କର।

2. $\frac{3}{39}$, $\frac{2}{26}$ ଏବଂ $\frac{7}{13}$ ର ସହାୟକ ଭଗ୍ନସଂଖ୍ୟା ନିରୂପଣ କରି ଗୁଣନ ବିଧି ଅନୁଯାୟୀ ଦଶମିକ ଭଗ୍ନସଂଖ୍ୟାରେ ପରିଣତ କର।

3. $\frac{2}{19}$ ଭଗ୍ନସଂଖ୍ୟାର ଅନୁରୂପ ସହାୟକ ଭଗ୍ନାଂଶ ସ୍ଥିର କରି ପୌନଃପୁନିକ ଦଶମିକ ଭଗ୍ନସଂଖ୍ୟାରେ ପରିଣତ କର।

4. $\frac{1}{17}$ ଏବଂ $\frac{1}{29}$ କୁ ସମତୁଲ୍ୟ ଦଶମିକ ସଂଖ୍ୟାରେ ପରିଣତ କର।

5. $\frac{8}{21}$ ଏବଂ $\frac{9}{38}$ ଭଗ୍ନସଂଖ୍ୟାକୁ ସମତୁଲ୍ୟ ଦଶମିକ ସଂଖ୍ୟାରେ ପରିଣତ କର।

6. (i) $0.\dot{0}7692\dot{3}$ ର ଭଗ୍ନସଂଖ୍ୟା ରୂପ ସ୍ଥିର କର।

   (ii) $0.\dot{0}1234567\dot{9}$ ର ଭଗ୍ନସଂଖ୍ୟା ରୂପ ସ୍ଥିର କର।

7. $\frac{1}{23}$ ଭାଗ ପଦ୍ଧତିର ଉପଯୋଗରେ ପୌନଃପୁନିକ ଦଶମିକ ମାନ ସ୍ଥିର କର।

8. $\frac{1}{41}$ ର ଗୁଣନପଦ୍ଧତିର ଉପଯୋଗରେ ପୌନଃପୁନିକ ଦଶମିକ ମାନ ସ୍ଥିର କର।

-o-

ପଞ୍ଚଦଶ ଅଧ୍ୟାୟ

ବିନ୍ଦୁ ସଂସ୍ଥାପନ ଏବଂ ପ୍ରତିସ୍ଥାପନ

(EXPLODING DOTS)

ବିଦ୍ୟାଳୟସ୍ତରରେ ବିଦ୍ୟାର୍ଥୀମାନେ ଅଙ୍କ ଓ ସଂଖ୍ୟା (Digits and Numbers) ଜାଣିବା ସହ ସଂଖ୍ୟାଗଠନ ଏବଂ ସଂଖ୍ୟାଲିଖନ ସହ ପରିଚିତ । ଦୁଇ ବା ତତୋଽଧିକ ଅଙ୍କ ବିଶିଷ୍ଟ ସଂଖ୍ୟାର ବିସ୍ତୃତ ପ୍ରଣାଳୀରେ ଲିଖନ ସାଧାରଣତଃ ସଂଖ୍ୟା ପଦ୍ଧତି (System of Numeration) ସହ ସଂଯୋଜିତ ହୋଇଥାଏ । ତତ୍ ସହିତ କୌଣସି ଏକ ସଂଖ୍ୟାର ବ୍ୟବହୃତ ଅଙ୍କଗୁଡ଼ିକର ସ୍ଥାନୀୟମାନ ମଧ୍ୟ ସଂଖ୍ୟାର ବିସ୍ତୃତ ପ୍ରଣାଳୀରେ ଲିଖନ ସହ ଯୋଡ଼ି ହୋଇରହିଥାଏ । ଉଦାହରଣ ସ୍ୱରୂପ, 3 2 4 ସଂଖ୍ୟାର ଅଙ୍କ ମାନଙ୍କର ସ୍ଥାନୀୟ ମାନ ସହ ବିସ୍ତୃତ ପ୍ରଣାଳୀରେ ଲିଖନ ହେବ :

$324 = 3 \times 100 + 2 \times 10 + 4 \times 1$

ସେହିପରି $25681 = 2 \times 10000 + 5 \times 1000 + 6 \times 100 + 8 \times 10 + 1$

ଯେହେତୁ ସଂଖ୍ୟା ଗଠନ ଏବଂ ଲିଖନ ଦଶମିକ ପଦ୍ଧତିରେ ପ୍ରକାଶିତ ହେଉଛି, ତେଣୁ ସଂଖ୍ୟାର ଦକ୍ଷିଣପାର୍ଶ୍ୱରୁ ଅଙ୍କମାନଙ୍କର ସ୍ଥାନୀୟମାନ ଯଥାକ୍ରମେ ଏକକ, ଦଶକ, ଶତକ, ସହସ୍ରକ ସ୍ଥାନ ଇତ୍ୟାଦି ନାମିତ ହୋଇଥାଏ । ପ୍ରାଥମିକ ଏବଂ ଉଚ୍ଚପ୍ରାଥମିକ ସ୍ତରରେ କୌଣସି ସଂଖ୍ୟାକୁ, ବସ୍ତୁ (Object) ସହ ସମ୍ବନ୍ଧିତ କରି ପ୍ରତ୍ୟେକ ପ୍ରକାରର ମୌଳିକ ପ୍ରକ୍ରିୟା (Fundamental Operations)ର ପ୍ରକ୍ରିୟାକରଣକୁ ବିଦ୍ୟାର୍ଥୀମାନେ ବୁଝିଥା'ନ୍ତି ।

ସଂଖ୍ୟା ସହ ବସ୍ତୁର ଏକ-ଏକ ସଂଯୋଜନରେ (One-One Correspondence) ପ୍ରତ୍ୟେକ ପ୍ରକ୍ରିୟା ସଂପାଦନ ସହଜ ଏବଂ ବୋଧଗମ୍ୟ ହୋଇଥାଏ । ଉଦାହରଣ ସ୍ୱରୂପ :

$5 + 7 =$

= 12 =
1

$2 \times 3 =$

= 6=
1

ଇତ୍ୟାଦି ।

ସଂଖ୍ୟାମାନ 2, 3, 5 ଓ 7 ହେଲାବେଳେ ସଂପୃକ୍ତ ● (Dot) ହେଉଛି ବସ୍ତୁ (Object) ।

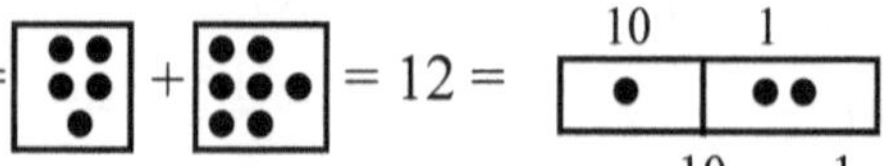

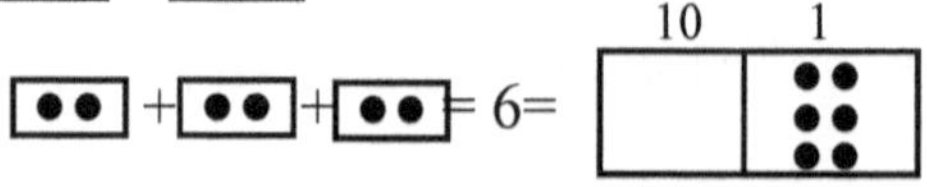

ସ୍ଥାନୀୟମାନ ଅନୁଯାୟୀ ସଂଖ୍ୟାର ପରିପ୍ରକାଶ :

	100	10	1	← ସ୍ଥାନର ମାନ
3 4 2 =	3	4	2	← ସଂଖ୍ୟା
	●●●	●●●●	●●	← ବିନ୍ଦୁ

$3 \times 100 + 4 \times 10 + 2 \times 1$ ସ୍ଥାନୀୟମାନ ଅନୁଯାୟୀ ସଂଖ୍ୟା ଲିଖନ

	1000	100	10	1	← ସ୍ଥାନୀୟ ମାନ
6 0 3 2 =	6	0	3	2	← ସଂଖ୍ୟା
	●●●●●●		●●●	●●	← ବିନ୍ଦୁ

ବିସ୍ତୃତ ପ୍ରଣାଳୀରେ ଲିଖନ : $6 \times 1000 + 3 \times 10 + 2 \times 1$

(∵ ଶତକ ସ୍ଥାନୀୟ ଅଙ୍କ 0)

ଦଶମିକ ସଂଖ୍ୟା ପଦ୍ଧତି :	ଦଶ ଏକ = $10 \times 1 = 10$
(10 ଆଧାର	ଦଶ ଦଶ = $10 \times 10 = 100$
ବିଶିଷ୍ଟ ସଂଖ୍ୟା ପଦ୍ଧତି)	ଦଶ ଶତ = $10 \times 100 = 1000$
	ଦଶ ସହସ୍ର =10×1000 = 10,000 ଇତ୍ୟାଦି

ସ୍ଥାନୀୟମାନ ଅନୁଯାୟୀ ସଂଖ୍ୟା ଲିଖନ, ଅତି ସହଜ ଏବଂ ସଂକ୍ଷିପ୍ତ ଭାବରେ ଫଳପ୍ରଦ ହୋଇଥାଏ । ଉପରିସ୍ଥ ତର୍ଜମାରୁ ଜଣାପଡ଼େ ଯେ, କେବଳ ଦଶମିକ ସଂଖ୍ୟା ପଦ୍ଧତିରେ ଅଙ୍କଗୁଡ଼ିକର ସ୍ଥାନୀୟମାନ (ଏକ, ଦଶ, ଶତ, ସହସ୍ର ଇତ୍ୟାଦି) ନିର୍ଣ୍ଣୟ ସମ୍ଭବ ହୋଇଥାଏ ।

ଏଥିପାଇଁ ଗୋଟିଏ **Box-Dot-Model** ର ଆବଶ୍ୟକତା ପଡ଼େ । ପ୍ରକାରାନ୍ତରେ ଉକ୍ତ ମଡ଼େଲରେ ବ୍ୟବହୃତ ଗୋଟିଏ ଦଶମିକ ପଦ୍ଧତି ସଂଯୁକ୍ତ ଯନ୍ତ୍ରର ଆବଶ୍ୟକତା ଥାଏ । ଦଶମିକ ପଦ୍ଧତି ସଂଯୁକ୍ତ ଯନ୍ତ୍ର (1 ← 10 Machine) କ'ଣ ପ୍ରଥମେ ଜାଣିବା ଆବଶ୍ୟକ ।

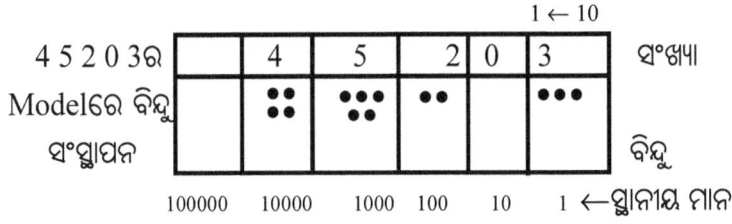

						1 ← 10	
4 5 2 0 3ର		4	5	2	0	3	ସଂଖ୍ୟା
Modelରେ ବିନ୍ଦୁ ସଂସ୍ଥାପନ		●●●●	●●●●●	●●		●●●	ବିନ୍ଦୁ
	100000	10000	1000	100	10	1	←ସ୍ଥାନୀୟ ମାନ

(i) ଗୋଟିଏ 10 ଆଧାର ଯୁକ୍ତ ଯନ୍ତ୍ର (1← 10) ଯାହା ଦ୍ୱାରା ସଂଖ୍ୟାକୁ Box ଏବଂ Dot ମାଧ୍ୟମରେ ପ୍ରକାଶ କରାଯାଏ ।

(ii) ଦକ୍ଷିଣପାର୍ଶ୍ୱସ୍ଥ Box ରେ ଏକକ ସ୍ଥାନ ନିର୍ଦ୍ଦିଷ୍ଟ ସଂଖ୍ୟା ପାଇଁ ଉଦ୍ଦିଷ୍ଟ ।

(iii) ପରବର୍ତ୍ତୀ ସମୟରେ ସଂଖ୍ୟାରେ ଥିବା ଅନ୍ୟ ସ୍ଥାନଗୁଡ଼ିକ ପାଇଁ ନିର୍ଦ୍ଦିଷ୍ଟ ଅଙ୍କମାନ କ୍ରମଶଃ ସ୍ଥାନୀୟମାନ ଅନୁଯାୟୀ ବାମଆଡ଼କୁ ଥିବା Boxରେ ସ୍ଥାପିତ ହୁଏ ।

(iv) ଅଙ୍କ ଅନୁସାରେ ସଂପୃକ୍ତ ବିନ୍ଦୁଗୁଡ଼ିକୁ ଅଙ୍କର ପାର୍ଶ୍ୱରେ ବା ନିମ୍ନରେ ଲେଖାଯାଏ। ଉକ୍ତ କାର୍ଯ୍ୟକୁ **ବିନ୍ଦୁ ସଂସ୍ଥାପନ** (Fixing of Points) ସୋପାନ କୁହାଯାଏ।

(v) ଯେଉଁ ସମୟରେ କୌଣସି ଏକ ବାକ୍ସ (Box) ରେ ଦଶରୁ ଅଧିକ ବିନ୍ଦୁ ସଂସ୍ଥାପିତ ହୋଇଯାଏ, ସେହି ସମୟରେ ଦଶଗୋଟି ବିନ୍ଦୁକୁ ଲୋପ କରାଯାଇ ବାମପାର୍ଶ୍ୱସ୍ଥ ବାକ୍ସ ମଧ୍ୟକୁ ଗୋଟିଏ ବିନ୍ଦୁ ମାଧ୍ୟମରେ ପ୍ରତିସ୍ଥାପିତ ହୋଇଥାଏ ।

ଉକ୍ତ ପ୍ରକ୍ରିୟାକୁ **ପ୍ରତିସ୍ଥାପନ ବା Exploding Dots** କୁହାଯାଏ । ଉଦାହରଣସ୍ୱରୂପ, ଏକକ ସ୍ଥାନରେ 12 ଗୋଟି ବିନ୍ଦୁ ରହିଲେ ଦଶକ ସ୍ଥାନକୁ ଗୋଟିଏ ବିନ୍ଦୁ ନେଇ ଅବଶିଷ୍ଟ 2 ଟି ବିନ୍ଦୁକୁ ଏକକ ସ୍ଥାନରେ ରଖାଯାଏ । ସେହିପରି ପ୍ରତି ବାକ୍ସର 10 ରୁ ଅଧିକ ବିନ୍ଦୁକୁ ସୂଚାଉଥିବା ଗୋଟିଏ ବିନ୍ଦୁକୁ ଏହାର ପୂର୍ବ ଅର୍ଥାତ୍ ବାମପାର୍ଶ୍ୱସ୍ଥ ବାକ୍ସକୁ 'ପ୍ରତିସ୍ଥାପିତ' କରାଯାଏ ଏବଂ 10 ରୁ ଅଧିକ ବିନ୍ଦୁକୁ ବାକ୍ସରେ ଛାଡ଼ି ଦିଆଯାଏ ।

Exploding ର ଅର୍ଥ **Carrying** ଅର୍ଥାତ୍ ପୂର୍ବ ବାକ୍ସକୁ ବହନ କରିବା ।

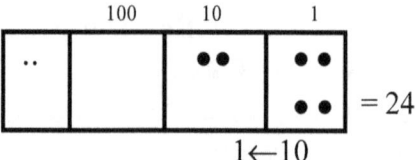

ଏକକ ସ୍ଥାନରେ 24 ଗୋଟି ବିନ୍ଦୁ ରହିଛି । (ଉପରିସ୍ଥ Box Modelକୁ ଦେଖ) ଦଶକ ସ୍ଥାନକୁ ଦୁଇ ଦଶ (20) ଅର୍ଥାତ୍ ଦୁଇଟି ବିନ୍ଦୁକୁ ପ୍ରତିସ୍ଥାପିତ କରାଗଲା । ଅବଶିଷ୍ଟ ଚାରିଗୋଟି ବିନ୍ଦୁକୁ ଏକକ ସ୍ଥାନରେ ରଖାଗଲା ।

ତେଣୁ ଆମେ କହିବା : 24 = ଦୁଇ ଦଶ ଚାରି ଏକ ।

(A) ବିନ୍ଦୁ ସଂସ୍ଥାପନ ଏବଂ ପ୍ରତିସ୍ଥାପନ (Exploding Dots) ଅନୁଯାୟୀ ଯୋଗ କ୍ରିୟା :

ଉଦାହରଣ - 1 : Box Model ସାହାଯ୍ୟରେ

2 7 9 ଓ 5 6 8 ର ଯୋଗଫଳ ସ୍ଥିର କର ।

ସମାଧାନ: 100 10 1

279

+ 568

847

```
  2 7 9
+ 5 6 8
-------
7 / 13 / 17
```

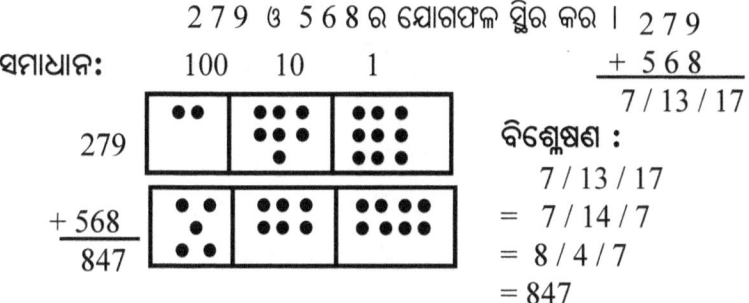

ବିଶ୍ଳେଷଣ :

7 / 13 / 17
= 7 / 14 / 7
= 8 / 4 / 7
= 847

ଦ୍ରଷ୍ଟବ୍ୟ: The Process of Exploding tens of dots is usually called carrying .

ଉଦାହରଣ - 2: Box Model ସାହାଯ୍ୟରେ 4385 ଓ 7768 ର ଯୋଗଫଳ ସ୍ଥିର କର ।

1000 100 10 1

4385

+ 7768

12153

11 10 14 13

```
  4   3   8   5
  7   7   6   8
---------------
11 / 10 / 14 / 13
= 12/ 1 / 5 / 3
```

10000 1000 100 10 1

12153

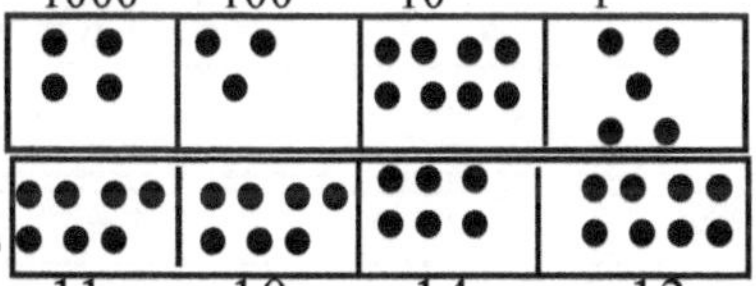

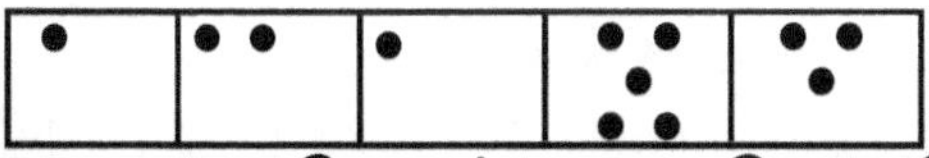

'ବିନ୍ଦୁ ସଂସ୍ଥାପନ ଏବଂ ପ୍ରତିସ୍ଥାପନ' ଅନୁଯାୟୀ ବିୟୋଗ କ୍ରିୟା :

'ବିୟୋଗ କ୍ରିୟା' କହିଲେ ବୁଝିବା ଯେ, ବିୟୋଗ ହେବାକୁ ଥିବା ସଂଖ୍ୟାର ଯୋଗ ।

ଉଦାହରଣ ସ୍ୱରୂପ, 7– 5 = 7 +(–5) = 2 ।

ସେହିପରି 23–18= 23 + (–18)= 5 ଇତ୍ୟାଦି । Box – model ରେ କେବଳ ଯେ, Dots ର ଆବଶ୍ୟକତା ଥାଏ, ତାହା ନୁହେଁ । ଆମକୁ ମଧ୍ୟ "Anti-Dots" କୁ ବୁଝିବା ଦରକାର ।

(i) ● – Dot (Solid circle)

○ – Anti-Dot (Holiow circle)

(ii) କୌଣସି ଧନାତ୍ମକ ସଂଖ୍ୟାକୁ Dot ମାଧ୍ୟମରେ ଦର୍ଶାଇଲାବେଳେ, ଋଣାତ୍ମକ ସଂଖ୍ୟାକୁ Anti Dot ମାଧ୍ୟମରେ ପ୍ରକାଶ କରାଯାଇଥାଏ ।

(iii) Anti-Dot ଓ Dot, ପରସ୍ପର ବିପରୀତ ଧର୍ମୀ । Anti - Dot ଓ Dotର ସମନ୍ୱୟରେ '0' ହୁଏ । ଅର୍ଥାତ୍ (● ○), 0 ର ସୂଚକ ଅଟେ ।

(iv) କୌଣସି କ୍ଷେତ୍ରରେ '0' ଆବଶ୍ୟକତା ପୂରଣ ପାଇଁ ଏକ ସାଥିରେ (●○) କିମ୍ବା (○●) କୁ ନିଆଯାଇଥାଏ ।

(v) ଗ୍ରହଣ କରାଯାଇଥିବା 'Box - Dot - Model' ପାଇଁ Dot ଏବଂ 'Anti - Dot' ଉଭୟର ଗୁରୁତ୍ୱ ଉପଲବ୍ଧି କରାଯାଇଥାଏ ।

ନିମ୍ନ କେତେକ ଉଦାହରଣ ଜରିଆରେ ଆମେ Dot ଏବଂ Anti-Dot ର ବ୍ୟବହାର କିପରି ହୁଏ ତା'କୁ ଅନୁଧାନ କରିବା ।

ଉଦାହରଣ-3: Box model ସାହାଯ୍ୟରେ 4 7 8 ରୁ 2 3 5 ବିୟୋଗ କର ।

ସମାଧାନ : Dot -Anti-Dot ସଂପୃକ୍ତ ବିୟୋଗ କ୍ରିୟା ସମ୍ପାଦନ

$478 - 235$
$= 478 + (-235)$
$= 243$

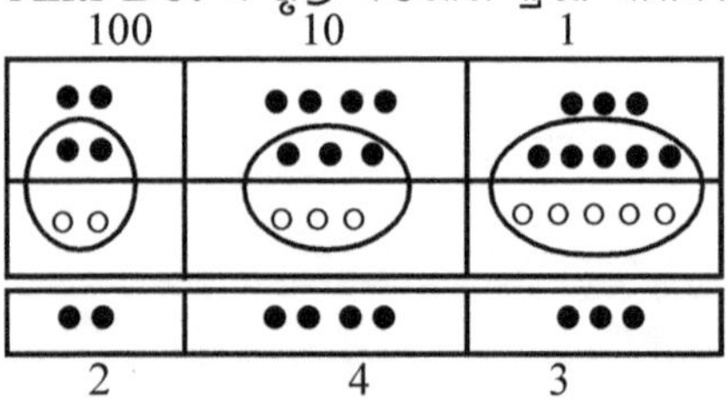

ଦ୍ରଷ୍ଟବ୍ୟ : ଗୋଟିଏ Dot ଏବଂ ଗୋଟିଏ Anti-Dot ପରସ୍ପରକୁ cancel କରନ୍ତି । ଅର୍ଥାତ୍ (0) ର ରୂପ ନେଇଥା'ନ୍ତି ।

ଉଦାହରଣ - 4. : Box model ସାହାଯ୍ୟରେ 4 2 3 ରୁ 1 5 4 ବିୟୋଗ କର ।

ସମାଧାନ :

$423 - 154$
$= 423 + (-154)$

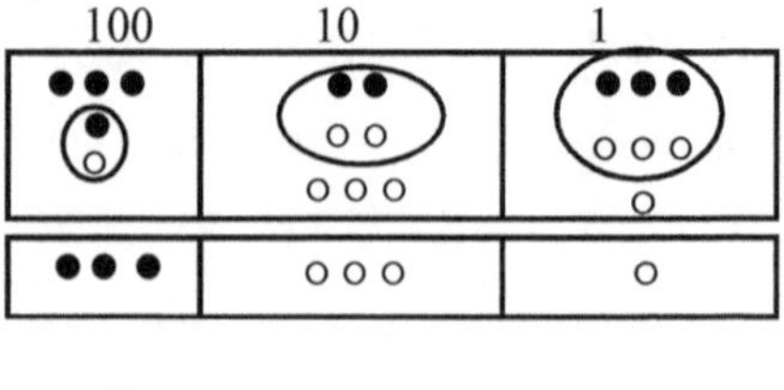

∴ (Box - Dot - model) ର ବିୟୋଗ ଫଳ = 300 – 30 – 1 = 269

କିନ୍ତୁ ଚିତ୍ର ସଂଗତ ହେବା ପାଇଁ ଶତକ ସ୍ଥାନରୁ ଗୋଟିଏ ବିନ୍ଦୁର ସ୍ଥାନାନ୍ତରଣରେ (ଏକ ଶତକ) ଅର୍ଥାତ୍ ଦଶଗୋଟି ବିନ୍ଦୁକୁ ତା'ର ଦକ୍ଷିଣପାର୍ଶ୍ୱରେ ରଖାଗଲା। :

ପୁନଶ୍ଚ ଦଶକ ସ୍ଥାନରୁ ଗୋଟିଏ ବିନ୍ଦୁର ସ୍ଥାନାନ୍ତରଣରେ ଏକ ଦଶ ଅର୍ଥାତ୍ ଦଶ ଏକକ ତା'ର ଦକ୍ଷିଣପାର୍ଶ୍ୱସ୍ଥ ବାକ୍ସକୁ ଆଣିଲେ :

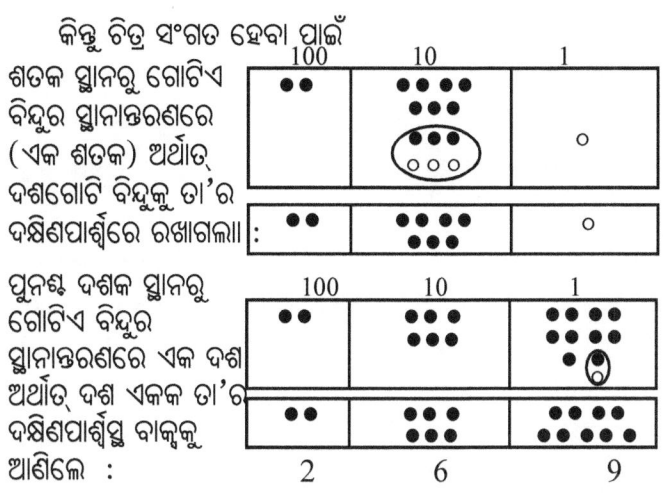

∴ 423 – 154 = 269 ।

ଦ୍ରଷ୍ଟବ୍ୟ: (i) ବାମପାର୍ଶ୍ୱସ୍ଥ ବାକ୍ସ ରୁ ଏକ ବିନ୍ଦୁକୁ ଦକ୍ଷିଣପାର୍ଶ୍ୱସ୍ଥ ବାକ୍ସକୁ ଆଣିଲେ, ତାହା ଦଶଗୋଟି ବିନ୍ଦୁର ରୂପ ନେବ। କାରଣ, ଏକ ଶତ = ଦଶ ଦଶ

ଏବଂ ଏକ ଦଶ = ଦଶ ଏକ ।

(ii) ବାମପାର୍ଶ୍ୱରୁ ଦକ୍ଷିଣପାର୍ଶ୍ୱକୁ ବିନ୍ଦୁର ସ୍ଥାନାନ୍ତରଣ (Un exploding dots)ର କାର୍ଯ୍ୟକୁ ଉଦ୍ଧାର ଆଣିବା (Borrowing) ସହ ତୁଳନା କରାଯାଇପାରେ ।

(iii) ଏଠାରେ ଲକ୍ଷ୍ୟ କର ଯେ, ଯୋଗ କିମ୍ବା ବିୟୋଗ ପ୍ରକ୍ରିୟା ବାମରୁ ଦକ୍ଷିଣକୁ କାର୍ଯ୍ୟକାରୀ ହେଉଛି । କିନ୍ତୁ ବିଦ୍ୟାଳୟସ୍ତରରେ ଆମେ ଦକ୍ଷିଣପାର୍ଶ୍ୱରୁ ଆରମ୍ଭ କରି ବାମପାର୍ଶ୍ୱକୁ ଉକ୍ତ କାର୍ଯ୍ୟ ସମ୍ପାଦନ କରିବାର ଅଭ୍ୟାସ ରଖିଆସିଛେ ।

ଉଦାହରଣ - 5. Box model ସାହାଯ୍ୟରେ 185 ରୁ 136 ବିୟୋଗ କର ।

ସମାଧାନ :

185 –136

185 + (–136) =

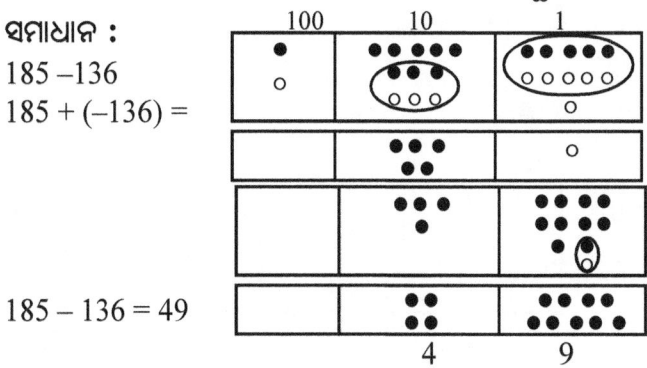

185 – 136 = 49

ବିଶ୍ଳେଷଣ : (1) ତୃତୀୟ ସୋପାନରେ ମଧ୍ୟସ୍ଥ (ଦଶକ) ସ୍ତମ୍ଭରୁ ଗୋଟିଏ ବିନ୍ଦୁକୁ ଦକ୍ଷିଣପାର୍ଶ୍ୱସ୍ଥ ବାକ୍ସକୁ ସ୍ଥାନାନ୍ତରଣ କରାଯାଇଛି ।

(2) ପରବର୍ତ୍ତୀ ସୋପାନରେ ଦକ୍ଷିଣପାର୍ଶ୍ୱସ୍ଥ ସ୍ତମ୍ଭସ୍ଥ ଗୋଟିଏ Dot ଏବଂ ଗୋଟିଏ Antidot ର ସମନ୍ୱୟରେ ଶୂନ (0) ର ଅବତାରଣାରୁ ଅବଶିଷ୍ଟ 9 ଗୋଟି ବିନ୍ଦୁ ରହିଲା ଅର୍ଥାତ୍ 9 ଏକକ ହେଲା ।

ଦ୍ରଷ୍ଟବ୍ୟ : 1. Box - Dot - Model ର ବ୍ୟବହାରରେ ଯୋଗ ଏବଂ ବିୟୋଗ ପ୍ରଶ୍ନର ସମାଧାନରେ କେବଳ ଦୁଇଥର Box ର ସଂରଚନା (Model ର ଉପସ୍ଥାପନା)କୁ ନିଆଯାଇଥାଏ । ଅବଶ୍ୟ ଆବଶ୍ୟକତା ଅନୁଯାୟୀ ପୁନଃ Box Modelର ସହାୟତା ନିଆଯାଇପାରେ ।

2. କେବଳ ମାନସିକ ସ୍ତରରେ ବିନ୍ଦୁଗୁଡ଼ିକର ସଂସ୍ଥାପନ ଏବଂ ପ୍ରତିସ୍ଥାପନକୁ ଚିନ୍ତା କରି ପ୍ରଶ୍ନର ସମାଧାନ କରାଯାଇଥାଏ ।

3. ଆବଶ୍ୟକସ୍ଥଳେ ବିନ୍ଦୁ ପ୍ରତିସ୍ଥାପନ(Exploding Dots)ଏବଂ ବିନ୍ଦୁ ସ୍ଥାନାନ୍ତରଣ (Unexploding Dots)କୁ ମାନସିକସ୍ତରରେ ଗ୍ରହଣକରିବା ଆବଶ୍ୟକ; ଯାହା ଦ୍ୱାରା ସମାଧାନ ସଂକ୍ଷିପ୍ତ ହୋଇଥାଏ ।

ଗୁଣନ ପ୍ରକ୍ରିୟା : Box-Dot-Model ମାଧ୍ୟମରେ ମାନସିକସ୍ତର (conceptually) ରେ ଚିନ୍ତନ ପୂର୍ଣ୍ଣରୂପେ ଫଳପ୍ରଦ ହୋଇଥାଏ । ଗୁଣନ ପ୍ରକ୍ରିୟା ପାଇଁ Model ର ଉପଯୋଗ ପ୍ରାୟତଃ ନଥାଏ ।

ଗୁଣନ ପ୍ରକ୍ରିୟାର ସଂପାଦନ ପ୍ରାୟତଃ ସମୟ ସାପେକ୍ଷ ହୋଇଥାଏ ।

କୌଣସି ସଂଖ୍ୟାକୁ ଯେ କୌଣସି ଦୁଇଅଙ୍କ ଅଥବା ତିନିଅଙ୍କ ବିଶିଷ୍ଟ ସଂଖ୍ୟା ଦ୍ୱାରା ଗୁଣିବା ସମୟସାପେକ୍ଷ ଏବଂ କଷ୍ଟକର ହୋଇଥାଏ । ଅଭ୍ୟାସ ଦ୍ୱାରା Model ସାହାଯ୍ୟରେ କାର୍ଯ୍ୟ ସଂପାଦନ ମଧ୍ୟ ସହଜ ଏବଂ ତ୍ୱରିତ ହୋଇଥାଏ ।

ଭାଗ ପ୍ରକ୍ରିୟା : ବିନ୍ଦୁ 'ସଂସ୍ଥାପନ ଏବଂ ପ୍ରତିସ୍ଥାପନ' ମାଧ୍ୟମରେ ପ୍ରଥମେ ଗୁଣନ ପ୍ରକ୍ରିୟାକୁ ବୁଝିବା ଏବଂ ପରବର୍ତ୍ତୀ ସମୟରେ ଭାଗପ୍ରକ୍ରିୟାର ସଂପାଦନ କିପରି ହୁଏ ତାହା ବୁଝିବାକୁ ସହଜ ହେବ ।

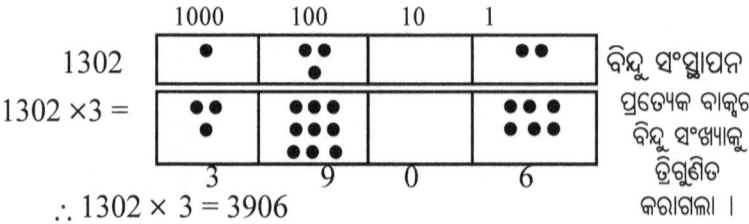

$\therefore 1302 \times 3 = 3906$

ପ୍ରଥମରେ ଯଦି ଆମକୁ ଦ୍ୱିତୀୟ ଚିତ୍ର ସଂପୃକ୍ତ ବିନ୍ଦୁସଂସ୍ଥାପନ ଦିଆଯାଇଥାଏ, ଏବଂ କୁହାଯାଇଥିବ ଯେ, "3906 କୁ 3 ଦ୍ୱାରା ଭାଗକର",

ତେବେ ଭାଗକ୍ରିୟା ସଂପାଦନ (ମଡ଼େଲ୍ ବ୍ୟବହାର ଦ୍ୱାରା) କରିବା କିପରି ?

3 9 0 6 =

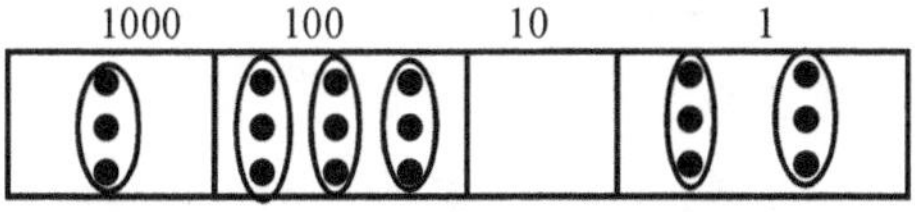

ଦତ୍ତ ଚିତ୍ରରୁ ଆମକୁ ଦେଖିବାକୁ ପଡ଼ିବ ଯେ, ବାକ୍ସରେ କେତୋଟି ଲେଖାଏଁ 3 ର ଗୋଷ୍ଠୀ (Group ot Three) ସମ୍ଭବ ହେଉଛି ? ଚିତ୍ରରୁ ସୁସ୍ପଷ୍ଟ ଯେ, ବାମରୁ ପ୍ରଥମ ବାକ୍ସରେ ଗୋଟିଏ, ଦ୍ୱିତୀୟ ବାକ୍ସରେ ତିନୋଟି ତୃତୀୟ ବାକ୍ସରେ 0 ସଂଖ୍ୟକ ଏବଂ ଚତୁର୍ଥ ବାକ୍ସରେ ଦୁଇଗୋଟି 'ତିନି'ର ଗୋଷ୍ଠୀମାନ ସମ୍ଭବ ହେଉଛି ।

$\therefore$ 3906 ÷ 3 = 1302 ।

(a) **ଏକ ଅଙ୍କ ବିଶିଷ୍ଟ ସଂଖ୍ୟା ଦ୍ୱାରା ଭାଗକ୍ରିୟା :**

ଉଦାହରଣ - 1. 426 କୁ 2 ଦ୍ୱାରା ଭାଗକରି ଭାଗଫଳ ସ୍ଥିର କର ।

ସମାଧାନ :

426 =

426 ÷ 2 =

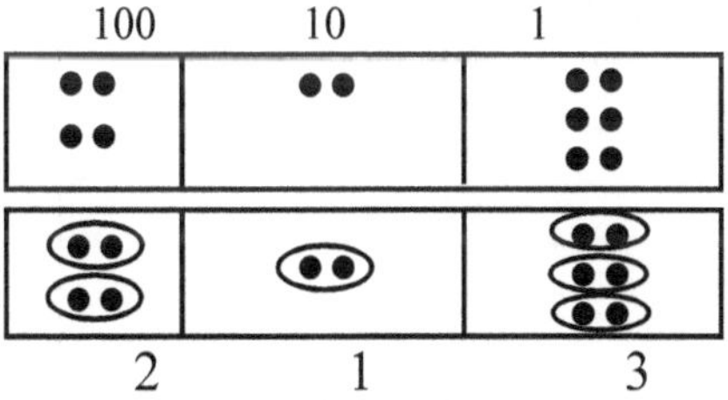

ଦ୍ୱିତୀୟ ଚିତ୍ରରୁ ସ୍ପଷ୍ଟ ପ୍ରତ୍ୟେକ ବାକ୍ସରେ ଯଥାକ୍ରମେ '2' ଲେଖାଏଁ (ବାମରୁ) ଯଥାକ୍ରମେ 2, 1 ଏବଂ 3 ଗୋଷ୍ଠୀମାନ ସୃଷ୍ଟି ହେଉଛି ।

$\therefore$ 426 ÷ 2 = 213 $\therefore$ ନିର୍ଣ୍ଣେୟ ଭାଗଫଳ 213 ।

ଉଦାହରଣ-2: Box Model ସାହାଯ୍ୟରେ 402 କୁ 3 ଦ୍ୱାରା ଭାଗକରି ଭାଗଫଳ ସ୍ଥିର କର ।

ସମାଧାନ : ପୂର୍ବ ଉଦାହରଣରେ ସଂଖ୍ୟାର ଅଙ୍କ ତ୍ରୟ ପ୍ରତ୍ୟେକ 2 ଦ୍ୱାରା ବିଭାଜ୍ୟ । ଅର୍ଥାତ୍ ପ୍ରତ୍ୟେକକୁ ଦୁଇ ର ଗୋଷ୍ଠୀରେ ପରିଣତ କରିବା ସମ୍ଭବ ହେଇଥିଲା ।

ଏଠାରେ ଲକ୍ଷ୍ୟ କର 402 ସଂଖ୍ୟାର କୌଣସି ଅଙ୍କକୁ ତିନୋଟି ଲେଖାଏଁ ଗୋଷ୍ଠୀରେ ବିଭକ୍ତ କରିବା ସମ୍ଭବ ନୁହେଁ । ତେଣୁ ମାନସିକ ସ୍ତରରେ ଆମକୁ ସଂପୃକ୍ତ ବାକ୍ସରୁ ବିନ୍ଦୁ ସ୍ଥାନାନ୍ତରଣ (Unexploding dots)ର ପ୍ରୟୋଗ ସମ୍ବନ୍ଧରେ ଚିନ୍ତା କରିବାକୁ ପଡ଼ିବ ।

402 ପାଇଁ
ବିନ୍ଦୁ ସଂସ୍ଥାପନ

(ଶତକ ସ୍ଥାନରୁ ଗୋଟିଏ ବିନ୍ଦୁକୁ ଦଶକ ସ୍ଥାନକୁ ସ୍ଥାନାନ୍ତରଣ ଦ୍ୱାରା)

402 ÷ 3 =

(ଦଶକ ସ୍ଥାନରୁ ଏକକ ସ୍ଥାନକୁ ଗୋଟିଏ ବିନ୍ଦୁ ସ୍ଥାନାନ୍ତରଣ ଦ୍ୱାରା)

∴ 402 ÷ 3 = 134 ∴ ନିର୍ଣ୍ଣେୟ ଭାଗଫଳ 134 ।

(b) **ଦୁଇ ଅଙ୍କ ବିଶିଷ୍ଟ ଭାଜକ ସଂଖ୍ୟାର ଭାଗକ୍ରିୟା :**

ଉଦାହରଣ - 3 : Box Model ସାହାଯ୍ୟରେ 276 କୁ 12 ଦ୍ୱାରା ଭାଗ କର ।

ସମାଧାନ :

276 ପାଇଁ
ବିନ୍ଦୁ ସଂସ୍ଥାପନ

(ଭାଜ୍ୟ)

12 ପାଇଁ ବିନ୍ଦୁ ସଂସ୍ଥାପନ
(ଭାଜକ)

12 ପାଇଁ ଉଦ୍ଦିଷ୍ଟ ପ୍ରତିରୂପ (Pattern)କୁ ଉପରିସ୍ଥ ଚିତ୍ରରେ ଖୋଜିବା ।

ଏଠାରେ ଲକ୍ଷ୍ୟ କର 12 ର ଦୁଇଟି ଗୋଷ୍ଠୀ ଦଶକ ସ୍ଥାନରେ ଏବଂ 12 ର ତିନୋଟି ଗୋଷ୍ଠୀ ଏକକ ସ୍ଥାନରେ, ଅର୍ଥାତ୍ 12 ର ସମୁଦାୟ 23 ସଂଖ୍ୟକ ଗୋଷ୍ଠୀ ସୃଷ୍ଟି ହୋଇଛି ।

∴ 276 ÷ 12 = 23 ∴ ନିର୍ଣ୍ଣେୟ ଭାଗଫଳ 23 ।

ଉଦାହରଣ-4 : Box Model ସାହାଯ୍ୟରେ 384 କୁ 32 ଦ୍ୱାରା ଭାଗ କର ।

ସମାଧାନ :

384 ଏବଂ 32
ପାଇଁ Box-Dot

Model ରେ ବିନ୍ଦୁ ସଂସ୍ଥାପନ। (ଭାଜ୍ୟ) (ଭାଜକ)

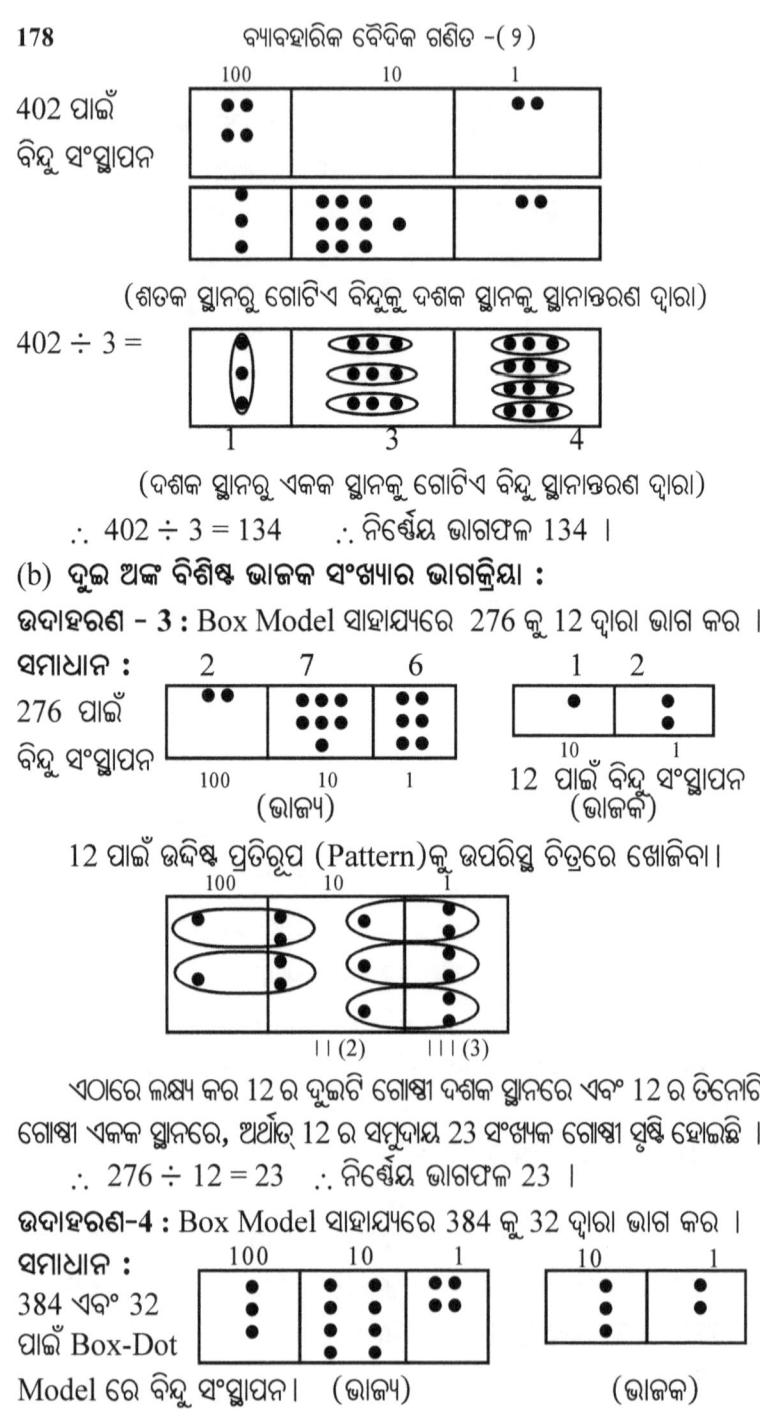

କାର୍ଯ୍ୟ ସଂପାଦନ :

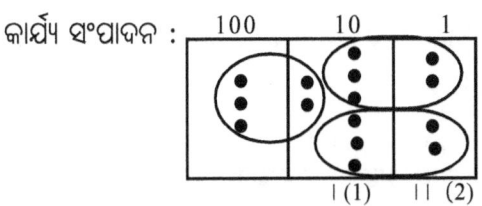

32 ର ଗୋଟିଏ ଗୋଷ୍ଠୀ ଦଶକ ସ୍ଥାନରେ ଏବଂ 32 ର ଦୁଇଟି ଗୋଷ୍ଠୀ ଏକକ ସ୍ଥାନରେ, ଅର୍ଥାତ୍ 32 ର ସମୁଦାୟ 12 ଗୋଟି ଗୋଷ୍ଠୀ 384 ରେ ଅଛି ।

ଏଥିରୁ ସ୍ପଷ୍ଟ ଯେ, 12 ଗୋଟି 32, 384 ରେ ଅଛି ।

ଅର୍ଥାତ୍ $384 \div 32 = 12$

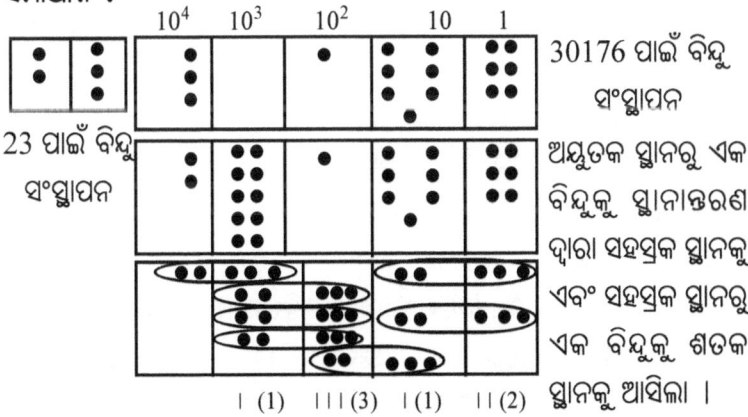

$\therefore$ ନିର୍ଣ୍ଣେୟ ଭାଗଫଳ = 12 ।

ଉଦାହରଣ-5 : Box Model ସାହାଯ୍ୟରେ 30176 କୁ 23 ଦ୍ୱାରା ଭାଗ କର ।

ସମାଧାନ :

30176 ପାଇଁ ବିନ୍ଦୁ ସଂସ୍ଥାପନ

ଅୟୁତକ ସ୍ଥାନରୁ ଏକ ବିନ୍ଦୁକୁ ସ୍ଥାନାନ୍ତରଣ ଦ୍ୱାରା ସହସ୍ରକ ସ୍ଥାନକୁ ଏବଂ ସହସ୍ରକ ସ୍ଥାନରୁ ଏକ ବିନ୍ଦୁକୁ ଶତକ ସ୍ଥାନକୁ ଆସିଲା ।

ସୂଚନା : ଏଠାରେ କେତେଗୋଟି 23, ସଂଖ୍ୟାଟିରେ ଅଛି ତା'କୁ ସ୍ଥିର କରିବାକୁ ହେବ। ଅର୍ଥାତ୍ 23 ର ପ୍ରତିରୂପକୁ ଦତ୍ତ ସଂଖ୍ୟାର ବିନ୍ଦୁ ସଂସ୍ଥାପନରେ ଖୋଜିବାକୁ ହେବ । ଲକ୍ଷ୍ୟ କର $30176 \div 23 = 1312$,

$\therefore$ ନିର୍ଣ୍ଣେୟ ଭାଗଫଳ 1312 ।

ଦ୍ରଷ୍ଟବ୍ୟ : କୌଣସି ଏକ ପୂର୍ବ Model - Box ରୁ ଗୋଟିଏ ବିନ୍ଦୁକୁ ପରବର୍ତ୍ତୀ Model - Box କୁ ସ୍ଥାନାନ୍ତରଣ କରିବାକୁ ହେଲେ ବିନ୍ଦୁଟି ଦଶଗୋଟି ବିନ୍ଦୁରେ ପରିଣତ ହୁଏ ।

ଉଦାହରଣ - 6 : Box Model ସାହାଯ୍ୟରେ 2798 କୁ 12 ଦ୍ୱାରା ଭାଗ କରି ଭାଗଫଳ ଓ ଭାଗଶେଷ ସ୍ଥିର କର ।

ସମାଧାନ :

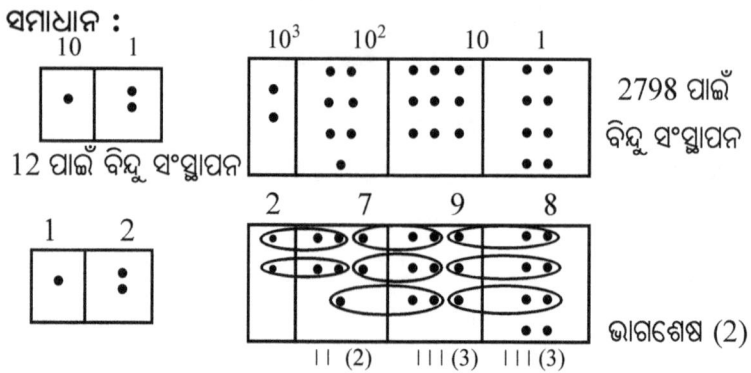

$\therefore$ 2798 $\div$ 12 = 233 ଭାଗଫଳ ଏବଂ 2 ଭାଗଶେଷ ।

ଦ୍ରଷ୍ଟବ୍ୟ : 1. ଉକ୍ତ ମଡ଼େଲ୍ ସଂପୃକ୍ତ ପ୍ରତ୍ୟେକ ପ୍ରଶ୍ନର ସମାଧାନ କେବଳ 10 ଭିତ୍ତିକ ସଂଖ୍ୟା ପଦ୍ଧତି ଉପରେ ପର୍ଯ୍ୟବେସିତ । ତେଣୁ ମଡ଼େଲ୍‌ଟିର ସଂପୃକ୍ତ ଯନ୍ତ୍ର ହେଉଛି ($1 \leftarrow 10$) ।

2. ସଂଖ୍ୟାଗୁଡ଼ିକର ବିନ୍ଦୁ ସଂସ୍ଥାପନ ନିମିତ୍ତ ଚିତ୍ରରେ ଦକ୍ଷିଣପାର୍ଶ୍ୱରୁ ଏକକ (10^0), ଦଶକ (10), ଶତକ (10^2), ସହସ୍ରକ (10^3) ଇତ୍ୟାଦିର ସ୍ଥାନୀୟମାନଗୁଡ଼ିକୁ ଦର୍ଶାଇବା ଉଚିତ୍ ।

3. ଭାଗ କ୍ଷେତ୍ରରେ ଭାଜକ ସଂଖ୍ୟାର ପ୍ରତିରୂପ (Pattern) କୁ ଭାଜ୍ୟ ସଂଖ୍ୟା ପାଇଁ ବିଶିଷ୍ଟ ମଡ଼େଲ୍‌ରେ ଖୋଜିବା ଆବଶ୍ୟକ ।

(c) ତିନିଅଙ୍କ ବିଶିଷ୍ଟ ଭାଜକ ସଂଖ୍ୟା ଦ୍ୱାରା ଭାଗକ୍ରିୟା :

ଉଦାହରଣ - 7: Box Model ସାହାଯ୍ୟରେ 31824 କୁ 102 ଦ୍ୱାରା ଭାଗକରି ଭାଗଫଳ ସ୍ଥିର କର ।

ସମାଧାନ :

31824 ପାଇଁ ବିନ୍ଦୁ ସଂସ୍ଥାପନ :

102 ପାଇଁ ବିନ୍ଦୁ ସଂସ୍ଥାପନ :

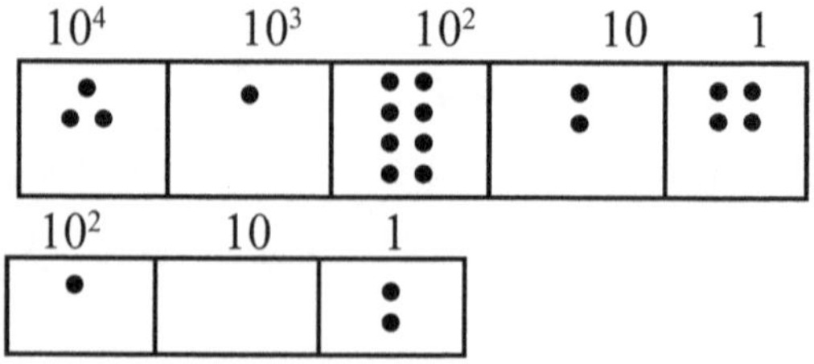

ପ୍ରଥମ ଚିତ୍ରରେ 102 ପାଇଁ ଉଦ୍ଦିଷ୍ଟ ପ୍ରତିରୂପ (Pattern) କୁ ଖୋଜି ବାହାର କରିବା । ଅର୍ଥାତ୍ 31824 ରେ 102 କେତେ ଥର ଅଛି ସ୍ଥିର କରିବା ।

କାର୍ଯ୍ୟ ସମ୍ପାଦନ: 10^4 10^3 10^2 10 1

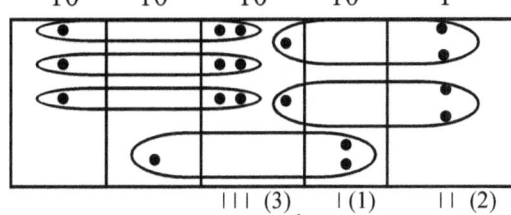

$\therefore$ 31824 ÷ 102 = 312 । $\therefore$ ନିର୍ଣ୍ଣେୟ ଭାଗଫଳ = 312 ।

ଉଦାହରଣ - 8 : 235431 କୁ 101 ଦ୍ୱାରା ଭାଗ କର ।

ସମାଧାନ : 2 3 5 4 3 1

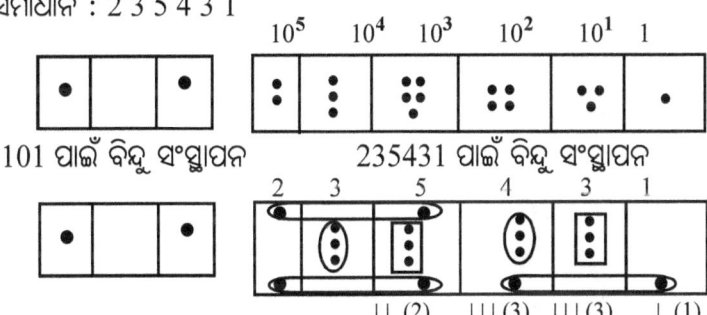

101 ପାଇଁ ବିନ୍ଦୁ ସଂସ୍ଥାପନ   235431 ପାଇଁ ବିନ୍ଦୁ ସଂସ୍ଥାପନ

ଚିତ୍ରରୁ ସ୍ପଷ୍ଟ ଯେ, 235431÷101= 2331 । $\therefore$ ନିର୍ଣ୍ଣେୟ ଭାଗଫଳ =2331 ।

ଦ୍ରଷ୍ଟବ୍ୟ : ଏଠାରେ ଲକ୍ଷ୍ୟ କର, 101 ଭାଜକ ସଂଖ୍ୟା ପାଇଁ Box-Model ରେ ମଝିରେ ଗୋଟିଏ ବାକ୍ସକୁ ଛାଡ଼ି 101 ର ପ୍ରତିରୂପକୁ ଖୋଜିବାକୁ ପଡୁଛି ।

ପଲିନୋମିଆଲ୍ କ୍ଷେତ୍ରରେ ଭାଗକ୍ରିୟା :

ମନେକର x ଚଳରାଶି ବିଶିଷ୍ଟ ପଲିନୋମିଆଲ୍ $(2x^2 + 7x + 6)$ । ଯଦି ଦତ୍ତ ପଲିନୋମିଆଲ୍‌କୁ $(x + 2)$ ଦ୍ୱାରା ଭାଗ କରାଯାଏ, ତେବେ ଉକ୍ତ ଭାଗ ପ୍ରକ୍ରିୟା ଯେ କୌଣସି ଆଧାର ପାଇଁ ମଧ୍ୟ ପ୍ରଯୁଜ୍ୟ ହୋଇପାରେ ।

ଉଦାହରଣ - 1 : Box-model ସାହାଯ୍ୟରେ $(2x^2 + 7x + 6)$ କୁ $(x + 2)$ ଦ୍ୱାରା ଭାଗକର ।

ସମାଧାନ : $(2x^2 + 7x + 6) =$

$x + 2 =$

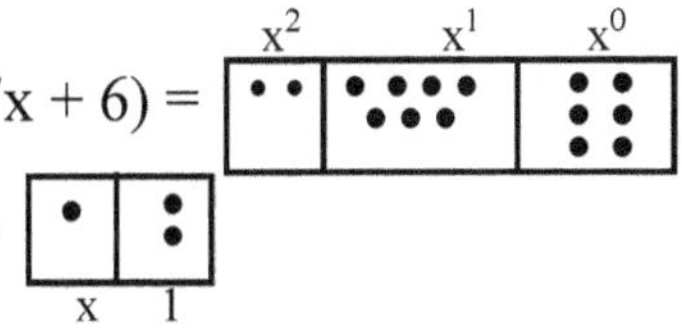

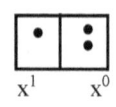 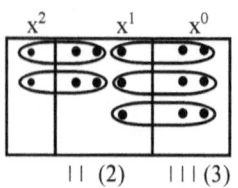

|| (2) ||| (3)

∴ $(2x^2 + 7x + 6) \div (x + 2) = (2x + 3)$

∴ ନିର୍ଣ୍ଣେୟ ଭାଗଫଳ = $(2x + 3)$ ।

ଦ୍ରଷ୍ଟବ୍ୟ : 1. ପଲିନୋମିଆଲ ଦ୍ୱୟର ସହଗଗୁଡ଼ିକୁ ନେଇ Box-Model ରେ 'x' ର ଆଧାର ଅନୁଯାୟୀ ସଂପୃକ୍ତ ବାକ୍ସରେ ରଖିବାକୁ ହେବ ।

2. x ର ଆଧାରଗୁଡ଼ିକ ଦକ୍ଷିଣରୁ ଯଥାକ୍ରମେ x^0, x^1, x^2.... ଇତ୍ୟାଦି ନେବା ଆବଶ୍ୟକ ।

3. ସଂଖ୍ୟାଗଣିତରେ ବ୍ୟବହୃତ Box-Modelର କାର୍ଯ୍ୟକାରିତା ଉଦାହରଣ-1ରେ ଅନୁସୃତ ହୋଇଛି ।

4. ଏଠାରେ Box-Model ସଂପୃକ୍ତ ମେସିନ୍ $(1 \leftarrow x)$ ହେବ ।

ବିଶ୍ଳେଷଣ : ଏଠାରେ ଯଦି ଆଧାର x = 10 ହୁଏ, ତେବେ

1 ← 10 machine ପାଇଁ ଉପରୋକ୍ତ ଭାଗକ୍ରିୟାର ସ୍ୱରୂପ ନେବ ।

ଭାଜ୍ୟ = $2x^2 + 7x + 6$ = p(x) (ମନେକର)

∴ p(10) = 276   ଏବଂ ଭାଜକ = $(x + 2) = 12$

ବର୍ତ୍ତମାନ 276 କୁ 12 ଦ୍ୱାରା Box Model ମାଧ୍ୟମରେ ସମାଧାନ କରିବା ।

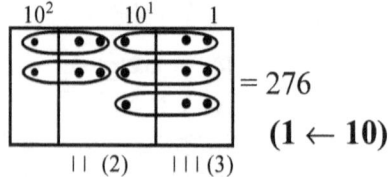

∴ 276 ÷ 12 = 23

23, x ଆଧାର ବିଶିଷ୍ଟ ।(1←x) machine ଦ୍ୱାରା ଭାଗଫଳ(2x+3) ହେବ ।

ଭାଗ ପ୍ରକ୍ରିୟାରେ Dot ଏବଂ Anti Dot ର ପ୍ରୟୋଗ :

ପୂର୍ବରୁ ଆମେ ଜାଣିଛେ, ଗୋଟିଏ ● (dot) ଏବଂ ଗୋଟିଏ ○ (Anti-Dot) ସଂଯୋଗରେ ଶୂନ (0)ର ଆବିର୍ଭାବ ହୋଇଥାଏ । Dot ଏବଂ Anti-Dot ର ସମନ୍ୱୟରେ ବାକ୍ସରେ ଏକ ଶୂନ୍ୟସ୍ଥାନ ସୃଷ୍ଟି କରିବ ।

Dot (●) ସହ Antidot (○) କୁ ଏକ ସାଥିରେ ନେଇ କୌଣସି ବାକ୍ସ (Box) ର ଶୂନ୍ୟସ୍ଥାନକୁ ମଧ୍ୟ ପୂରଣ କରାଯାଇପାରେ । Dot ଏବଂ Anti-Dotର ବ୍ୟବହାରକୁ ନିମ୍ନ ଉଦାହରଣଗୁଡ଼ିକରେ ପ୍ରୟୋଗ କରାଯାଇଛି ।

ଉଦାହରଣ-2: Box Model ସାହାଯ୍ୟରେ (x^2+3x+2)କୁ $(x+2)$ ଦ୍ୱାରା ଭାଗ କର ।

ସମାଧାନ :

$(x+2)$ ପାଇଁ ବିନ୍ଦୁ ସଂସ୍ଥାପନ

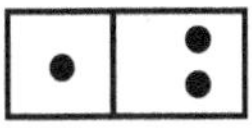

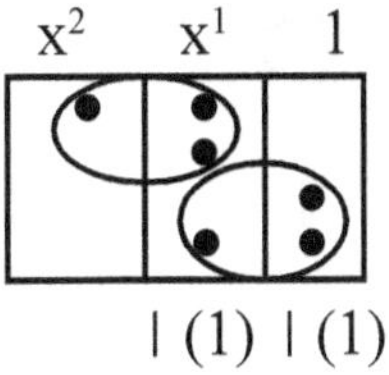

$(x^3 + 3x + 2)$ ପଲିନୋମିଆଲ୍ ପାଇଁ ବିନ୍ଦୁ ସଂସ୍ଥାପନ

$\therefore\ (x^2 + 3x + 2) \div (x + 2) = (x + 1)$

ଆଧାର 'x' ରେ Polynomial କ୍ଷେତ୍ରରେ ଭାଗକ୍ରିୟା ଦ୍ୱାରା ଉଦ୍ଭବ ଫଳାଫଳକୁ ଲକ୍ଷ୍ୟ କଲେ ଜଣାପଡ଼ିବ ଯେ, ଯଦି 'x' ପରିବର୍ତ୍ତେ ଆଧାର 10 ନିଆଯିବ, ତେବେ ମଧ୍ୟ ଫଳାଫଳ ତଦନୁଯାୟୀ ନିର୍ଣ୍ଣୟ ସମ୍ଭବ ହେବ ।

ଆଧାର 10 ପାଇଁ ଭାଜ୍ୟ = 132 ଏବଂ ଭାଜକ = 12

Dot - Box - Model ରେ ପରୀକ୍ଷା କରି ଦେଖ ।

ଉଦାହରଣ - 3: Box Model ସାହାଯ୍ୟରେ $(x^3 + 2x^2 - x - 2)$ କୁ $(x - 1)$ ଦ୍ୱାରା ଭାଗ କର ।

ସମାଧାନ:

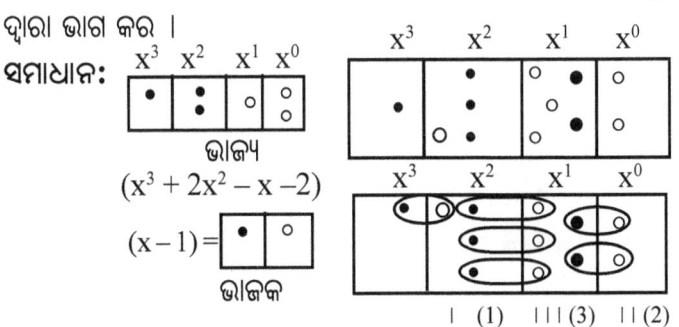

ଭାଜ୍ୟ

$(x^3 + 2x^2 - x - 2)$

$(x - 1) =$

ଭାଜକ

ପଲିନୋମିଆଲ୍‌ରେ ଋଣାତ୍ମକ ସହଗ ପାଇଁ○ (Anti-Dot)ର ବ୍ୟବହାର କରାଯାଇଛି ।

ବାମପାର୍ଶ୍ୱରୁ ଦ୍ୱିତୀୟ ବାକ୍ସରେ ଗୋଟିଏ (●○) ଯୋଡ଼ିକୁ ନିଆଯିବା ବେଳେ ତୃତୀୟ ବାକ୍ସରେ ଦୁଇ (●○) ଯୋଡ଼ାକୁ ନିଆଯାଇଛି । ଯାହାଦ୍ୱାରା ଭାଜକ $(x-1)$ର ପ୍ରତିରୂପକୁ ଖୋଜିବା ସହଜ ହୋଇଯାଇଛି । ଫଳରେ ବାମରୁ ଦ୍ୱିତୀୟ, ତୃତୀୟ ଏବଂ ଚତୁର୍ଥ ସ୍ତମ୍ଭରେ ଯଥାକ୍ରମେ 1, 3 ଏବଂ 2 ସଂଖ୍ୟା ସୂଚକାଙ୍କ ରହିପାରିଲା ।

$\therefore\ (x^3 + 2x^2 - x - 2) \div (x - 1) = (x^2 + 3x + 2)$ ।

ଉଦାହରଣ - 4. Box Model ସାହାଯ୍ୟରେ$(x^3 + 3x^2 - x - 3)$ କୁ $(x + 3)$ ଦ୍ୱାରା ଭାଗ କର ।

ସମାଧାନ :

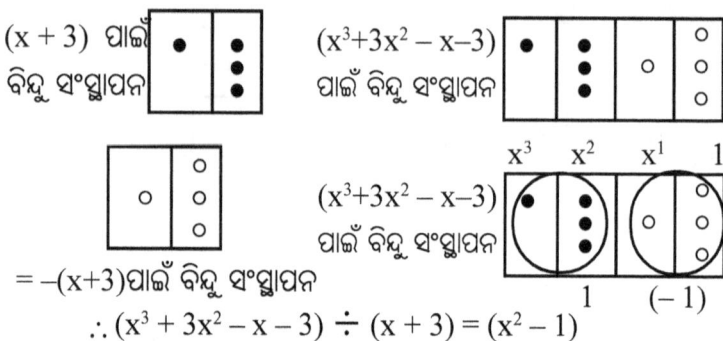

$(x + 3)$ ପାଇଁ ବିନ୍ଦୁ ସଂସ୍ଥାପନ

$(x^3+3x^2 - x-3)$ ପାଇଁ ବିନ୍ଦୁ ସଂସ୍ଥାପନ

$(x^3+3x^2 - x-3)$ ପାଇଁ ବିନ୍ଦୁ ସଂସ୍ଥାପନ

$= -(x+3)$ପାଇଁ ବିନ୍ଦୁ ସଂସ୍ଥାପନ

$\therefore (x^3 + 3x^2 - x - 3) \div (x + 3) = (x^2 - 1)$

ଉଦାହରଣ - 5 : Box Model ସାହାଯ୍ୟରେ $(x^3 + 1)$ କୁ $(x +1)$ ଦ୍ୱାରା ଭାଗ କରି ଭାଗଫଳ ସ୍ଥିର କର ।

ସମାଧାନ :

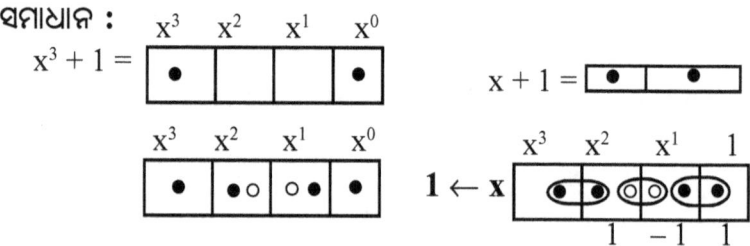

$x^3 + 1 =$

$x + 1 =$

1 ← x

$\therefore \ (x^3 + 1) \div (x + 1) = (x^2 - x + 1)$

$\therefore$ ନିର୍ଣ୍ଣେୟ ଭାଗଫଳ $= (x^2 - x + 1)$ ।

ଦ୍ରଷ୍ଟବ୍ୟ : (1) x^2 ଏବଂ x ଚିହ୍ନିତ ବାକ୍ସରେ ଯଥାକ୍ରମେ (●○) ଏବଂ (○●) ଯୋଡ଼ା (dot-anti dot) କୁ ଆବଶ୍ୟକତା ଅନୁଯାୟୀ ନିଆଯାଇଛି । ଏଠାରେ ଭାଜକ ପାଇଁ ବାକ୍ସରେ ପ୍ରଦର୍ଶିତ ପ୍ରତିରୂପ ଅନୁଯାୟୀ ଯୋଡ଼ା ଯୋଡ଼ା କରାଯାଇଛି ।

(2). (●●) ପାଇଁ 1 ନିଆଯାଇଛି ଏବଂ (○○) ପାଇଁ (–1) ନିଆଯାଇଛି ।

ଉଦାହରଣ - 6 : Box Model ସାହାଯ୍ୟରେ $(2x^2 - 3x - 5)$ କୁ $(2x - 5)$ ଦ୍ୱାରା ଭାଗ କର ।

ସମାଧାନ :

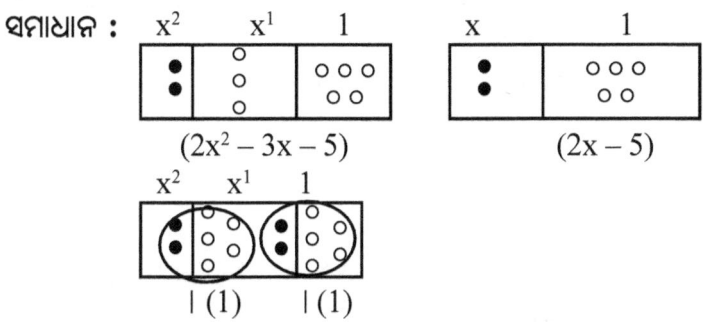

ଲକ୍ଷ୍ୟକର x ଚିହ୍ନିତ ବାକ୍ସରେ ଦୁଇ ଯୋଡ଼ା (○●) ରଖାଯାଇଛି ।

$(2x - 5)$ ର ବିନ୍ଦୁ ସଂସ୍ଥାପନ ଅନୁଯାୟୀ ଉପରେ ପଦର୍ଶିତ ଚିତ୍ରରେ ଭାଜକ ସଂଖ୍ୟାର ପ୍ରତିରୂପକୁ ଦର୍ଶାଯାଇଛି ।

$\therefore (2x^2 - 3x - 5) \div (2x - 5) = (x + 1)$

$\therefore$ ନିର୍ଣ୍ଣେୟ ଭାଗଫଳ = $(x + 1)$

ଉଦାହରଣ-7: Box Model ସାହାଯ୍ୟରେ $(6x^2 - x - 1)$ କୁ $(2x - 1)$ ଦ୍ୱାରା ଭାଗ କର ।

ସମାଧାନ :

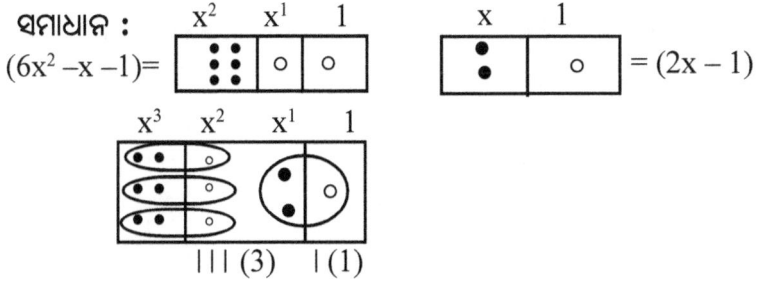

$\therefore (6x^2 - x - 1) \div (2x - 1) = (3x + 1)$

ବର୍ତ୍ତମାନ 10 ଆଧାର ନେଇ 589 କୁ 19 ଦ୍ୱାରା ଭାଗ କରିବା ।

589 = 600 – 10 – 1 ଏବଂ 19 = 20 – 1

$589 =$ [figure: x^2: 4 dots | x^1: 1 circle | 1: 1 circle] $19 =$ [figure: x^1: 2 dots | 1: 1 circle]

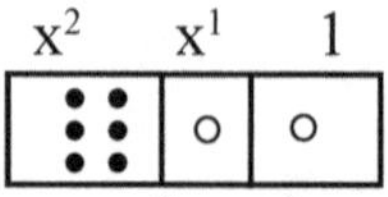

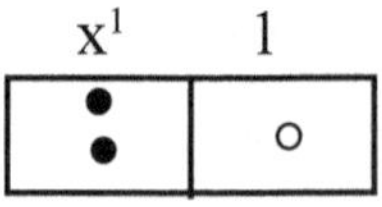

$589 \div 19 =$ [figure showing division pattern with $x^3, x^2, x^1, 1$ columns] ||| (3) | (1)

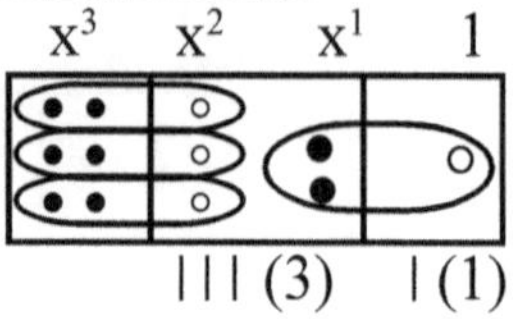

$\therefore 589 \div 19 = 31$

ପୂର୍ବ ସମାଧାନରେ x କୁ ଆଧାର ଏବଂ ଏହି କ୍ଷେତ୍ରରେ 10 କୁ ଆଧାର ନେଇ ପ୍ରଶ୍ନର ସମାଧାନ କରାଯାଇଛି ।

ଦ୍ରଷ୍ଟବ୍ୟ :

(1) ଦଶକ ସ୍ଥାନରେ ଦୁଇ ଯୋଡ଼ା (୦●) ନିଆଯାଇ ଭାଜକର ପ୍ରତିରୂପ (Pattern) କୁ ନିଆଯାଇଛି ।

(2) 10 କୁ ଆଧାର ନ ନେଇ ଆମେ ଅନ୍ୟ ଆଧାରକୁ ନେଇ ପାରିଲେ ମଧ୍ୟ ଉତ୍ତର (ଭାଗଫଳ)ରେ ପହଞ୍ଚି ପାରିବା ।

ବିନ୍ଦୁ ପ୍ରତିସ୍ଥାପନ ଏବଂ ସ୍ଥାନାନ୍ତରଣ ମାଧ୍ୟମରେ ବିଦ୍ୟାର୍ଥୀମାନେ ଅତି ସହଜରେ (ଦଶମିକ ପଦ୍ଧତି) ପାଟୀଗାଣିତିକ ପ୍ରଶ୍ନଗୁଡ଼ିକରେ ଆସୁଥିବା ଗାଣିତିକ ସମାଧାନଗୁଡ଼ିକୁ ସମ୍ପାଦନ କରିପାରିବେ । ଏତଦ୍‌ବ୍ୟତୀତ ପଲିନୋମିଆଲ୍‌ରେ ବିଭିନ୍ନ ଗାଣିତିକ ତଥ୍ୟଗୁଡ଼ିକର ସମାଧାନ କରିବା ପାଇଁ ମଧ୍ୟ ସକ୍ଷମ ହୋଇପାରିବେ ।

ବ୍ୟାବହାରିକ ବୈଦିକ ଗଣିତ-(୨)

ପ୍ରଶ୍ନାବଳୀ

Box-Dot/Anti dot - Model ମାଧ୍ୟମରେ ନିମ୍ନ ପ୍ରଶ୍ନଗୁଡ଼ିକର ସମାଧାନ କର। (1 ← 10)

1. ଯୋଗଫଳ ସ୍ଥିର କର।
    (i) 253 + 314   (ii) 534 + 287
2. ବିୟୋଗଫଳ ସ୍ଥିର କର।
    (i) 758 – 326   (ii) 683 – 497
3. ଗୁଣଫଳ ସ୍ଥିର କର।
    (i) 753 × 6   (ii) 513 × 8
4. ଭାଗଫଳ ସ୍ଥିର କର।
    (i) 2352 ÷ 112   (ii) 2599 ÷ 23
    (iii) 2090 ÷ 11   (iv) 256883 ÷ 121
    (v) 133342 ÷ 121   (vi) 37994 ÷ 121
5. ଭାଗଫଳ ସ୍ଥିର କର।
    (i) 330 ÷ 25   (ii) 2346 ÷ 102
    (iii) 114342 ÷ 102 (iv) 4263 ÷ 203
6. ଭାଗଫଳ ସ୍ଥିର କର। (1 ← x)
    (i) $(2x^2 + x - 1) \div (x + 1)$
    (ii) $(x^2 + 6x - 7) \div (x - 1)$
    (iii) $(x^2 + 5x + 6) \div (x + 3)$
    (iv) $(3x^2 + 8x + 4) \div (x + 2)$
    (v) $(x^3 - 3x + 2) \div (x + 2)$
    (vi) $(x^3 - 3x^2 + 3x - 1) \div (x - 1)$

-0-

ଷୋଡ଼ଶ ଅଧ୍ୟାୟ

ବହୁଭୁଜର କ୍ଷେତ୍ରଫଳ

(AREA OF POLYGONS)

କୌଣସି ସରଳରୈଖିକ କ୍ଷେତ୍ରର କ୍ଷେତ୍ରଫଳ ନିର୍ଣ୍ଣୟ, ଜ୍ୟାମିତିର ଏକ ଗୁରୁତ୍ୱପୂର୍ଣ୍ଣ ବିଷୟ । ବିଦ୍ୟାଳୟସ୍ତରରେ ତ୍ରିଭୁଜ, ବର୍ଗଚିତ୍ର, ଆୟତଚିତ୍ର, ରମ୍ବସ ଆଦିର କ୍ଷେତ୍ରଫଳ ନିର୍ଣ୍ଣୟ ସୂତ୍ର ଆଧାରିତ ହୋଇଥାଏ । ସେହିପରି ସମଘନ, ଆୟତଘନ ଆଦି ଘନପଦାର୍ଥର ପ୍ରତ୍ୟେକ ପାର୍ଶ୍ୱର କ୍ଷେତ୍ରଫଳ ଆବଶ୍ୟକ ସୂତ୍ର ଅନୁସାରେ ନିର୍ଣ୍ଣୟ ମଧ୍ୟ ସମ୍ଭବ । ବର୍ତ୍ତମାନ, ଯେ କୌଣସି ବହୁଭୁଜ (ସମ ଅଥବା ବିଷମ)ର କ୍ଷେତ୍ରଫଳ ନିର୍ଣ୍ଣୟ କିପରି ସୁବିଧାରେ ଏବଂ ସହଜ ଉପାୟରେ ସ୍ଥିର କରାଯାଇପାରିବ, ସେସବୁର ଆଲୋଚନା ଏଠାରେ ଆଲୋଚନାର ବିଷୟବସ୍ତୁ ହେବ । ବିଦ୍ୟାଳୟସ୍ତରରେ କୌଣସି ବିଷମ ବହୁଭୁଜକୁ ଲେଖଚିତ୍ର ବା ବର୍ଗଜାଲି ଉପରେ ଅଙ୍କନ କରି, ଉକ୍ତ ଚିତ୍ର ଦ୍ୱାରା ଅଧିକୃତ କ୍ଷୁଦ୍ର ବର୍ଗଚିତ୍ରର ସଂଖ୍ୟାକୁ ନେଇ ବହୁଭୁଜର କ୍ଷେତ୍ରଫଳ ନିର୍ଣ୍ଣୟ ସମ୍ଭବପର ହେଉଥିଲା । ଅବଶ୍ୟ ଏଥିପାଇଁ ଦୁଇଟି ସର୍ତ୍ତକୁ ପ୍ରଥମେ ଗ୍ରହଣ କରାଯାଉଥିଲା ।

1. ଗୋଟିଏ ପୂର୍ଣ୍ଣ ବର୍ଗଚିତ୍ରର କ୍ଷେତ୍ରଫଳକୁ 1 ବର୍ଗ ଏକକ ଏବଂ ଅର୍ଦ୍ଧେକରୁ ଉର୍ଦ୍ଧ୍ୱ ଅଂଶର କ୍ଷେତ୍ରଫଳ ମଧ୍ୟ 1 ବର୍ଗ ଏକକ ହିସାବରେ ଗ୍ରହଣ କରାଯାଉଥିଲା ।

2. ବହୁଭୁଜ ଦ୍ୱାରା ଆବୃତ୍ତ ହେଉଥିବା କ୍ଷୁଦ୍ର ବର୍ଗଚିତ୍ରର ଅର୍ଦ୍ଧେକ ଅଂଶରୁ କମ୍ କ୍ଷେତ୍ରକୁ କ୍ଷେତ୍ରଫଳ ହିସାବରୁ ବାଦ ଦିଆଯାଉଥିଲା ବେଳେ; କେବଳ କ୍ଷୁଦ୍ରବର୍ଗଚିତ୍ରର ଠିକ୍ ଅର୍ଦ୍ଧେକ ଅଂଶକୁ ଆବୃତ୍ତ କରୁଥିବା କ୍ଷେତ୍ରର କ୍ଷେତ୍ରଫଳକୁ $\frac{1}{2}$ ବର୍ଗ ଏକକ ରୂପେ ଗ୍ରହଣ କରାଯାଉଥିଲା ।

ଉପରୋକ୍ତ ଦୁଇ ସର୍ତ୍ତ ଅନୁଯାୟୀ ଏକ ଉଦାହରଣ ଜରିଆରେ ବିଷମ ବହୁଭୁଜ ଥିବା କ୍ଷେତ୍ରର କ୍ଷେତ୍ରଫଳ ନିର୍ଣ୍ଣୟକୁ ବୁଝିବା । ପାର୍ଶ୍ୱସ୍ଥ ଚିତ୍ରରୁ ସ୍ପଷ୍ଟ ହେବ ଯେ, ABCDE କ୍ଷେତ୍ରର କ୍ଷେତ୍ରଫଳ

$= \frac{1}{2} + 1 + 1 + 1 + 1 + 1$

$= 5\frac{1}{2} = 5.5$ ବର୍ଗ ଏକକ ।

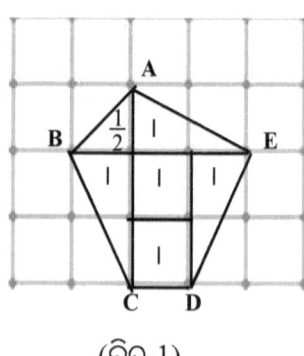

(ଚିତ୍ର-1)

ପ୍ରଦର୍ଶିତ ପ୍ରଣାଳୀରେ ଯେ କୌଣସି ବିଷମ ବହୁଭୁଜ (Irregular Polygon)ର କ୍ଷେତ୍ରଫଳ ନିର୍ଣ୍ଣୟ ସମୟସାପେକ୍ଷ । ଅବଶ୍ୟ ବହୁଭୁଜର ଅନ୍ତର୍ଦେଶକୁ ବର୍ଗଚିତ୍ର, ତ୍ରିଭୁଜ, ଆୟତଚିତ୍ରରେ ପରିଣତ କରି କ୍ଷେତ୍ରଫଳ ନିର୍ଣ୍ଣୟ ସମ୍ଭବ ଏବଂ ଗ୍ରାଫ୍ ବା ଲେଖଚିତ୍ର ଉପରିସ୍ଥ ବହୁଭୁଜର ଚିତ୍ର ଅଙ୍କନ କରିବା ଦ୍ୱାରା କ୍ଷେତ୍ରଟିର କ୍ଷେତ୍ରଫଳ ନିର୍ଣ୍ଣୟ ସମ୍ଭବ ହୋଇପାରିବ । ବର୍ଗଜାଲି (Square-Grid) ମାଧ୍ୟମରେ ଏଭଳି କ୍ଷେତ୍ରର କ୍ଷେତ୍ରଫଳ ନିର୍ଣ୍ଣୟ ସମ୍ଭବପର ହୋଇଥାଏ । ଉପରିସ୍ଥ ଉଦାହରଣରେ ବହୁଭୁଜର ଶ୍ରୀର୍ଷବିନ୍ଦୁମାନ ଗୋଟିଏ ବିନ୍ଦୁ (Lattice point) ଉପରେ ଅବସ୍ଥାପିତ ବୋଲି ଧରିନେବାକୁ ହେବ ।

ବିଷମ ବହୁଭୁଜକୁ Lattice Polygon କୁହାଯିବ; କାରଣ ଉକ୍ତ ବହୁଭୁଜ ଏକ ବର୍ଗଜାଲି Square-Grid ସହ ସଂଯୁକ୍ତ । ବର୍ଗଜାଲି ଉପରିସ୍ଥ ପ୍ରତ୍ୟେକ ବିନ୍ଦୁ ଅନ୍ୟ ବିନ୍ଦୁମାନଙ୍କ ଠାରୁ ସମଦୂରବର୍ତ୍ତୀ ଏବଂ ଚାରିଗୋଟି ବିନ୍ଦୁ ଦ୍ୱାରା ଆବଦ୍ଧ କ୍ଷେତ୍ରର କ୍ଷେତ୍ରଫଳ ଏକ ବର୍ଗ ଏକକ ବିଶିଷ୍ଟ । ଉକ୍ତ ବିନ୍ଦୁମାନଙ୍କୁ Lattice Point କୁହାଯାଏ। ଉକ୍ତ ବିନ୍ଦୁମାନଙ୍କୁ ସ୍ଥାନାଙ୍କ ସମତଳରେ ପୂର୍ଣ୍ଣସଂଖ୍ୟା ଦ୍ୱାରା ପ୍ରକାଶ କରାଯାଏ।

ଅଷ୍ଟ୍ରେଲିୟ ଗଣିତଜ୍ଞ **George Alexander Pick (1859-1942)** ବିଷମ ବହୁଭୁଜର କ୍ଷେତ୍ରଫଳ ନିର୍ଣ୍ଣୟ ପାଇଁ ଏକ ସୂତ୍ରର ଅବତାରଣା କରିଥିଲେ । ଯାହାକୁ ଗଣିତଜ୍ଞଙ୍କ ନାମାନୁସାରେ **'Picks Formula'** କୁହାଯାଏ ।

ନିମ୍ନ ବର୍ଗଜାଲିକୁ ଦେଖ :- ଏଠାରେ ଏକ ସମତଳରେ ଅବସ୍ଥିତ ପଞ୍ଚଭୁଜର ସମସ୍ତ ଶୀର୍ଷ ବିନ୍ଦୁ ଗୋଟିଏ ଗୋଟିଏ Lattice Point.

(ଚିତ୍ର-2)

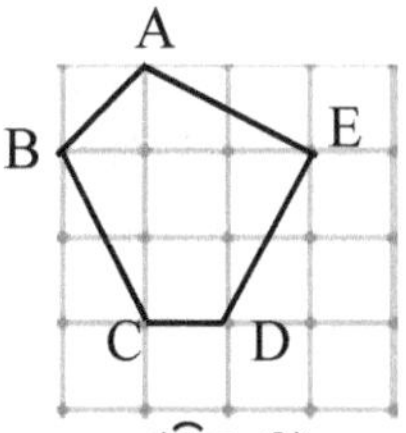

Picks Formula : ବହୁଭୁଜର କ୍ଷେତ୍ରଫଳ= $\left(i + \frac{B}{2} - 1\right)$

i = ବହୁଭୁଜର ଅନ୍ତର୍ଦେଶସ୍ଥ ବିନ୍ଦୁ ସଂଖ୍ୟା ।

B = ବହୁଭୁଜର ବାହୁ ଉପରିସ୍ଥ ବିନ୍ଦୁ ସଂଖ୍ୟା ।

ଚିତ୍ରରୁ ସ୍ପଷ୍ଟ $i = 4$ ଏବଂ $B = 5$

$\therefore A = 4 + \frac{1}{2} \times 5 - 1 = 4 + 2.5 - 1 = 5.5$ ବର୍ଗ ଏକକ ।

ଉଦାହରଣ - 1. ନିମ୍ନ ଚିତ୍ର ଦ୍ୱାରା ଆବଦ୍ଧ କ୍ଷେତ୍ରର କ୍ଷେତ୍ରଫଳ ସ୍ଥିର କର ।

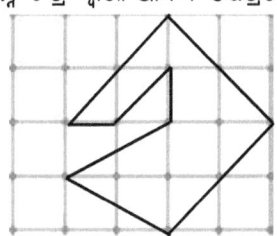

(ଚିତ୍ର-3)

ସମାଧାନ : ଚିତ୍ରର ଅନ୍ତର୍ଦେଶସ୍ଥ ବିନ୍ଦୁ ସଂଖ୍ୟା $i = 3$

ଚିତ୍ରରେ ବାହୁ ଉପରିସ୍ଥ (Boundary Point) ବିନ୍ଦୁ ସଂଖ୍ୟା = $B = 11$

$\therefore$ କ୍ଷେତ୍ରଫଳ = $i + \frac{B}{2} - 1 = 3 + \frac{11}{2} - 1 = 2 + 5.5 = 7.5$ ବର୍ଗ ଏକକ ।

ବର୍ତ୍ତମାନ ଆମେ ଏକ ସୂତ୍ର ମାଧ୍ୟମରେ କ୍ଷେତ୍ରର କ୍ଷେତ୍ରଫଳ ନିର୍ଣ୍ଣୟ କରି ତତ୍ପରେ Pick ଙ୍କ ସୂତ୍ର ପ୍ରୟୋଗ କରିବା । ନିର୍ଣ୍ଣିତ ଦୁଇ କ୍ଷେତ୍ରର କ୍ଷେତ୍ରଫଳଦ୍ୱୟକୁ ତୁଳନା କରିବା ।

ଉଦାହରଣ - 2. ଦତ୍ତ ବର୍ଗଜାଲିରେ ଏକ ବର୍ଗଚିତ୍ର ଅଙ୍କିତ ହୋଇଛି । ସୂତ୍ର ମାଧ୍ୟମରେ ଏବଂ Pickଙ୍କ ସୂତ୍ର ପ୍ରୟୋଗରେ ଦତ୍ତ ବର୍ଗଚିତ୍ର ଦ୍ୱାରା ଆବଦ୍ଧ କ୍ଷେତ୍ରର କ୍ଷେତ୍ରଫଳ ସ୍ଥିର କର । ଉଭୟକ୍ଷେତ୍ରରେ ନିର୍ଣ୍ଣିତ କ୍ଷେତ୍ରଫଳ ଦ୍ୱୟକୁ ତୁଳନା କର ।

ସମାଧାନ: ପ୍ରଥମ ପ୍ରଣାଳୀ :

ABCD ବର୍ଗକ୍ଷେତ୍ର,

ପ୍ରତ୍ୟେକ ବାହୁର ଦୈର୍ଘ୍ୟ = 3 ଏକକ ।

$\therefore$ ABCD ବର୍ଗକ୍ଷେତ୍ରର କ୍ଷେତ୍ରଫଳ

$= (3)^2 = 9$ ବର୍ଗ ଏକକ

(ଚିତ୍ର-4)

ଦ୍ୱିତୀୟ ପ୍ରଣାଳୀ :

ବର୍ଗକ୍ଷେତ୍ରର ଅନ୍ତସ୍ଥ ବିନ୍ଦୁମାନଙ୍କର ସଂଖ୍ୟା $(i) = 4$

ବର୍ଗକ୍ଷେତ୍ରର ବାହୁ ଉପରିସ୍ଥ ବିନ୍ଦୁ ସଂଖ୍ୟା $(B) = 12$

Pick ଙ୍କ ସୂତ୍ର : $A = i + \frac{B}{2} - 1 = 4 + \frac{12}{2} - 1$

$= 4 + 6 - 1 = 9$ ବର୍ଗ ଏକକ ।

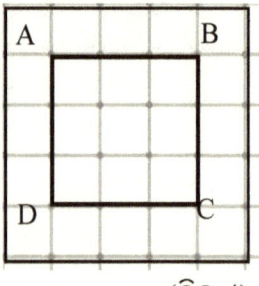

ଉଭୟ ପ୍ରଣାଳୀରେ ବର୍ଗକ୍ଷେତ୍ରର କ୍ଷେତ୍ରଫଳ ସମାନ ବର୍ଗ ଏକକ ବିଶିଷ୍ଟ ।

ଉଦାହରଣ - 3. ବର୍ଗଜାଲିରେ ପରିଦୃଷ୍ଟ ଆବଦ୍ଧ କ୍ଷେତ୍ରର କ୍ଷେତ୍ରଫଳ ସ୍ଥିର କର ।

ସମାଧାନ :

ΔABC ର ଅନ୍ତଃସ୍ଥ ବିନ୍ଦୁ ସଂଖ୍ୟା $(i) = 4$

ବାହୁ ଉପରିସ୍ଥ ବିନ୍ଦୁ ସଂଖ୍ୟା $(B) = 6$

$\therefore A = i + \frac{B}{2} - 1 = 4 + \frac{6}{2} - 1 = 6$

$\therefore$ କ୍ଷେତ୍ରଫଳ = 6 ବର୍ଗ ଏକକ ।

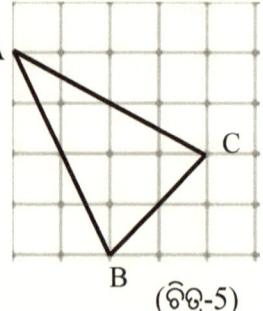

(ଚିତ୍ର-5)

ଉଦାହରଣ – 4. ବର୍ଗଜାଲିରେ ପରିଦୃଷ୍ଟ △ABC ର ଜାଣିଥିବା ଉଭୟ ସୂତ୍ର ଆଧାରରେ କ୍ଷେତ୍ରଫଳ ସ୍ଥିର କର ।

ପ୍ରଥମ ପ୍ରଣାଳୀ : △ABCର କ୍ଷେତ୍ରଫଳ = $\frac{1}{2}$ BC . AD

$= \frac{1}{2} \times 4 \times 4 = 8$ ବର୍ଗ ଏକକ ।

ଦ୍ୱିତୀୟ ପ୍ରଣାଳୀ :

Pick ଙ୍କ ସୂତ୍ର : କ୍ଷେତ୍ରଫଳ $= \left(i + \frac{B}{2} - 1\right)$

ତ୍ରିଭୁଜର ଅନ୍ତଃସ୍ଥ ବିନ୍ଦୁ ସଂଖ୍ୟା(i) = 5

ତ୍ରିଭୁଜର ବାହୁ ଉପରିସ୍ଥ ବିନ୍ଦୁ ସଂଖ୍ୟା (B) = 8

∴ କ୍ଷେତ୍ରଫଳ $= i + \frac{B}{2} - 1 = 5 + \frac{8}{2} - 1$

$= 5 + 4 - 1 = 8$ ବର୍ଗ ଏକକ ।

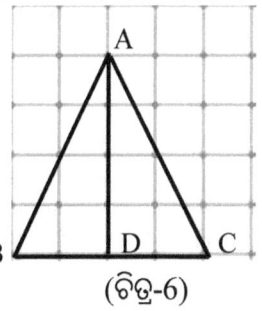

(ଚିତ୍ର-6)

ଏଠାରେ ଉଭୟ ପ୍ରଣାଳୀରେ ଉଭବ ଫଳାଫଳଦ୍ୱୟକୁ ଲକ୍ଷ୍ୟ କର । ଉଭୟ କ୍ଷେତ୍ରରେ କ୍ଷେତ୍ରଫଳଦ୍ୱୟ ସମାନ ବର୍ଗ ଏକକ ବିଶିଷ୍ଟ ହେଲା ।

ଉଦାହରଣ – 5. ବର୍ଗଜାଲିରେ ପରିଦୃଷ୍ଟ ABCD ବହୁଭୁଜର କ୍ଷେତ୍ରଫଳରୁ PQRS ବହୁଭୁଜର କ୍ଷେତ୍ରଫଳ ବିୟୋଗ କରି ମୂଳ ବହୁଭୁଜର ଅବଶିଷ୍ଟ ଅଂଶର କ୍ଷେତ୍ରଫଳ ସ୍ଥିର କର ।

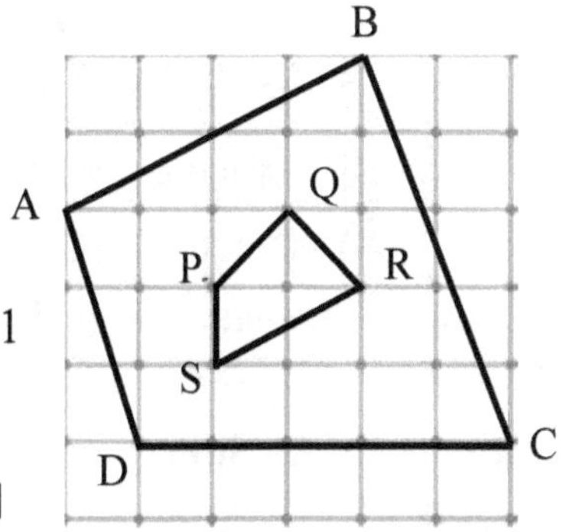

PQRS ର କ୍ଷେତ୍ରଫଳ =

PQRS ର ବାହୁ ଉପରିସ୍ଥ

ବିନ୍ଦୁ ସଂଖ୍ୟ (B) = 4

PQRS ଅନ୍ତଃସ୍ଥ ବିନ୍ଦୁ ସଂଖ୍ୟା (i) = 1

∴ $A_1 = i + \frac{B}{2} - 1$

$= 1 + \frac{4}{2} - 1 = 2$ ବର୍ଗ ଏକକ ।

ABCD ର କ୍ଷେତ୍ରଫଳ : (ଚିତ୍ର-7)

ABCD ର ବାହୁ ଉପରିସ୍ଥ ବିନ୍ଦୁ ସଂଖ୍ୟା (B) = 9

ABCD ର ଅନ୍ତଃସ୍ଥ ବିନ୍ଦୁ ସଂଖ୍ୟା (i) = 16

∴ $A_2 = i + \frac{B}{2} - 1 = 16 + \frac{9}{2} - 1 = 15 + 4.5 = 19.5$ ବର୍ଗ ଏକକ ।

∴ ଅବଶିଷ୍ଟ ଅଂଶରେ କ୍ଷେତ୍ରଫଳ $= A_2 - A_1 = 19.5 - 2 = 17.5$ ବର୍ଗ ଏକକ ।

ଉଦାହରଣ - 6. ଗୋଟିଏ ବହୁଭୁଜର କ୍ଷେତ୍ରଫଳ 20 ବର୍ଗ ଏକକ, ଯାହାର ଶୀର୍ଷ ବିନ୍ଦୁମାନ ବର୍ଗଜାଲିର ଗୋଟିଏ ଗୋଟିଏ ବିନ୍ଦୁ **(Lattice point)** । ଉକ୍ତ ବହୁଭୁଜର 4 ଗୋଟି ଅନ୍ତଃସ୍ଥ ବିନ୍ଦୁ ଥିଲେ ବହୁଭୁଜର ବାହୁ ଉପରିସ୍ଥ ଅନ୍ତତଃ କେତେଗୋଟି ବିନ୍ଦୁ (lattice point) ରହିଛି ?

ସମାଧାନ : Pick ଙ୍କ ସୂତ୍ର : $A = i + \frac{B}{2} - 1$

$\Rightarrow 20 = 4 + \frac{B}{2} - 1 \Rightarrow 17 = \frac{B}{2} \Rightarrow B = 34$

$\therefore$ ବହୁଭୁଜ ଉପରିସ୍ଥ ବର୍ଗଜାଲିର ବିନ୍ଦୁ (lattice point) ସଂଖ୍ୟା = 34 ।

ସ୍ଥାନାଙ୍କ ସମତଳରେ ବହୁଭୁଜର କ୍ଷେତ୍ରଫଳ

(Area of the Polygons in Co-Ordinate Plane) :

ପୂର୍ବରୁ କୌଣସି ଏକ ବହୁଭୁଜର କ୍ଷେତ୍ରଫଳ ନିର୍ଣ୍ଣୟ କିପରି Pickଙ୍କ ସୂତ୍ର (ଉପପାଦ୍ୟ) ପ୍ରୟୋଗରେ ଠିକ୍ ଭାବରେ ନିର୍ଣ୍ଣୟ କରିପାରୁଥିଲେ ତାହା ଆମେମାନେ ଅବଗତ ଅଛେ । କୌଣସି ଏକ (ସମ ବା ବିଷମ) ବହୁଭୁଜ ଅନ୍ୟ ବହୁଭୁଜ ସହ ଉପରିପାତନ ହୋଇନଥିବେ (Non-Overlapping simple polygons) ଏବଂ ବହୁଭୁଜର ଶୀର୍ଷ ବିନ୍ଦୁମାନ ଜାଲି (Grid) ର ପରସ୍ପର ଛେଦୀ ଦୁଇରେଖାର ଗୋଟିଏ ଗୋଟିଏ ଛେଦବିନ୍ଦୁ (lattice point) ହୋଇଥିବେ, ସେଭଳି ବହୁଭୁଜ (ଉତ୍ତଳ ବା ଅଣଉତ୍ତଳ)ର କ୍ଷେତ୍ରଫଳ Pick ଙ୍କ ସୂତ୍ର ($A = i + \frac{B}{2} - 1$) ପ୍ରୟୋଗରେ ନିର୍ଣ୍ଣୟ କରିବା ସମ୍ଭବପର ହେଉଥିଲା ।

ବର୍ତ୍ତମାନର ଆଲୋଚନାରେ ଏକ ସ୍ଥାନାଙ୍କ ସମତଳରେ ଏକ ବହୁଭୁଜର କ୍ଷେତ୍ରଫଳ **Shoelace Algorithm** ବା Method ଅନୁଯାୟୀ କିପରି ନିର୍ଣ୍ଣୟ କରାଯାଏ ତା'କୁ ଜାଣିବା । ଉକ୍ତ ଆଲଗୋରିଦମ୍ ବା ପ୍ରବାହଚିତ୍ରକୁ **Gauss's Formula** ବା **Surveyor's formula** ମଧ୍ୟ କୁହାଯାଏ; କାରଣ ଉକ୍ତ ସୂତ୍ର ବହୁଳ ଭାବରେ ସମତଳ ଅନୁଧ୍ୟାନକାରୀ ବ୍ୟକ୍ତିବିଶେଷଙ୍କ (Surveyors) ପାଇଁ ଉପଯୋଗୀ ହୋଇଥାଏ ।

ସ୍ଥାନାଙ୍କ ଜ୍ୟାମିତିରେ ପୂର୍ବରୁ ବିଦ୍ୟାଳୟସ୍ତରରେ ତ୍ରିଭୁଜର କ୍ଷେତ୍ରଫଳ ନିର୍ଣ୍ଣୟ କିପରି ହୁଏ, ତାହା ଆଲୋଚନା କରାଯାଇଥିବ ଏବଂ ତ୍ରିଭୁଜର କ୍ଷେତ୍ରଫଳର ସୂତ୍ର ଆଧାରରେ କୌଣସି ଏକ ଚତୁର୍ଭୁଜର କ୍ଷେତ୍ରଫଳ ନିର୍ଣ୍ଣୟ କିପରି ହୁଏ ତାହା ମଧ୍ୟ ଆଲୋଚିତ ହୋଇ ସାରିଥିବ ।

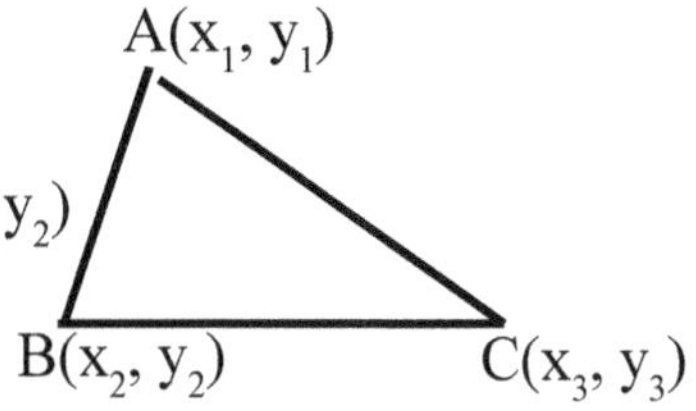

1. ଯଦି △ ABC ର A, B ଓ C ର ସ୍ଥାନାଙ୍କ ଯଥାକ୍ରମେ $A(x_1, y_1)$, $B(x_2, y_2)$ ଏବଂ $C(x_3, y_3)$ ହୁଏ ତେବେ, କ୍ଷେତ୍ରଫଳ(A) =

$\frac{1}{2}[x_1(y_2 - y_3) + x_2(y_3 - y_1) + x_3(y_1 - y_2)]$ ବର୍ଗ ଏକକ । ....(i)

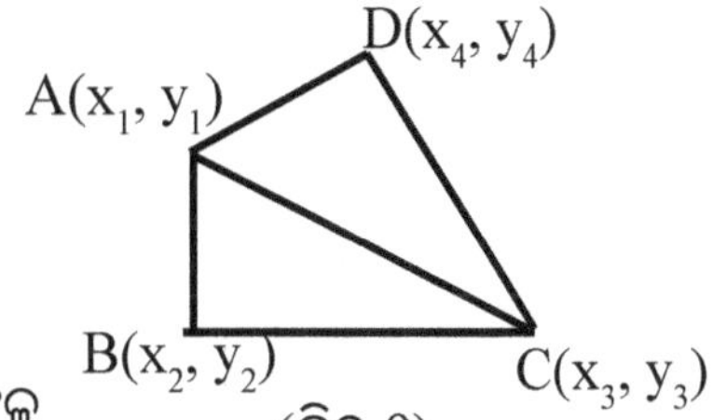

(ଚିତ୍ର-8)

2. ABCD ଚତୁର୍ଭୁଜର କ୍ଷେତ୍ରଫଳ = △ ABC କ୍ଷେତ୍ରଫଳ + △ ACD ର କ୍ଷେତ୍ରଫଳ

ତ୍ରିଭୁଜର କ୍ଷେତ୍ରଫଳ ନିର୍ଣ୍ଣୟର ସୂତ୍ର ଆଧାରରେ ଦତ୍ତ ଚତୁର୍ଭୁଜର କ୍ଷେତ୍ରଫଳ ମଧ୍ୟ ନିର୍ଣ୍ଣୟ କରାଯାଇପାରିବ ।

(ଚିତ୍ର-9)

3. △ ABC ର କ୍ଷେତ୍ରଫଳ ର ସୂତ୍ର (i) କୁ ମଧ୍ୟ ନିମ୍ନ ପ୍ରକାରରେ ପ୍ରକାଶ କରାଯାଇପାରିବ ।

$\Delta = \frac{1}{2}[x_1(y_2 - y_3) + x_2(y_3 - y_1) + x_3(y_1 - y_2)]$

$= \frac{1}{2}[(x_1 y_2 + x_2 y_3 + x_3 y_1) - (x_2 y_1 + x_3 y_2 + x_1 y_3)]$

ଉପରିସ୍ଥ ପରିବର୍ତ୍ତିତ ସୂତ୍ରକୁ ମଧ୍ୟ ନିମ୍ନପ୍ରକାରରେ (Shoelace Algorithm) ଲେଖାଯାଇପାରେ ।

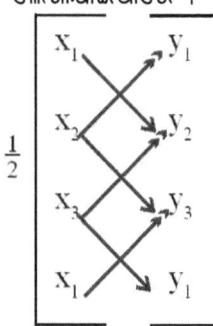

କ୍ଷେତ୍ରଫଳ = $\frac{1}{2}[(x_1 y_2 + x_2 y_3 + x_3 y_1) - (x_2 y_1 + x_3 y_2 + x_1 y_3)]$

Area = $\frac{1}{2}$ [(Sum of cross section of Donwward Arrows) – (Sum of cross section of Upward Arrows) (Vertical Form of shoelace Algorithm)

ଉଦାହରଣ - 7. ΔABC ର କ୍ଷେତ୍ରଫଳ ନିର୍ଣ୍ଣୟକର, ଯେଉଁଠାରେ A (2, –3), B (4, –1) ଏବଂ C (0, 2) । (Shoelace Algorithm ର ପ୍ରୟୋଗ କର)

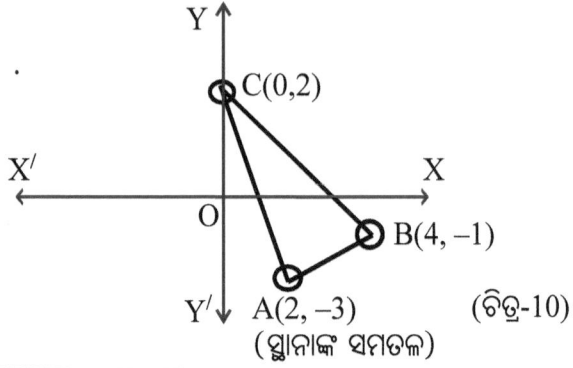

(ଚିତ୍ର-10)

(ସ୍ଥାନାଙ୍କ ସମତଳ)

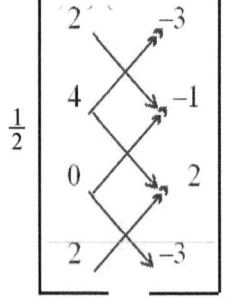

x - ସ୍ଥାନାଙ୍କ

y - ସ୍ଥାନାଙ୍କ

(Horizontal shoelace form)

(Vertical Shoelace Form)

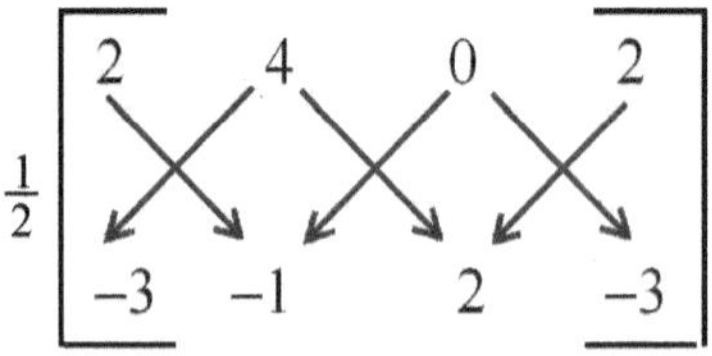

କ୍ଷେତ୍ରଫଳ (A) Vertical Form

$= \frac{1}{2}\ [\{2(-1) + 4\ (2) + 0\ (-3)\} - \{4(-3) + 0(-1) + 2(2)\}]$

$= \frac{1}{2}\ [6 + 8] = \frac{1}{2} \times 14 = 7$ ବର୍ଗ ଏକକ ।

ପୁନଶ୍ଚ Horizontal Form କୁ ନେଇ ନିର୍ଣ୍ଣେୟ କ୍ଷେତ୍ରଫଳ

$A = \frac{1}{2}\ [\{2(-1) + 4(2) + 0\ (-3)\} - \{4(-3) + 0(-1) + 2 \times 2\}]$

$= \frac{1}{2}\ [6 + 8] = \frac{1}{2}\ [14] = 7$ ବର୍ଗ ଏକକ ।

ଉଭୟ କ୍ଷେତ୍ରରେ କ୍ଷେତ୍ରଫଳ ନିର୍ଣ୍ଣୟ ଏକ ପ୍ରକାରର । ମନେରଖିବାକୁ ହେବ ଯେ, ବୈଦିକ ଗଣିତର **'ଊର୍ଦ୍ଧ୍ୱତୀର୍ଯ୍ୟଗ୍‌ଭ୍ୟାମ୍'** ସୂତ୍ର ଏ କ୍ଷେତ୍ରଗୁଡ଼ିକର କ୍ଷେତ୍ରଫଳ ନିର୍ଣ୍ଣୟ ପାଇଁ ପ୍ରୟୋଗ କରାଯାଇଛି ।

ଉଦାହରଣ - 8 : A (2, 1), B (3, 5) ଏବଂ C (–1, 4) ହେଲେ Δ ABCର କ୍ଷେତ୍ରଫଳ ନିର୍ଣ୍ଣୟ କର ।

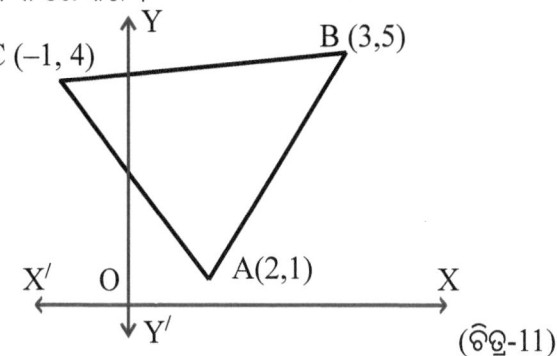

(ଚିତ୍ର-11)

ସମାଧାନ : (Horizontal Shoelace form)

$$\text{କ୍ଷେତ୍ରଫଳ} = \frac{1}{2}\begin{bmatrix} 2 & 3 & -1 & 2 \\ 1 & 5 & 4 & 1 \end{bmatrix}$$

$= \frac{1}{2}\,[(2 \times 5 + 3 \times 4 + (-1) \times 1) - (3 \times 1 + (-1) \times 5 + 2 \times 4)]$

$= \frac{1}{2}\,[21 - 6] = \frac{15}{2} = 7.5$ ବର୍ଗ ଏକକ ।

ଉଦାହରଣ-9. ନିମ୍ନ ସ୍ଥାନାଙ୍କ ବିଶିଷ୍ଟ ଏକ ପଞ୍ଚଭୁଜାକୃତି (Pentagon) କ୍ଷେତ୍ରର କ୍ଷେତ୍ରଫଳ ସ୍ଥିର କର । $P_1P_2P_3P_4P_5$ ଦତ୍ତ ପଞ୍ଚଭୁଜ।

ଯେଉଁଠାରେ P_1 (1, 6), P_2 (3, 1), P_3 (7, 2), P_4 (4, 4) ଓ P_5 (8, 5)

ସମାଧାନ :

$$\text{କ୍ଷେତ୍ରଫଳ} = \frac{1}{2}\begin{bmatrix} 1 & 3 & 7 & 4 & 8 & 1 \\ 6 & 1 & 2 & 4 & 5 & 6 \end{bmatrix}$$

$= \frac{1}{2}\,[(1 \times 1 + 3 \times 2 + 7 \times 4 + 4 \times 5 + 8 \times 6) -$

$(3 \times 6 + 7 \times 1 + 4 \times 2 + 8 \times 4 + 1 \times 5\}]$

$= \frac{1}{2}\,[103 - 70] = \frac{1}{2} \times 33 = 16.5$ ବର୍ଗ ଏକକ ।

ଉଦାହରଣ - 10 : ସ୍ଥାନାଙ୍କ ସମତଳରେ ABCDE ବହୁଭୁଜ (Pentagon)ର A, B, C, D ଓ E ଗୋଟିଏ ଗୋଟିଏ ବିନ୍ଦୁ; ଯେଉଁଠାରେ A (2, 1), B (5, 0), C (6, 4), D (4, 2) ଏବଂ E (1, 3) । କ୍ଷେତ୍ରଟିର କ୍ଷେତ୍ରଫଳ ସ୍ଥିର କର ।

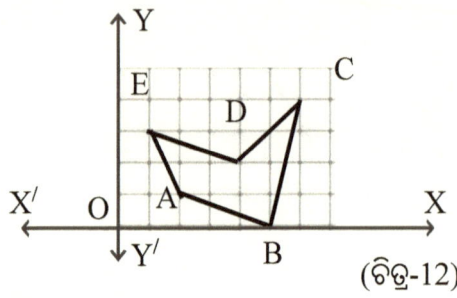

(ଚିତ୍ର-12)

ସମାଧାନ :

1. Shoelace ପଦ୍ଧତି ଅନୁଯାୟୀ ସ୍ଥାନାଙ୍କ ସମୂହକୁ ଲେଖିଲେ -

ABCDE ବହୁଭୁଜର କ୍ଷେତ୍ରଫଳ (A)

$$= \frac{1}{2} \begin{bmatrix} 2 & 5 & 6 & 4 & 1 & 2 \\ 1 & 0 & 4 & 2 & 3 & 1 \end{bmatrix}$$

$$= \frac{1}{2} [(2 \times 0 + 5 \times 4 + 6 \times 2 + 4 \times 3 + 1 \times 1)$$
$$- (1 \times 5 + 0 \times 6 + 4 \times 4 + 2 \times 1 + 3 \times 2)]$$

$$= \frac{1}{2} [45 - 29] = \frac{1}{2} \times 16 = 8 \text{ ବର୍ଗ ଏକକ}$$

2. Pick's Formula : $i + \frac{B}{2} - 1$ ର ପ୍ରୟୋଗରେ କ୍ଷେତ୍ରଫଳ ସ୍ଥିର କରିବା ।

ବହୁଭୁଜର ଅନ୍ତଃସ୍ଥ ବିନ୍ଦୁ ସଂଖ୍ୟା (i) = 6 ଏବଂ

ବହୁଭୁଜର ବାହୁ ଉପରିସ୍ଥ ବିନ୍ଦୁ ସଂଖ୍ୟା (B) = 6

$\therefore$ A = $(6 + \frac{6}{2} - 1) = 8$ ବର୍ଗ ଏକକ ।

ବର୍ଗ ଏକକ ବିଶିଷ୍ଟ ଉଭୟ ସୂତ୍ରର ପ୍ରୟୋଗରେ ଦତ୍ତ ବହୁଭୁଜର ନିର୍ଣ୍ଣେୟ କ୍ଷେତ୍ରଫଳଦ୍ୱୟ ସମାନ ବର୍ଗଏକକ ବିଶିଷ୍ଟ ହେଲା ।

ଦ୍ରଷ୍ଟବ୍ୟ :
1. Shoelace Algorithm 1769 ରେ Albrecht Meisterଙ୍କ ଦ୍ଵାରା ଉଦ୍‌ଭାବିତ ହୋଇଥିଲା କିନ୍ତୁ ଏହା Gauss ଙ୍କ ଦ୍ଵାରା 1790 ରେ ବହୁଳ ଭାବରେ ବିସ୍ତୃତି ଲାଭ କରିଥିଲା; ଯେଉଁ କ୍ଷେତ୍ରରେ ବହୁଭୁଜର ଅନ୍ୟାନ୍ୟ ଉଦ୍‌ଭାବନଗୁଡ଼ିକୁ ମଧ ଲୋକଲୋଚନକୁ ଆଣିପାରିଥିଲେ ।

2. ସ୍ଥାନାଙ୍କ ସମତଳ (Co-Ordinate plane), ଏକ Lattice ସହ ତୁଳନୀୟ । ସହଜରେ ସ୍ଥାନାଙ୍କ ସମତଳରେ Lattice Point ସହ ଯେ କୌଣସି ବହୁଭୁଜର ଶୀର୍ଷର ସ୍ଥାନାଙ୍କ (Integer Point) ମଧ୍ୟ ପାଇବା ସୁବିଧାଜନକ ।

3. Pick's formula ଏବଂ Gauss' Shoelace Algorithm ଅନୁଯାୟୀ ମଧ୍ୟ ବହୁଭୁଜର କ୍ଷେତ୍ରଫଳ ନିର୍ଣ୍ଣୟ ସମ୍ଭବ ।

ଉଦାହରଣ – 11. ABCDE ପଞ୍ଚଭୁଜ କ୍ଷେତ୍ରର କ୍ଷେତ୍ରଫଳ ସ୍ଥିର କର; ଯେଉଁଠାରେ A (5, 11), B (12, 8), C (9, 5) D (5, 6) ଏବଂ E (3, 4) ।

ସମାଧାନ : Shoelace ପଦ୍ଧତିର ଉପଯୋଗରେ ପଞ୍ଚଭୁଜର କ୍ଷେତ୍ରଫଳ ନିର୍ଣ୍ଣୟ କରାଯାଇପାରେ ।

$$A = \frac{1}{2} \begin{bmatrix} 5 & 12 & 9 & 5 & 3 & 5 \\ 11 & 8 & 5 & 6 & 4 & 11 \end{bmatrix}$$

$$= \frac{1}{2} [(5 \times 8 + 12 \times 5 + 9 \times 6 + 5 \times 4 + 3 \times 11)$$
$$- (11 \times 12 + 8 \times 9 + 5 \times 5 + 6 \times 3 + 4 \times 5)]$$

$$= \frac{1}{2} | [207 - 267] | = \frac{1}{2} \times 60 = 30 \text{ ବର୍ଗ ଏକକ ।}$$

ବିକଳ୍ପ ସମାଧାନ – 1 : ABCDE ପଞ୍ଚଭୁଜ କ୍ଷେତ୍ରକୁ ତିନିଗୋଟି ତ୍ରିଭୁଜାକାର କ୍ଷେତ୍ରରେ ପରିଣତ କରି ପଞ୍ଚଭୁଜକ୍ଷେତ୍ରର କ୍ଷେତ୍ରଫଳ ମଧ୍ୟ ନିର୍ଣ୍ଣୟ କରାଯାଇପାରେ ।

ABCDE ପଞ୍ଚଭୁଜ କ୍ଷେତ୍ରର କ୍ଷେତ୍ରଫଳ = Δ ABCର କ୍ଷେତ୍ରଫଳ + Δ ADC ର କ୍ଷେତ୍ରଫଳ +Δ AED ର କ୍ଷେତ୍ରଫଳ ।

କିନ୍ତୁ ଏହା ସମୟସାପେକ୍ଷ । Gauss ଙ୍କ ସୂତ୍ର (Shoelace ପଦ୍ଧତି) ର ପ୍ରୟୋଗରେ ବହୁଭୁଜର କ୍ଷେତ୍ରଫଳ ଅତି ସହଜରେ ନିରୂପଣ କରାଯାଇ ପାରିବ ।

ବିକଳ୍ପ ସମାଧାନ-2: ABCDE ପଞ୍ଚଭୁଜର ବିନ୍ଦୁଗୁଡ଼ିକୁ ଏକ ଲେଖକାଗଜରେ ସ୍ଥାପନ କରି Pickଙ୍କ ସୂତ୍ର ଉପଯୋଗରେ ପଞ୍ଚଭୁଜର କ୍ଷେତ୍ରଫଳ ମଧ୍ୟ ନିର୍ଣ୍ଣୟ ସମ୍ଭବପର ହେବ।

ପ୍ରଶ୍ନାବଳୀ

1. ନିମ୍ନରେ ପ୍ରଦର୍ଶିତ ଚିତ୍ରଗୁଡ଼ିକ ଦ୍ୱାରା ଆବଦ୍ଧ କ୍ଷେତ୍ରର କ୍ଷେତ୍ରଫଳ ସ୍ଥିର କର।

(a)

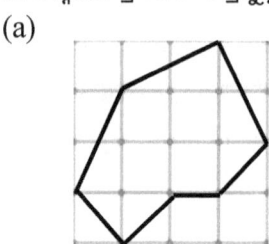

(b)

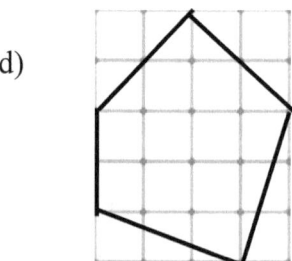

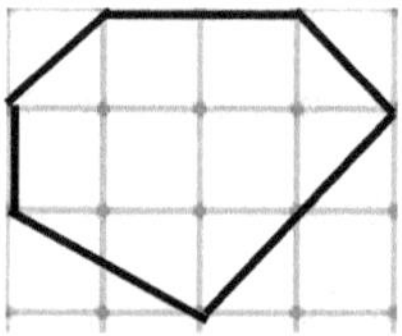

(c)

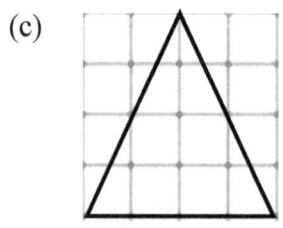

(d)

2. ନିମ୍ନସ୍ଥ ଚିତ୍ରଦ୍ୱୟରେ ବୃହତ୍ତର କ୍ଷେତ୍ରର କ୍ଷେତ୍ରଫଳରୁ କ୍ଷୁଦ୍ରତର କ୍ଷେତ୍ରର କ୍ଷେତ୍ରଫଳର ଅନ୍ତରଫଳ ସ୍ଥିର କର ।

(a)

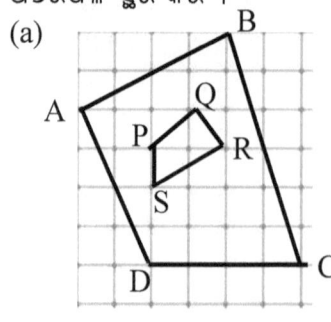

(b)

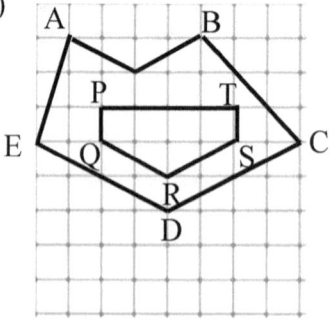

3. ସ୍ଥାନାଙ୍କ ସମତଳରେ △ABC ର କ୍ଷେତ୍ରଫଳ Shoelace ପଦ୍ଧତି ଅବଲମ୍ୱନରେ ସ୍ଥିର କର ।

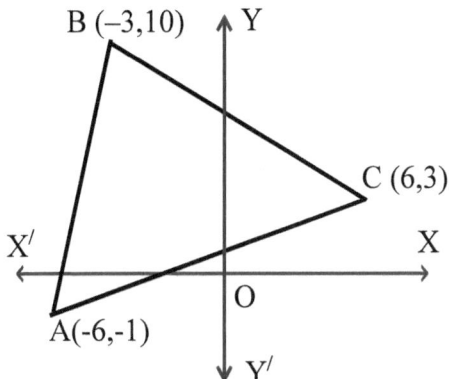

4. ସ୍ଥାନାଙ୍କ ସମତଳରେ △ABC ର କ୍ଷେତ୍ରଫଳ Shoelace ପଦ୍ଧତି ଅବଲମ୍ୱନରେ ସ୍ଥିର କର ।

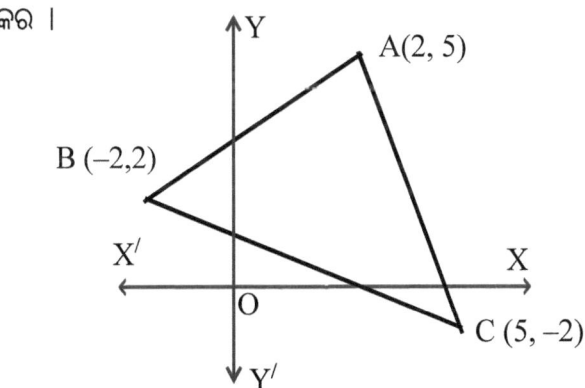

5. ସ୍ଥାନାଙ୍କ ସମତଳରେ △ABCD ଚତୁର୍ଭୁଜର କ୍ଷେତ୍ରଫଳ ସ୍ଥିର କର; ଯେଉଁଠାରେ A (1, 2), B(4, 3), C (5, 6) ଏବଂ D (8, 10) ।

6. ସ୍ଥାନାଙ୍କ ସମତଳରେ ABCD ଚତୁର୍ଭୁଜର କ୍ଷେତ୍ରଫଳ ସ୍ଥିର କର; ଯେଉଁଠାରେ A (4, 10), B(9, 7), C (11, 2) ଏବଂ D (2, 2) ।

7.

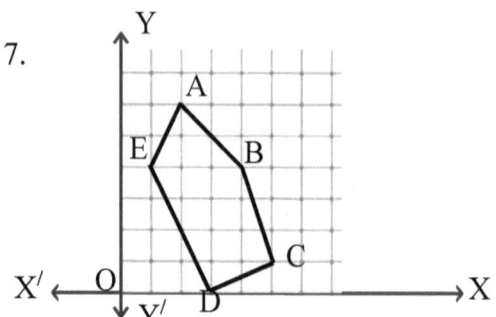

ସ୍ଥାନାଙ୍କ ସମତଳରେ A, B, C, D, E ବିନ୍ଦୁମାନ ଅବସ୍ଥିତ । ପ୍ରତ୍ୟେକ ବିନ୍ଦୁର ସ୍ଥାନାଙ୍କ ନିରୂପଣ କରି ଉଭୟ Pick ଙ୍କ ସୂତ୍ର ଏବଂ Shoelace ପଦ୍ଧତି ଉପଯୋଗରେ କ୍ଷେତ୍ରଫଳ ସ୍ଥିର କର । ଉଭୟ କ୍ଷେତ୍ରରେ ନିର୍ଣ୍ଣିତ କ୍ଷେତ୍ରଫଳଦ୍ୱୟକୁ ତୁଳନା କର।

8. ସ୍ଥାନାଙ୍କ ସମତଳରେ ABCDE ପଞ୍ଚଭୁଜର କ୍ଷେତ୍ରଫଳ ସ୍ଥିର କର; ଯେଉଁଠାରେ A (5, 11), B(12, 8), C (9, 5), D (5, 6) ଏବଂ E (3, 4)।

9. ସ୍ଥାନାଙ୍କ ସମତଳରେ ABCD ଚତୁର୍ଭୁଜର କ୍ଷେତ୍ରଫଳ ସ୍ଥିର କର; ଯେଉଁଠାରେ A (0, –1), B(–2, 3), C (6, 7) ଏବଂ D (8, 3) ।

10. ସ୍ଥାନାଙ୍କ ସମତଳରେ A (1, 1), B (2, 3) ଏବଂ C (4, 5) ବିନ୍ଦୁମାନ ସଂସ୍ଥାପନ କରି ଉଭୟ Pick ଙ୍କ ସୂତ୍ର ଏବଂ Shoelace ପଦ୍ଧତି ପ୍ରୟୋଗରେ କ୍ଷେତ୍ରଫଳ ନିରୂପଣ କର ।

11. ସ୍ଥାନାଙ୍କ ସମତଳରେ A, B, C, D, E ବିନ୍ଦୁଗୁଡ଼ିକର ସ୍ଥାନାଙ୍କ ନିରୂପଣ କର। ତତ୍ପରେ Pick ଙ୍କ ସୂତ୍ର ଏବଂ Shoelace ପଦ୍ଧତି ଦ୍ୱାରା ପଞ୍ଚଭୁଜର କ୍ଷେତ୍ରଫଳ ସ୍ଥିର କର ।

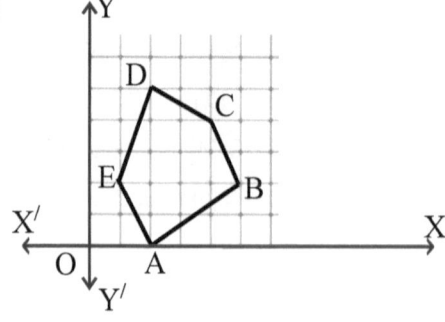

12. ସ୍ଥାନାଙ୍କ ସମତଳରେ ଅଙ୍କିତ ବହୁଭୁଜର ଶୀର୍ଷ ବିନ୍ଦୁଗୁଡ଼ିକର ସ୍ଥାନାଙ୍କ ନିରୂପଣ କରି ତତ୍ପରେ Pickଙ୍କ ସୂତ୍ର ଏବଂ Shoelace ପଦ୍ଧତି ଉପଯୋଗରେ କ୍ଷେତ୍ରଫଳ ସ୍ଥିର କର । ଉଭୟ ପ୍ରଣାଳୀରୁ ନିର୍ଣ୍ଣିତ କ୍ଷେତ୍ରଫଳଦ୍ୱୟକୁ ତୁଳନା କର ।

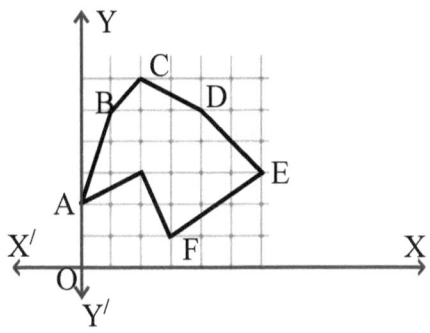

ଉତ୍ତରମାଳା

CHAPTER - 1
ମିଶ୍ରିତ ପ୍ରକ୍ରିୟା

1. (a) 2527 (b) 3556 (c) 2178 (d) 1104 (e) 1179 (f) 465
2. (a) 1038 (b) 4683 (c) 45986 (d) 4606 (e) 7660
3. (a) 15 (b) 27 (c) $13.\overline{3}$ (d) 121.38
4. (a) 4913 (b) 5713 (c) 5513
5. (a) 4140 (b) 936 (c) 1608
6. (a) 1552 (b) 3888 (c) 5481

CHAPTER - 2
ପଲିନୋମିଆଲ୍ କ୍ଷେତ୍ରରେ ଗୁଣନ

(i) $8x^2 + 26xy + 21y^2$
(ii) $2a^2 - ab - 21b^2$
(iii) $2x^4 + 3x^3 - 11x - 12$
(iv) $2x^4 + x^3 - 20x^2 + 2x + 35$
(v) $20x^4 - 71x^3 + 46x^2 + 29x - 24$
(vi) $16x^3 - 40x^2 + 6x - 15$
(vii) $4x^3 - 5x^2 - 29x - 14$
(viii) $8a^3 + 6a^2 - 25a + 12$
(ix) $2x^4 - 22x^3 + 90x^2 - 162x + 108$
(x) $x^4 - 1$

CHAPTER - 3
ପଲିନୋମିଆଲ୍ କ୍ଷେତ୍ରରେ ଭାଗ

1. (i) $(2x+5)$ (ii) $(x^2 + x - 6), (4)$ (iii) $(2y^2 + 4y + 8)$
   (iv) $(x^2 + 3x + 2), (10)$ (v) $(x^2 - 2x + 4)$ (vi) $(x - 1)$
   (vii) $(x + 3), (2)$, (viii) $(x - 1)$, (ix) $(2x^2 - 5x + 2)$
   (x) $(x^2 + x + 4), (24)$

3. (i) (14, 75) (ii) (262, 68) (iii) (289, 44)
   (iv) (130, 31) (v) (195, 32), (vi) (116, 94)

CHAPTER - 4
ପଲିନୋମିଆଲ୍ କ୍ଷେତ୍ରରେ ଗ.ସା.ଗୁ.

1. (a+3), 2. $(m^2 - 3m + 2)$, 3. (x + 4), 4. (x–2)
5. $(x^2 - 4x + 3)$, 6. $(x^2 + 1)$, 7. (x–5), 8. $(x^2 + 2x + 5)$
9. (x + 1), 10. (x – 3)

CHAPTER - 5
ଦ୍ୱିଘାତୀ ପଲିନୋମିଆଲ୍‌ର ଉତ୍ପାଦକୀକରଣ

1. (a) (x+1) (x+2) (b) (x–5) (x–2) (c) (x–2) (x+5)
   (d) (x –6) (x+2) (e) (P-6) (P-1) (f) (y –7) (y+2)
   (g) (x + 5) (x+1) (h) (x –3) (x –2)
2. (a) (2x –1) (x + 3), (b) (3x +7) (x–2), (c) (3x –1) (x –2)
   (d) (3x –5) (x +6), (e) (2x + 3) (3x +2) (f) (6x –19) (x+1)
   (g) (4x + 1) (2x +1), (h) (x –1) (7x + 4)
   (i) (3x + 4) (4x –1), (j) (2x – 5) (4x –1)

CHAPTER - 6
ଦ୍ୱିଘାତୀ ପଲିନୋମିଆଲ୍ ସମୀକରଣ

1. (a) {1, 10}, (b) $\left(1, \frac{-12}{5}\right)$, (c) $\left\{1, -\frac{1}{6}\right\}$, (d) $\left\{-16, \frac{-63}{8}\right\}$, (e) {1,0},
   (f) {–20.9, 20.9}, (g) $\left\{-24, -\frac{7}{5}\right\}$, (h) $\left\{0, -2\frac{1}{2}\right\}$

2. (a) $\left\{-1, \frac{5}{2}\right\}$, (b) $\left\{\frac{2}{3}, -5\right\}$, (c) $\left\{1, -\frac{4}{3}\right\}$, (d) $\left\{1, \frac{5}{4}\right\}$, (e) $\left\{-1, \frac{1}{2}\right\}$,
   (f) {5, –2}, (g) {–5, –6}, (h) {6, –5}

3. (a) {2, 3}, (b) $\left\{2, -\frac{1}{2}\right\}$, (c) {1, –8},
   (d) $\left\{1, \frac{4}{3}\right\}$, (e) {10, –2}, (f) {–3, –5}

CHAPTER - 7

ଦୁଇ ବା ତତୋଽଧିକ ଚଳରାଶି ବିଶିଷ୍ଟ ଦ୍ୱିଘାତୀ ପଲିନୋମିଆଲ୍‌ର ଉତ୍ପାଦକୀକରଣ

1. (m – 2n – 5) (2m – n +3), 2. (x + 3y + 2z) (2x – y – z)
3. (x + 2y – 1) (3x + 2y + 3), 4. (2x – 2y + 3z) (3x + 4y – 2z)
5. (x – y – z) (3x – y + 2z), 6. (x – y – z) (x + 2y + 3z)
7. (x + 2y + 3z) (2x + 3y + z), 8. (2x – 3y – z) (x+3y +z)

CHAPTER - 8

ତ୍ରିଘାତୀ ପଲିନୋମିଆଲ୍‌ର ଉତ୍ପାଦକୀକରଣ ଏବଂ ସମାଧାନ

1. (a) (x –1) (x +5) (x +9), (b) (x–1) (x –2) (x + 1)
(c) (x +1) (x +1) (x –5), (d) (x +1) (x +6) (x – 7)
(e) (y – 1) (y–2) (y + 3), (f) (x + 1) (x + 4) (x + 4)
(g) (x + 2) (x + 4) (x +6), (h) (x+1) (x+3) (x+4)
(i) (x + 3) (x –4) (x + 1), (j) (x +1) (x –2) (x + 3)
2. (a) {–1, –3, –6}, (b) {1, 3, –10}, (c) {–1, –3, –5}
(d) {3,4,–5}, (e) {–1, –2,–3} (f) {1, 2, –1} (g) {1, 3, –2}
(h) {–1, –3, –4 (i) {–1, –3, 4}, (j) {–2, 3, –4}

CHAPTER - 9

ଦୁଇ ଅଜ୍ଞାତ ରାଶି ବିଶିଷ୍ଟ ଏକଘାତୀ ସହସମୀକରଣ

1. (i) (8,1), (ii) (4, 1), (iii) (4,3), (iv) (2,1)

2. (i) $\left(0,\frac{8}{7}\right)$, (ii) (0, 3), (iii) $\left(0,\frac{7}{8}\right)$, (iv) $\left(0,\frac{2}{13}\right)$, (v) (4, 0)

3. (i) (8,4), (ii) (2, –1), (iii) (4,3)

CHAPTER - 10

ବିଭାଜ୍ୟତା

1. (c) 4365, 2. (e) 4212; 3. (f) 4158, 4. 1, 5. 0; 6. 6,

7. (7, 13 ଏବଂ 19); 8. (7, 11 ଏବଂ 19); 9. 101, 10. 2

11. 3718 ଓ 16289 ସଂଖ୍ୟାଦ୍ୱୟ 13 ଦ୍ୱାରା ବିଭାଜ୍ୟ,
    193336 ଓ 732050 ସଂଖ୍ୟାଦ୍ୱୟ 11 ଦ୍ୱାରା ବିଭାଜ୍ୟ,
    718515 କେବଳ 7 ଦ୍ୱାରା ବିଭାଜ୍ୟ।
12. 3077 ସଂଖ୍ୟା ବ୍ୟତୀତ ଅନ୍ୟ ସମସ୍ତ ସଂଖ୍ୟା 19 ଦ୍ୱାରା ବିଭାଜ୍ୟ।
13. 32006, 53 ଦ୍ୱାରା ଅବିଭାଜ୍ୟ।
14. 24687, 17 ଦ୍ୱାରା ଅବିଭାଜ୍ୟ।
15. 14061, 43 ଦ୍ୱାରା ବିଭାଜ୍ୟ।

CHAPTER - 11
ରୈଖିକ ଭାଗକ୍ରିୟା

1. (a) 25 (b) (11240,4) (c) (1, 38), (d) (1, 22) (e) (1, 346),
   (f) (2,22), (g) (13, 62), (h) (26, 38), (i) (15,42), (j (15, 66)
2. (a) (11,2) (b) (262,1) (c) (119, 9), (d) (131, 19),
   (e) (10, 25), (f) (119, 100)
3. (a) (58, 17), (b) (40, 41), (c) (38, 49), (d) (66,0),
   (e) (465, 21), (f) (157, 13)
4. (a) (38, 30), (b) (141, 8), (c) (626, 15), (d) (348, 35)
   (e) (1194, 9), (f) (1075, 26) (g) (124,2) (h) (687, 26)

CHAPTER - 12
କୁହୁକବର୍ଗ

1.

29	1	21
9	17	25
13	33	5

2.

16	2	12
6	10	14
8	18	4

3.

12	5	10
7	9	11
8	13	6

4.

18	4	14
8	12	16
10	20	6

5.

37	44	21	28	35
43	25	27	34	36
24	26	33	40	42
30	32	39	41	23
31	38	45	22	29

6.

33	47	1	15	29
45	9	13	27	31
7	11	25	39	43
19	23	37	41	5
21	35	49	3	17

7.

34	48	2	16	30
46	10	14	28	32
8	12	26	40	44
20	24	38	42	6
22	36	50	4	18

8.(a)

18	11	16
13	15	17
14	19	12

(b)

13	15	5
3	11	19
17	7	9

9.

22	7	16
9	15	21
14	23	8

10.

18	1	12
4	(6)	9
3	36	2

ପ୍ରତ୍ୟେକ ଧାଡ଼ି ଏବଂ କର୍ଣ୍ଣ ଉପରିସ୍ଥ ସ୍ତମ୍ଭରେ ସଂଖ୍ୟାମାନଙ୍କର ଗୁଣଫଳ 216, ଯାହା 6^3 ସହ ସମାନ ।

CHAPTER - 13
ପିଥାଗୋରୀୟତ୍ରୟୀ

1. (i) (16, 63, 65), (ii) (12, 35, 37), (iii) (8, 15, 17), (iv) (20, 99, 101)
2. (i) (7, 24, 25), (ii) (9, 40, 41), (iii) (13, 84, 85), (iv) (17, 144, 145)

3. (13, 84,85) କିମ୍ବା (51, 68, 85),   4. a = 9,

5. (5, 12,13) ଓ (3,4,5) (ଅନ୍ୟାନ୍ୟତ୍ରୟୀ ମଧ୍ୟ ସମ୍ଭବ)

6. a = 20, b = 21,   7. (8,15,17), 8. (97 ବା 119)

9. (7, 24, 25) ଓ (11, 60, 61), ଅନ୍ୟାନ୍ୟତ୍ରୟୀ ମଧ୍ୟ ସମ୍ଭବ।

10. (20, 21, 29) ଓ (28, 45, 53), ଅନ୍ୟାନ୍ୟତ୍ରୟୀ ମଧ୍ୟ ସମ୍ଭବ।

11. a – b = 35 ବା 47;   12. 9 ଏକକ, 13. $(m^2 + 1)$

14. (5, 12, 13), 15. (11, 60, 61)

CHAPTER - 14

ପୌନଃପୁନିକ ଦଶମିକ ସଂଖ୍ୟା

1. $\frac{2}{7} = 0.\overline{285714}, \frac{3}{21} = 0.\overline{142857}$;

2. $\frac{3}{39} = 0.\overline{076923}, \frac{2}{26} = 0.\overline{076923}$, $\frac{7}{13} = 0.\overline{0538461}$

3. $\frac{2}{19} = 0.105263157\ldots$,

4. $\frac{1}{17} = 0.\dot{0}58823529411764\dot{7}$, $\frac{1}{29} = 0.034482758\ldots$

5. $\frac{8}{21} = 0.\dot{3}8095\dot{2}$, $\frac{9}{38} = 0.023684210\ldots$

6. (i) $0.\dot{0}7692\dot{3} = \frac{1}{13}$ (ii) $0.\dot{0}1234567\dot{9} = \frac{1}{81}$

7. $\frac{1}{23} = 0.\dot{0}43478260869565217391\dot{3}$; 8. $\frac{1}{41} = 0.\dot{0}243\dot{9}$

CHAPTER - 15

ବିନ୍ଦୁ ସ୍ଥାପନ ଏବଂ ପ୍ରତିସ୍ଥାପନ

1. (i) 567, (ii) 821; 2. (i) 432, (ii) 186; 3. (i) 4518, (ii) 4104

4. (i) 21 (ii) 113, (iii) 190, (iv) 2123, (v) 1102, (vi) 314

5. (i) 14, (ii) 23, (iii) 1121, (iv) 21

6. (i) (2x – 1), (ii) (x+7), (iii) (x + 2),
(iv) (3x + 2), (v) $(x^2 - 2x + 1)$, (vi) $(x^2 - 2x + 1)$

CHAPTER - 16

ବହୁଭୁଜର କ୍ଷେତ୍ରଫଳ

1. (a) 8.5 ବ.ଏକକ, (b) 8 ବ.ଏକକ, (c) 8 ବ.ଏକକ , (d) 13 ବ.ଏକକ
2. (a) 19 ବ.ଏକକ, (b) 18 ବ.ଏକକ
3. 60 ବ.ଏକକ, 4. 8.5 ବ.ଏକକ, 5. 6 ବ.ଏକକ, 6. 45.5 ବ.ଏକକ
7. 12.5 ବ.ଏକକ, 8. 30 ବ.ଏକକ, 9. 40 ବ.ଏକକ
10. 1 ବ.ଏକକ, 11. 11.5 ବ.ଏକକ, 12. 16 ବ.ଏକକ

-୦-

www.ingramcontent.com/pod-product-compliance
Lightning Source LLC
Chambersburg PA
CBHW060601080526
44585CB00013B/644
* 9 7 8 1 6 4 5 6 0 6 7 4 1 *